Baumwollspinnerei

Baumwollspinnerei

Technologie und Maschinen

Von

Textil-Ing. H. Bruno Wolf

Staatl. Textilfach- und -Ingenieurschule Münchberg/Ofr.

Mit 186 Abbildungen, 18 Getriebeskizzen,
Berechnungen und zahlreichen Tabellen

Springer-Verlag

Berlin / Heidelberg / New York

1966

Library of Congress Catalog Card Number 66—17 831
ISBN-13: 978-3-642-92928-1   e-ISBN-13: 978-3-642-92927-4
DOI: 10.1007/978-3-642-92927-4

Titelnummer 1319

Vorwort

Der Anteil der Baumwolle an der Weltversorgung mit Textilfasern liegt heute mit 11,1 Mio. t bei 65%. Fast die gesamte Ernte — und dazu noch eine sehr große Menge des 28% betragenden Anteiles der Chemiefasern — wird nach dem Baumwoll-Streckwerksspinnverfahren verarbeitet. Die Maschinen sind, abgesehen von rohstoffbedingten Abweichungen, für die Verspinnung beider Faserstoffarten praktisch gleich.

Der weitere Anstieg des „pro-Kopf"-Verbrauches an Textilien und die industrielle Entwicklung verlangen einen immer stärkeren Ausbau der Textilindustrie. Auch in absehbarer Zukunft wird das hier unter dem Begriff „Baumwollspinnerei" besprochene Verfahren wohl seine beherrschende Rolle beibehalten.

In den Industrieländern schreitet die Automatisierung unaufhaltsam voran und verlangt in steigendem Maße gut ausgebildete Führungskräfte. Nachwuchskräfte mit überdurchschnittlichem Wissen haben deshalb sehr gute Aufstiegschancen. Allen denen, für deren Ausbildung und Weiterkommen im Betrieb die Kenntnisse der Technologie und der Maschinen der Baumwollspinnerei von Bedeutung sind, soll dieses Buch eine Hilfe sein. Der umfangreiche Berechnungteil und die zahlreichen Tabellen sollten es aber auch dem erfahrenen Praktiker zu einem nützlichen Handbuch machen.

Dieses Buch konnte in dieser Form nur durch das verständnisvolle Entgegenkommen der Maschinenfabriken des In- und Auslandes zustande kommen. Die großzügige Überlassung von Bildern und technischen Unterlagen ermöglichte seine zeitnahe Fassung. Dafür auch an dieser Stelle meinen herzlichsten Dank. Die hier getroffene Auswahl der Abbildungen und Referenzen darf aber nicht als Wertmaßstab für die einzelnen Erzeugnisse gelten.

Mein ganz besonderer Dank gilt aber dem Springer-Verlag. Seine Gestaltung des Buches und die Ausstattung mit zahlreichen Abbildungen werden alle Benützer sehr schätzen.

Münchberg, im Frühjahr 1966

H. Bruno Wolf

Inhaltsverzeichnis

Seite

Arbeitsschema der Baumwoll-/Zellwoll-Streckwerksspinnerei XII

1 Die Putzerei

1.1 Anlieferung und Lagerung des Rohstoffes 1
1.2 Aufgaben der Putzerei 1
1.3 Die Mischung 1
   1.3.1 Mischfächer 2
   1.3.2 Ballenvorwärmung 2
   1.3.3 Auflegen und Abarbeiten einer Mischpartie 2
      1.3.3.1 Abarbeitung der Ballen. 3
   1.3.4 Öffnen und Reinigen 7
      1.3.4.1 Materialbewegung in der Maschine 7
      1.3.4.2 Schlagorgane 9
      1.3.4.3 Abfallausscheidung 10
      1.3.4.4 Materialförderung 10
1.4 Zusammenstellung moderner Anlagen 11
   1.4.1 Anlagen für Baumwolle. 11
   1.4.2 Anlagen für Zellwolle. 13
1.5 Die Maschinen der Putzerei 14
   1.5.1 Öffner, Mischungs- und Reinigungsmaschinen (Mischballenöffner, Kasten-
      speiser, Schrägreiniger, Axi-Flo, Monowalzenreiniger, Mischautomat, Fach-
      mischer, Horizontal-Öffner, Shirley-Öffner, SRRL-Öffner/Reiniger, Vertikal-
      Öffner, Luftstrom-Reiniger) 14
   1.5.2 Kondenser 22
   1.5.3 Staubabführung 23
   1.5.4 Schlagmaschine 24
      1.5.4.1 Speiseregulierung 25
      1.5.4.2 Wickelapparat 28
         1.5.4.2.1 Kalanderteil 28
         1.5.4.2.2 Wickelbelastung 28
         1.5.4.2.3 Automatischer Wickelwechsel 30
1.6 Steuerung des Materialtransportes 31
1.7 Fehler in der Putzerei 36

2 Die Karderie

2.1 Aufgaben der Karde 37
2.2 Arbeitsweise der Karde. 38
2.3 Wechselstellen an der Karde 39
2.4 Bearbeitung des Rohstoffes. 39
   2.4.1 Intensität der Kardierung 39
   2.4.2 Deckelgeschwindigkeit 40
   2.4.3 Häkchenstellung 41
   2.4.4 Bedeutung des Wanderdeckels. 43
      2.4.4.1 Deckelputz 43
      2.4.4.2 Deckelantrieb 43
2.5 Die Garnituren 44
   2.5.1 Aufbau der Bänder. 45
   2.5.2 Setzarten der Häkchen 46
      2.5.2.1 Setzdichte. 46
   2.5.3 Das Setzen der flexiblen Häkchen 47
   2.5.4 Das Aufziehen der Garnituren 48

Seite

2.5.4.1 Das Aufziehen der Bänder 48
2.5.4.2 Die englische Spitze 50
2.5.4.3 Die abgesetzte Spitze 51
2.5.5 Deckelgarnituren 52
2.5.6 Benötigte Bandlänge 53
2.5.7 Aufziehen der Ganzstahlgarnituren 53
2.5.7.1 Vorteile der Ganzstahlgarnitur 56
2.5.8 Aufziehen des Vorreißers 57
2.5.9 Das Schleifen der Garnituren 57
2.5.9.1 Schleifgeräte 57
2.5.9.2 Schleifarten (Schnellschliff, Betriebsschliff, Langsamschliff) 59
2.5.9.3 Schleifen der Ganzstahlgarnitur 61
2.5.9.4 Schleifen der Deckel 61
2.5.9.5 Schleifen des Vorreißers 62
2.6 Das Einstellen der Arbeitsorgane 62
2.6.1 Deckelregulierung 63
2.7 Besondere Arbeitsorgane 64
2.7.1 Speisezylinder 64
2.7.2 Kardenroste 65
2.8 Das Ausstoßen der Garnituren 65
2.8.1 Verlängerung der Ausstoßzwischenzeiten 66
2.9 Der Antrieb der Karde 67
2.10 Besondere Kardentypen und Spezialapparate (Carminatikarde, Crosrol-Vliesquetsche, Graf Optima-Luntenregulierapparat, Bandkomprimierung, Kannenwechsler, Kontrollvorrichtungen) 67
2.11 Fehler an der Karde 73

3 Die Kämmerei

3.1 Aufgaben der Kämmerei 74
3.2 Die Kämmerei-Vorbereitung 75
3.2.1 Aufgaben der Kämmerei-Vorbereitung 75
3.2.2 Vorbereitungsverfahren 75
3.2.3 Maschinen der Kämmerei-Vorbereitung (Bandwickler, Kehrstrecke, Super
Lap Machine) 77
3.3 Die eigentliche Kämmerei 80
3.3.1 Einteilung der Kämmaschinen 80
3.3.2 Arbeitsweise der Kämmaschine 82
3.3.2.1 Ablauf eines Kammspieles 82
3.3.2.1.1 Vorlaufspeisung 83
3.3.2.1.2 Rücklaufspeisung 83
3.3.2.1.3 Zusatzspeisung 83
3.3.3 Auskämmungsgrad 84
3.3.3.1 Berechnung des Kämmlingsprozentsatzes 84
3.3.4 Produktion der Kämmaschine 86
3.3.5 Die Arbeitselemente der Kämmaschine 87
3.3.5.1 Kreiskamm 87
3.3.5.2 Fixkamm oder Vorstechkamm 88
3.3.5.3 Speisung und Auskämmung 89
3.3.5.3.1 Speisung des Wickels 89
3.3.5.3.2 Pilgerschrittbewegung 89
3.3.5.3.3 Berechnung der Abreißzylinderbewegung 90
3.3.5.3.4 Abzug des Vlieses 91
3.3.5.3.5 Einstellung des Abreißabstandes 91
3.3.5.4 Führung des Bandes 93
3.3.6 Langsamgang 94

                                                                                    Seite

4 Die Strecke

4.1 Aufgaben der Strecke   94
4.2 Materiallauf an der Strecke   96
4.3 Die Arbeitselemente der Strecke   96
   4.3.1 Getriebe   96
   4.3.2 Antrieb   96
   4.3.3 Bandzuführung   97
   4.3.4 Das Streckwerk   98
      4.3.4.1 Verzugsvorgang   98
      4.3.4.2 Streckwerksarten   98
         4.3.4.2.1 Verzugsaufteilung 101
      4.3.4.3 Klemmpunktabstände 101
      4.3.4.4 Unterwalzen 103
      4.3.4.5 Druckwalzen 103
         4.3.4.5.1 Zylinderbezüge 105
      4.3.4.6 Belastungsdruck 105
      4.3.4.7 Sauberhaltung der Streckwerkswalzen 106
      4.3.4.8 Absaugung 106
   4.3.5 Abstellvorrichtungen 107
4.4 Bandablage 111
4.5 Teilbandverfahren 112
   4.5.1 Das Kruse-Verfahren 113
   4.5.2 Federeinsätze 113
4.6 Leistung der Strecke 114
4.7 Sortierung 115
4.8 Regulierstrecken 115
4.9 Herstellung von Mischgespinsten 117

5 Der Flyer

5.1 Aufgaben des Flyers 118
5.2 Das Getriebe 119
   5.2.1 Die Wechselstellen am Flyer 119
      5.2.1.1 Berechnen der Wechsel 121
5.3 Streckwerk 121
5.4 Drehung und Aufwindung der Lunte 122
5.5 Schaltapparat 124
   5.5.1 Arbeitsweise der verschiedenen Schaltapparate 125
      5.5.1.1 Schaltapparat mit Schwinge . . . .
      5.5.1.2 Schaltapparat mit Steuernocken 127
   5.5.2 Allgemeines zum Schaltapparat 127
5.6 Flyerflügel 128
5.7 Konusgetriebe 130
5.8 Umlaufgetriebe 131
   5.8.1 Berechnung des Umlaufgetriebes 131
5.9 Spulen- und Wagenantrieb 133
5.10 Der Rovematic-Flyer 134
5.11 Fehler am Flyer 137
   5.11.1 Vermeidung von Fehlern 138

6 Die Ringspinnmaschine

6.1 Aufgaben der Ringspinnmaschine 139
6.2 Die Verarbeitung der Lunte 139
6.3 Getriebe und Streckwerke 140
   6.3.1 Getriebe und Wechselräder 140
      6.3.1.1 Errechnung der benötigten Wechselräder 141

Seite

6.3.2 Das Streckwerk 141
   6.3.2.1 Streckwerkstypen 142
   6.3.2.2 Belastung der Streckwerke 144
   6.3.2.3 Verzüge 147
   6.3.2.4 Druckroller 148
   6.3.2.5 Laufriemchen 149
   6.3.2.6 Streckwerksantrieb 149
   6.3.2.7 Reinigung des Streckwerkes 149

6.4 Drehungserteilung 150
6.5 Aufwindung des Garnes 150
  6.5.1 Aufwindevorrichtungen 150
  6.5.2 Schaltapparat 154
  6.5.3 Ringbankexzenter 155
  6.5.4 Fadenverlegung 156
   6.5.4.1 Entlastung des Fadenballons 157
  6.5.5 Automatische Unterwindung 158

6.6 Produktion der Ringspinnmaschine 159
6.7 Ringläufer 160
  6.7.1 Numerierung der Läufer 160
   6.7.1.1 Garnnummer — Läufernummer 161
  6.7.2 Das Einsetzen der Ringläufer 162

6.8 Der Spinnring 162
  6.8.1 Ringformen 163
  6.8.2 Lebensdauer der Ringe 163

6.9 Direktspinnen von Schußgarn 163
6.10 Die Ringbänke 164
  6.10.1 Befestigung der Spinnringe 164

6.11 Zusammenspiel von Ring und Läufer 164
6.12 Die Spindeln 165
  6.12.1 Spindelarten 165
  6.12.2 Spindeloberteile 168
  6.12.3 Garnhülsen 169

6.13 Kopsformat 169
6.14 Automatisch arbeitende Kopsabziehmaschinen (Autodoffer) ... 170
6.15 Spindelantrieb 171
  6.15.1 Spindelbänder 172
  6.15.2 Antriebstrommel 172
  6.15.3 Spannrollen 172
  6.15.4 Direktantrieb 173

6.16 Zylinderkupplung 174
6.17 Hauptantrieb 174
  6.17.1 Trommelbremse 175

6.18 Spulengatter 176
6.19 Fadenabsaugung 177
6.20 Wanderreiniger 178
6.21 Abgekürzte und automatisierte Spinnverfahren 179
  6.21.1 Kurzspinnverfahren 179
  6.21.2 Automatisierung im Spinnprozeß 181
  6.21.3 Spinnen ohne Ring und Läufer 183

6.22 Fehler an der Ringspinnmaschine 183

Seite

7 Planungsgrundlagen

7.1 Berechnungsformeln 184

   7.1.1 Nummer 184

   7.1.2 Drehung 184

   7.1.3 Lieferung 185

   7.1.4 Produktion 185

   7.1.5 Läufergeschwindigkeit 185

   7.1.6 Spindeldrehzahl 185

   7.1.7 Verzug 185

   7.1.8 Ermittlung der Nummer dublierter Fäden 186

   7.1.9 Berechnung der Durchschnittsnummer 186

7.2 Umrechnungszahlen 186

   7.2.1 Längenmaße 186

   7.2.2 Flächenmaße 186

   7.2.3 Raummaße 187

   7.2.4 Technische Maße 187

   7.2.5 Gewichte 187

   7.2.6 Numerierung und Titrierung 187

   7.2.7 Läufergeschwindigkeit 188

7.3 Drehung 188

   7.3.1 Drehungsbeiwerte 188

   7.3.2 Potenzwerte ($N^{0,7}$ und $N^{0,65}$) 189

   7.3.3 Drehungstabellen 190

7.4 Produktion der Spinnereimaschinen 192

   7.4.1 Putzerei 192

   7.4.2 Karde 193

   7.4.3 Kämmerei 193

     7.4.3.1 Kämmereivorbereitung 193

     7.4.3.2 Kämmaschine 193

   7.4.4 Strecke 194

   7.4.5 Flyer 194

   7.4.6 Ringspinnmaschine 195

7.5 Platzbedarf der Spinnereimaschinen 200

   7.5.1 Putzerei 200

   7.5.2 Karde 200

   7.5.3 Kämmerei 201

     7.5.3.1 Kämmereivorbereitung 201

     7.5.3.2 Kämmaschine 202

   7.5.4 Strecke 202

   7.5.5 Flyer 203

   7.5.6 Ringspinnmaschine 203

7.6 Packungsgrößen 204

   7.6.1 Ballenformate 204

   7.6.2 Kanneninhalte (kg) 204

   7.6.3 Flyerspulen 205

   7.6.4 Kopsgewichte 205

7.7 Spinnplan 206

   7.7.1 Die üblichen Nummern 206

   7.7.2 Die gebräuchlichen Verzüge 206

   7.7.3 Ausführungsbeispiele von Spinnplänen 208

7.8 Kraftbedarf der Spinnereimaschinen (kW) 210

Seite

7.9 Allgemeine Tabellen 211
  7.9.1 Stapellängen von Baumwollsorten und Ausspinngrenzen 211
  7.9.2 Baumwollklassierung 212
  7.9.3 Micronaire- und Pressley-Werte 215
  7.9.4 Uster-Gleichmäßigkeitswerte 57 216
  7.9.5 Nm-tex 221
  7.9.6 Reißfestigkeit der einfachen Baumwollgarne 222
  7.9.7 Gegenüberstellung °F — °C 223

8 Berechnungsbeispiele von Spinnereimaschinen
  8.1 Schlagmaschinen 224
    8.1.1 Rieter-Schlagmaschine, Modell G.BA 25 224
    8.1.2 Schlagmaschine, Modell SMSA (Trützschler) 226
  8.2 Karden 228
    8.2.1 Ingolstadt-Karde, Modell KB 8 228
    8.2.2 Rieter-Karde, Modell C 1 230
  8.3 Kämmereimaschinen 233
    8.3.1 Kämmereivorbereitung 233
      8.3.1.1 Whitin, Super Lap Machine 233
      8.3.1.2 Rieter-Banddubler, Modell E 2/4 234
      8.3.1.3 Rieter-Kehrstrecke, Modell E 4 235
    8.3.2 Eigentliche Kämmaschinen 237
      8.3.2.1 Rieter-Kämmaschine, Modell E 7 237
      8.3.2.2 Whitin-Kämmaschine, Modell J 7 241
  8.4 Strecken 242
    8.4.1 Ingolstadt-Strecke, Modell SB 62 242
    8.4.2 SACM-Strecke, Modell ER 244
  8.5 Flyer 245
    8.5.1 Zinser-Flyer, Modell 3 MF 245
    8.5.2 Ingolstadt-Flyer, Modell F 6 248
  8.6 Ringspinnmaschinen 252
    8.6.1 Ingolstadt-Ringspinnmaschine RB 13 S 253
    8.6.2 Zinser-Ringspinnmaschine, Modell RM 13-1 254
  8.7 Streckwerke 255
    8.7.1 Ingolstadt-Streckwerk für Ringspinnmaschine 255
    8.7.2 Süssen-Streckwerk für Ringspinnmaschine 256
    8.7.3 Zinser-Streckwerk für Ringspinnmaschine 256

Literaturverzeichnis 258

Verzeichnis der Hersteller von Maschinen und maschinellen Einrichtungen . . . 259

Sachverzeichnis 260

Berichtigung

Auf Seite 193, Abschn. 7.4.3.1 muß die Formel richtig lauten:

$$P_{eff} = \eta \cdot \frac{L \cdot g \cdot 60}{1000} \quad \text{(kg/h)}$$

Arbeitsschema der Baumwoll-/Zellwoll-Streckwerksspinnerei

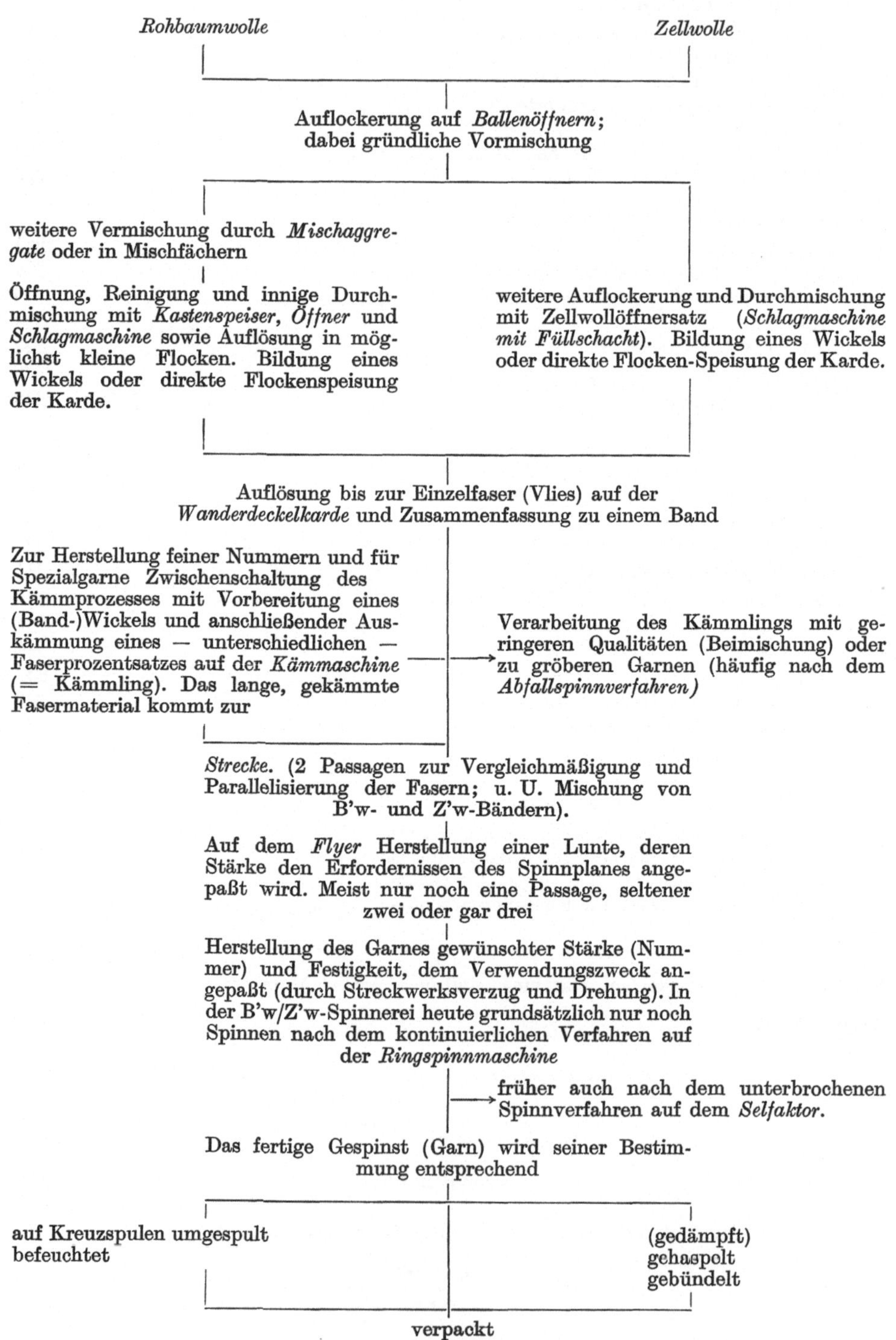

1 Die Putzerei

1.1 Anlieferung und Lagerung des Rohstoffes

Das Fasergut kommt in Form gepreßter Ballen in die Spinnerei. Baumwollballen sind stärker gepreßt als Zellwollballen (Frachtkosten im Überseeverkehr). Der Rohstoffbedarf für 2 bis 4 Monate wird in einem Ballenlager gespeichert. Aus Gründen der Platzeinsparung wird das Ballenmagazin meist als Hochlager gebaut. Die Schichthöhe sollte jedoch 10 m (Sicherheit!) nicht überschreiten. Die Verteilung der Ballen im Lager erfolgt mittels Laufkrane mit denen sich jede Stelle im Magazin erreichen läßt, oder durch Hubstapler, mit denen auch der Transport zur Ballenvorwärmung erfolgen kann. Die Anlieferung der Ballen geschieht entweder durch die Bahn oder mit Lastkraftwagen. Die eingehenden Ballen werden gewogen und nach Herkunft, Partie, Aufmachung usw. ins Lagerbuch eingetragen. In vielen Fällen müssen aus Wirtschaftlichkeitsgründen Baumwollsorten verschiedener Herkunftsländer zu Spinnpartien zusammengemischt werden; deshalb sollten im Lagerhaus alle Ballen zugänglich sein. Die einzelnen Partien oder Lose werden meist nicht auf einmal, sondern gruppenweise abgearbeitet. In einer Spinnpartie sind also Ballen mehrerer Lose zusammenzumischen. Diese Ballen unterscheiden sich oft in Aussehen und Charakter, so daß eine gründliche Aussortierung nach Stapel, Micronaire-Feinheit, Reifegrad, Faserfestigkeit und anderen arbeitstechnischen Gesichtspunkten erfolgen muß, ehe die Ballen dem Spinnprozeß zugeführt werden können. Die Durchmischung muß entsprechend gründlich sein.

1.2 Aufgaben der Putzerei

In der Baumwoll- und Zellwollspinnerei bezeichnet man die Abteilungen vor der Ringspinnerei als Vorwerk. Die erste Bearbeitungsstufe, deren Abschluß die Wickelbindung ist, nennt man Putzerei. Sie ist unterteilt in Mischung und Reinigung.

Bei der Verarbeitung des Rohstoffes hat die Putzerei folgende Aufgaben:

1. Auflockern, Mischen und Öffnen der zur Verarbeitung kommenden Faserstoffe,

2. Weitestgehende Reinigung der Flocken von anhaftenden Verunreinigungen.

1.3 Die Mischung

Man ist bemüht, eine Partie über eine möglichst lange Zeit homogen zu erhalten, da Partieänderungen immer mit Produktionsausfall und Schwierigkeiten in den weiteren Arbeitsstufen verbunden sind. Aus diesem Grunde teilt man mehrere Lose (das sind mehrere Hundert Ballen!), meist verschiedener Provenienz, in eine Anzahl Einzelmischungen ein.

1.3.1 Mischfächer

Zur Zwischenlagerung des vorgeöffneten Rohstoffes verwendete man früher durchweg Mischfächer. Gebräuchlich waren Kammern mit 100 m³ Fassungsvermögen (25 m² Bodenfläche, 4 m Schichthöhe), die für 20 Ballen Platz boten. Neben der angestrebten Durchmischung (der Rohstoff wurde in waagerechten Schichten ausgebreitet und senkrecht abgenommen) wollte man damit auch eine Erholung der Fasern von der starken Pressung und eine Akklimatisation erreichen. Diese Zwischenlagerung dauerte meist 48 Stunden. Solche Mischfächer sind nur noch selten anzutreffen; die große, aufgelockerte Fasermasse, Staubentwicklung und Feuergefahr sowie verbesserte Mischmethoden und rationellere Arbeit führten zu ihrer Abschaffung. In einzelnen Betrieben, besonders dann, wenn viele verschiedene oder kleine Partien oder sehr empfindliche Mischungen verarbeitet werden müssen, sind die Mischfächer noch anzutreffen.

Ehe der Rohstoff in die Mischkammern eingeführt werden konnte — das geschah durch Lattentücher, Saugleitungen oder Einblasen —, mußte er auf einem Ballenbrecher vorgeöffnet werden. Da man im Stock (Mischfach) schichtenweise ablegen konnte (gute Durchmischung), wurden diesen Maschinen größere Ballenlagen (20—50 kg) vorgelegt und dabei gleichzeitig nur wenige Ballen abgearbeitet.

1.3.2 Ballenvorwärmung

Beim Arbeiten ohne Mischfächer (= Durchgangsprozeß, meist „Einprozeß" genannt) geht man anders vor. Die Ballen einer Mischung kommen in einen klimatisierten Raum, die sogenannte Ballenvorwärmung. Dort werden sie auf Roste gelegt und von ihrer Verpackung befreit. Die Luft kommt dabei auch von unten heran. Die Ballen entspannen sich und quellen auf. Bei Bedarf bringt man sie dann in den Mischraum.

1.3.3 Auflegen und Abarbeiten einer Mischpartie

Die eigentliche Vorauflösung und Mischung erfolgt auf Mischballenöffnern (auch Blendern genannt (Abb. 14). Mehrere dieser Maschinen, in der Regel 3...6 (häufig 4), arbeiten zusammen (Abb. 1). Die Leistung einer solchen Maschine beträgt 100...150 kg/h, im Gegensatz zu 500...1000 kg/h eines gewöhnlichen Ballenbrechers. Die Auflösung der Faserklumpen erfolgt beim Mischballenöffner intensiver, die nachfolgenden Maschinen können den Rohstoff schonender behandeln.

Für eine gute Durchmischung ist eine möglichst große Ballenzahl je Mischung nur scheinbar die beste Lösung. Es hat wenig Sinn, mehr Ballen aufzufahren, als von den Verarbeitungsmaschinen gründlich durchgemischt bzw. bei zumutbarer Handmischung vermischt werden können. Je kleiner man den Anteil eines Ballens wählt, um so mehr Ballen lassen sich gleichzeitig mischen. Man kommt also praktisch wieder zu einer Art Handmischung und ist in starkem Maße von der Zuverlässigkeit der Arbeiter abhängig. Es hat sich gezeigt, daß von einem Blender etwa 4...6 Ballen günstig verarbeitet werden können. Größere Mengen würden eine zu feine Handmischung voraussetzen. Für eine Batterie von 4 Mischballenöffnern ergibt das somit eine Vorlage von 20...24 Ballen. Bei sehr gründlicher Vorsortierung sollte diese Ballenzahl ausreichen. In den meisten Betrieben legt man jedoch, wenn keine räumliche Begrenzung gegeben ist, trotzdem wesentlich mehr, z. B. 40, Ballen auf (Abb. 13).

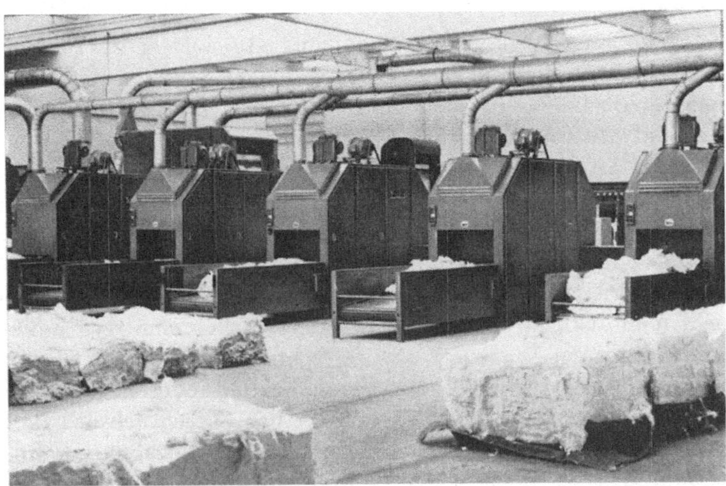

Abb. 1. Eine Gruppe von Mischballenöffnern mit vorgelegten Baumwollballen (Über den Maschinen die Rohre der Staubabsaugung)

1.3.3.1 Abarbeitung der Ballen. Abhängig vom verfügbaren Platz oder betrieblichen Überlegungen, kann man sich beim Auflegen der Ballen für verschiedene Methoden entscheiden:

1. Mischballenöffner mit kurzem Lattentuch und Vorlage der Ballen quer zu den Lattentüchern;

2. Mischballenöffner mit langem Lattentuch und Vorlage der Ballen längs der Lattentücher;

Abb. 2. Mehrballenzupfer mit drei Zupfstellen (Trützschler)

3. Mischballenöffner mit kurzem Lattentuch und Vorlage der Ballen an günstiger Stelle im Mischraum; Beschickung der Ballenöffner durch Mischwagen (Abb. 1;13);

4. Abarbeitung der Ballen durch automatisch arbeitende Zupfaggregate (entweder mit stationären Zupfern und bewegten Ballen oder umgekehrt).

1*

Bei Verfahren 1 sind die Wege des Arbeiters am kürzesten. Bei einer Teilung von 3 m können bei 4 Blendern etwa 20 Ballen aufgelegt werden. Ungünstig ist das Auflegen der Reservemischung. Diese Methode findet man meist bei beschränktem Raum.

Methode 2 verlangt größere Abstände von Ballenöffner zu Ballenöffner, da zwischen benachbarten Lattentüchern Raum für zwei Ballen und zwei Arbeitsgänge sein muß. Je länger das Lattentuch, desto mehr Ballen lassen sich aufstellen. Während die Ballen an der einen Seite der Lattentücher abgearbeitet werden, kann man an der anderen Seite die Ballen der Reservemischung auffahren.

Beim System 3 ermöglicht die Verwendung von Wagen (Abb. 13) die Einlage vieler Schichten (= Ballenanteile). Das Verfahren findet deshalb häufig dort Anwendung, wo man Wert auf große Mischungen legt. Voraussetzung ist jedoch, daß die Abnahme kleiner Ballenanteile garantiert werden kann. Vom Mischwagen aus beschickt man das Lattentuch des Blenders. Durch eine Hydraulik läßt sich der Rohstoffbehälter des Wagens hochkippen und der Inhalt auf das Lattentuch entleeren. Gelegentlich stehen die Ballen gegenüber den anderen Putzereimaschinen erhöht, so daß man mit dem Mischwagen über das Lattentuch des Ballenöffners und die Entleerung durch Öffnen einer Bodenklappe vornehmen kann.

Das Verfahren 4 ist noch relativ selten anzutreffen, gewinnt aber immer stärker an Bedeutung. Es macht die Mischung frei von den Problemen manueller Beschickung und bedeutet einen weiteren Schritt zur Automation in der Baumwollspinnerei (s. S. 5 ff). Da diese Verfahren einigermaßen aufwendig sind, ver-

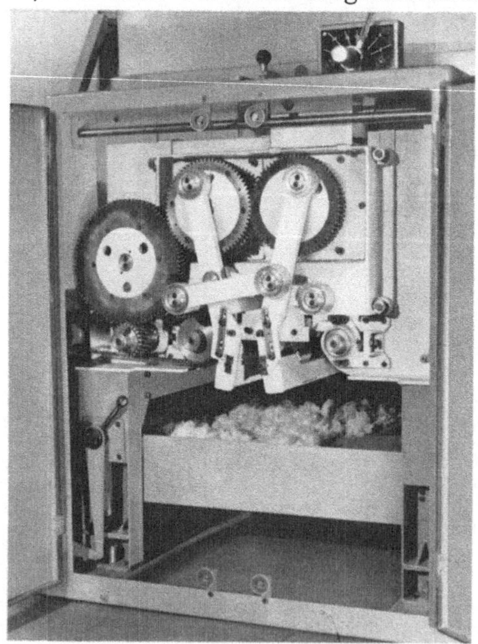

Abb. 3. Zupfstelle eines Ballenzupfers (Trützschler)

sucht man mit einer möglichst geringen Ballenzahl auszukommen. Bei guter Aussortierung der Ballen (oder beim Einsatz sogenannter vorgemischter Ballen) genügen 10 oder 12 Zupfstellen. Im Bedarfsfalle lassen sich aber auch mehrere

Aggregate parallel schalten, so daß dem Spinnprozeß praktisch jede Ballenzahl gut gemischt zugeführt werden kann. Ein weiterer Vorteil ist, daß sich bereits bei dieser ersten Auflösung u. U. eine sehr feine Auflösung des gepreßten Rohstoffes (z. B. bis zu einer Flockengröße von 0,2 g) erreichen läßt.

Bei Trützschler kommen entweder Einzel- oder Mehrballenzupfer zum Einsatz (Abb. 12;2). Bei der erstgenannten Art hat jeder Ballen seinen eigenen Zupfer, bei der zweiten sind mehrere Zupfstellen (z. B. 5) zu einer Maschine zusammengefaßt. Der Mehrballenzupfer läßt sich mit Vorteil bei der Abarbeitung von Ballen einer Provenienz einsetzen. Die Ballen werden auf Rollenbahnen gelegt und über einer Zupfvorrichtung hin und her bewegt. Die Zupfvorrichtung (Abb. 3) besteht aus 22 Plattfederpaaren, die durch ein Exzentergetriebe bewegt wird und von unten her den Ballen abarbeitet. Die Leistung einer Zupfstelle liegt bei 30 kg/h. Abhängig von der gewünschten Durchmischung oder der Leistung eines Öffnerzuges ist bei der Aufstellung eine bestimmte Anzahl Zupfer parallel zu schalten. Sie liefern dann alle auf ein gemeinsames Transportband ab.

Abb. 4. Karousel-Öffner (Rieter)
(In der Mitte die Abführleitung zum gemeinsamen Abtransport der von den 6 Ballen des sich drehenden Sternes herausgezupften Faserflocken)

Rieter liefert den „Karousel"-Öffner (Abb. 4). 6 Ballen drehen sich auf einer Kreisbahn und passieren bei jedem Umlauf 5 Zupfstellen (hier werden zur Auflösung Messerscheiben, deren Eindringtiefe sich über Federklappen regulieren läßt, verwendet). Der abgenommene Rohstoff fällt in ein Absaugrohr; alle 5 Ballenanteile werden gemeinsam abgeführt. Ein Überwachungsgerät — Flockmeter — mißt die durchlaufende Menge und reguliert (in Verbindung mit einem Dreipunktregler) die Drehzahl des Sternes mit den Ballen. Das gewährleistet eine konstante Produktion. Die Leistung eines Öffners kann zwischen 50 und 250 kg/h eingestellt werden.

Auch beim „Flocomat"-Öffner der SACM vollführen die Ballen (bis zu 30 Stück) einen Kreislauf (Abb. 5;39). Zupfaggregate arbeiten die Ballen beim Durch-

lauf von unten ab. Die entstehenden Flocken werden pneumatisch zu Kastenspeisern transportiert. Für jeden Kastenspeiser ist eine Zupfstelle vorgesehen.
Die Kastenspeiser sind mit einer Wiegevorrichtung ausgerüstet und beschicken
je eine Hochleistungskarde.

Abb. 5. „Flocomat"-Kreismischanlage (SACM)

Die Anlage von Hergeth (Abb. 6) unterscheidet sich dadurch von den bisher
angeführten, daß nicht die Ballenvorlage, sondern die Zupfvorrichtung wandert.
Je zwei Ballen haben in einem Behälter Platz, und bis zu 15 Behälter können auf
einem Rahmen untergebracht werden. Im Rahmen wird sowohl das Zupfaggregat
als auch das Materialtransportband geführt. Wenn das Doppelwalzen-Zupf-

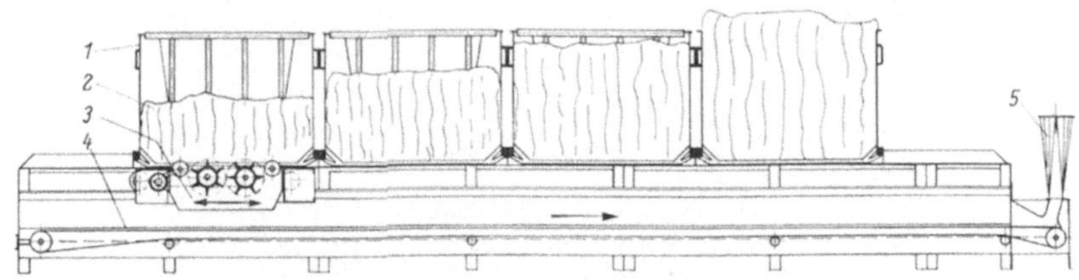

Abb. 6. Mehrballenöffner (Hergeth)
1 Transportbehälter; 2 Ballen; 3 wanderndes Zupfaggregat; 4 Transportband; 5 Absaugleitung

aggregat sämtliche Ballen passiert und abgezupft hat, wird die abgeworfene
Rohstoffschicht abgeführt. Dann erst setzt sich die Zupfvorrichtung wieder in
Bewegung. Federwalzen gewährleisten eine konstante Eindringtiefe der Zupfer
und sicheres Abarbeiten bis zum Ballenende. Die Behälter sind verschiebbar, so
daß ein kontinuierliches Aufsetzen neuer Ballen möglich ist.

Beim manuellen Abarbeiten der Ballen genügt es für die Herstellung einer
guten Mischung nicht, daß alle Ballen restlos verarbeitet sind, wenn die Reservemischung in Angriff genommen wird; die Ballen müssen gleichzeitig auslaufen.

Eine andere Möglichkeit, eine sichere Durchmischung zu erreichen, besteht
darin, die Ballen versetzt abzuarbeiten: man verarbeitet eine Ballengruppe bis
zur Hälfte, zieht dann die nächste Gruppe mit heran und holt, wenn die erste
Gruppe aufgebraucht ist, eine dritte Ballengruppe heran.

Eine weitere Verbesserung der Durchmischung strebt Rieter mit dem Automixer (Mischautomat) (Abb. 7;19) an. Eine ähnliche Wirkung erzielen Hergeth und Trützschler mit den Fachmischern (Abb. 20) (s. 1. 5. 1).

Verschiedene Firmen (z. B. Trützschler, Hergeth) bauen auch Anlagen zur Herstellung exakter Mischungen. Damit soll die Mischung verschiedener Rohstoffanteile in einem festen Mischungsverhältnis möglich werden. Man bedient sich dabei Kastenspeiser mit Wiegeeinrichtung. Bei Trützschler werden z. B. 4 Wiege-

Abb. 7. Mischautomat (Rieter)

speiser nebeneinander gestellt. Nach dem Einfüllen der eingestellten Gewichtsmengen werfen sie gleichzeitig auf ein Transportlattentuch ab. Bis zur Beendigung der nächsten Füllung wird das Transportband genau um eine Arbeitsbreite des Speisers vorgeschoben, so daß Ablage neben Ablage kommt und schließlich eine Materialschicht entsteht, in derem Querschnitt die gewünschten Anteile immer genau enthalten sind.

1.3.4 Öffnen und Reinigen

Die Abfallausscheidung wird günstig beeinflußt, wenn bereits zu kleinen Flocken aufgelöstes Fasergut nicht wieder komprimiert wird. Diesen Punkt berücksichtigt man bei der Zusammenstellung moderner Anlagen ganz besonders.

Die Maschinenzahl in der Putzerei hat sich im Laufe der Zeit verringert. Daß dies trotz eines Qualitätsabfalles der Baumwolle möglich war, ist zurückzuführen

a) auf die Einführung des Einprozesses (Wickelbildung in einem Arbeitsgang);

b) auf die Möglichkeit, die Mischfächer wegfallen zu lassen;

c) auf verbesserte, in der Reinigungswirkung intensivere Maschinenkonstruktionen

1.3.4.1 Materialbewegung in der Maschine.

1.3.4.1 Materialbewegung in der Maschine. Das Schlagen des Rohstoffes im freien Flug wird dem Schlagen im geklemmten Zustand vorgezogen, da es faserschonender ist. Öffnen und Reinigen müssen in ihrer Wirkung aufeinander abgestimmt sein. Eine für die nächste Reinigungsstelle zu weitgehende Auflockerung

verschlechtert die Reinheit des Wickels: einmal in das Innere einer Flocke gelangte
Verunreinigungen können kaum mehr ausgeschieden werden. Die Maschinen müs-
sen deshalb so eingestellt sein, daß größere Fremdteile nicht zerschlagen werden.
Das Ausscheiden kleiner und leichter Teile ist sehr schwer: zu viele Schlag-
passagen fördern die Nissigkeit des Rohstoffes. Die durch eine vorhergehende
Auflockerung freigelegten Verunreinigungen sollten an der jeweils folgenden
Reinigungsstelle möglichst vollständig ausgeschieden sein, ehe der Rohstoff
weiter geöffnet wird.

Die Luftführung beeinflußt die Reinigungswirkung einer Putzereimaschine
ganz wesentlich. Das früher praktizierte Verfahren der Wechselwirkung von
Schlagkraft und Luftstrom wird bei modernen Maschinen nicht mehr angewandt,
der Luftstrom dient jetzt in erster Linie dem Transport der Faserflocken und die
abgeschlagenen Verunreinigungen können so ungehindert durch den Rost fallen.
Dieses Prinzip der „toten Abfallkammer" ist bei fast allen modernen Reinigungsmaschinen zu finden.

Für die Materialführung wendet man verschiedene Methoden an:

1. Der Rohstoff wird in der Maschine ausschließlich durch kinetische Energie
getragen. In der Maschine selbst gibt es keine effektiven Luftströmungen (z. B.
Stufenreiniger) (Abb. 16).

2. Der Rohstoff wird von der Luft getragen, die Abfallkammer befindet sich
aber außerhalb des Luftstromes (z. B. Axi-Flo) (Abb. 8;17);

3. Der Rohstoff wird durch den Schläger dem Luftstrom zugeleitet. Die Einleitung der Transportluft erfolgt aber erst hinter dem Schlagraum (z. B. verschiedene Schlagmaschinen) (Abb. 10).

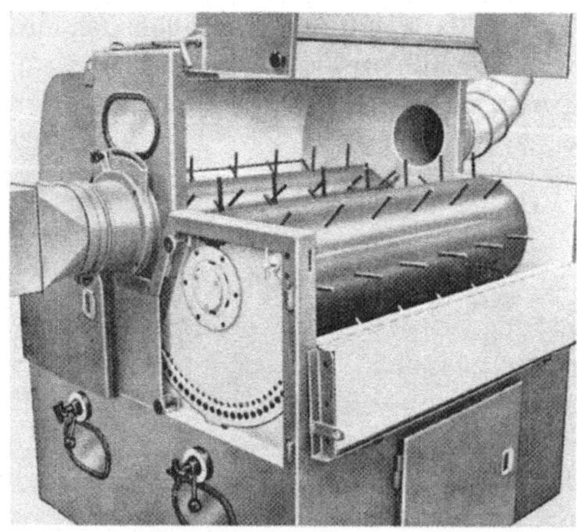

Abb. 8. Axi-Flo (Whitin, Bauart Trützschler). Vorne Materialeinlaß, hinten Auslaß

Über die Zusammenstellung der Putzereianlagen bestehen unterschiedliche
Ansichten (s. Abschn. 1.4), und die Reihenfolge der einzelnen Maschinentypen ist oft
sehr verschieden. In den Betrieben werden Einzelmaschinen oder ganze Maschinen-
gruppen mit Umgehungsleitungen versehen, damit man die Anlagen den Gegebenheiten der verschiedenen Rohstoffe anpassen kann. Das gilt in besonderem Maße
für Spinnereien mit vielen Qualitäten.

Bei den Putzereimaschinen muß man grundsätzlich zwischen Auflösen und Reinigen unterscheiden. Beide Arbeiten trennt man meist deutlich voneinander (Ausschaltung der geklemmten Materialzufuhr an den Schlägern), weil so die Nissenbildung vermindert werden kann. Maschinen mit Schlagorganen und Abfallausscheidung bezeichnet man als Öffner oder Reiniger; beide Begriffe sind nicht zu trennen. Diesen Aggregaten stehen die Auflösungsmaschinen gegenüber. Letztere werden von den meisten Maschinenbauern bereits mit einer Reinigungsvorrichtung ausgerüstet.

1.3.4.2 Schlagorgane (Abb. 9). Das Hauptteil der Öffner ist der Schläger mit dem Rost. Als Schläger kommen zur Anwendung:

a) *Nasentrommeln:* Sie bestehen aus einem von einer Achse getragenen zylindrischen Mantel, auf den kurze, u-förmige Schlagnasen aufgeschraubt sind oder aus Scheiben mit angeschraubten Flacheisen. Die Schlagnasen können verschiedene Form haben. Auf dem Umfang sind 12...16 Nasen verteilt, in der Breite ist ihre Zahl z. B. 22, von der Arbeitsbreite abhängig;

b) *Schlaghaspeln:* Verglichen mit dem ersten Typ ist hier der Zylinder im Durchmesser kleiner. Die Nasen (Stifte) sind schlanker und im Verhältnis zum Trommelkörper länger (Abb. 16);

c) *Schienenschläger:* 2- oder 3-armige. Werden zum Abschlagen von einem Klemmpunkt eingesetzt. Da hierbei der Rohstoff kräftig bearbeitet wird, sollte diese Schlägerart erst nach gründlicher Auflockerung der Faserklumpen eingesetzt werden;

d) *Kardierschläger*, wie Kirschnerflügel (3-armig) oder Bisingerwalze (Vollstiftwalze), haben zum Abschlagen kurze und dünne, nadelartige Stifte. Diese sind entweder radial oder schräg eingesetzt, unter Umständen haben sie auch ver-

Abb. 9. Schläger für Öffner und Reiniger
(von oben nach unten): Schlagnasentrommel, Kirschnerflügel, Dreischienenschläger

schiedene Länge (in Drehrichtung zunehmend). Wegen ihrer sehr intensiven Wirkung werden Kardierschläger meist in der letzten Schlagpassage eingesetzt. Der Kirschner-Flügel hat je Brett rd. 1000 Nadeln, die Bisinger-Walze 6000 Nadeln auf der gesamten Oberfläche (die Nadeln haben hier alle gleiche Länge);

d) *Sägezahnwalzen*, wie sie beim Shirley-Öffner (Abb. 22) oder dem SRRL-Öffner-Reiniger (Abb. 23) Anwendung finden. Sie sind mit einem dem Vorreißerdraht ähnlichen Sägezahndraht bezogen.

Die letzte Schlagstelle vor der Wickelbildung wird in der Regel als Schlagmaschine bezeichnet. Im Gegensatz zu den anderen Öffnern erfolgt hier die Materialzufuhr zum Schläger mit Regulierung des Gewichtes (Volumens) je Längeneinheit (Abb. 32,33).

1.3.4.3 Abfallausscheidung. (Abb. 10) Der in den Schlagraum eingeführte Rohstoff wird von den Schlagorganen erfaßt und gegen einen Stabrost geschleudert. Die außen an den Flocken liegenden Verunreinigungen werden dabei abgeschleudert und fallen durch die Rostspalten aus. Dann wird die Flocke wieder in den Bereich des Schlägers zurückgeworfen und der Vorgang wiederholt sich. Die Abstände zwischen den einzelnen Roststäben, sowie Stellung und Abstand

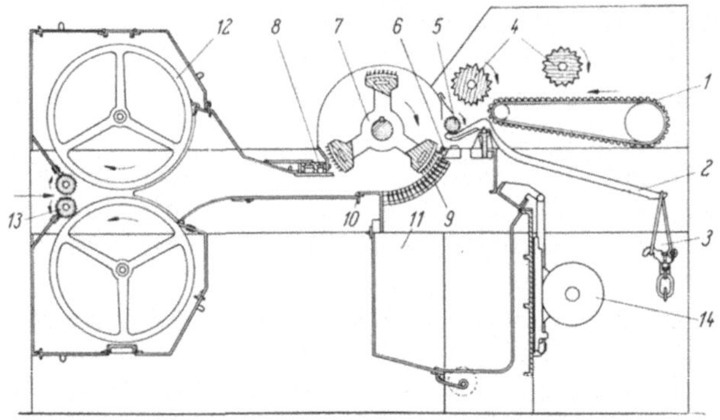

Abb. 10. Schlagraum einer Schlagmaschine mit Kirschnerflügel (Platt)
1 Speiselattentuch; *2* Muldenhebel; *3* Summiergehänge für Muldenbewegung; *4* Verdichtungswalzen; *5* Speisewalze (belastet); *6* Nadelleiste; *7* Kirschnerflügel; *8* Abstreifer; *9* einstellbarer Stabrost; *10* regulierbarer Lufteinlaß; *11* Abfallraum; *12* Siebtrommel; *13* Abzugswalzen: *14* Motor

der Stabnasen gegenüber dem Schlagkreis sind regulierbar, so daß man die für den Bearbeitungsgrad und das Fasermaterial günstigste Stellung wählen kann. Die Roste sind meist abteilungsweise von außen zentral verstellbar, zum Teil kann das sogar bei laufender Maschine erfolgen. Bei Maschinen mit quer zum Materialfluß liegenden Schlägern sind gewöhnlich die letzten Roststäbe entgegen der Arbeitsstellung eingesetzt. An diesen Stellen wird der für den Fasertransport benötigte Luftstrom eingeleitet. Neue Maschinentypen haben besondere Luftspalten, durch die Transportluft aus dem Saal angesaugt wird. Die Umschlingung des Schlägers durch den Rost ist verschieden. Von wenigen Ausnahmen abgesehen, geht sie nicht über den halben Umfang hinaus.

1.3.4.4 Materialförderung. Zur Materialförderung von Maschine zu Maschine benützt man meist Rohrleitungen. Der pneumatische Transport ist der Führung durch Lattentücher vorzuziehen. Letztere finden nur noch zum Transport innerhalb der Maschinen oder zur Zuführung zu den Schlägern Anwendung.

Die Geschwindigkeit in den Rohrleitungen ($\varnothing$ 250...300 mm) soll zwischen 15 und 20 m/sec liegen. Zu hohe Geschwindigkeiten führen zum Rollen des Materials (Nissenbildung), zu niedrige Geschwindigkeiten zu Verstopfungen. Aus dem gleichen Grunde dürfen Krümmungsradien nicht zu eng gewählt werden. Die Leitungen sollen möglichst kurz sein. An gefährdeten Stellen bringt man Schieber an, um Störungen leichter beheben zu können.

1.4 Zusammenstellung moderner Anlagen

1.4.1 Anlagen für Baumwolle (Abb. 12, 13)

Zur schonenden, aber intensiven Vorauflösung der Baumwolle stehen am Anfang des Arbeitsprozesses mehrere Mischballenöffner oder Anlagen wie in (1.3.3.1) beschrieben. Von dort wird der Rohstoff entweder mit Gummitransportbändern oder pneumatisch abgeführt. In den ersten Schlagpassagen läßt sich aus der Baumwolle der meiste Abfall herausholen; deshalb setzt man gleich am Anfang die wirksamsten Reinigungsmaschinen ein (z. B. Stufenreiniger, Horizontalreiniger, Mono-Walzenreiniger, Axi-Flo). Das Fasergut wird dann entweder in eine Rohrleitung abgeworfen (die nachfolgende Siebtrommel holt die Transportluft durch die Leitung aus dem Spinnsaal), oder vom Kondenser der nachfolgenden

Abb. 11. Öffnergruppe bestehend aus Füllschacht, Stufenreiniger und Horizontalöffner (Ingolstadt)

Maschine durch diesen ersten Reiniger hindurchgesaugt. Hier folgen die Mischfächer oder die Zwischenmischung (z. B. mit Mischautomat). Andere Firmen lassen gleich einen Horizontalöffner mit Nasen- oder Schienenschläger folgen. Dieser Öffner wird gewöhnlich durch einen Kastenspeiser oder Füllschacht gespeist und häufig von einem zweiten, umgehbaren Horizontalöffner gefolgt. Verschiedene Firmen raten davon ab, die gleiche Maschine zweimal hintereinander in den Arbeitsprozeß einzuschalten, weil durch die gleichartige Bearbeitung die Abfallausscheidung ungünstig beeinflußt, die Nissenbildung aber begünstigt werden soll.

In der Mehrzahl der Spinnereien wird die Lieferung der Öffnergruppe auf zwei, manchmal auch auf drei einfache oder Doppelschlagmaschinen verteilt; seltener arbeitet man auf nur eine Schlagmaschine.

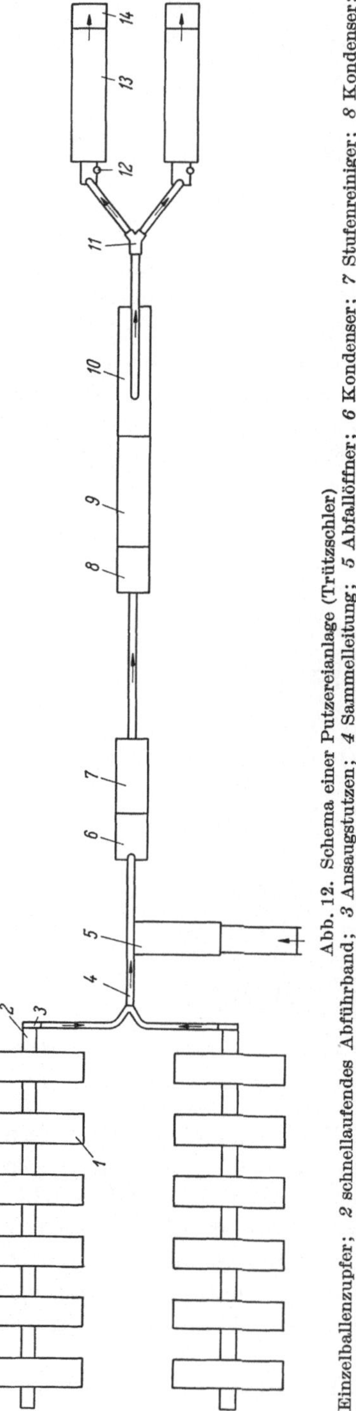

Abb. 12. Schema einer Putzereianlage (Trützschler)

1 Einzelballenzupfer; 2 schnellaufendes Abführband; 3 Ansaugstutzen; 4 Sammelleitung; 5 Abfallöffner; 6 Kondenser; 7 Stufenreiniger; 8 Kondenser; 9 Kastenspeiser; 10 Horizontalöffner mit Umgehungsleitung und 2. Horizontalöffner; 11 Zweiweg-Verteiler mit 12 Eldro-Gerät

Doppelschlagmaschinen (Abb. 169), bei denen sowohl an der ersten als auch an der zweiten Schlagstelle eine Wattenregulierung vorgenommen wird, waren eine Zeitlang stark verbreitet, weil man durch die doppelte Gewichtsregulierung einen gleichmäßigeren Wickel erwarten durfte. Sie werden jetzt seltener gebaut: der Endschlagmaschine ist in der Regel ein erhöhter Füllschacht (Abb. 30, 31) für eine Mischreserve vorgeschaltet, durch die eine an der ersten Schlagstelle regulierte Vorlage unnötig wird. Bei modernen Einzelschlagmaschinen ist die Wickelgleichmäßigkeit ebensogut.

Besonders bei der Verarbeitung von mittleren und kurzen Baumwollen setzt man der Schlagmaschine einen Öffner mit Sägezahnwalze vor, wie z. B. den Shirley-Öffner oder den Sägezahnöffner. Vielversprechend ist auch der Einsatz von Luftstrom-Reinigern (Abb. 25, 26) vor der letzten Schlagstelle. Zur Herstellung möglichst langer Wickel setzt man Hochdruck-Kalanderteile an der Schlagmaschine ein; zur Rationalisierung des Arbeitsablaufes und zur Verbesserung der Wickelqualität bedient man sich des automatischen Wickelwechsels (Abb. 37).

Die Ventilatoren der einzelnen Maschinen blasen ihre Abluft entweder durch Kanäle in den Staubkeller (Abb. 28), oder durch Siebtrommelfilter (im Arbeitssaal aufgestellt) direkt in den Saal zurück (Abb. 29).

Die Zahl der eingeschalteten Schlagpunkte ist verschieden und von der zur Verarbeitung kommenden Baumwolle und den Maschinen abhängig. Stark verunreinigte Baumwollen brauchen mehr Schlagstellen als sauberere Sorten. Aus Gründen der Faserschonung nimmt man aber grundsätzlich nur so viele Bearbeitungsstellen als absolut nötig sind.

Abb. 13. Modell einer Putzereianlage (Rieter)
1 Vorgelegte Mischung; *2* Mischwagen; *3* Mischballenöffner; *4* Monowalzenreiniger; *5* Mischautomat
(3, 4, 5 sind versenkt aufgestellt); *6* Zick-Zack-Öffner; *7* Füllschacht; *8* einfacher Voröffner; *9* Drei-
weg-Verteiler; *10* Füllschacht; *11* Doppelschlagmaschine mit Kastenspeiser; *12* Wickelablage

1.4.2 Anlagen für Zellwolle

Auf Grund ihrer Freiheit von Fremdkörpern und Verunreinigungen wird bei
der Zellwolle kein eigentlicher Reinigungsprozeß nötig. Aber auch innerhalb der
zur Verarbeitung kommenden Zellwollpartien einer Mischung sind Unterschiede
zu beobachten. Nichtberücksichtigung dieser Unterschiede in der Mischung würde
zu Reklamationen führen. Deshalb wendet man auch bei der Vorauflösung von
Zellwolle eine Gruppe Mischballenbrecher an. Für die Feinauflösung der weniger
stark gepreßten Fasermasse setzt man an der meist einzigen Schlagstelle, der
den Mischballenöffnern folgenden Schlagmaschine, einen Kirschnerflügel ein. In
ausgesprochenen Zellwollspinnereien paßt man die Putzereianlage ganz dem
Rohstoff an.

In der Mehrzahl der Betriebe müssen jedoch Baumwolle und Zellwolle auf
den gleichen Maschinen verarbeitet werden. In diesen Fällen sieht man für alle
nicht erforderlichen Aggregate Umgehungsleitungen vor.

Die (Abb. 12, 13) stellen repräsentative Baumwollanlagen dar.

1.5 Die Maschinen der Putzerei

1.5.1 Öffner, Mischungs- und Reinigungsmaschinen

Der Mischballenöffner (Abb. 14). Die Materialzufuhr zum Speisekasten erfolgt durch ein Lattentuch, das von Hand oder mit einem Mischwagen beschickt wird. Ein Bodenlattentuch, häufig leicht ansteigend, transportiert die Ballenlagen an das Steiglattentuch heran. Die Latten sind auf endlose Lederriemen aufgeschraubt und mit schrägstehenden Nadeln besetzt. Die Nadeln zweier aufeinanderfolgender Latten können versetzt angeordnet sein; sie ragen zu etwa 40 mm aus den Stäben heraus. Auf 1 m² Lattentuch kommen etwa 400 Nadeln. Diese Werte können, abhängig vom Modell, stark variieren.

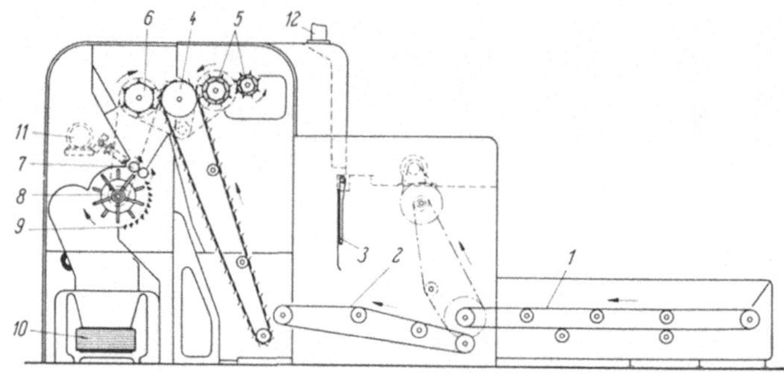

Abb. 14. Mischballenöffner B 2/2 mit Reinigungswalze (Rieter)
1 Auflegelattentuch; *2* Zuführlattentuch; *3* Tastblech; *4* benadeltes Steiglattentuch; *5* Rückstreif-
walzen; *6* Abschlagwalze; *7* Speisewalzen; *8* Reinigungswalze; *9* Stabrost; *10* Abführband; *11* Motor;
12 Staubluftauslaß

Die Nadeln zupfen aus dem Rohstoff größere oder kleinere Flocken heraus. Das Nadellattentuch ist meist in Arbeitsrichtung geneigt. Zu große Klumpen werden durch eine Rückstreifwalze aus den Nadeln abgeschlagen und in den Speisekasten zurückgeworfen. Dieser überschüssige Rohstoff wird gegen ein Siebblech geschleudert, durch das hindurch freigewordener Staub abgesaugt wird. Zur Vermeidung einer Rollenbildung im Speisekasten (Vernissungsgefahr) führt Trützschler bei seinem Modell MB das Steiglattentuch im unteren Teil senkrecht und bringt parallel dazu ein Leitblech an. Der überschüssige Rohstoff im Speisekasten kann so vom Steiglattentuch nicht auf großer Länge, sondern nur auf einem kurzen Stück erfaßt werden. Diese Maßnahme beschränkt aber die Produktion sehr, so daß jetzt meist darauf verzichtet wird.

Die Leistung des Ballenöffners ist abhängig vom gewünschten Auflösungsgrad, der durch den Abstand Lattentuch—Rückstreifwalze beeinflußbar ist (entweder wird das Nadelgitter verstellt oder die Rückstreifwalze verschoben), und der Geschwindigkeit des Steiglattentuches (um 100 m/min, regulierbar).

Eine stufenlose Geschwindigkeitsänderung ist hier z. B. mit einem Simplabelt-Getriebe möglich: durch eine Ratsche wird der Motor gehoben und gesenkt und so der Achsabstand zwischen Motor- und Antriebswelle des Steiglattentuches verändert. Eine Spreizscheibe auf der Motorwelle paßt sich dem neuen Abstand an und ändert den wirksamen Durchmesser.

Die Arbeitsbreite der Maschine (und damit auch die Grundproduktion) kann verschieden gewählt werden.

Die Füllung des Speisekastens wird meist durch Tastbleche oder Tastrechen kontrolliert; aber auch Fotozellen finden Verwendung. Ist ein bestimmter Füllungsgrad erreicht, stellt das Speiselattentuch die Materialzufuhr ab. Im Gegensatz zu der früher üblichen Steuerung mit Voll- und Leerscheibe wendet man jetzt Klinkenräder (Trützschler), Kupplungen (Rieter, Ingolstadt) oder Umlaufgetriebe (Hergeth) an.

An der Auslaufseite des Ballenöffners bauen jetzt alle Firmen zusätzlich über Roste arbeitende Reinigungswalzen für eine erste Abfallausscheidung des vorgeöffneten Rohstoffes an.

Bei der Verarbeitung von wiederverspinnbaren Abfällen ersetzt man die Rückstreifwalze häufig durch ein kurzes Lattentuch oder ein Walzensystem. Damit soll an der Rückstreifwalze eine Wickelbildung durch Bänder vermieden werden.

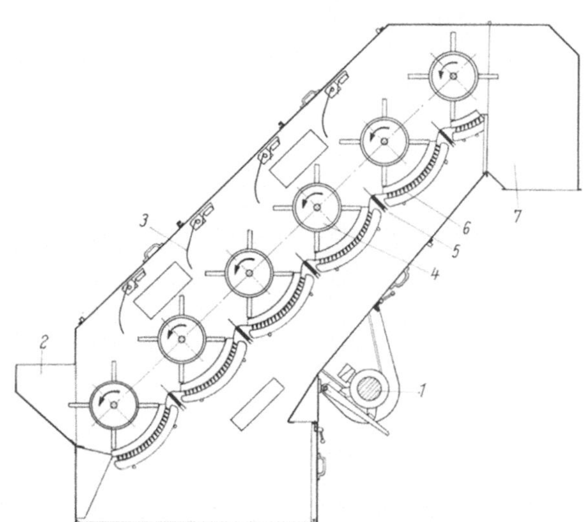

Abb. 16. Schrägreiniger (Hergeth)
1 Motor; *2* Materialeinlaß; *3* Ablenkplatte; *4* Schlaghaspel;
5 Prallbleche; *6* Stabrost; *7* Materialauslaß

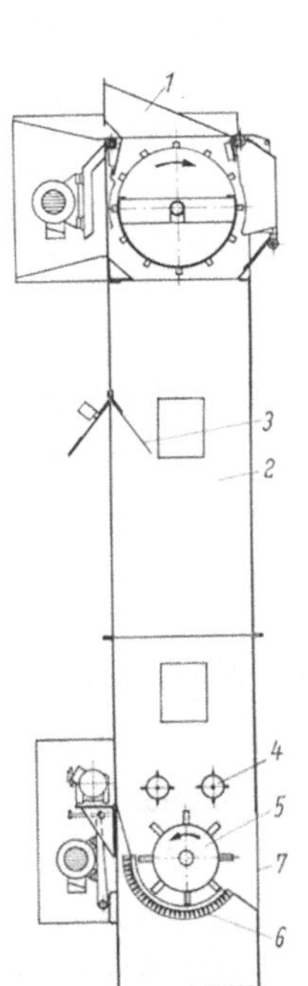

Abb. 15. Füllschacht (Hergeth)
1 Kondenser mit Ansaugleitung und Dichtungsklappen; *2* Füllschacht;
3 Füllungskontrolle; *4* Abzugswalzen; *5* Reinigerwalze; *6* Stabrost;
7 Materialauslaß

Kastenspeiser. Sie sind im Aufbau dem Ballenöffner sehr ähnlich. Man verzichtet hier jedoch auf die zusätzliche Reinigungswalze und wählt für die Steiglattentücher eine etwa doppelt so feine Benadelung, die — wie bei den Mischballenöffnern — versetzt gesteckt ist.

Schrägreiniger (Abb. 16). Diese Maschine, Stufenreiniger, Horizontalreiniger, Ultra Cleaner oder Multi Cleaner genannt, wurde aus dem Superior Cleaner entwickelt. Der Schrägreiniger hat sich in den meisten Betrieben als sehr wirksame Reinigungsmaschine bewährt.

Sechs Schlaghaspeln, seltener 3, sind unter einem Winkel von 45° schräg übereinander angeordnet. Alle Walzen (Schlagkreis-⌀ 450 mm) haben gleiche

Drehrichtung (n = 550 U/min) und arbeiten über einstellbaren Stabrosten. Für beste Reinigungsarbeit darf bei dieser Maschine der Rohstoff nur durch kinetische Energie getragen werden. Man wirft deshalb auch das bearbeitete Fasergut in eine Rohrleitung ab, die zum Ansaugen der Transportluft eine Öffnung in den Saal hat. Durch einstellbare Prallbleche und zwischen die Haspeln einschiebbare Leitbleche sollen Auflösungs- und Reinigungswirkung gesteuert werden. Die Schlagstifte mit ovalem, rechteckigem oder U-förmigem Querschnitt stehen auf Lücke. Jede Haspel hat 4 Reihen mit 6...9 Stiften.

Axi-Flo (Abb. 8; 17). Charakteristisch sind die beiden Stiftwalzen (Modell A 24″ ⌀, Modell B 30″ ⌀), die axial im Materialfluß liegen. Die Stifte sind nach einem bestimmten Schema gesetzt. Beide Trommeln haben gleiche Drehrichtung und Drehzahl (n = 400 bzw. 330 U/min). Die Baumwolle, vom Luftstrom getragen, wird in der Maschine quer zu ihrer Durchlaufrichtung angeschlagen. Dabei

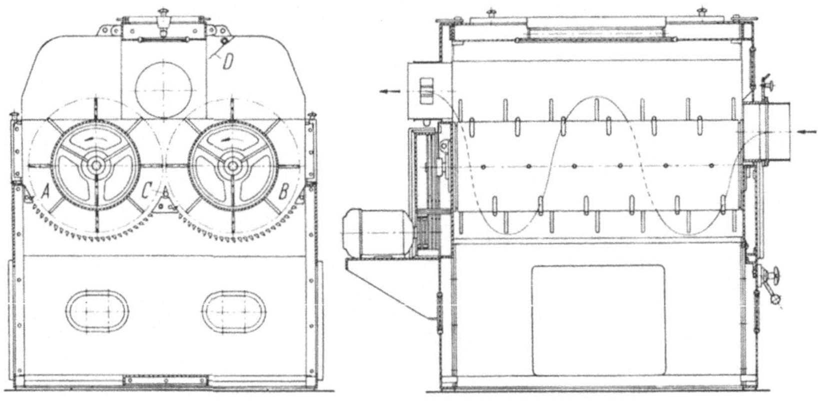

Abb. 17. Axi-Flo (Whitin)
A, *B* Schlagtrommel; *C* verstellbare Kante des Stabrostes; *D* Ablenkplatte

erfolgt zwar auch eine Zerteilung der Flocken, primär ist jedoch das Abschlagen der Fremdteile, wenn der Rohstoff über den Rost geführt wird. Ähnliche Maschinen werden auch von Trützschler (Lizenz), Hergeth, Saco-Lowell gebaut.

Monowalzenreiniger (Abb. 18). Die Materialbearbeitung ist ähnlich wie beim Axi-Flo. Jedoch ist hier nur eine Walze eingesetzt (⌀ 700 mm, Länge 1200 mm, n = 720 U/min), worauf sich die Bezeichnung der Maschine bezieht. Drei Prallbleche, spiralig angeordnet, lenken den Rohstoff immer zum Schläger zurück, verhindern einen zu schnellen Materialdurchlauf und bremsen die Baumwolle für eine bessere Reinigung jedesmal stark ab.

Mischautomat (Abb. 7; 19). Der Rohstoff wird von einem Kondenser angesaugt und auf einen Mischwagen abgeworfen. Die von den einzelnen Mischballenöffnern kommenden Faserkomponenten werden beim Hin- und Hergehen des Wagens gleichmäßig auf eine Länge von 12 m ausgebreitet. Nach 30...40 Lagen (die Anzahl ist einstellbar), was einer Füllung von 75 kg entspricht, stellt die Speisung ab. Bei Bedarf öffnen sich die Klappen dieses Reservekastens und der Materialblock fällt auf das Gummitransportband des unteren Kastens. Der

Rohstoff wird dann an ein senkrecht stehendes Nadellattentuch herangeführt und, als Querschnitt durch alle Lagen, senkrecht abgenommen (Prinzip Mischfach). Eine Sonderausführung verzichtet auf den oberen Mischkasten, so daß kontinuierlich gemischt wird.

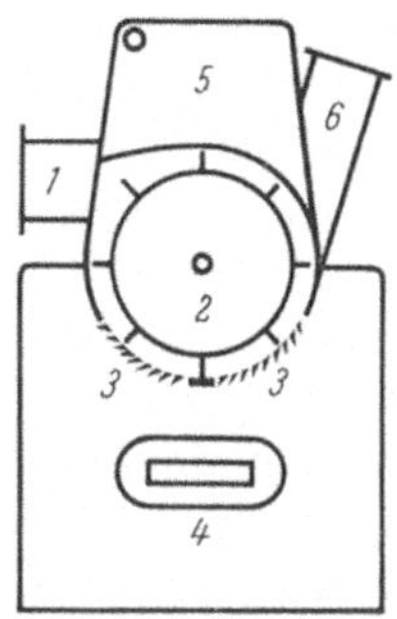

Abb. 18. Monowalzenreiniger (Rieter)
1 Materialeinlaß; *2* Stifttrommel; *3* einstellbarer Stabrost; *4* Abfallkammer; *5* Haube mit Leitblechen; *6* Materialauslaß

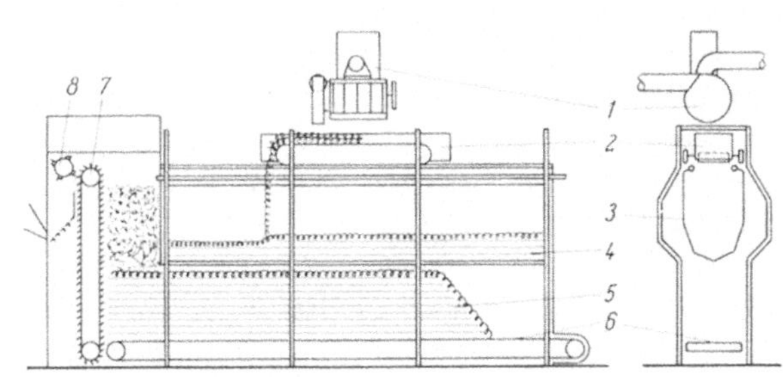

Abb. 19. Mischautomat (Rieter)
1 Kondenser; *2* Mischwagen; *3* Reservekammer; *4* Reservemischung; *5* Material in Abarbeitung; *6* Bodentransportband; *7* benadeltes Steiglattenbuch; *8* Abschlagwalze

Fachmischer (Abb. 20). Dieser automatische Mischapparat hat 6 oder 10 Füllschächte für eine Füllhöhe von 4 m. Das Fasergut wird von einem Kondenser angesaugt und durch einen Verteilerwagen, je nach Bedarf, in die Schächte abgeworfen. Das Fassungsvermögen der Schächte beträgt 300 bzw. 500 kg. Die Abarbeitung des Materials erfolgt auf ein Bodentransportband, gleichzeitig aus allen Kammern. Die Weiterführung geschieht durch Absaugen.

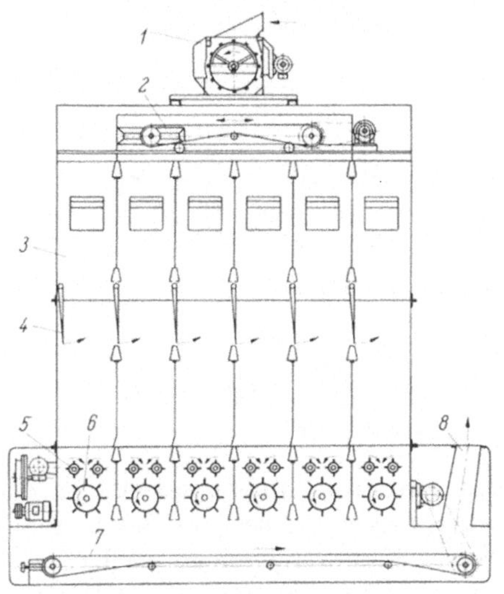

Abb. 20. Fachmischer (Hergeth)
1 Kondenser m. Zuleitung; *2* Mischwagen; *3* Füllschacht; *4* Füllkontrolle; *5* Abführwalzen; *6* Abschlagwalze; *7* Bodentransportband; *8* Abführstutzen

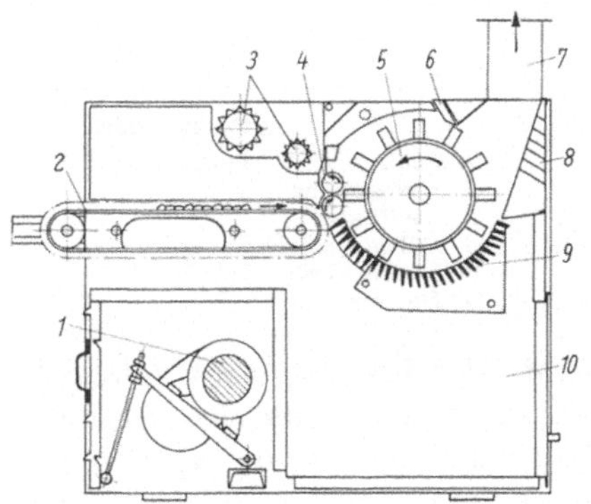

Abb. 21. Horizontalöffner (Hergeth)
1 Motor; *2* Speiselattentuch; *3* Verdichtungswalzen; *4* Speisewalzen; *5* Nasentrommelschläger; *6* Abstreifer; *7* Materialauslaß; *8* Luftspalten; *9* Stabrost; *10* Abfallkammer

Horizontal-Öffner (Abb. 21). Diesen auch Voröffner genannten Maschinentyp bauen alle Maschinenfabriken in ähnlicher Ausführung. Seine Aufgabe ist eine weitere Auflösung und Reinigung des Fasergutes. Als Schlagorgan kommen 3-Schienenschläger, Nasentrommel oder gröber besetzter Kardierflügel in Frage. Die Rohstoffzufuhr zum Schläger erfolgt über Lattentuch oder Füllschacht durch Speisewalzen. Bei den neueren Typen werden Schläger und Materialtransport getrennt von je einem Motor angetrieben. Die Motore sind innerhalb der Maschinenverkleidung untergebracht. Im Gegensatz zum gebräuchlichen Dreikantprofil, haben die Roststäbe des neuen Trützschler-Öffners ein L-förmiges Profil.

Diese Form soll die Abfallausscheidung begünstigen, da auch bei kleiner Rostöffnung zwischen den Stäben ein großer Zwischenraum bleibt und keine Saugwirkung entstehen kann.

Der früher sehr stark ausgebaute Rost (270° Schlägerumschlingung) brachte die sogenannten Schwanenhälse. Sie sind bei den meisten Typen verschwunden, weil der Rost jetzt eine kleinere Umschlingung des Schlägers als früher aufweist.

Shirley-Öffner (Abb. 22). Hier wird das Reinigungsprinzip des Vorreißermessers an der Karde aufgegriffen. Die Trommel ist mit Sägezahndraht besetzt ($\varnothing$ 390 mm, n = 1560 U/min). Das besonders konstruierte Verdeck verhindert die Bildung von Räumen mit Überdruck, so daß der Schläger immer faserfrei

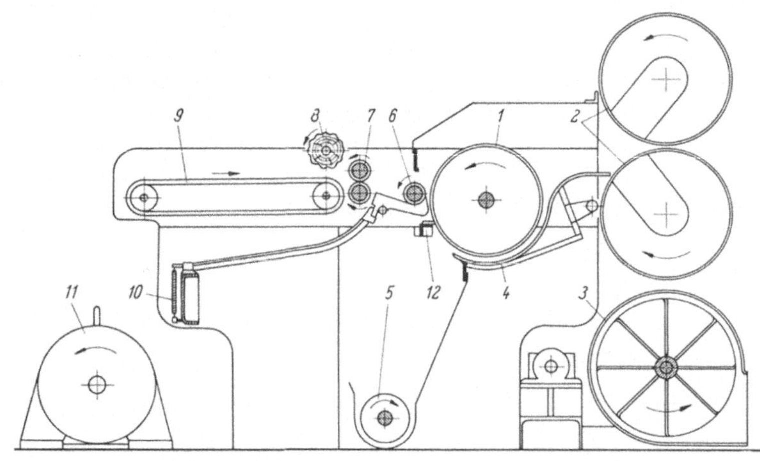

Abb. 22. Shirley-Öffner (Tweedales & Smalley)

1 Schläger mit Sägezahndraht;	*7* Druckwalzen;
2 Siebtrommeln;	*8* Holzwalze;
3 Ventilator;	*9* Speiselattentuch;
4 Führungsblech;	*10* Muldenhebel m. Feder;
5 Abfall-Förderschnecke;	*11* Motor;
6 Speisewalze;	*12* Ablenkplatte

bleibt. Der Rohstoff wird vom Schläger im Luftstrom mitgenommen. An der Deflektionsplatte teilt sich der Luftstrom. Die Fasern bleiben am Beschlag der Trommel, während die spezifisch schwereren Verunreinigungen nach außen fliegen und von der Spitze eines Separationsbleches abgetrennt werden. Die Siebtrommeln laufen schnell (v = 1,5 m/sec bei n = 60, gegenüber v = 0,08 m/sec und n = 3 U/min an der Schlagmaschine). Dadurch ist die Faserschicht immer sehr dünn und selbst kleine Verunreinigungen und Staub lassen sich gut beseitigen.

Diese Maschine darf aber weniger als Öffnungs- als vielmehr als intensives Reinigungsaggregat eingesetzt werden. Das zur Vorlage kommende Material sollte also bereits gut aufgelöst sein.

SRRL-Öffner/Reiniger. Alle Arbeitswalzen dieser Maschine sind mit Sägezahndraht bezogen. Das erste Modell hatte nur die Vorauflösungswalzen A und B und die dazugehörigen Abstreifwalzen. Diese Ausführung wird in vielen Spinnereien besonders bei der Herstellung von Melangen eingesetzt, weil man eine sehr feine Auflösung erreicht. Verbessert wurde es durch den Anbau von Öffnerwalzen mit Stabrost. Die letzte Entwicklung ist in Abb. 23 dargestellt. Das Fasergut wird von einem Lattentuch eingespeist und von den Vorauflösungswalzen A erfaßt.

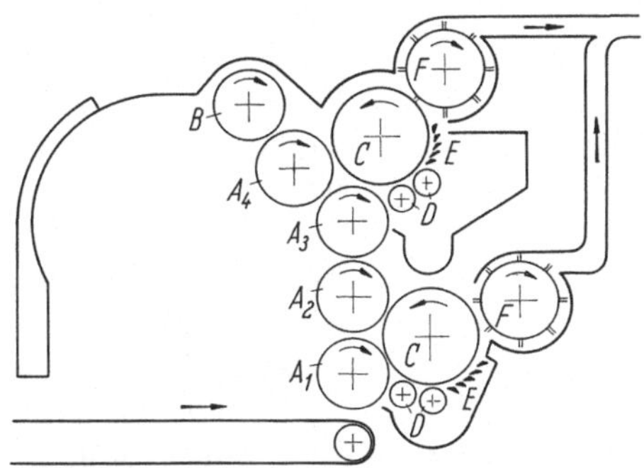

Abb. 23. Sägezahnöffner / Mischer / Reiniger (Saco-Lowell)

A Auflösungswalze   ($\varnothing$ 305 mm; $v = $ 5   m/s)
B Abschlagwalze   ($\varnothing$ 305 mm; $v = $ 7   m/s)
C Öffnerwalze   ($\varnothing$ 420 mm; $v = $ 16   m/s)
D Kardierwalze   ($\varnothing$ 102 mm; $v = $ 1,7 m/s)
E Stabrost
F Abnahmewalze   ($\varnothing$ 330 mm; $v = $ 25   m/s)
A, B, C und D sind mit Sägezahndraht bezogen

Da die Walzen gleiche Drehrichtung haben, werden die Flocken zwischen den Zylindern auseinandergezogen und geöffnet und weiter nach oben geführt. Die Trommel B (anderer Zahnwinkel und entgegengesetzte Zahnneigung) wirft die überschüssigen Flocken in den Kasten zurück. Die aufgelösten Flocken gelangen zur eigentlichen Öffnerwalze, wo durch ein Kardierwalzenpaar eine sehr feine Auflösung und Freilegung von Verunreinigungen erfolgt. Diese können durch die Rostspalten ausfallen. Die Abnehmerwalzen (Bürstenwalzen F) nehmen die Fasern von C ab und führen sie in den Strom der Transportluft. In einer Maschine sind parallel zueinander zwei Reinigungssysteme untergebracht. Die Arbeitsbreiten betragen 600 und 800 mm. Davon abhängig schwankt die Leistung zwischen 450 und 650 kg/h. Das ältere Modell hat nur 430 mm Arbeitsbreite.

Vertikal-Öffner (Crighton-Öffner) (Abb. 24). Dieser Öffner wurde früher in fast alle Öffnerzüge für kurze und mittlere Baumwolle eingeplant. Für langstapligen Rohstoff ist er nur bedingt brauchbar. Bei diesem Öffner arbeitet man mit einer senkrecht stehenden Welle, an der — in gleichmäßigen Abständen — 5...8 Scheiben befestigt sind. Die Scheibendurchmesser nehmen von unten nach oben hin zu; ebenso die Zahl der an den Scheiben befestigten Schlagnasen (4...10...16). Die Neigung der Schlagnasen ist so, daß von unten (Materialeinlaß) bis oben

(Auslaß) eine Spirale entsteht. Geneigte Roststäbe schließen den Schläger ganz ein. Der Rost ist zentral verstellbar und zwar sowohl für die Spaltweite (Abfallausscheidung) als auch in seiner Neigung (Auflösungsgrad); darüber hinaus läßt sich der Schläger in der Höhe, und somit der gesamte Abstand vom Rost (abhängig von der Vorauflösung) verstellen. Die Faserklumpen werden durch das Anschlagen der Nasen und die Gegenwirkung des Rostes aufgelöst, von Verunreinigungen befreit und dabei laufend nach oben gefördert, bis sie schließlich, stark verkleinert, abgesaugt werden. Durch das Rollen der Baumwolle am Rost treten Verzopfungen auf; deshalb nimmt man diesen Öffner heute fast nur noch für stark verunreinigte Baumwollen kurzen Stapels (z. B. ostindische Baumwollen). Bei neuen Anlagen wird er mit einer Umgehungsleitung versehen. Die Reinigungswirkung ist sehr gut. Die Schlägerdrehzahl, dem Rohstoff angepaßt, liegt bei 700…800 U/min.

Für besondere Fälle baut die Firma Platt einen „Twin opener", bei dem zwei gegeneinander geneigt stehende Schläger von einem Rost umgeben und in einem Gehäuse untergebracht sind.

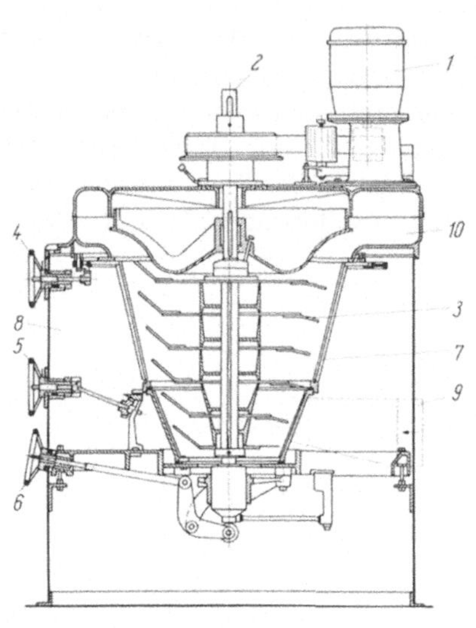

Abb. 24. Vertikalöffner, System Crighton (Rieter)

1 Motor; *2* Schlägerwelle; *3* Schlageisen; *4* Einstellung der Rostneigung; *5* Einstellung der Rostöffnung; *6* Einstellung des Schlägerabstandes zum Rost; *7* Stabrost; *8* Abfallraum; *9* Materialeinlaß; *10* Materialauslaß

Luftstrom-Reiniger („Air-Stream" Cleaner) (Abb. 25, 26). Im wesentlichen handelt es sich um den bereits seit mehreren Jahren in ähnlicher Bauweise in den Egrenieranstalten verwendeten „Super Jet Cleaner" von Lummus.

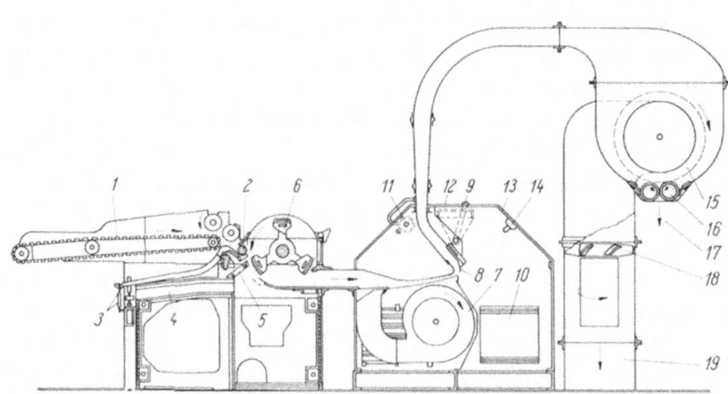

Abb. 25. „Air-stream Cleaner" (Luftstromreiniger) (Platt)

1 Speiselattentuch; *2* Speisewalze; *3* Muldenhebel mit Belastungsfeder; *4* Lufteinlaß; *5* Nadelleiste; *6* Kirschner-Flügel; *7* Druckventilator; *8* einstellbarer Auswurfschlitz; *9* Schlitzeinstellung; *10* Abfallkammer; *11* Manometer; *12* Sekundärlufteinlaß; *13* Fenster; *14* Leuchte; *15* Siebtrommel; *16* Abzugswalzen; *17* Materialabwurf; *18* Axialventilator; *19* Luftabführung

In der vorliegenden Ausführung (Platt) besteht er aus zwei Arbeitsaggregaten:

1. einem Öffner mit Kirschner-Flügel und

2. dem eigentlichen Luftstromreiniger.

Von einem Kastenspeiser wird die Baumwolle auf ein Lattentuch abgeworfen und durch eine Speisewalze mit Pedalmulden dem Kirschner-Flügel zugeführt. Eine unmittelbar unterhalb der Speisewalze montierte Nadelleiste steigert die Auflösungswirkung. Der Schläger arbeitet über einem Leitblech, Roststäbe sind nicht vorhanden. Durch den Spalt zwischen Leitblechspitze und Nadelleiste saugt ein Axialventilator Luft ein. Der Luftstrom führt die Baumwolle weiter. Die größeren der frei gewordenen Verunreinigungen fallen aus. Durch die verstellbare Leitblechspitze ist eine optimale Anpassung an den Rohstoff möglich.

Abb. 26. „Air-stream"-Reiniger (Platt)

Die so geöffnete und vorgereinigte Baumwolle fliegt in einen sich in Durchlaufrichtung verjüngenden Kanal, der im Reiniger eine scharfe Umlenkung um 120° nach oben erfährt und dann wieder weiter wird. Im horizontalen Teil wird der Rohstoff auf eine Geschwindigkeit von 55 m/sec beschleunigt. Ein in diesem Zuführteil einblasender Druckventilator unterstützt den Saugventilator.

Die größte Luftgeschwindigkeit wird an der Umlenkstelle erreicht. Dort sind im Kanal eine Öffnung und ein einstellbares Trennblech vorgesehen. Durch die unterschiedliche Bewegungsenergie der spezifisch leichteren Baumwollflocken und des dichteren Abfalles folgen die Fasern dem Luftstrom, während der Abfall gegen den auch an der Kanalöffnung eingeleiteten Luftstrom hinausgeschleudert wird. Die Baumwolle fliegt an ein rotierendes Siebtrommelfilter an und fällt dann auf ein Transportband ab.

Die Wirksamkeit dieses Reinigers hängt in großem Maße von der Voröffnung ab. Sein günstigster Platz ist deshalb unmittelbar vor der Schlagmaschine. Praktisch erzielt man die Wirkung von zwei Schlagstellen bei Einsatz von nur einem Schläger. Die Leistung liegt zwischen 360 und 460 kg/h.

1.5.2 Kondenser (Abb. 27)

Die Kondenser oder Siebtrommelabscheider werden in Verbindung mit Ventilatoren in die Rohstofftransportleitung eingebaut. Der Ventilator ist in der Regel direkt mit der Siebtrommel verbunden. Die Kondenser werden dort montiert, wo das Fasergut gesammelt werden soll (z. B. über Mischfächer oder an Kastenspeiser). Die eigentliche Trommel besteht aus perforiertem Blech. Die Löcher sind so gewählt, daß wohl Staub und Kurzfasern, nicht aber gute Faseranteile hindurchtreten können. Für eine möglichst weitgehende Entstaubung dreht sich die Trommel schnell (etwa 60 U/min). Der Ventilator holt seine Luft aus der Rohrleitung und führt dabei gleichzeitig den Faserstoff an die Trommel heran. Die Einleitung geschieht auf ganzer Trommelbreite. Innerhalb der Siebtrommel befindet sich bei den meisten Typen ein Schirmblech, das die Ansaugung von Luft aus dem Raum unterhalb des Kondensers verhindert und so das Abwerfen des Rohstoffes ermöglicht. Eine Ablieferungswalze — die das Fasergut nur leicht verdichtet — und ein Abstreifblech gegen das Ansaugen von Falschluft dichten die Trommel ab. Mehrere Firmen bringen auf dem Mantel axial gerichtete Leisten an, die den Anflug des Rohstoffes begünstigen sollen. Die Walze kann auch durch eine Reihe nebeneinander angeordneter Klappen (leichte Anpassung an unterschiedliche Wattenstärken) ersetzt werden (Abb. 15).

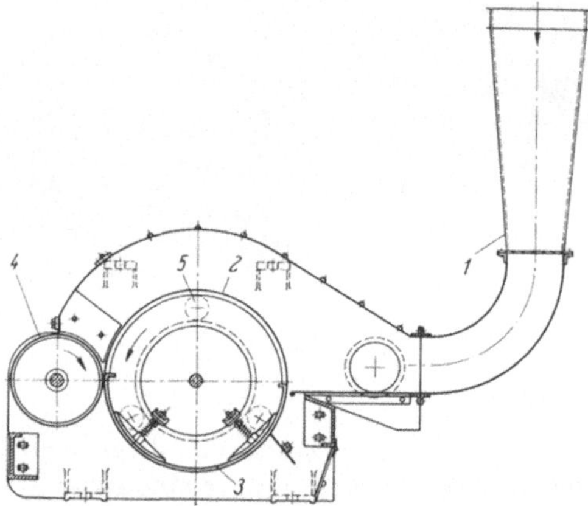

Abb. 27. Kondenser ohne Siebtrommelwelle (Trützschler)
1 Materialzuführtrichter; *2* Siebtrommel; *3* Luftschirm; *4* Ablieferungswalze; *5* Trommelführungsrolle

Der Kondenser von Ingolstadt läuft mit höherer Umfangsgeschwindigkeit, so daß keine Wattenbildung stattfindet. Die Flocken bleiben in der angesaugten Form erhalten. Bei diesem Kondenser kommt statt des inneren ein äußerer Luftschirm zur Anwendung, der zusammen mit der Abschlagwalze einen einwandfreien Abwurf garantiert (Abb. 34).

Bei älteren Modellen wird die Trommel von einer Welle mit Rohr geführt. Zur Sicherung eines ungestörten Luftdurchganges und Staubabzuges durch den Trommelboden stützt man bei verschiedenen neuen Typen den Trommelboden auf der Ventilatorseite durch drei auf den Umfang verteilte Rollen, die Verstrebungen entfallen.

Die Kondenser werden den unterschiedlichen Arbeitsbedingungen entsprechend in Arbeitsbreiten zwischen 400 und 1000 mm gebaut.

1.5.3 Staubabführung

Die durch die Filter der Siebtrommeln abgesaugte Luft wird in einen Einzelfilter, Zentralfilter oder Staubkeller (letzteres veraltet) geleitet.

Die Größe des Staubkellers, der in den meisten älteren Spinnereien noch Anwendung findet, richtet sich nach der Menge der eingeblasenen Luft. Ein Ventilator fördert im Mittel 50 m³/min; dafür sind 50 m³ Staubkeller erforderlich. Die klimatisierte Abluft wird nicht ins Freie geblasen, sondern durch Grobfilter aus engem Maschendraht und Schlauchfeinfilter wieder in den Saal zurückgeführt (Abb. 28). Der normale Überdruck im Staubkeller beträgt 10 mm Wassersäule.

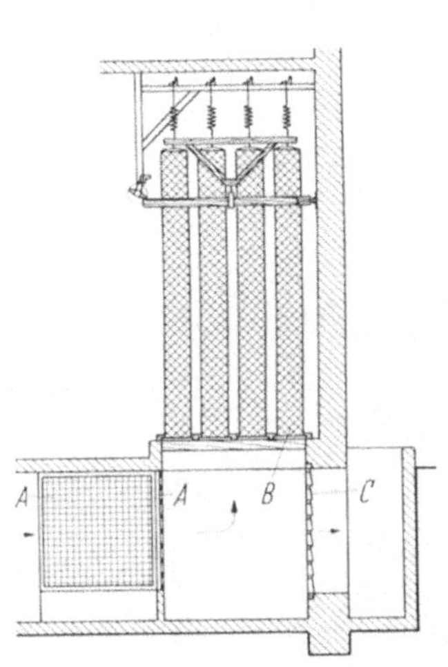

Abb. 28. Filteranlage für Staubkeller
(Rieter)
A Grobfilter; *B* Schlauchfeinfilter;
C Überdruckklappen

Abb. 29. Einzelfilter zur Aufstellung im Saal
(Trützschler)

Da sich die Filterschläuche mit feinem Staub versetzen, müssen sie regelmäßig gereinigt werden. Die Filter sind dafür mit Rüttelvorrichtungen versehen. Die Anzahl der Filterschläuche richtet sich nach den Betriebsverhältnissen. Ein m² Filterschlauch fördert im Mittel 80 m³ Luft je Stunde. Für eine störungsfreie Luftumwälzung müssen oft zusätzlich Saugventilatoren eingesetzt werden.

In neuen Anlagen verzichtet man häufig auf den Staubkeller. Man benützt Siebtrommelfilter. Diese müssen dann für jeden Ventilator vorgesehen werden. Größere Typen reichen für 2 oder 3 Ventilatoren aus (z. B. für Schlagmaschinen mit 2 Windflügeln). Die angesaugte Luft wird durch eine Siebtrommel geleitet, auf der sich ein Faserpelz bildet, und wieder in den Saal zurückgeführt.

Als Beispiel sei das Siebtrommelfilter SF von Trützschler angeführt (Abb. 29). Es wird für Leistungen von 3600 bis 10800 m³ Luft je Stunde (entsprechend der Leistung von 1 bis 3 Ventilatoren) gebaut. Die in der Ventilatorabluft enthaltenen

Kurzfasern schlagen sich auf der Siebtrommel nieder und bilden dort ein immer dicker werdendes Vlies. Ein Steuermanometer mißt den Differenzdruck innerhalb des Filters. Die Siebtrommel beginnt sich zu drehen, wenn ein bestimmter Differenzdruck überschritten ist. Das Vlies wird dann abgezogen und in einen Transportwagen abgeliefert. Wenn der vorgewählte Differenzdruck wieder unterschritten ist, hört die Drehung der Siebtrommel auf. Der Feinstaub sammelt sich in Filterschläuchen, die nach jeder Schicht gerüttelt werden müssen. Durch die mögliche Konstanthaltung der Druckverhältnisse ist dieses Filter auch für druckempfindliche Maschinen (z. B. Schlagmaschinen) geeignet.

Die andere Art dieser Filter arbeitet mit dauernd drehender Trommel. Bei diesen sind, im Gegensatz zum erstgenannten Typ, die Einstellung für die Pelzdicke und die Umlaufgeschwindigkeit von Hand zu regeln.

Bei Anwendung von Siebtrommelfiltern muß die Drehzahl der Windflügel meist erhöht werden, um deren größeren Gegendruck überwinden zu können.

1.5.4 Schlagmaschine

Sie soll das Flockenmaterial noch weiter auflösen und reinigen. Darüber hinaus muß hier die Faserwatte — die eine möglichst geringe Flockengröße erreicht haben soll — auf ein gleichmäßiges Gewicht je Längeneinheit gebracht

Abb. 30. Schlagmaschine mit Kastenspeiser (erhöhter Füllschacht) und Wickelapparat. Wickelauswurf, Wickelabzug, einlegen des Reservedornes, einschieben der Wickelstange erfolgen selbsttätig. Wickelablage in Paternoster. (Trützschler)

werden. Der am Ende des Arbeitsganges zu bildende Wickel dient der Karde als Vorlage. Das Aufrollen der Watte zu einem Wickel geschieht mit einem besonderen Wickelapparat.

Das als Schlagmaschine bezeichnete Aggregat besteht meist aus mehreren Bauelementen. Bei modernen Maschinen sind diese auch in der Verkleidung zu einer geschlossenen Einheit zusammengefaßt.

Ein Kondenser saugt das Fasermaterial an und wirft es in einen Kastenspeiser ab. Gegenüber früher arbeitet man heute mit einem wesentlich größeren Füllkasten. Die Füllhöhe hält man durch Überlauf, Tastblech oder Fotozelle konstant. Bei den neuen Typen ist der Füllschacht vor dem Schläger stark erhöht und zusätzlich mit einer Rüttelvorrichtung versehen; diese versetzt eine oder beide

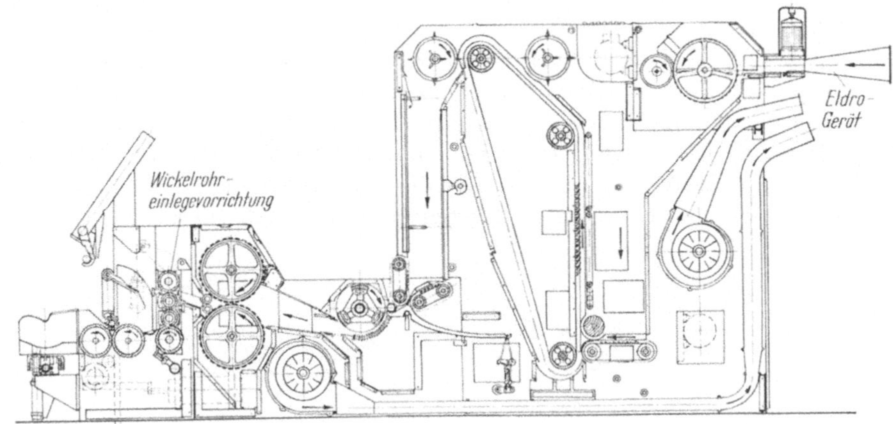

Abb. 31. Schnitt durch Schlagmaschine SMSA (Trützschler)

Wände des Schachtes in Schwingungen. Der Rohstoff kommt so leicht verdichtet und in der Breite vergleichmäßigt zum Schläger.

1.5.4.1 Speiseregulierung (Abb. 32, 33). Die Kontrolle der Wattengleichmäßigkeit in der Länge erfolgt durch den Speisezylinder und die dagegendrücken-

Abb. 32. Pedalmuldenregulierung an Doppelschlagmaschine (Trützschler)
(Die Bewegung der Einzelhebel wird summiert, die resultierende Hebung oder Senkung des Belastungsgewichtes als Drehbewegung auf eine Welle übertragen. Diese Drehung übernimmt der senkrecht stehende Hebel — links —, der seinerseits die Riemengabel — und damit den Konusriemen — des in einem Kasten untergebrachten Konusgetriebes verschiebt. Die Übersetzungsänderung bewirkt eine entsprechende Geschwindigkeitsänderung des Einzugszylinders. Vgl. Berechnung der Schlagmaschinen)

den Pedalhebel. Diese stellen praktisch eine in eine Reihe von (16 oder 18) Einzelelementen aufgelöste Druckwalze dar. Je nach Stärke der durchlaufenden Wattenschicht werden die Muldenhebel vom Speisezylinder abgedrückt. Ist die Rohstoffmenge im Querschnitt schwankend, wird die Verdrängung der einzelnen Hebel unterschiedlich sein. Die Teilbewegungen werden summiert, die Resultierende auf ein Regelgetriebe übertragen. Dieses paßt dann die Geschwindigkeit des Speisezylinders der jeweiligen Wattenstärke an. Die Pedalhebel drücken meist von unten gegen die Speisewalze; nur bei der Schlagmaschine von Hergeth drücken sie von oben (Abb. 33). Die letztgenannte Anordnung soll beim Auftreffen des Schlages ein mögliches Ausweichen der Muldenhebel nach unten (und damit ein Durchreißen der Watte) verhindern. Bei Hergeth werden die summierten Bewegungen auf einen Fliehkraftregler übertragen. Dieser steuert die Drehzahl eines Motors und damit die Speisegeschwindigkeit. Bei den anderen Typen überträgt ein Hebelsystem die summierte Bewegung der Pedale auf die Riemengabel eines Konusgetriebes, von dem aus die Geschwindigkeiten des Speisezylinders und des Steiglattentuches im Kastenspeiser angepaßt werden.

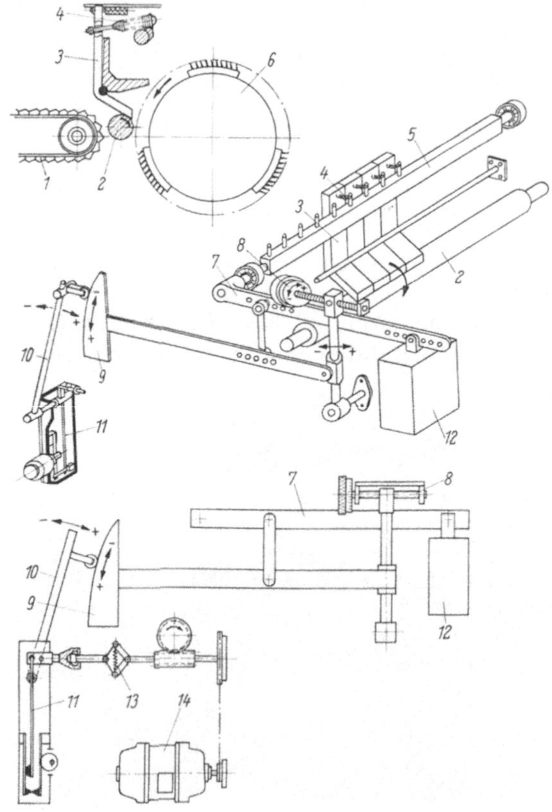

Abb. 33. Ausgleich von Wattenschwankungen (Hergeth)

1 Speiselattentuch; *2* Speisewalze; *3* Muldenhebel; *4* Zugfeder; *5* drehbar gelagerte Platte; *6* Kirschner-Flügel; *7* Hebel; *8* Regulierschraube; *9* Regelkurve; *10* Tastvorrichtung; *11* Schaltkasten mit Unterbrechermotor und Kontaktfedern; *12* Gewicht; *13* Fliehkraftregler; *14* Gleichstrommotor

Die Form der Mulden ist so, daß man den Klemmpunkt nahe an den Spitzenkreis des Schlägers heranführen kann. Als lichte Weiten zwischen Speisewalze und Spitzenkreis empfiehlt z. B. Trützschler:

Kirschnerflügel　　6...8 mm bei Baumwolle
　　　　　　　　　　10...12 mm bei Zellwolle
Vollstiftwalze　　　10...20 mm bei Synthetiks.

Die kleineren Abstände gelten für die kürzeren, die größeren für die längeren Faserstapel bzw. das bauschigere Material.

Heute ist es nicht mehr üblich, die Muldenform einer bestimmten Faserlänge anzupassen; das würde in vielen Fällen die Einsatzmöglichkeit der Schlagmaschinen beschränken. Auf ein mehrteiliges Speisesystem (z. B. Speisewalzenpaar plus Speisewalze/Muldenhebel) für eine zeitlich genaue Regulierung kann man ebenfalls verzichten, ermöglicht doch die moderne Muldenform eine so frühzeitige Abtastung, daß beim Verlassen des Klemmpunktes vor dem Schlagraum die erforderliche Geschwindigkeitsregulierung bereits erfolgt ist.

Das Reguliersystem der Schlagmaschine stellt man auf eine bestimmte Wattendicke ein. Differenzen werden auf ganzer Arbeitsbreite abgetastet. Gleichen sich die Abschnittsschwankungen untereinander aus (die Pedalmuldenbewegung summiert sich zu Null), bleibt die Speisegeschwindigkeit unverändert. Der tatsächliche Ausgleich geschieht also auf die Länge. Die früher häufig auftretenden Breitenschwankungen werden bei modernen Maschinen durch die ausgleichende Wirkung des erhöhten Füllschachtes, eventuell durch eine Rüttelvorrichtung unterstützt, auf ein Minimum herabgesetzt. Stellt man sie bei einer Wickelprüfung trotzdem fest, sind sie meist auf die Luftführung an den Siebtrommeln (z. B. gegen den Rand zu stärker) zurückzuführen. Durch Schieber oder einstellbare Düsen an der Eintrittsöffnung für die Transportluft läßt sich der Luftstrom — und damit der Rohstoffanflug an die Siebtrommeln — steuern.

Bei Doppelschlagmaschinen, wo zwei Schlagmaschinen unmittelbar aufeinander folgen (doppelte Regulierung), wird ein an der zweiten Schlagstelle er-

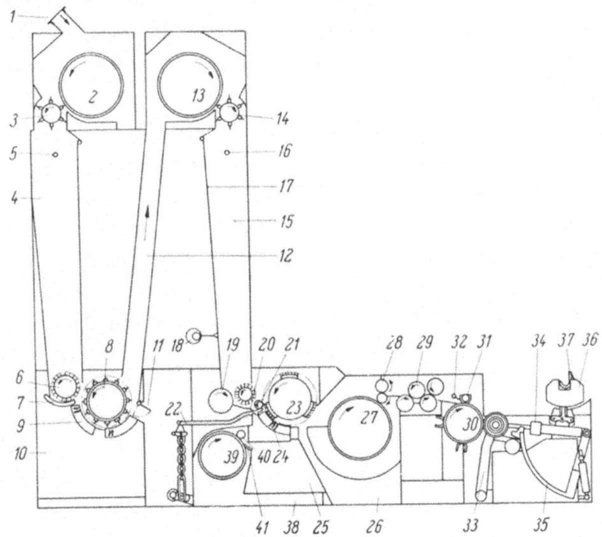

Abb. 34. Schnitt durch eine moderne Schlagmaschine mit Füllschachtspeisung und automatischem Wickelapparat (Ingolstadt)

1 Ansaugstutzen; *2* Siebtrommel; *3* Flockenabstreifwalze; *4* Füllschacht; *5* Lichtschranke; *6* Speisewalze; *7* federnde Mulde; *8* Öffnerwalze; *9* Rost; *10* Abfallkammer; *11* Klappe für Förderluft; *12* Kanal; *13* Siebtrommel; *14* Abstreifwalze; *15* Rüttelschacht; *16* Lichtschranke; *17* Rüttelschacht Rückwand; *18* Rüttelexzenter; *19, 20* Abzugswalzen; *21* Speisezylinder; *22* Muldenhebel; *23* Kirschnerflügel; *24* einstellbarer Stabrost; *25* Abfallraum; *26* Luftkanal; *27* Siebtrommel; *28* Abzugswalzen; *29* Kalanderwalzen; *30* Wickelwalze; *31* Reservewickelrohr; *32* Vliesanleger; *33* Preßhebel; *34* Preßzylinder; *35* Aushebesegment f. Wickel; *36* Wickelabschieber; *37* Haltegabel f. Wickeldorn; *38* Abluftkanal; *39* Filtertrommel; *40* Abzugswalze f. Abfall; *41* Abstreifer f. Abfall

forderlicher Schwankungsausgleich auch auf die erste Schlagstelle übertragen;
es könnte sonst zwischen den beiden Schlagstellen eine dünne bzw. dicke Stelle
entstehen. Der Ausgleich kann durch Gestänge (Trützschler) oder Umlaufgetriebe
(Rieter) erfolgen. Korrekturen der ersten Schlagstelle bleiben an der zweiten
Schlagstelle unberücksichtigt.

Als Schläger setzt man an der letzten Schlagstelle meist einen Kirschner-
Flügel ein, aber auch Schienen-Schläger (3-armige häufiger als 2-armige) und vor
allem Vollstiftwalzen (z. B. System Bisinger) kommen zur Anwendung.

Die Schlägerroste sind auch an der Schlagmaschine einstellbar, umfassen das
Schlagorgan aber nur zu rund 90°. Grundsätzlich führt man die Transportluft
erst nach dem Schlagraum ein.

Die Faserflocken fliegen an ein langsam drehendes Siebtrommelpaar an.
Ingolstadt (jetzt auch Hergeth und Trützschler) verwendet bei seiner Konstruktion nur eine einzelne Siebtrommel, so daß keine vorverdichteten Watten-
schichten dubliert werden. Dadurch soll dem Schälen der Wickel entgegengewirkt werden. (Früher begegnete man diesem Fehler durch das Einlaufen-
lassen von Flyerlunten.) Es ist allgemein üblich, vor der ersten Kalanderwalze
einen besonderen Rechen zu montieren, der in der Wickelwatte leichte Ein-
schnürungen entstehen läßt, wodurch dem Schälen ebenfalls entgegengewirkt wird.

1.5.4.2 Wickelapparat. Die leicht verdichtete Watte gelangt jetzt zum Wickelapparat. Dieser besteht aus einer Druck- und einer Aufwickelvorrichtung. Eine
damit verbundene Abschlagvorrichtung, die z. B. von einem Lückenrad bestätigt
wird, gewährleistet stets gleiche Wickellängen. Gleiche Wickellängen bedeuten
gleiche Wickelgewichte. Aus diesem Grunde werden die fertigen Wickel abgewogen,
lassen sich doch so am leichtesten Gleichmäßigkeitsschwankungen von Wickel
zu Wickel feststellen.

1.5.4.2.1 Kalanderteil. Der Kalanderteil besteht meist aus vier übereinander-
liegenden Preßwalzen (= 3 Klemmstellen) und einer nachfolgenden Glättungswalze, in die häufig zahlreiche Nuten eingedreht sind, damit ihre Auflagefläche
auf der Wickelwatte kleiner, der Flächendruck aber größer wird. Das begünstigt
die Verdichtung und wirkt ebenfalls dem Schälen entgegen.

Das Streben nach langen Wickeln — ohne Vergrößerung des Durchmessers —
machte eine Erhöhung des Druckes auf die Kalanderwalzen notwendig. Diese
werden jetzt beidseitig mit regulierbaren Drücken bis 3000 kp belastet. Das setzt
die Verwendung hochwertiger Stahlrohre voraus. Die Lagerzapfen werden aus
Chrom-Nickelstahl gefertigt und laufen in Nadellagern. Gebräuchlich sind Hebel-
übersetzungen oder hydraulisch bzw. pneumatisch wirkende Belastungsarten.
Trützschler baut eine Sicherung ein, damit ein Aufeinanderrücken der Walzen
dann verhindert wird, wenn keine Watte durchläuft.

Bei Ingolstadt (Abb. 34) liegen die Kalanderwalzen paarweise so nebeneinander, daß ebenfalls drei Klemmpunkte entstehen. Diese Anordnung erleichtert
das Anspinnen und begünstigt die Komprimierung. Durch den Wegfall von
scharfen Umlenkungen können die Fasern nicht so leicht abspreizen. Diese Bauweise gibt der Maschine eine sehr flache und übersichtliche Form.

1.5.4.2.2 Wickelbelastung (Abb. 35). Von oben drückende Preßköpfe sorgen
beim Aufwickeln der Watte für eine zusätzliche Verdichtung. Nimmt der Wickel-

durchmesser zu, so sinkt — bei Auflage des Wickels auf zwei Wickelwalzen — der wirksame Preßdruck. Konstante Verhältnisse erreicht man mit einer laufenden Korrektur des wirksamen Hebelarmes für das Belastungsgewicht, mittels elektromagnetischer Kupplung oder mit Hilfe einer Pneumatik bzw. Hydraulik. So ist es möglich geworden, Wickellängen bis zu 80 m bei einem Wickelgewicht von 30...35 kg (normal 20...25 kg) aufzurollen. (Auch auf älteren Schlagmaschinen konnte man zum Teil schon sehr schwere Wickel herstellen. Der Wickeldurchmesser betrug dann jedoch bis zu 900 mm gegenüber 450 mm bei normalen Wickeln oder hoher Belastung.)

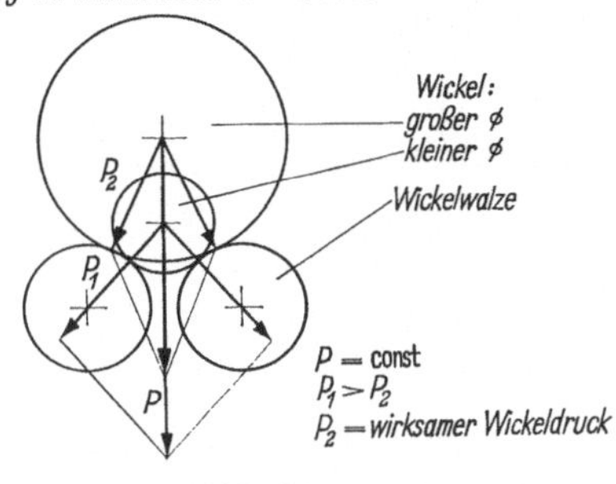

Abb. 35

Weitere Gefahren für die Wickelgleichmäßigkeit bringen die Walkarbeit beim Aufrollen (die tatsächliche Wickellänge nimmt deshalb gegenüber der theoretischen — d. h. der eingestellten — um mehrere Prozent zu) und der Expansionsdruck der inneren Wickellagen. Dadurch erfahren die äußeren Lagen eine Ausdehnung und sortieren feiner als die inneren. In verschiedenen Spinnereien versucht man, dies mit kontinuierlicher Verzugsänderung auszugleichen. Die verstärkte Komprimierung und die Verwendung von nur einer Wickelwalze wirken diesem Übel auch sehr stark entgegen.

Der Verzug läßt sich am Batteur am besten mit Hilfe eines stufenlosen Regelgetriebes — z. B. PIV — steuern. Im Getriebe wird diese Reguliervorrichtung nach dem Antrieb der Wickelwalzen, aber vor der Geschwindigkeitsregulierung für die Speisewalzen eingeschaltet (Abb. 170). Das ermöglicht eine Änderung des g/m-Gewichtes bei gleichbleibender Wattenstärke am Speisezylinder. Eine Nachstellung des Konusriemens, wie sie bei bloßer Änderung der Geschwindigkeit des Steiglattentuches notwendig wird, entfällt.

Pneumatische oder hydraulische Belastung der Preßköpfe findet man jetzt bei fast allen Schlagmaschinen. Nachfolgend wird das Aggregat von Saco-Lowell beschrieben (Abb. 36).

Auf die Führungswelle der Preßköpfe ist ein Zahnrad aufgeschoben, das mit der Zahnung der Führungsstange eines Kolbens kämmt. Die Dichtungsplatte des Kolbens bewegt sich in einem Zylinder mit zwei von einem Wechselventil ausgehenden Zuleitungen. Durch die Zuleitung A wird der Raum vor dem Kolben unter Druck gesetzt. Das Steigen der Preßköpfe zieht den Kolben nach oben und erhöht so — durch Verdichtung — den Druck im Zylinder und — über die Preßköpfe — auf den Wickel. Diese Erhöhung entspricht der mit dem Anwachsen des Wickeldurchmessers abnehmenden Belastung. So wird die Wickelwatte während der ganzen Wickelbildung unter konstantem Druck gehalten. Nach Erreichen des eingestellten Wickeldurchmessers wird das Ventil umgesteuert und die komprimierte Luft kann durch A entweichen. Jetzt wird über Leitung B Luft in den Kolben geleitet; die Preßköpfe steigen ganz nach oben und der Wickel kann gewechselt werden. Mit einem Handhebel wird das Ventil abermals umgesteuert; der Kolben und das Eigengewicht drücken die Preßköpfe nach unten. Bei automatischem Wickelwechsel erfolgt die Umsteuerung selbsttätig.

1.5.4.2.3 Automatischer Wickelwechsel (Abb. 37). Das Streben nach Rationalisierung und verbesserter Qualität führte zu den automatischen Wickelwechselvorrichtungen. Allgemein läßt sich zugunsten solcher Apparate anführen, daß die Schlagmaschine ohne Unterbrechung laufen kann. Der periodische Stillstand beim Wickelwechsel entfällt. Das ergibt:

1. Eine Produktionssteigerung um 4…5%;

2. Eine Verminderung der Bearbeitungsnissen, wie sie beim Schlagen des geklemmten und stillstehenden Faserbartes an der Speisevorrichtung entstehen;

3. Erhöhung der Wickelgleichmäßigkeit am Wickelanfang, da keine überschüssige Baumwolle an die Siebtrommeln anfliegen kann. (Beim Erreichen der vorgewählten Wickellänge stellen die einfachen Maschinen die Speisung ab. Die im Schlagraum befindlichen Flocken werden jedoch noch an die Siebtrommeln angesaugt und bilden dort eine Verdickung.) Damit verbunden ist eine Verminderung des Wickelabfalles an der Karde.

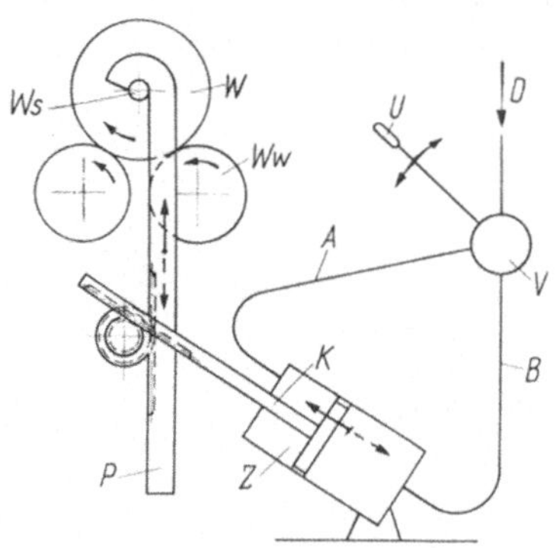

Abb. 36. Pneumatische Preßkopfbelastung am Wickelapparat
D Zuleitung für Druckluft; *V* Wechselventil; *U* Umsteuerung; *A* Steuerleitung; *B* für Druckluft; *Z* Druckzylinder; *K* Kolben; *P* Preßkopf; *W* Wickel; *Ws* Wickelstange; *Ww* Wickelwalze

Die ersten vollautomatischen Wickelwechsler baute Rieter (Abb. 37).

Nach Lieferung einer bestimmten Wickellänge wird ein Schalter geschlossen, der zwei Hilfsmotore startet: der eine beschleunigt die Wickelwalzen kurzzeitig und trennt so die Wickelwatte; durch den zweiten werden die Preßköpfe angehoben. Dabei werfen zwei an den Preßköpfen befestigte Arme den Wickel aus. Gleichzeitig erfassen Haken an den Preßköpfen den Reservedorn. Dann ändert der zweite Hilfsmotor die Drehrichtung und die Preßköpfe gehen wieder nach unten. Liegt der neue Dorn auf, streift ein Rollblech den inzwischen durchgelaufenen Wattenabriß nach hinten. Sobald die beim nach Oben gehen der Preßköpfe entlastete Backenbremse wieder wirksam ist, schaltet auch der zweite Motor ab.

Bei Trützschler und Ingolstadt wird der Auswurf ebenfalls durch Getriebemotor bewirkt. Die Steuerung geht von einem elektrischen Schaltwerk für die Wickellänge aus (einstellbar von 10 zu 10 cm). Der ganze Wechselvorgang dauert etwa 4 sec.

Ingolstadt verwendet nur eine Wickelwalze (geringere Walkarbeit). Eine Hydraulik drückt den Wickel gegen diese Walze. Bei erreichter Wickellänge werden die Wickelgreifarme herumgeschwenkt, der Wickel auf eine Schale gelegt und von einem Abstreifer automatisch vom Wickeldorn geschoben. Die Schale kann gleich mit einer Waage verbunden sein, so daß die Handhabung der Wickel eine ganz wesentliche Vereinfachung erfährt. (Auch andere Firmen (Abb. 30) bedienen sich jetzt dieser Hilfen.) Eine Fernsteuerung zur Verzugskorrektur bei Gewichtsschwankungen von Wickel zu Wickel haben bereits verschiedene Modelle.

Bei einigen Konstruktionen läßt sich der ausgezogene Wickeldorn mittels einer besonderen Vorrichtung automatisch in Reservestellung bringen und die Wickelstange — durch ein Anbauaggregat — in den Wickeldorn einschieben. Auf Wunsch ist auch eine selbsttätige Wickelablage in einen Paternoster anschließbar. Von dort lassen sich die Wickel direkt auf den Wickeltransportwagen ablegen (Abb. 30).

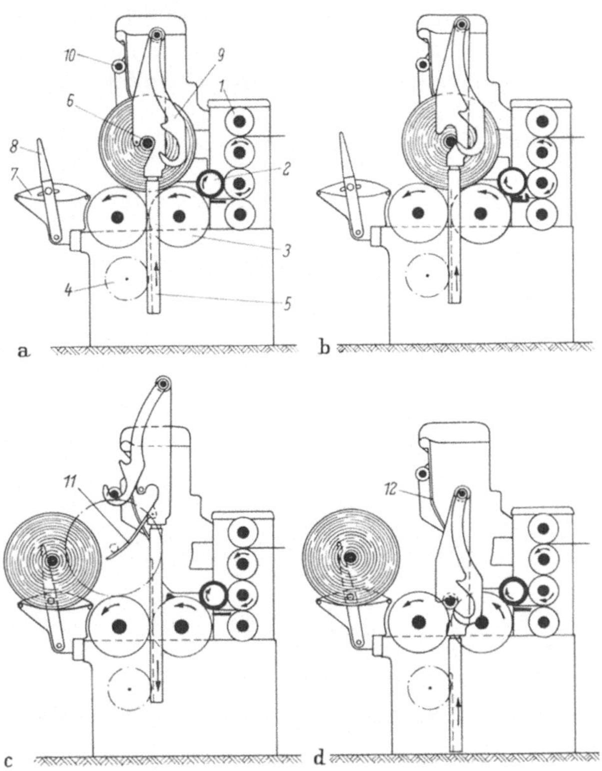

Abb. 37 a—d. Automatischer Wickelwechsel (Rieter)
1 Kalanderwalzen; *2* Glättungswalze; *3* Wickelwalze; *4* Preßkopfrad; *5* Preßkopf; *6* Wickeldorn; *7* Wickelmulde; *8* Wickelhalter; *9* Wickeldornausheber; *10* Reservedorn; *11* Wickelauswerfer; *12* Führungsschlitz

1.6 Steuerung des Materialtransportes

Moderne Putzereianlagen arbeiten mit elektrischer Zentralsteuerung. Maschinenlauf und Durchlauf des Rohstoffes werden dabei automatisch überwacht und gesteuert. Die elektrischen Anlagen sind nur in einer bestimmten, dem Arbeitsprozeß entsprechenden Folge zu schalten. Bedienungsfehler, die leicht zu Materialstauungen und Brüchen führen können, werden so ausgeschlossen. Schemaschaltbilder auf den Schaltschränken erleichtern die Überwachung; jeder Teilantrieb ist zusätzlich mit einer Kontrollampe gekennzeichnet. Betriebsstörungen lassen sich deshalb leicht lokalisieren. Die den Rohstoff fördernden Transportbänder und Speiser werden durch Tastrechen, elektrische oder fotoelektrische Kontrolle abhängig vom Materialbedarf ein- und ausgeschaltet. Sie sind am Steuerschrank anders geschaltet und gekennzeichnet als die dauernd laufenden

Antriebe für Schläger und Ventilatoren. Materialstauungen an Schlägern bzw. Motorausfälle bewirken eine sofortige Stillsetzung des ganzen Materialtransportes.

Rieter baut eine Anlage, bei der Elektrik mit Pneumatik gekoppelt ist. Sie arbeitet folgendermaßen (Abb. 38):

Das Schaltbild zeigt eine Putzereianlage bestehend aus Kastenspeiser, Horizontalöffner, Schlagmaschine mit Wickelapparat und die zugehörigen Kastenspeiser, Füllschächte und Siebtrommeln. Alle Motore und Sicherungsschalter sind in einem Kontrollstromkreis, Materialtransport und Füllungskontrolle in einem Steuerstromkreis zusammengefaßt. Es ist so geschaltet, daß Ablieferung der vorhergehenden und Füllungskontrolle der nachfolgenden Maschine verbunden sind. Für jede derartige Kombination besteht eine eigene Schleife.

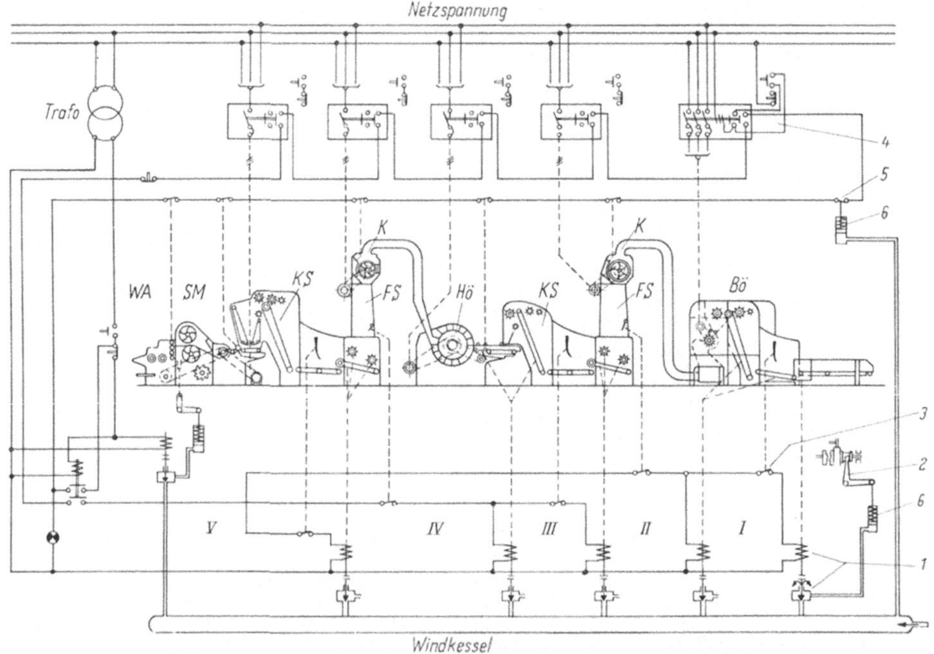

Abb. 38. Elektro-pneumatische Steuerung einer Putzereianlage (Rieter)
BÖ Ballenöffner; *K* Kondenser; *FS* Füllschacht; *KS* Kastenspeiser; *HÖ* Horizontalöffner; *SM* Schlagmaschine; *WA* Wickelapparat; *I...V* Schleifen des Steuerkreises für den Materialtransport; *1* Elektroventil; *2* Kupplung; *3* Schalter der Füllungskontrolle; *4* Motorschütz; *5* Endschalter der Kontrollkreise zur Maschinensicherung; *6* Steuerkolben (unter Luftdruck)

Der pneumatische Teil besteht aus einem Kompressor, einem Windkessel, Elektroventilen *1* und Druckleitungen. Durch den in diesen Leitungen bestehenden Luftdruck werden Kupplungen *2* für den Materialtransport geöffnet bzw. geschlossen. Der Rohstofftransport kann erst gestartet werden, wenn sämtliche Motore laufen und alle Sicherungsschalter *4* Kontakt haben. Durch Drücken entsprechender Druckknöpfe werden die jeweiligen Stromkreise geschlossen.

Erreicht z. B. der Füllkasten des Kastenspeisers *KS* vor dem Horizontalöffner *HÖ* die gewünschte Füllung (Anzeige durch Ausschlag des Tastbleches), so wird der Stromkreis in der zugehörigen Schleife *III* unterbrochen und das Elektroventil stromlos: es gelangt keine Druckluft mehr in die Steuerleitung, die Kupplung öffnet sich durch Federkraft und Abzugswalzen sowie Bodenlattentuch des vorangehenden Füllschachtes werden stillgesetzt.

Ist die Materialsäule im Füllschacht so weit abgearbeitet, daß das entsprechende Tastblech nach vorn schwingen kann und so den Kontakt freigibt, setzt die Rohstoffzufuhr zum Kastenspeiser wieder ein.

Tritt jedoch eine Störung im Kontroll-Stromkreis ein (z. B. dadurch, daß ein Motor ausfällt oder durch Ansprechen einer Sicherungseinrichtung ein Kontakt geöffnet wurde), so spricht das Kontrollrelais 5 an und über ein dafür vorgesehenes Elektroventil wird die Schlagmaschine durch Riemenverschiebung ausgerückt, der Materialtransport im ganzen Maschinenzug unterbrochen. Erst nach Behebung der Störung läßt sich die Anlage wieder starten.

Schalttafel, Windkessel und Steuerventil sind in einer zentralen Anlage untergebracht. Der Druck im Windkessel liegt zwischen 5 und 7 atü.

Zur Materialsteuerung gehört auch die Rohstoffverteilung auf die einzelnen Schlagmaschinen. Die früher üblichen Lattentuchverteiler findet man heute nicht mehr.

Verschiedene Firmen führen die Zweiweg-Verteilung mit einem Gerät durch, das eine Kombination zwischen Elektromotor und Kreiselpumpe darstellt (Eldro-Gerät der AEG). Es ist unempfindlich gegenüber Hubbegrenzungen und läßt große Schalthäufigkeiten zu. Angebaut wird es vor dem Kondenser des Kastenspeisers der Schlagmaschine und von dessen Füllkontrolle bestätigt. Durch ein Zeitrelais um 0...6 Sekunden verzögert, unterbricht das Ansprechen der Füllkontrolle den Stromkreis des Eldro-Geräts: die Rohrleitung zum Öffner-Aggregat wird vor dem Kondenser geschlossen, so daß der Kondenser Luft aus dem Saal ansaugt. Durch die Verzögerung kann nach Abstellung der Speisung, noch vor dem Schließen der Klappe, die Rohrleitung zwischen Öffner und Kastenspeiser entleert werden (Verstopfungsgefahr!). Im Gegensatz zu den alten Zweiweg-Verteilern werden hier beide Kastenspeiser gleichzeitig gefüllt; die Materialsäule im Speisekasten kann also nie unter eine bestimmte Füllhöhe absinken und die Gleichmäßigkeit der Vorlage bleibt bewahrt. (Die Abstellung der Speisung des Öffners erfolgt erst dann, wenn beide Kastenspeiser die Obergrenze der Füllhöhe erreicht haben.) (Abb. 12; 31)

Saco-Lowell macht von einer, auf mehrere Schlagmaschinen ausdehnbaren automatischen Speisekontrolle Gebrauch.

Das in einen Füllschacht abgeworfene Fasergut wird von einem Ventilator angesaugt und einem Rechenverteiler zugeführt. Dieser schiebt es in die Füllschächte der Schlagmaschinen. Ist ein Kasten gefüllt, wird das Material vom Rechen weitergeführt und der nächste Kasten gefüllt. Sind alle Reserveschächte beschickt, wird die Zufuhr abgestellt und das überschüssige Fasergut wieder in den Hauptschacht zurückgeführt. Die Abstellung der Zufuhr bewirkt man durch elektrische Schalter an den Füllkästen. Die Überlaufkontrollen sind parallel geschaltet, so daß die Unterbrechung der Speisung erst nach Füllung aller Schächte geschieht.

Als Neuerung sind bereits verschiedene Anlagen im Einsatz, bei denen die Wickelbildung an der Schlagmaschine ausgeschaltet und der Rohstoff über Verteilerleitungen und Füllschächte direkt an die Karden transportiert wird (Abb. 39, 40, 41; 102).

Auf dem Wege zur automatisierten Spinnerei baut die SACM ein Ballenkarussell, Flocomat genannt (Abb. 5; 39). Hier werden z. B. 20 Ballen auf einer Kreisbahn über Zupfstellen hinwegbewegt. Die abgezupfte Baumwolle wird

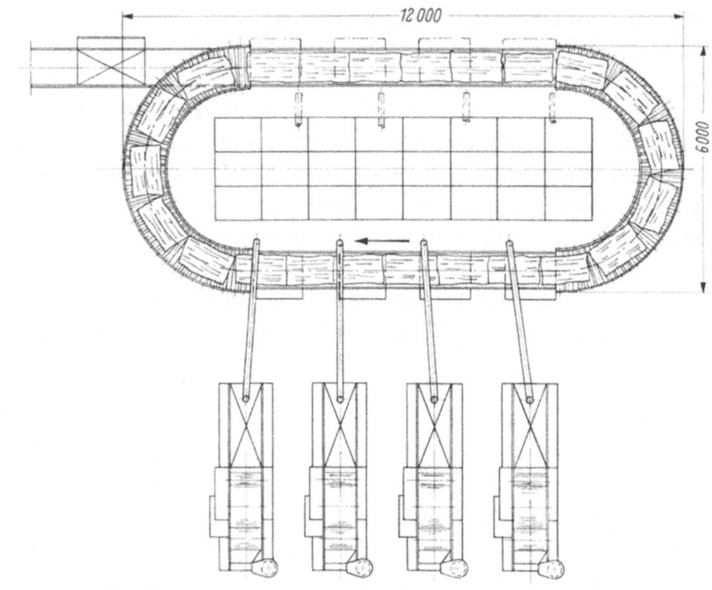

Abb. 39. Flocomat-Kreismischer (SACM) bestehend aus
Zupfaggregat, Ballenzufuhr, Kondenser, Kastenspeisern mit Wiegeapparat und RWN-Karden

gereinigt, in einem Kastenspeiser gemischt und, durch eine Wiegevorrichtung genau dosiert, direkt einer Hochleistungskarde vorgelegt.

Die Direktspeisung der Karde macht aus der Schlagmaschine einen einfachen Öffner, weil in diesem Fall die Speiseregulierung entfallen kann. Eine Konstruktion dieser Art ist der Flockenspeiser von Rieter (Abb. 40). Von einem Kondenser angesaugt, wird der Rohstoff in einen Füllschacht abgeworfen, über Speisewalze und Pedalmuldenhebel (nicht regulierend!) einem Kirschnerflügel zugeführt und von einem Transportventilator abgesaugt. 2×6 Karden sind über eine Speiseringleitung zusammengefaßt. Jede Karde hat ihren eigenen Füllschacht, an dessen

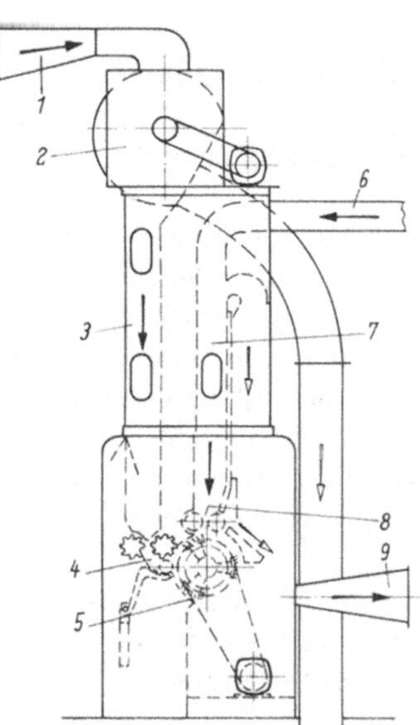

Abb. 40. Flockenspeiser für Direktspeisung der Karden
(Rieter)
1 Materialeinlaß; 2 Kondenser; 3 Füllschacht; 4 Speisewalze mit Pedalhebel (o. Regulierung); 5 Kirschnerflügel; 6 Rücklauf des Materialüberschusses; 7 Füllschacht (mit Rückluftabführung); 8 Zuspeisung des Materialüberschusses; 9 Materialauslaß zur Ringleitung

einstellbarem Ausscheidekopf die an der Karde benötigte Rohstoffmenge auf aerodynamischem Wege aus dem Flockenstrom der Ringleitung abgezweigt wird. Durch die Schwerkraft fällt das Material in den Füllschacht und bildet so eine gleichmäßige Vorlage für den Vorreißer. Nach dem letzten Ausscheidekopf geht das überschüssige Material wieder in den Flockenspeiser zurück, wo es mit den neuen Flocken vermischt wird. Ein elektronisch gesteuertes Mengenmeßgerät reguliert — in Abhängigkeit vom zurückgelaufenen Rohstoff — die Geschwindigkeit der Speisewalze.

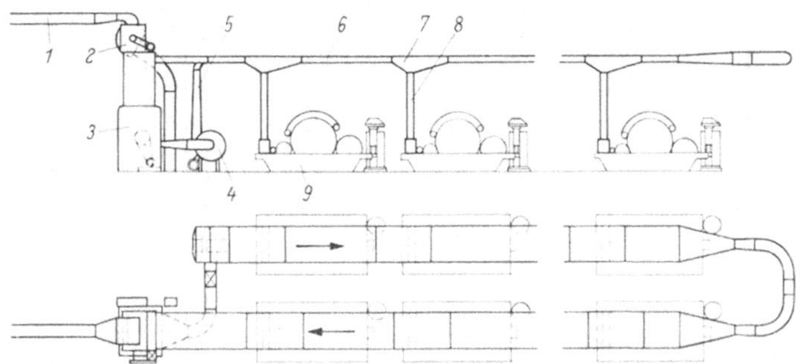

Abb. 40a. Kardenspeisung mit Aero-Feed (Rieter)
1 vom Öffner; *2* Kondenser; *3* Flockenspeiser; *4* Transportventilator; *5* Steigleitung zur *6* Ringleitung; *7* Ausscheidekopf; *8* Füllschacht zur Kardenspeisung; *9* Karde

Ingolstadt benutzt für die Flockenspeisung ein kombiniertes pneumatisch-mechanisches System. Die von einem Flockenspeiser abgelieferten Flocken werden von einem Kondenser angesaugt, der sich am Ende einer Kardengruppe (bis zu

Abb. 41. „Aerofeed"-Anlage mit Kanalbandführung und Regulier-Strecken (Rieter)

12 Karden) befindet. Dieser Kondenser wirft die Flocken auf ein Transportband, das zum Flockenspeiser zurückläuft und den nicht benötigten Rohstoff wieder

3*

dorthin zurückfördert. An jedem Kardenfüllschacht, an dem das Transportband vorbeiläuft, befindet sich eine Preßluftdüse. Je nach Stand der Materialsäule im Füllschacht wird die zugehörige Düse kurzzeitig geöffnet und bläst die Flocken vom Transportband in den Füllschacht.

An der Weiterentwicklung der Flockenspeisung für Karden arbeiten heute alle namhaften Spinnereimaschinenhersteller.

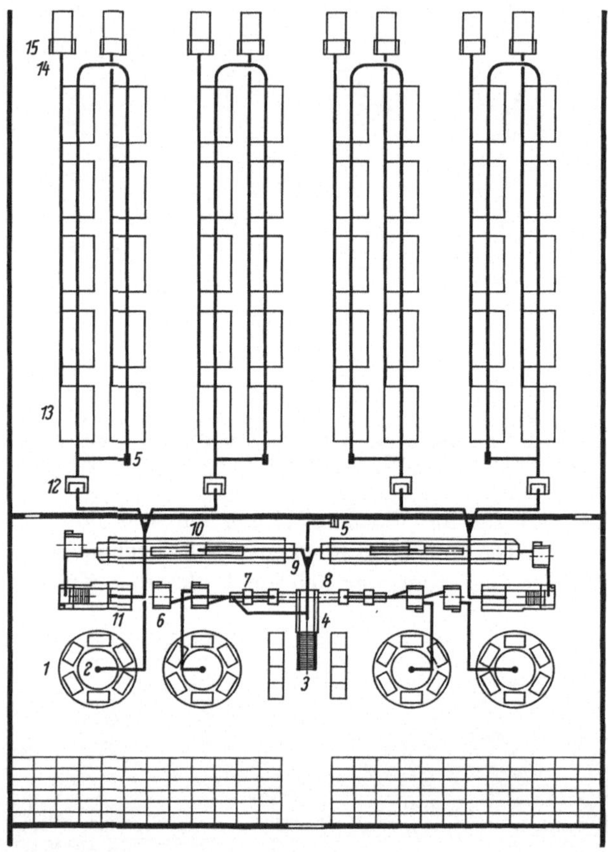

Abb. 42. Schema einer Spinnstraße für die Verarbeitung des Rohstoffes vom Ballen zum Streckenband (Rieter)

1 „Karousel"-Öffner; *2* Sammelleitung m. Ventilator; *3* Speiselattentuch; *4* Abfall-Öffner; *5* Ventilator; *6* Monowalzenreiniger; *7* Ansaugkasten; *8* Sammeltransportband; *9* Zweiwegverteiler; *10* Mischautomat; *11* Kastenspeiser mit Horizontalöffner; *12* Flockenspeiser mit Ringleitung; *13* Hochleistungskarden; *14* Bandtisch; *15* Regulierstrecke

1.7 Fehler in der Putzerei

Schlecht gereinigte Wickelwatte kann als Ursache haben: schlechte Vorauflösung; zu starke Vorauflösung in Verbindung mit erneuter Verdichtung vor einem Schläger; falsche Einstellung der Stabroste; verstopfte Rostspalten; zu starker Zug bei Materialtransport im Luftstrom; zu geringer Bearbeitungsgrad (z. B. zu großer Abstand Schlagkreis—Speisesystem bei Speisung im geklemmten Zustand); feuchter Rohstoff (bei Lagerung der Ballen in klimatisierten Räumen und bei Einschaltung einer Ballenvorwärmung kann dieser Fehler meist vermieden werden).

Ungleichmäßige Wickelwatte entsteht durch: unregelmäßige Speisung der Speisewalzen (erhöhten Füllschacht und Rüttelvorrichtung einschalten!); in der Breite nicht ausgeglichene Zugverhältnisse (Lufteinlaß oder Düsenleisten kontrollieren! Siebtrommeln können verstopft sein); schadhafte oder lockere Zahnräder (verursachen ungleichmäßigen Lauf der Siebtrommeln, der Kalanderwalzen oder des Wickelapparates); klemmende Luftschirme in den Siebtrommeln; schlecht eingestellte Muldenregler (Konusriemen läuft seitlich auf oder rutscht; die Muldenhebel haben zu wenig Spiel oder klemmen).

Schlecht laufende Wickel können verursacht werden durch: ungenügende oder auch zu starke Wickelpressung; Beimischung eines zu hohen Prozentsatzes wiederverspinnbaren Abfalles; zu stark bearbeitetes Fasergut; schlechte Laufeigenschaften verschiedener Rohstoffe (Verbesserung der Laufverhältnisse z. B. durch Anbringen eines Führungsrechens, der die durchlaufende Watte an mehreren Stellen — durch Druck gegen die Kalanderwalzen — leicht komprimiert. Sollte das nicht genügen, kann man Vorgarnfäden einlaufen lassen. Häufig wird auch die den Kalanderwalzen folgende Führungswalze mit Nuten versehen, so daß der Flächendruck größer wird.)

Lange Saugleitungen sollte man vermeiden, weil sonst leicht „Verzopfungen" auftreten, die an der Karde nur schwer auflösbar sind.

2 Die Karderie

2.1 Aufgaben der Karde

Die Deckelkarde hat im Spinnprozeß folgende Aufgaben zu erfüllen:
1. Auflösung des Wickels bis zur Einzelfaser;
2. Ausscheidung von Verunreinigungen;
3. Parallelisierung der Fasern;
4. Bildung eines für die Weiterverarbeitung geeigneten Faserbandes.

Abb. 43. Ansicht einer Hochleistungs-Wanderdeckelkarde (Ingolstadt) mit Kannenwechsler und Kontrollampen

Die Längsorientierung (= Parallelisierung bzw. Streckung) der Fasern geht durch die Faserübertragung am Abnehmer zum Teil wieder verloren.

Als weiterer Punkt kann noch die Ausscheidung von Nissen angeführt werden, befinden sich doch im Vlies weniger Faserknötchen als im Wickel.

Vom guten Zustand und einwandfreien Arbeiten der Karde hängt weitgehend die Qualität des Gespinstes ab.

2.2 Arbeitsweise der Karde (Abb. 44)

Die Auflösung des Rohstoffes bis zur Einzelfaser erfolgt durch das Herauslösen von Flocken aus dem Wickel durch den Vorreißer und die Auflösung dieser Flocken durch die Garnituren des Tambours (in Verbindung mit dem Wanderdeckel) und des Abnehmers. (Unter Garnituren versteht man die Häkchenbeschläge dieser Arbeitsorgane.)

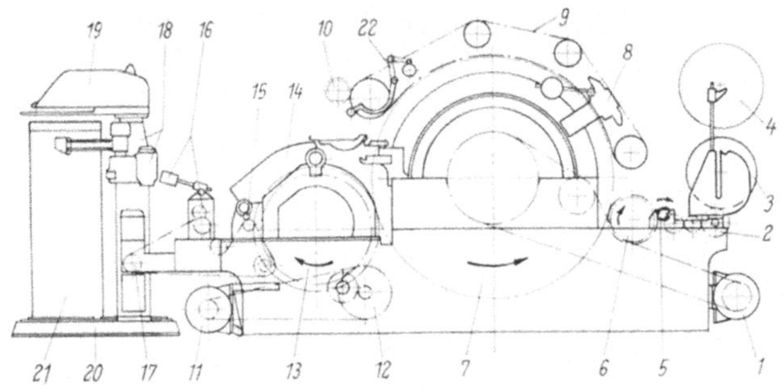

Abb. 44. Arbeitsorgane der Wanderdeckelkarde (Ingolstadt)
1 Trommelmotor; *2* Wickelwalze; *3* ablaufender Wickel; *4* Reservewickel; *5* Speisewalze; *6* Vorreißer; *7* Tambour (Trommel); *8* Deckelschleifvorrichtung; *9* Wanderdeckel; 10 Deckelputzwalze; *11* Abnehmermotor; *12* Abnehmerantrieb; *13* Abnehmer; *14* Abnehmerabdeckung; *15* Hochleistungshacker; *16* Vliesquetsche; *17* Vliesabzugswalzen; *18* Kannenstock mit Schwenkmotor; *19* Schwenkkopf mit Drehteller; *20* Fußteller; *21* Spinnkanne; *22* Deckelputzabnehmer

Der an der Schlagmaschine zu einem Wickel aufgerollte Faserstoff wird an der Karde auf die Wickelwalze aufgelegt, durch diese abgerollt und dem Vorreißer zugeführt (vgl. 2.7.2). Die Watte gleitet dabei über den Speisetisch und kommt nach Passieren des Klemmpunktes von Speisewalze und Mulde in den Bereich des Vorreißerbeschlages. Die Speisemulde ist in ihrer Form häufig dem Stapel angepaßt. Der Vorreißer löst aus dem Wickel kleine Flocken heraus und die so freigelegten Verunreinigungen können, wie in der Putzerei, an einem Rost ausfallen. Unterstützt wird die Reinigung von einem oder zwei — meist verstellbaren — Schalenmessern. An der Arbeitsstelle Vorreißer-Tambour übernimmt letzterer die Fasern. Das erreicht man durch die Art der Häkchenstellung und die größere Geschwindigkeit des Tambours. Diese Bedingungen sind auch für das weitere Auflösen (= Verziehen) maßgebend. Ein verstärktes Auseinanderziehen erfolgt dann durch den Deckel, der sich wesentlich langsamer bewegt als der Tambour. Dabei breitet sich das Fasermaterial über die ganze Garnitur aus. Nach neueren Erkenntnissen sollen an dieser Kardierarbeit intensiv nur wenige Deckel an der Einlaufseite beteiligt sein. Die Hauptkardierung geschieht an der Übertragungsstelle zwischen Tambour und Abnehmer. Die Geschwindigkeit des Abnehmers beträgt im Mittel 1/30 der Tambourgeschwindigkeit: das Fasermaterial wird also am Abnehmer verdichtet. Ein mit großer Frequenz schwingender Hackerkamm (1300...2500 Schwingungen/min) nimmt die Fasern von der Oberfläche der Abnehmergarnitur ab (s. a. 2.10). Dabei entsteht ein Faservlies, das zusammengefaßt und zu einem Band verdichtet wird. Nach Einleitung in den Kannenstock legt es ein rotierender Drehteller in eine sich ebenfalls drehende Spinnkanne ab.

2.3 Wechselstellen an der Karde (Abb. 171, 172)

Die Karde kann, wie die anderen Spinnmaschinen auch, durch Änderung von Getriebeübersetzungen den Erfordernissen des Rohstoffes und der Ausspinnung angepaßt werden. Es sind dies:

1. Der Nummer- oder Verzugswechsel (NW). Durch Änderung der Speisegeschwindigkeit des Wickels läßt sich, bei konstanter Ablieferung, die Höhe des Verzuges ändern. Im Gegensatz zu den Verzügen an den Streckwerken fällt an der Karde auch die entstehende Abfallmenge mit ins Gewicht. Der NW ist häufig treibend: mehr Zähne bedeuten höhere Einzugsgeschwindigkeit und damit niedrigeren Verzug.

2. Der Abnehmerwechsel (AW), meist ebenfalls treibend, beeinflußt die Abnehmerdrehzahl und damit Lieferung und Produktion der Karde. Die Speisegeschwindigkeit ändert sich im gleichen Verhältnis, so daß der Verzug gleich bleibt. Da aber der Tambour keine Drehzahländerung erfährt, wirkt sich ein Wechsel des AW auf die Kardierarbeit zwischen Tambour und Abnehmer aus.

3. Der Kalander- oder Vliesabzugswechsel (KW) dient zur Korrektur der Vliesspannung zwischen Abnehmer und Kalanderwalzen, die eventuell bei Rohstoff-, Nummer- oder Klimaänderungen erforderlich wird.

2.4 Die Bearbeitung des Rohstoffes

2.4.1 Intensität der Kardierung

Ein überbetrieblicher Vergleich für die Intensität der Kardierung ist nur schwer möglich. Zu viele Faktoren beeinflussen den Bearbeitungsgrad: Rohstoff, Wickelnummer, Arbeitsweise der Karde, Garniturdichte und -art, Durchlaufgeschwindigkeit, Verzug usw. Auch der von OESER angegebene Ausbreitungsgrad (AG) kann diese Faktoren nur zum Teil erfassen; Vergleichszahlen sind nicht geläufig.

$$AG = \frac{KK/\text{cm} \cdot \pi \cdot D_t \cdot HB \cdot Nm' \cdot b \cdot 100}{AW \cdot NW \cdot Nm_F}$$

Hierin bedeutet:
KK/cm = Kämmungskonstante/cm
D_t = Tambourdurchmesser in cm
HB = Häkchenspitzen/cm²
b = Arbeitsbreite in cm
Nm' = metrische Wickelnummer
Nm_F = metr. Faserfeinheitsnummer
AW = Abnehmerwechsel $\big\rbrace$ (treibend)
NW = Nummerwechsel

Allgemein üblich, vor allem für innerbetriebliche Vergleiche, ist die Angabe der Kämmungszahl (K/cm). Darunter versteht man die Anzahl der Tambour-

umdrehungen pro cm gespeiste Wickelwatte. Rechnerisch erfaßt, drückt sich das
für treibende Wechsel in folgender Formel aus

$$K/\text{cm} = \frac{KK}{AW \cdot NW}$$

Von den Dimensionen der Normalkarde ausgehend, konnte man — vor der
in großer Zahl erfolgten Einführung von Sondergarnituren — diese Formeln bis
zu einem gewissen Grad einsetzen. Die von KAUFMANN[1] sehr gründlich durchgeführten Versuche führten aber u. a. zu folgenden Erkenntnissen:

1. Der Gesamtverzug spielt bei der Kardierung eine untergeordnete Rolle.
Die theoretische Möglichkeit, durch schwerere Wickelnummer und hohem Verzug
(kleiner NW) die Kardierung und die Produktion steigern zu können, scheidet
aus. Der Ausbreitungsgrad als Maß für die Kardierung wird daher zweifelhaft.

2. Entscheidend für die Qualität des Vlieses ist der Verzug zwischen Tambour
und Abnehmer. Die Erfahrung der Praxis bestätigt, daß eine niedrigere Abnehmerdrehzahl eine bessere Garnqualität ergibt als eine höhere. Danach richtet
man sich in den Betrieben. (Diese Erkenntnis gilt auch für Hochleistungskarden!)

Durch ein gröberes Band (z. B. Nm 0,22 gegenüber 0,25) läßt sich die Produktion der Karde ohne Qualitätseinbuße steigern. Läßt man den NW für eine Bewer-
tung der Kardierung unberücksichtigt, kann man die oben angeführte Formel für
einen innerbetrieblichen Vergleich doch heranziehen. Häufig werden folgende
Kämmungszahlen angewendet (gültig für flexible Garnituren):

	K/cm	$K/''$
Baumwolle gering	4...6	10...15
mittel	6...8	15...20
lang	8...12	20...30
Zellwolle 40 mm	6...8·	15...20

Bei Ganzstahlgarnituren können für gleiche Qualität niedrigere Werte (=höhere
Produktion) eingesetzt werden.

In den Betrieben nennt man als Wert für die Krempelarbeit meist die Ab-
nehmerdrehzahl/min. Aber auch diese Angabe ist natürlich nur bedingt brauchbar.
Rückbezogen auf die Kämmungen erhält man bei Normalkarden Abnehmerdrehzahlen zwischen 5 und 12.

Für den Normaltambour ($\varnothing\ 50'' = 1270\ \text{mm}$) werden in Europa meist
180 U/min für Baumwolle und 165 U/min für Zellwolle genannt. Es ist hier aber
ebenso wie mit einigen anderen Geschwindigkeiten und Einstellungen an Spinnmaschinen: die Werte haben sich bewährt; Abweichungen davon bringen kaum
Qualitätseinbußen. Eine Abweichung von den Standardwerten bringen Hochleistungskarden, wo z. B. die Tambourdrehzahlen auf über 300...400 U/min gesteigert werden. Die Abnehmerdrehzahlen liegen bei 15...35 U/min.

2.4.2 Deckelgeschwindigkeit

Auch sie beeinflußt weniger die Güte der Kardierung als vielmehr die Menge
des Deckelputzes (also die Menge des Fasermaterials, das an der Deckelgarnitur
hängenbleibt und am Auslauf von einem Hackerkamm als Abfall abgenommen

---

[1] KAUFMANN: Untersuchungen an der Wanderdeckelkarde, Reutlingen 1957

wird). Hohe Deckelgeschwindigkeiten (z. B. 120 mm/min) bringen mehr Deckelputz als niedrige (z. B. 30 mm/min).

Die Menge des anfallenden Deckelputzes steigt proportional zur Deckelgeschwindigkeit, die Nissenzahl (=Vliesqualität) läßt sich aber nach Erreichen eines bestimmten Wertes über eine Erhöhung der Deckelgeschwindigkeit, und damit der Abfallmenge, nur noch unwesentlich verbessern, so daß diese Steigerung bloß den Nutzeffekt ungünstig beeinflussen würde. Auf die theoretischen Zusammenhänge soll in diesem Rahmen nicht weiter eingegangen werden; die praktischen Einflüsse werden später besprochen.

2.4.3 Häkchenstellung

Die Auflösung der Faserflocken und Nissen sowie das Ausstreichen — kardieren — der Fasern geschieht zwischen den Garnituren. Der Kardiervorgang sei kurz erläutert.

Stellt man zwei Kratzenbeschläge einander mit ihren Arbeitsseiten gegenüber, so sind bei schräg eingesetzten Häkchen zwei Arbeitsstellungen möglich; dies soll für Kniehäkchen demonstriert werden:

1. Die oberen Häkchenteile stehen im Winkel zueinander (Abb. 45a);

2. die oberen Häkchenteile stehen in Verlängerung zueinander (Abb. 45b).

In Stellung *1* bezeichnet man die Häkchen als gleichgerichtet; in Stellung *2* als entgegengesetzt gerichtet.

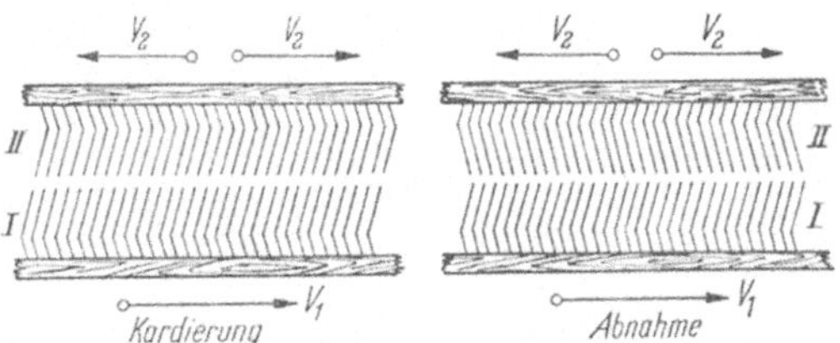

a   Abb. 45a u. b.. Stellung der Garniturzähne   b

Für die Bewegung der Garnituren gegeneinander gibt es mehrere Möglichkeiten. Am interessantesten sind die Fälle:

a) die Garnituren haben gleiche Bewegungsrichtung unterschiedlicher Größe;

b) sie laufen in entgegengesetzter Richtung (praktisch eine Vergrößerung der Geschwindigkeitsdifferenz), so daß dieser Fall für die theoretische Überlegung unberücksichtigt bleiben kann.

Nimmt man an, daß die untere Garnitur Fasern führt, dann werden diese im Falle *1* auf den oberen Beschlag übergeben, wenn der die größere Geschwindigkeit hat. Man nennt diese Stellung deshalb Abnahmestellung.

Im Fall *2* wird ein Auseinanderziehen (Auflösen) der Faserflocken bzw. Strecken der Fasern zu beobachten sein. Diese Anordnung nennt man deshalb Kardierstellung.

Die Kardierstellung findet man an der Karde
zwischen Tambour und Abnehmer und
zwischen Tambour und Deckel.

3 A

In Abnahmestellung stehen die Häkchen zwischen Tambour und Vorreißer und, im gewissen Sinne, zwischen Abnehmer und Hacker.

Trotz Kardierstellung zwischen Tambour und Abnehmer findet hier eine Faserübertragung statt: die Abnehmergarnitur ist dichter besetzt, wird durch den Hacker praktisch ständig faserfrei gehalten und mit einer wesentlich geringeren Geschwindigkeit bewegt. Bei Stahldrahtgarnituren kommt hinzu, daß die Häkchen auf dem Abnehmer in einem Winkel stehen, der das Eingleiten der Fasern noch begünstigt. In ähnlicher Weise findet die Übertragung vom Tambour auf den Deckel statt. Nach Erreichung einer bestimmten Garniturfüllung geht dort jedoch der Großteil der Fasern wieder auf den Tambour zurück. Diese rückläufige Tendenz tritt schon ziemlich bald ein, so daß nur wenige Deckel effektiv an der Kardierung beteiligt sind.

Die Rückspeisung der Fasern von den Deckeln auf den Tambour beeinflußt an der Deckelauslaufseite das Deckelabstreifblech. Je näher es zum Tambour eingestellt wird, desto weniger Fasern bleiben in der Deckelgarnitur, desto weniger Deckelputz fällt an. Man nimmt an, daß durch die Stellung des Abstreifbleches die Intensität der Faserhaftung mit der jeweiligen Garnitur gesteuert werden kann. Steht das Blech näher zum Tambour, werden die Fasern mit mehr Spitzen dieser Garnitur in Berührung gebracht, sie bleiben daran haften und kommen so zurück ins Vlies.

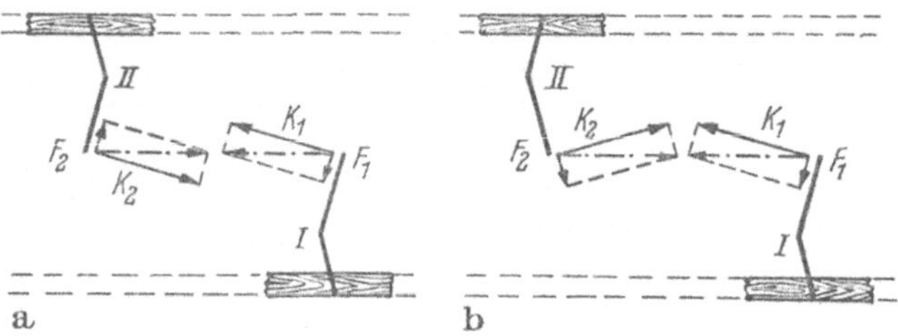

Abb. 46 a u. b. Kräftezerlegung beim Kardieren. *F* Füllkraft; *K* Kardierkraft
(nach OESER, B'woll- u. Z'wollspinnerei)
a) Kardierstellung; b) Abnahmestellung
F Füllkraft; *K* Kardierkraft

Theoretisch wird die Kratzenarbeit durch folgende Diagramme (Abb. 46) erfaßt:

„Kardierung (Abb. 46a): Wird eine Faser von einem Häkchen des Beschlages *I* erfaßt und gleichzeitig von einem Häkchen des Beschlages *II* gehalten, so läßt sich die in der Faser wirkende Zugkraft an jedem Häkchen in die Füllkräfte F_1 und F_2 und in die Krempelkräfte K_1 und K_2 zerlegen. Dabei wirken die Füllkräfte in die Richtung des Häkchens, die Krempelkräfte stehen senkrecht dazu. Die Füllkräfte versuchen, die Fasern in die Beschläge hineinzuschieben, die Krempelkräfte versuchen, die Fasern parallel zu legen.

Abnahme (Abb. 46b): Für ein Häkchen des Beschlages *I* gilt das gleiche wie bei a; dagegen wirkt die Füllkraft F_2 bei *II* von der Häkchenspitze nach außen, also negativ, so daß die Faser vom Häkchen des Beschlages *II* abgestreift und vom Beschlag *I* aufgenommen wird."

2.4.4 Bedeutung des Wanderdeckels

Die Bezeichnung Wanderdeckelkarde bezieht sich auf die durch zwei Ketten miteinander verbundenen, langsam über den Tambour entlang bewegten und zu einem wandernden Deckel zusammengefaßten Deckelstäbe (Abb. 43, 44). (Im Gegensatz dazu steht die Walzenkarde oder -krempel, wie sie z. B. in der Kammgarnspinnerei eingesetzt wird.) Die Deckelstäbe werden zur Erhöhung der Stabilität (Gefahr des Durchhängens in der Mitte) in T-Profil ausgeführt. Wie bereits angeführt, sind sie mit Garniturstreifen bezogen. Die Karde hat im allgemeinen 100...110 Einzeldeckel, von denen sich 35...45 in Arbeitsstellung befinden.

Die größte Wirksamkeit haben die Deckel unmittelbar nach Einlauf in die Arbeitsstellung. Mit fortschreitender Füllung und Bildung eines von Deckel zu Deckel reichenden Faserpelzes läßt sie jedoch bald nach. Tambour und Deckel haben fast immer gleiche Bewegungsrichtung (Ausnahme: Karde der SACM). Auf die Qualität der Kardierarbeit hat die Bewegungsrichtung keinen wesentlichen Einfluß. An der Auslaufseite der Deckel ist eine Reinigungsvorrichtung montiert. Sie besteht aus einem schwingenden Hacker, der den Deckelputz — auch Strips genannt — von den Deckeln abnimmt, und einer rotierenden Putzwalze, die eine laufende Reinigung der Deckelgarnituren vornimmt. Meist ist die Garnitur dieser Walze ganz mit Drahthäkchen, jedoch länger und elastischer als die der Arbeitsgarnituren, besetzt. Wie bei der sogenannten Philipson-Bürste, verwendet man jedoch zur schonendenden Bearbeitung häufig Garnituren mit Lücken, in die dann eine Spirale aus Borsten oder längeren Drahthäkchen eingesetzt ist. Intervalldraht, der nach dem Aufziehen ein schachbrettartiges Muster ergibt, ist jetzt weit verbreitet. Die Sauberhaltung der Putzwalze erfolgt durch einen Kamm, eine Putzleiste oder durch Absaugung.

2.4.4.1 Deckelputz. Als Faustregel für die richtige Einstellung des Deckelputzes kann gelten, daß die durch den Hacker abgenommenen Streifen gerade noch zusammenhängen sollen. Nimmt man zuviel Deckelputz ab, erhöht man nur den Abfall an gutem Fasermaterial, ohne daraus Vorteile ziehen zu können. Eine Stapelverbesserung des Vlieses und damit eine Anhebung des Spinnwertes tritt nicht ein.

Die Ablage des Deckelputzes erfolgt entweder frei auf das Abdeckblech des Abnehmers, oder durch Aufrollen auf einen Stab, der von den Deckeln gedreht wird. Die zweite Methode ermöglicht größere Reinigungsintervalle. Bei Hochleistungskarden wird der Deckelputz abgesaugt.

2.4.4.2 Deckelantrieb. Der Antrieb des Deckels geschieht direkt vom Tambour aus über Riemen-, Schnecken- und Zahnradtriebe auf Kettenräder, deren Teilung der der Deckelketten entspricht. Durch die starke Beanspruchung auf Zug längen sich die Ketten aber, so daß die beiden Teilungen bald nicht mehr übereinstimmen. Das führt zu einem Aufkanten der Deckelstäbe am Auslauf und — durch Klemmung — unter Umständen sogar zu Garniturschäden, wenn man ein Kettenrad mit dem Durchmesser der Deckelführungsscheiben verwendet. Bei neuen Karden nimmt man deshalb ein kleineres Kettenrad und lagert die Führungsscheiben dazu exzentrisch. Die Längung der Ketten (z. B. um 2 Kettenglieder, die dann herausgenommen werden) bleibt so ohne nachteilige Auswirkungen. Ausgeleierte Ketten sollten möglichst bald ausgetauscht werden, weil

nur dann eine einwandfreie Deckelführung gewährleistet ist. Zu große Deckel-
zwischenräume (Luftspalten) führen zu Störungen bei der Kardierung und fördern
die Flugbildung. Zur Verbesserung der Reibungsverhältnisse läßt man die Laufflächen der Deckelköpfe unter einem Graphitblock durchlaufen oder bestreicht
sie mit Molykotepaste. Eine andere Schmierungsart kann man wegen Ver-
schmutzungs- und Verflugungsgefahr nicht anwenden.

Die Deckel werden durch Schrauben (Linksgewinde für die eine, Rechtsgewinde für die andere Seite) mit den Ketten verbunden. Dafür haben die Deckelköpfe Ansätze mit eingeschnittenen Gewinden. Wegen der durch diese Anordnung
entstehenden ungünstigen Druckverhältnisse hat Rieter einen neuen Deckelstab
entwickelt (Abb. 47). Bei diesem ist der Deckelkopf stärker ausgebildet und die
Schrauben werden am äußersten Ende des Stabes eingesetzt. Das ermöglicht das
Herausnehmen der Deckel selbst bei Auflage in Arbeitsstellung, weil die Deckelketten nicht mehr über den Stäben geführt werden. Die Schraube sitzt auch
tiefer als früher, so daß das Kippmoment des Deckels günstiger liegt und ein
geringerer Druck auf den Gleitbogen ausgeübt wird (Verminderung von Reibung
und Abnützung).

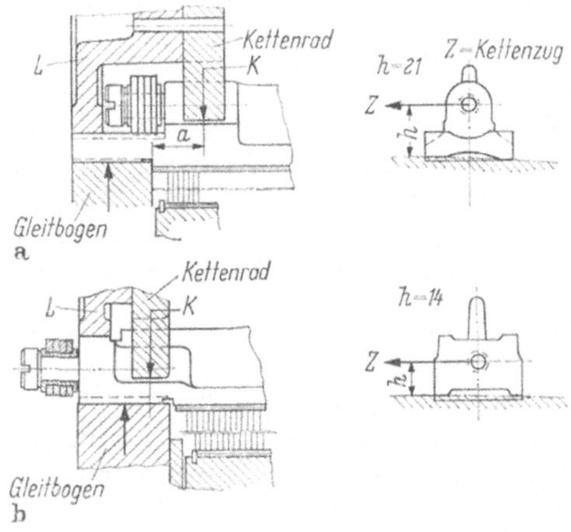

Abb. 47 a u. b. Deckelführung am Flexibelbogen
a) herkömmlicher Deckel (die Deckelkette liegt in Arbeitsstellung über dem Ende des Deckelstabes)
b) Deckelstab von Rieter (die Kette ist am Stabende befestigt; der Führungspunkt liegt tiefer als bei a)
— kleineres Kippmoment)
h Höhe der Kettenführung; z Zugkraft bei Deckelbewegung; K = Angriffspunkt des Kettenrades
L = Kettenradlager; a = Abstand zum Gleitbogen

2.5 Die Garnituren

Man muß unterscheiden zwischen

a) *flexiblen Garnituren:* sie bestehen aus einem Stoffband, in das U-förmig
gebogene Drahthäkchen eingestochen sind (Abb. 48; 53).

b) *Halbstarre Garnituren:* als solche bezeichnet man Garnituren mit einem
verstärkten Band als Grundlage, in das entweder Flachdrahthäkchen oder bis
zum Knie in Filz oder Gummifilz eingebettete flexible Drahthäkchen gestochen
sind (Abb. 52b).

c) *Ganzstahlgarnituren:* dies sind Profil-Flachdrähte, die sägezahnartig ausgestanzt bzw. gefräst sind (Abb. 55b).

2.5.1 Aufbau der Bänder

Die Bänder für flexible Garnituren bestehen für den Tambour meist aus 4 Gewebelagen. Als Material kommen Baumwollköper und ein Gewebe mit Leinenkette und Baumwoll- oder Wollschuß zur Anwendung. Diese Bänder werden als CWCC-Bänder (cotton, wool, cotton, cotton) bezeichnet. Die Leinenkette legt man ein, damit die Garniturdehnung niedrig gehalten werden kann (4...8%, je nach Hersteller, Garniturart und Aufziehspannung verschieden), in der Bezeichnung der Bänder erscheint sie aber nicht.

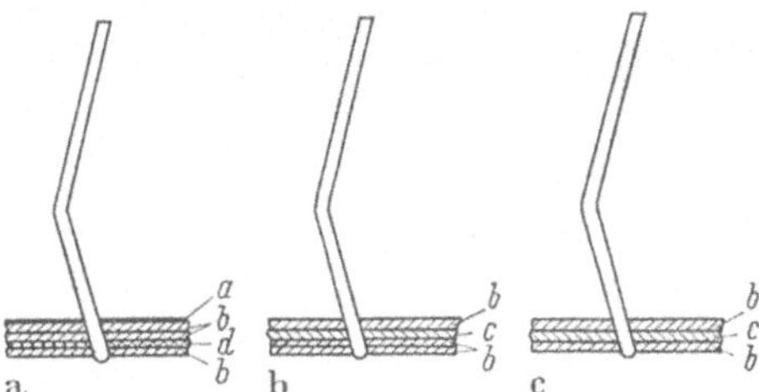

Abb. 48 a—c. Aufbau der Bänder für flexible Garnituren (Beispiele)

Meist ist das Leinengewebe die zweite Lage von unten, manchmal legt man es aber auch eine Stufe höher (CCWC-Bänder). Die einzelnen Lagen sind mit einem Klebezement, einer Mischung aus Leim, Leinöl und Mehl, verkittet. Jetzt werden die Bänder in zunehmendem Maße vulkanisiert (z. B. Bänder 4fach Stoff vulkanisiert). Der Kunstkautschuk wird, im Gegensatz zum Naturkautschuk, nicht spröde, so daß er die Elastizität des Bandes erhält. Die bei den Tambourbändern vielfach gewünschte Kautschukdeckschicht ist jetzt ebenfalls meist synthetischer Kautschuk und temperatur-, öl- und lichtbeständig.

Abnehmerbänder und Deckelstreifen bestehen in der Regel nur aus drei Gewebelagen (CWC). Im übrigen gilt das gleiche wie für die Tambourbänder.

Zur Ableitung elektrostatischer Aufladungen macht man die Bänder gelegentlich elektrisch leitfähig (z. B. Ello-Garnitur von Wolters). Deckplatte und Garnitur werden dafür besonders behandelt.

Halbstarre Garnituren haben als Grundlage die gleichen Bänder, wenn flexible Drahthäkchen gesetzt werden. Zur festeren (starren) Führung der Häkchen besitzt das Band jedoch eine Auflage. Früher verwendete man, wie bei Streichgarnituren, eine dicke Filzschicht, die eventuell noch mit einer Gummiplatte abgedeckt wurde; jetzt geht man meist auf kräftige Gummifilzplatten (schaumgummiartig) über. Die Häkchen stecken dann bis zum Knie in dieser Platte.

Flachdrahthäkchen (Garnituren von Baumann und Wolters z. B.) würden wegen ihres größeren Querschnittes dieses Band zu sehr schwächen; deshalb nimmt man hierfür ein stärkeres Band (z. B. 5...7 Gewebelagen). Die Häkchen erhalten durch das dickere Band auch einen festeren Stand (s. Abb. 52b).

2.5.2 Setzarten der Häkchen (Abb. 49)

Für den Tambour haben die Bänder eine Normalbreite von 51 mm ($= 2''$), für den Abnehmer von 38 mm ($= 1^{1}/_{2}''$). Die Häkchen werden nach bestimmten Schemen in den Belagstoff eingestochen. Bei den Arbeitsgarnituren der Karde wendet man für den Tambour und den Abnehmer den sogenannten Rippen- oder Kolonnenstich, für die Deckelstreifen den Diagonalstich an. Diese Sticharten ermöglichen ein dichteres Setzen der Häkchen, als es mit dem z. B. für Ausstoßbänder noch üblichen Voll- oder Blattstich möglich ist. Der Kolonnenstich ergibt gleichmäßigere Ränder als der Diagonalstich; auch eignet er sich besser für das Aufziehen der Garniturspitzen, weshalb er bei den Bändern für Tambour und Abnehmer ausschließlich zu finden ist. Am weitesten verbreitet ist der 3er Rippenstich. Die Häkchen einer Kolonne sind dabei jeweils um $^{1}/_{3}$ der Breite einer Zahnkrone versetzt. Auf der Oberseite entsteht ein geschlossenes Bild. Für das Tambourband sind 8, für das Abnehmerband 6 Kolonnen üblich.

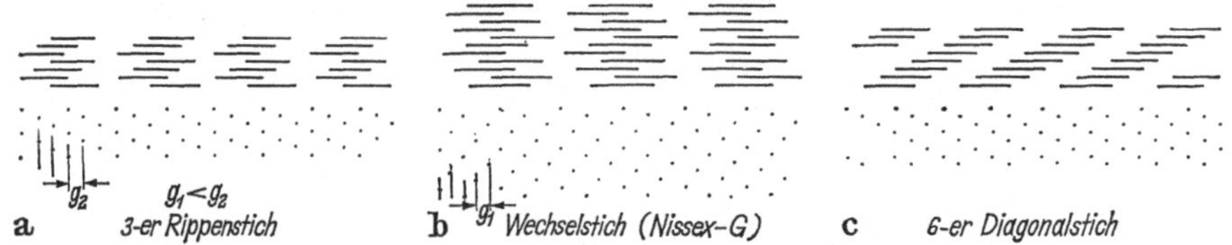

Abb. 49 a—c. Gebräuchliche Setzarten bei Doppelhäkchen
a) 3-er Rippenstich (für Bänder); b) Wechselstich der Nissex-Garnitur (Bänder); c) 6-er Diagonalstich (für Deckelblätter)

2.5.2.1 Setzdichte.

Die Arbeitsbedingungen sind bei den verschiedenen Rohstoffen unterschiedlich, die Spitzenzahl je Flächeneinheit muß diesen Anforderungen angepaßt sein. Die Setzdichte wird in der Garniturbezeichnung zum Ausdruck gebracht. Gebräuchlich ist die Angabe der englischen Garniturnummer. Im Zusammenhang damit steht auch die Drahtstärke, doch kann diese gegenüber der Norm um ± 1 Nummer abweichen.

Beschlag Nr.	Doppelhäk. auf 4□″	Spitzen auf 1 cm²	Kratzendraht Nr.	∅ (mm)
100	1000	77,5	31	0,330
110	1100	85,3	32	0,305
120	1200	93,0	33	0,280
130	1300	100,8	34	0,255

Die Garniturnummer ist von der Dichtenbezeichnung der früher üblichen Garniturblätter abgeleitet. (Die Blätter wurden auf die Zylinder aufgenagelt.) Diese hatten eine Größe von $10'' \times 4''$ und waren im Blattstich, mit 2 Doppelhäkchen pro Rapport, gesetzt. Die Garniturnummer war dann gleich der Anzahl Doppelhäkchen je Rapport auf die Breite von $10''$. Heute entspricht die Garniturnummer der Anzahl Doppelhäkchen auf 4 Quadratzoll : 10.

Hat man früher die Dichte des Beschlages bei gleichbleibender Häkchenzahl in der Höhe (d. h. in Drehrichtung der Trommel) durch Änderung der Häkchenzahl in Blattbreite verändert, ist jetzt die Änderung der Garniturnummer gleichbedeutend mit kleinerem Häkchenabstand in Längsrichtung des Bandes — bei konstanter Spitzenzahl in der Breite des Bandes. Das heißt: bei einer bestimmten Garniturart bleibt die Kolonnenzahl und die Häkchenzahl je Rapport konstant.

Neuere Untersuchungen haben ergeben, daß für die Güte der Kardierung die Häkchenzahl je Flächeneinheit von sekundärer Bedeutung ist; entscheidend ist der seitliche Abstand der Häkchen voneinander. Durch die Garnituren sollen nicht nur die Flocken aufgelöst, sondern auch Faserknötchen (Nissen) und Schalen ausgeschieden werden. Mit einem Engersetzen der Häkchen in Bandlängsrichtung läßt sich das aber nicht erreichen. Diese Art Abstandsverminderung verursacht vielmehr ein schnelleres Füllen und „Schmieren" der Beschläge, weshalb dann öfter ausgestoßen werden muß, Nachteile, die besonders wegen der erfolgten Abwertung des Reinheitsgrades der Baumwolle in Erscheinung treten.

Die Kardier- und Reinigungsarbeit der Garnituren läßt sich wesentlich verbessern, wenn die Gassenbreite — also der seitliche Häkchenabstand, bezogen auf einen Setzrapport — enger gewählt wird. Wolters praktizierte das als erste Firma bei der Nissex-Garnitur, wo 5 Doppelhäkchen je Rapport gesetzt werden. Bei 6 Kolonnen in Bandbreite ergibt das $6 \times 5 \times 2 = 60$ Gassen (gegenüber $8 \times 3 \times 2 = 48$ Gassen beim Normalband). Die Praxis hat diese Feststellung bestätigt. Andere Kratzenfabriken sind ähnliche Wege gegangen (z. B. durch Vermehrung der Kolonnenzahl bei gleichzeitiger Verkleinerung der Häkchenkrone).

Bei den halbstarren Garnituren verfährt man ebenso. Durch einen schmäleren Zahnsteg (auf Grund seines stärkeren Querschnittes sitzt das schmalere Flachdrahthäkchen trotzdem fest im Band) bringt man im 2-er Rippenstich auf dem 51 mm breiten Band bis 16, auf dem 38 mm breiten Band bis 12 Kolonnen unter, also bis zu 64 bzw. 48 Gassen. Bei halbstarren Garnituren verwendet man häufig auch für den Tambour das schmälere Band, weil sich bei der größeren Bandbreite und der daraus resultierenden größeren Steigung beim Aufziehen die Schrägstellung der Häkchen ungünstig bemerkbar machen kann.

2.5.3 Das Setzen der flexiblen Häkchen

Es erfolgt auf besonderen Maschinen nach folgendem Schema:
1. Vorstechen der Löcher im Band;
2. Vorschieben, festklemmen und abschneiden des Drahtes auf rund 25 mm Länge und Umbiegen zur U-Form;
3. Einstecken des Häkchens ins Band;
4. Eindrücken des Knies.

Nach diesen Arbeitsgängen werden die Bänder auf große Tamboure aufgezogen und gleichzeitig „obenüber" und an den Seiten geschliffen. Der Seitenschliff flacht das Häkchen aus Runddraht in seinem oberen Teil ab (angeschrägt). Für besonders intensives Arbeiten werden die Spitzen noch hinterschliffen, so daß sie zu einer Nadelspitze auslaufen. Die Garnitur behält dadurch länger ihre Schärfe und braucht nicht so oft nachgeschliffen zu werden; bei sorgfältigem Schleifen bleibt der Effekt über lange Zeit erhalten.

Die Wirkung der halbstarren Garnituren entsteht auf ähnliche Weise. Zur größeren Standfestigkeit des Flachdrahthäkchens kommt die Verbesserung der Schärfe durch die beim Setzen angeschnittene Spitze. Flachdrahthäkchen brauchen kein Knie, da sich die starren Häkchen nicht aufrichten können. Das

Anschneiden der Spitze verlangt große Sorgfalt, weil das bei unterschiedlicher Zahnhöhe erforderliche Ausschleifen die Garnitur nachteilig beeinflußt.

Meist erhalten die Garniturhäkchen auch noch eine extra Härtung. Sie werden an einer Gasflamme vorbeigeleitet und unmittelbar nach dieser Erhitzung bis zu einer bestimmten Höhe durch ein Wasserbad geleitet. Für eine gleichmäßige Härtung ist eine gleichmäßige Tauchtiefe erforderlich; eine dauernde Kontrolle des Wasserspiegels gewährleistet dies. Bei halbstarren Garnituren verzichtet man wegen einer möglichen Schädigung der Spitzen häufig auf die Härtung.

Als abschließende Arbeitsgänge folgen Bandkontrolle (Nachsetzen fehlender Häkchen) und Zuschneiden der gewünschten Längen.

Der Setzwinkel der Häkchen ist für das einwandfreie Arbeiten von größter Bedeutung.

An den Arbeitsstellen der Karde werden die Garnituren auf einen möglichst engen Abstand zueinander eingestellt. Das bringt beim Kardieren die besten Ergebnisse. Ein geneigt eingesetztes, gerades Häkchen würde sich bei der Arbeit aufrichten und mit den Drahthäkchen der Gegengarnitur in Berührung kommen. Um das zu vermeiden, werden die Drahthäkchen abgeknickt (Kniehäkchen). Die Spitze steht dann fast senkrecht über dem Fußpunkt und die Spitzen können sich auch bei einem Ausweichen der Häkchen nicht berühren.

Diesen Beschlägen stehen die **Ganzstahlgarnituren** gegenüber. Sie werden aus Profildraht, durch Ausstanzen oder Fräsen der gewünschten Zahnform, hergestellt. Die üblichen Zahnformen sind in Abb. 55a dargestellt.

Für die Verarbeitung von Baumwolle und für Hochleistungskarden befindet sich die sogenannte amerikanische Ganzstahlgarnitur (Abb. 55), wegen ihrer feinen Zähne auch „Mäusezahn"-Garnitur genannt, im Einsatz. Diese Garnitur hat eine Höhe von nur 3,2 mm (gegenüber 4,2 mm bei normaler Ganzstahlgarnitur). Die Zähnezahl je cm² beträgt 80...85 (normal 60...65).

Der Sägezahndraht muß im Grund zäh sein (Anschmiegung an die Trommel), der Zahn selbst wird gehärtet. (Um die Nachteile der normalen Drahthärtung auszuschalten, härtet die Firma Honegger ihren Sägezahndraht induktiv, d. h. mit hochfrequenten Strömen.) Dieser Beschlag wird in Schraubenlinie, Windung neben Windung, aufgezogen. Diese Windungen können nur dann einen einwandfreien Stand haben, wenn der Fuß des Drahtes genau rechtwinklige Flanken aufweist.

Der Beschlag des Vorreißers ist ebenfalls ein Sägezahndraht. Abhängig von dem zur Verarbeitung kommenden Rohstoff wird ein Draht mit normalem Sägezahn (für Baumwolle) oder mit stumpfem Brustwinkel (für Zellwolle und Chemiefasern) verwendet. Durch den stumpfen Zahnwinkel und die geringere Spitzenzahl sticht die zweite Form schonender in die Watte ein (s. Abb. 55a).

2.5.4 Das Aufziehen der Garnituren

2.5.4.1 Das Aufziehen der Bänder (Abb. 50). Die Trommeln neuer Karden haben vom Abdrehen auf den Nenndurchmesser her noch Rillen. Diese werden in den Spinnereien mit Spezialschleifmaschinen fein ausgeschliffen, bis die ganze Zylinderfläche gleichmäßig grau erscheint.

In den Gußmantel der Trommeln sind Löcher gebohrt, in die zum Annageln der Garnituren Holzpflöcke eingesetzt werden. Normalerweise sind auf dem

Tambour 5 und auf dem Abnehmer 3 Lochreihen durchgehend über die ganze Trommelbreite. Sie sind für eine stärkere Verankerung der Bänder vorgesehen. In vielen Betrieben verzichtet man aber auf das „Durchmangeln", da moderne Aufziehgeräte und -methoden eine gleichmäßige Bandspannung gewährleisten. In die Löcher werden zuerst durchbohrte Holzdübel aus weichem Holz eingeschlagen, in die man dann, zum Verankern, noch Hartholzpflöckchen einschlägt. Die herausragenden Enden werden abgesägt, Unebenheiten durch das nachfolgende Abschleifen ausgeglichen.

Zum Schutz des Bandes vor Rostansatz reibt man die Trommeln mit Graphit ein, oder überzieht sie mit einem dünnen Anstrich aus Bleiweiß, Sikativ und Terpentin. Die erste Methode ermöglicht dem Band einen besseren Spannungsausgleich, das zweite Verfahren gewährt ihm einen besseren Sitz.

Die Zylinder müssen genau ausgewuchtet sein. Selbst bei Verwendung von Pendelrollenlagern führen kleine Unwuchten zu unrundem Lauf und damit zu periodischen Ungleichmäßigkeiten im Gespinst. Tamboure für Hochleistungskarden stellen dabei besonders hohe Anforderungen.

Abb. 50. Aufziehen eines Abnehmerbandes und Aufziehgeräte

Vor dem Aufziehen lagert man das Band mindestens 24 Stunden im klimatisierten Spinnsaal. Nicht akklimatisierte Bänder bereiten nach dem Aufziehen Schwierigkeiten. Das ist vor allem bei einem zu kalten Band der Fall. Durch die Erwärmung im Saal längt es sich; das lockere Band macht dann eine genaue Einstellung und gutes Kardieren unmöglich. Die Bänder werden aufgerollt geliefert. Zur Vorbereitung für das Aufziehen wickelt man sie ab und legt sie in einen Korb. Dabei zieht man das Band über eine Kante, damit es geschmeidiger wird und herausstehende Häkchen wieder eingeschoben werden. Die Rückseite des Bandes reibt man zum Schutz vor Rost und zur Verbesserung der Gleiteigenschaften mit Graphit ein.

Aufgezogen wird mit einem Aufziehapparat (Abb. 50). Diesen montiert man parallel zu den Achsen der Trommeln am Grundgestell. Der Apparat ist auf einer Spindel seitlich verschiebbar. (Das Band soll immer geradlinig auf die Trommel auflaufen.) Die Verschiebung des Supports kann durch eine Übersetzung zum Tambour oder Abnehmer so geregelt werden, daß der Vorschub immer der Steigung entspricht. Zur Abbremsung wird das Band unter einer Druckplatte durchgezogen und spiralförmig mehrmals um eine Art Stufenscheibe gewunden, ehe es über einen federnd gelagerten Hebel geleitet wird. Mit einer Stellschraube kann die Pressung der Druckplatte auf das Band reguliert werden. Der federnde Hebel gibt dann bei Durchlauf des Bandes mehr oder weniger stark nach. Die Bewegung des Hebels ist proportional zur Bandspannung und wird auf eine geeichte Skala übertragen. Danach ist eine dauernde Kontrolle des Bandzuges möglich.

Das Aufziehen des Bandes erfolgt in Schraubenwindung. In der Regel beginnt man am linken und arbeitet zum rechten Trommelrand. Die Besetzung der Trommeln mit Häkchenspitzen soll möglichst bis zum Rand gleichmäßig sein. Anfang und Ende des Bandes müssen deshalb in einer Spitze auslaufen. In der Baumwollspinnerei sind zwei Spitzenarten üblich.

2.5.4.2 Die englische Spitze (Abb. 51). (Sie wird für einen Tambour mit einem $\varnothing$ von 50″ = 1270 mm erklärt. Das Band hat 8 Kolonnen und eine Breite von 2″ = 51 mm.)

Das Aufziehen nimmt man am besten von der Abnehmerseite her vor; die Häkchen werden so beim Durchlaufen der Bremsvorrichtung besser geschont. Manchmal wird jedoch auch vom Vorreißer her aufgezogen, weil dann — z. B. bei Erneuerung der Garnitur des Tambour — der Abnehmer in der Maschine bleiben kann. Vor Beginn des Aufziehens kennzeichnet man die Pflockreihen am Trommelrand, damit man sie bei bezogener Trommel wiederfindet.

Die Einteilung der Spitze muß unter Berücksichtigung der Banddehnung erfolgen (z. B. Tambour 6%, Abnehmer 4%). Für einen Tambourumfang bleiben dann 3760 mm. Auf der Bandrückseite mißt man nun einen halben Umfang (= 1880 mm) ab und dann noch 4×470 mm (= 1880 mm = $^1/_2$ Umfang) und markiert jede dieser Längen mit einem Blaustift. Auf Länge des 1. halben Umganges schneidet man das Band zwischen 4. und 5. Kolonne (= $^1/_2$ Bandbreite) der Länge nach ein. Dann führt man — wie in der Skizze dargestellt — mit dem

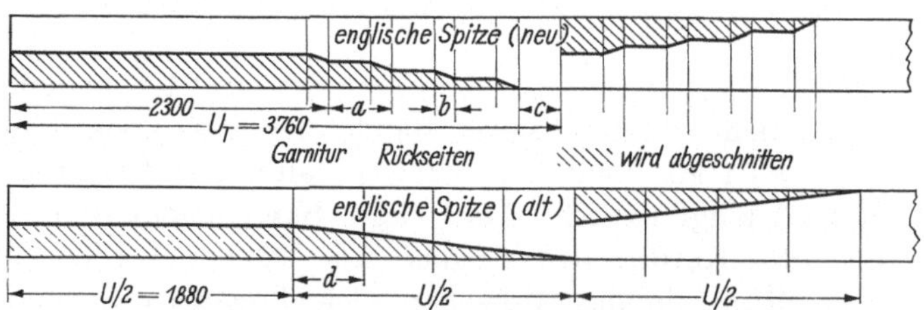

Abb. 51. Zuschnitt verschiedener Anfangsspitzen für Tambourbänder
Tambour-Umfang U_T = 4000 mm − 6% Dehnung = 3760 mm
a 450 mm; b 150 mm (f. Zunahme v. 1 Kolonne);
c abhängig von Dehnung; d 470 mm (entspr. b)

Stift einen Schrägstrich nach außen. (Achtung! Die Schnittfläche muß beim Aufziehen nach innen kommen.) Alle Häkchen, die im gestrichelten Feld und auf der Linie liegen, müssen ausgezogen werden. Das schräge Stück wird schließlich abgeschnitten.

Das so vorbereitete Band zieht man jetzt durch den Aufziehapparat und befestigt den Anfang mit 4 Nägeln auf zwei Pflöcken einer durchgehenden Pflockreihe am Tambourrand. (Nur die untere Hälfte benützen, da die obere für das Endstück benötigt wird, wenn der erste Umfang aufgezogen ist!)

Die geschmiedeten Nägel sollen für den Tambour eine Länge von mindestens 18 mm, für den Abnehmer von mindestens 16 mm haben. Sie dürfen das Band nicht zerschneiden.

Beim nun beginnenden Aufziehen muß die Bandspannung der tragenden Bandbreite angepaßt werden. Der erste halbe Umfang hat nur 4 Kolonnen, die Spannung soll dabei 90 kp (= 200 lbs.) nicht überschreiten. Diese Spannung hält man bei, bis das Band breiter wird. In jede Pflockreihe schlägt man einen Nagel. Beim weiteren Aufziehen steigert man die Spannung — entsprechend der Breitenzunahme — bis zur vollen Höhe von 160 kp (= 350 lbs.). Um das Band richtig an den Garnituranfang anschließen zu können, markiert man diese Stelle (unter voller Spannung!), dreht zurück und zieht auf eine Länge von etwa 10 cm und auf halber Bandbreite die Häkchen nach außen hin aus. Nun spannt man das Band wieder und nagelt die Anschlußstelle an den Pflöcken des Bandanfanges fest. Jetzt schneidet man das Band auf halbe Breite ein und trägt nochmals 4×470 mm auf, damit man beim 3. halben Umfang wieder auf die volle Bandbreite kommt. Die Schnittfläche des zweiten Keiles kommt so neben der des — geraden ersten halben Umfanges zu liegen. Die Spannung muß zum Einschneiden auf 90 kp herabgesetzt werden. Mit der folgenden Breitenzunahme (das Band wird wieder laufend festgenagelt) steigert man sie abermals auf 160 kp.

Nun zieht man die Garnitur in voller Breite mit dicht nebeneinander gelegten Windungen auf, bis der Abstand zum rechten Tambourrand noch eine halbe Bandbreite (= 1″) beträgt. Dort nagelt man das Band auf einer durchgehenden Pflockreihe an. Jetzt beginnt das Aufziehen der Endspitze. Dieser Vorgang verläuft entgegengesetzt zur Anfangsspitze, was beim Markieren der Schnittlinie genau zu beachten ist. Die Spannung ist sinngemäß anzupassen.

Das Aufziehen eines Abnehmerbandes erfolgt in gleicher Weise. Zu berücksichtigen sind der geringere Trommelumfang und die schmälere Bandbreite.

2.5.4.3 Die abgesetzte Spitze (Abb. 51). Die englische Spitze wurde sehr stark von der abgesetzten Spitze, auch „neue englische Spitze" genannt, verdrängt. Diese hat kürzere Übergänge von Kolonne zu Kolonne, so daß weniger Nadeln ausgezogen werden müssen. Die Spitze ist auf nicht ganz zwei Umfänge verteilt. Der Aufziehvorgang (Festnageln und Belasten) entspricht dem der englischen Spitze. Beim Schneiden ist die abgesetzte, also nicht kontinuierliche Breitenzunahme zu berücksichtigen. Für die Übergänge sind verschiedene Einteilungen gebräuchlich.

Das Aufziehen der halbstarren Garnituren wird in gleicher Weise vorgenommen. Zu beachten ist, daß die Bänder mit Flachdrahthäkchen 10…16 Kolonnen aufweisen. Gelegentlich werden diese Garnituren auch über einen Baum und mit angehängten Gewichten, zur Belastung, aufgezogen (s. Wollspinnerei!). Die erste Art ist jedoch sicherer und jetzt allgemein üblich.

Beim Aufziehen wurden die Trommeln früher meist mit einer Handkurbel gedreht. Durch ungleichmäßiges Drehen entstanden dabei Spannungsschwankungen. Zum Drehen selbst benötigte man zwei Arbeiter. Von den Kratzenfabriken werden jetzt Spezialmotore geliefert, von denen die Trommeln über ein Vorgelege in eine gleichmäßige Drehbewegung versetzt werden. Mit einem Schalter kann man auf Dauer-, Kurz- und Rückwärtslauf schalten. Das Schaltkästchen kann sich der Monteur umhängen.

2.5.5 Deckelgarnituren (Abb. 52; 53)

Die Garnituren der Deckel haben Streifenform. An den Längsseiten werden Klemmschienen angebracht, die das Blatt entweder mit angestanzten Haken (sie werden durch das Blatt gestochen und umgebogen) oder durch Klemmung

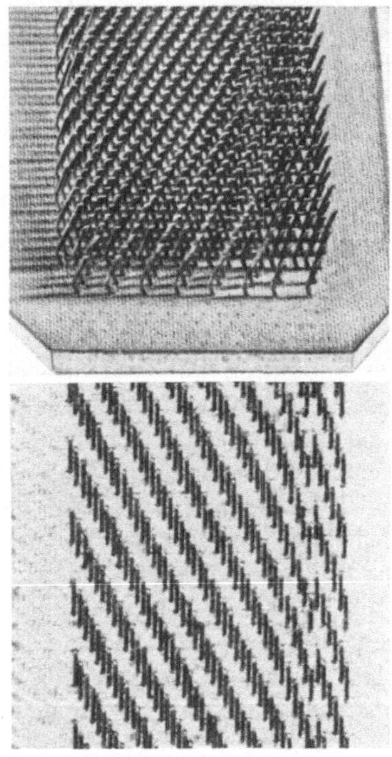

Abb. 52a. Deckelblatt mit flexiblen Häkchen.
530 Spitzen/Quadrat-Zoll.
Im ersten Teil sind die Gassen doppelt breit
(Graf)

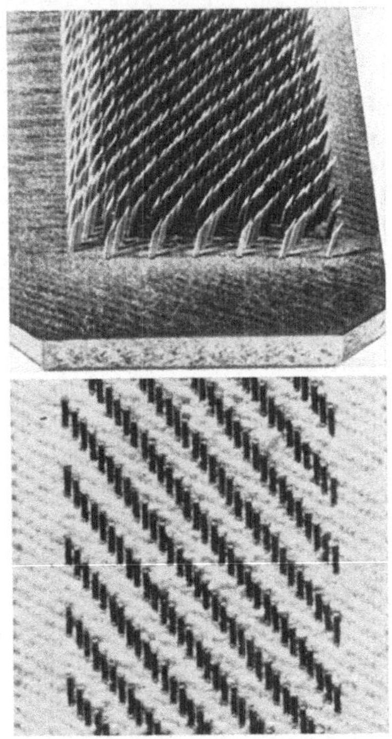

Abb. 52b. Deckelblatt mit Flachdrahthäkchen
(halbstarre Garnitur) für Hochleistungskarden.
350 Spitzen/Quadrat-Zoll (Graf)

(die Schienen sind entsprechend gefalzt und zusammengequetscht) halten. Die so vorbereiteten Garnituren werden dann auf den Deckelstab aufgelegt und durch Umbördeln der Schiene mit diesem verbunden. Beide Methoden haben Vor- und Nachteile.

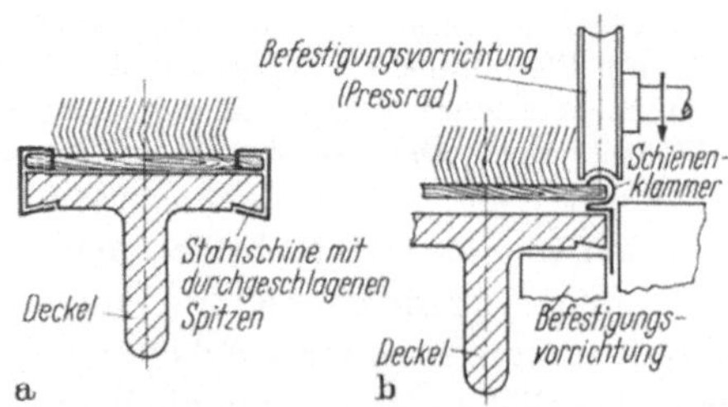

Abb. 53 a u. b. Befestigungsarten für Deckelblätter (nach OESER)
a) durch Schienen mit durchgeschlagenen Spitzen; b) durch Schienen mit zusammengepreßter Klammer

Gesetzt werden die Deckelgarnituren meist im 6-er Diagonalstich. Zur Erhöhung der Gassenzahl geht man aber auch hier auf größere Rapporte, z. B. 8-er Diagonalstich, über. Für Hochleistungskarden kommen auch Deckelblätter zum Einsatz, die in Tambourdrehrichtung mit zunehmender Häkchendichte gesetzt sind (Abb. 52a).

2.5.6 Benötigte Bandlänge

Die zum Beziehen von Tambour und Abnehmer erforderlichen Bandlängen lassen sich nach folgender Formel berechnen:

$$L = \frac{B \cdot D \cdot \pi}{b} + C \; (\text{m})$$

Hierin bedeutet:

L = Bandlänge in m
B = Arbeitsbreite der Karde ⎫ gleiche Dimensionen
b = Bandbreite ⎭
D = Tambourdurchmesser in m
C = konstanter Zuschlag

   für Tambour 2,5…3,0 m
   für Abnehmer 1,5…2,0 m

Der beim Zurichten von Anfangs- und Endspitze jeweils verlorengehende halbe Umfang muß nicht mit zugeschlagen werden; der Ausgleich erfolgt durch die Banddehnung.

Der Zuschlag C ist das für die Führung des Bandes im Aufziehapparat benötigte Stück.

2.5.7 Das Aufziehen der Ganzstahlgarnituren

Die Ganzstahlgarnituren werden nicht in der für flexible Garnituren üblichen Höhe von 10 mm gefertigt. Sollen deshalb Karden, die bisher mit flexiblen Garnituren bezogen waren, Ganzstahlgarnituren erhalten, müssen die Trommeldurchmesser so weit vergrößert werden, daß nach dem Aufziehen der Ganzstahlgarnituren gleiche Arbeitsbedingungen herrschen. Man erreicht dies durch Aufziehen eines Grunddrahtes. Beim Abnehmer kann man eventuell darauf verzichten; beim Tambour ist es aber unumgänglich, da sonst das Anstellen der Deckel nicht mehr einwandfrei möglich ist (unterschiedlicher Krümmungsradius von Tambour und Deckellaufbogen).

Bei neuen Karden können die Trommeln gleich mit einem entsprechend größeren Durchmesser bestellt werden. Auch das Bohren der Pflocklöcher wird dann hinfällig. Diese Karden sind aber ausschließlich für Ganzstahlgarnitur geeignet.

Wird ein Grunddraht erforderlich, zieht man diesen häufig von rechts nach links, den Sägezahndraht dagegen von links nach rechts auf. Im Gegensatz zu den flexiblen Garnituren, besteht aber keine feste Regel.

Das Aufziehgerät (Abb. 54) wird über dem Scheitelpunkt der Trommel montiert. Es besteht aus einem Rohr (zu beiden Seiten der jeweiligen Trommel abgestützt), auf dem eine seitlich verschiebbare Führungsplatte sitzt. Die Führungsplatte hat Führungsrollen und einstellbare Bremsscheiben für den Draht. Der Beschlagsdraht wird aufgerollt geliefert. Zum Aufziehen steckt man die Rollen auf eine drehbare, in einem Bock gelagerte Führung. Von dort wird der

Draht beim Drehen der Trommel (normalerweise durch Motor mit Vorgelege)
abgezogen. Die an der Führungsplatte angebrachte Druckplatte wird über einen
Gewichtszug immer an die bereits aufgezogenen Windungen angepreßt, so daß
diese nicht umfallen können.

Abb. 54. Aufziehen einer Ganzstahlgarnitur (hier: Grunddraht)

	Grunddraht	Sägezahndraht
Seitl. Anpreßdruck (kp)	5	5
Bremsspannung (kp)	20...25	18...20
Aufziehgeschw. (m/min)	30...50	30...50

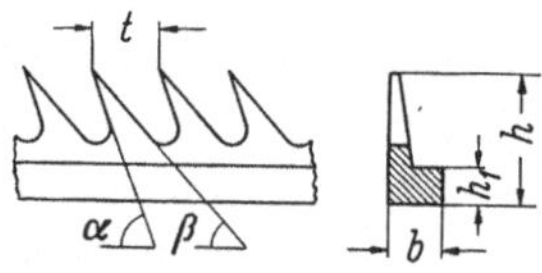

Sägezahndraht	t	α	β	b	h	h_1	Sp/cm²	Garnitur Nr. (engl.)
Abnehmer	1,95	65°	45°	0,85	4,0		60	78
Tambour, normal	1,80	80°	55°	0,95	4,0	1,2	58	75
Tambour, Feinzahn	1,30	80°	60°	0,90	3,2		85	110

Die angegebenen Dimensionen sind Durchschnittswerte; sie schwanken bei den verschiedenen
Herstellerfirmen.

Im Gegensatz zur Bandgarnitur lockert sich die Ganzstahlgarnitur selbst im
Falle eines Drahtrisses kaum. Sie wird im gewissen Sinne bleibend verformt und
praktisch ohne Dehnung aufgezogen.

Für den Tambour reicht eine Drahtrolle nicht aus. Die Drahtenden werden
dann — genauso wie im Falle eines Drahtbruches — elektrisch verschweißt;
dann wird die Naht ausgeglüht und abgeschliffen. Der Draht kann jetzt normal
weiter aufgezogen werden. Um allen Eventualitäten vorzubeugen, sichert man bei
Drahtbruch die Garnitur durch Aufschlagen eines Lederflecks und zwickt die
letzten Windungen, die sich gelockert haben könnten, ab.

Für das Aufziehen sind folgende Arbeitsgänge erforderlich:

1. Eindrehen einer Nut an beiden Rändern der Trommel;
2. Einsetzen der Randdrähte;
3. Befestigen der Drahtgarnitur am Randdraht;

Abb. 55 a u. b. Ganzstahlgarnituren (Sägezahndraht) (Graf).
a) Vorreißerdrähte (oben und Mitte: Universaldrähte für alle Faserstoffe, unten: Draht für Zellwolle und Synthetiks.
b) Oben: Feinzahngarnitur, Typ „Amerika" (Tambour)
Mitte: Normalzahngarnitur (Abnehmer)
Unten: Grunddraht

4. Aufziehen des Drahtes unter Spannung und gleichzeitigem Anpressen an die bereits aufgezogenen Windungen;
5. Befestigen des Garniturendes am Enddraht (wie 3.);
6. Verlöten der Garnitur am Randdraht, meist an 4 Stellen, gleichmäßig auf den Umfang verteilt.

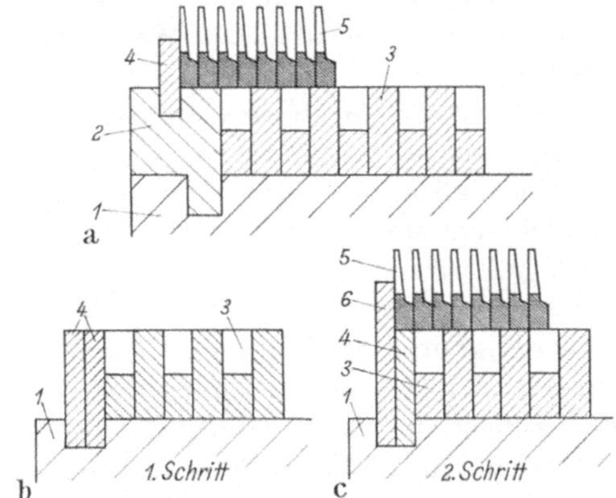

Abb. 56 a—c. Montage von Ganzstahlgarnituren
a) mit Grunddraht und Profilenddraht; b) und c) mit Grunddraht und flachen Enddrähten
1 Trommel; 2 Profilenddraht; 3 Grunddraht; 4 flacher Enddraht (schmal); 5 Sägezahndraht;
6 flacher Enddraht (breit)

Die Arbeitsgänge sind für Grunddraht und Sägezahndraht gleich. Die Schnittskizze (Abb. 56) gibt den Aufbau mit Unterlagsdraht wieder. Für die Befestigung der Garniturdrähte wird in den Randdraht eine Kerbe eingefeilt und der Anfang bzw. das Ende der Garnitur herumgebogen. Man kann aber auch das Garniturende schräg anfeilen und am Randdraht verlöten, nachdem man die Zähne auf die Länge einiger cm abgeschlagen hat.

Eine andere Art des Aufziehens besteht darin, daß man in die Randnut zuerst einen Randdraht in der Höhe des Unterlagsdrahtes einlegt, nun den Grunddraht aufzieht und abschleift. Dann entfernt man den ersten Randdraht und ersetzt ihn durch einen höheren oder setzt unmittelbar neben den ersten einen zweiten, höheren Randdraht. Daran befestigt man den Sägezahndraht und zieht in üblicher Weise auf.

Wichtig ist, daß vor dem Aufziehen des Sägezahndrahtes der Grunddraht mit der Zylinderschleifmaschine genau rund geschliffen wird.

Die Übertragung des Faserflores vom Tambour auf den Abnehmer wird durch die Wahl eines günstigen Zahnwinkels unterstützt. Der Tambourzahn steht steiler als der des Abnehmers. Die Teilung des Abnehmerdrahtes ist häufig kleiner oder man wählt bei gleicher Teilung eine geringere Fußbreite.

Die „Garniturnummer", berechnet aus der Spitzenzahl je Flächeneinheit geht bei der normalen Sägezahngarnitur bis 85, bei der amerikanischen Ganzstahlgarnitur bis 110. Die Gassenzahl ist bei Ganzstahlgarnituren nicht größer als bei Normalgarnituren (schmales Drahtprofil. Eine weitere Teilung macht sich nicht nachteilig bemerkbar (s. 2.5.2.1).

In den Spinnereien läßt sich eine Zunahme der Ganzstahlgarnituren beobachten. War diese Tendenz anfangs stark auf die Verarbeitung von Zellwolle konzentriert, sind jetzt die meisten Betriebe auch bei der Verarbeitung von Baumwolle in großem Umfang auf diese Garniturart übergegangen. Für Chemiefasern kommt praktisch sowieso nur die Ganzstahlgarnitur in Frage. Hochleistungskarden werden überhaupt erst durch Ganzstahlgarnituren möglich, weil bei flexiblen Garnituren so häufig ausgestoßen und nachgeschliffen werden müßte, daß der Nutzeffekt unter einen wirtschaftlichen Wert sinken würde.

In der Baumwollspinnerei wurde die Ganzstahlgarnitur anfangs aus zwei Gründen abgelehnt: man hielt sie für störungsanfälliger und glaubte, ihre Unfähigkeit, Kurzfasern auszuscheiden, würde die Garnqualität mindern. Dabei ließ man aber außer acht, daß ausgestoßene Garnituren beim Wiederanlaufen die Fasern ohne Rücksicht auf ihre Länge als Polster aufnehmen und danach überhaupt nur noch wenige Fasern aufgenommen werden. Stapelvergleiche haben keine Vorteile für die flexible Garnitur ergeben. Die Staubentwicklung ist bei Ganzstahlgarnituren allerdings größer. Abhilfe schaffen an den Karden montierte Flugabsaugevorrichtungen. Bei Hochleistungskarden sind diese unerläßlich. Im Saal aufgestellte Filter reinigen die abgesaugte Staubluft.

Verschiedene Spinnereien entschließen sich zu einem Kompromiß: sie wählen verschiedene Arten von halbstarren Garnituren. Man will damit die Vorteile der flexiblen Garnituren (kleineres Gewicht, Aufziehen mit gewohntem Gerät) nutzen. Das größere Gewicht der Ganzstahlgarnitur sollte aber nicht als Nachteil aufgeführt werden, macht es doch weniger als 1% des Gewichtes der Normalkarde aus.

2.5.7.1 Vorteile der Ganzstahlgarnitur. Für eine Verwendung von Ganzstahlgarnituren sprechen:

1. Kein periodisches Ausstoßen. Wegfall damit verbundener Nummernschwankungen und Produktionsausfälle. Meist nur eine wöchentliche Reinigung. (Bei Verarbeitung von Baumwolle wird eventuell ein tägliches Reinigen von aufgespießten Fremdkörpern nötig.)

2. Die Garnituren müssen praktisch kaum geschliffen werden. Ein ein- bis zweimaliges Schärfen pro Jahr ist jedoch empfehlenswert.

3. Aus *1* und *2* resultiert eine beträchtliche Einsparung an Schleif- und Ausstoßgerät (z. B. Vakuum-Ausstoßanlage) sowie den zugehörigen Arbeitskräften.

4. Der Wegfall des Ausstoßens vermindert den Abfall an gutem Fasermaterial und steigert die Produktion.

5. Größere Wirtschaftlichkeit. Hierher gehören auch die geringeren Kosten eines Drahtbeschlages, wenn der Grunddraht einmal aufgezogen ist, oder die Trommeln neuer Karden gleich mit größerem Durchmesser geliefert werden und der Grunddraht überhaupt entfällt.

6. Geringerer Kraftbedarf für das Kardieren (geringere Häkchenzahl, kein Aufrichten der Spitzen und damit verbundenes stärkeres Abbremsen) und für die Zubehörmaschinen (Ausstoßanlage).

7. Anhebung des Wirkungsgrades um etwa 4...6%.

Bei Hochleistungskarden werden sich einzelne Werte etwas verschieben, sind doch Geschwindigkeiten und Materialdurchsatz wesentlich größer.

Die häufig angeführte größere Empfindlichkeit der Ganzstahlgarnitur sollte nicht überbewertet werden. Beschädigungen lassen sich auch hier ausbessern (Herausschneiden schadhafter Windungen, Umwickeln und Ergänzen der übrigen Garnitur, eventuell Nachschleifen). Für das Aufziehen kann leicht ein Betriebsschlosser angelernt werden; der Aufziehvorgang selbst ist eher einfacher als bei flexiblen Garnituren (keine Spitze).

Bei Deckelbeschlägen finden Ganzstahlgarnituren nur selten Anwendung, da man bei möglichen Materialstauungen eine elastische Reserve besitzen möchte. Dagegen haben sich eine Verbindung von Ganzstahlgarnitur auf dem Tambour und flexibler, halbstarrer oder — sehr häufig — verstärkter Spezialgarnitur auf den Deckeln sehr gut bewährt. Das Nachschleifen der halbstarren Deckelgarnituren kann allerdings problematisch werden.

In den Spinnereien werden die verschiedensten Kombinationen ausprobiert (man wechselt z. B. bei den Deckelbeschlägen auch die Dichten der Garniturnummer 100 mit 110 ab), ohne daß man bisher einer bestimmten den Vorzug geben konnte.

2.5.8 Aufziehen des Vorreißers

Es erfolgt außerhalb der Karde. Meist verwendet man eine besonders dafür vorbereitete Drehbank. Der Draht wird durch eine spezielle Vorrichtung zugeführt und in die Rillen der Walze (1-, 4- oder 8-gängig) eingedrückt. Häufig zieht man den eingängigen Vorreißer vor, weil hier die Steigung der Schraube flacher ist als bei mehrgängigen und dadurch die Zähne weniger schräg stehen. Ebenfalls eingängig aufgezogen werden die Spezialdrähte der Firma Damgaard für die in den Zylinder keine Nuten eingedreht werden müssen. Der Kerndurchmesser des Vorreißers muß aber um die doppelte Fußhöhe des Drahtes kleiner sein als normal. Diese Beschläge werden als verriegelter und verketteter Sägezahndraht bezeichnet. Beim Bruch einer Windung kann keine Garniturschädigung auftreten; da die Verriegelung bzw. Verkettung das Herausreißen der Gänge verhindert.

2.5.9 Das Schleifen der Garnituren

2.5.9.1 Schleifgeräte. Durch die Kardierarbeit werden die Zahnspitzen abgenützt und verlieren ihre Schärfe. Darunter leidet ihre Fähigkeit, Faserflocken und -knötchen aufzulösen. Sie erfordern deshalb ein Nachschleifen. Je nach Garniturart, Rohstoff und Arbeitsbedingungen muß das bei flexiblen Garnituren nach 160...300 Stunden erfolgen (Normalkarde).

Als Schleifmittel verwendet man auf Bänder aufgeklebten Schmirgel oder Sandstein. Der Naturschmirgel wird synthetischen Schleifmitteln vorgezogen; die Korngröße wählt man den Bedürfnissen entsprechend. Die Schleifbänder haben Breiten von 1″ (für Läufer) und 1½″ (für Vollwalzen). In manchen Spinnereien verwendet man auch Schleifbänder mit gerilltem Schmirgelbelag. Das soll das seitliche Anschleifen der Häkchen begünstigen.

Als Schleifgeräte kommen lange Schleifwalzen zur Anwendung, sogenannte Vollschleifwalzen (auf eine Welle ist ein Stahlrohr von 160 mm ⌀, das mit Schmirgelband bezogen wird, aufgeschoben) (Abb. 57) und traversierende Schleifscheiben, Läufer oder „Horsfall″-Walzen genannt.

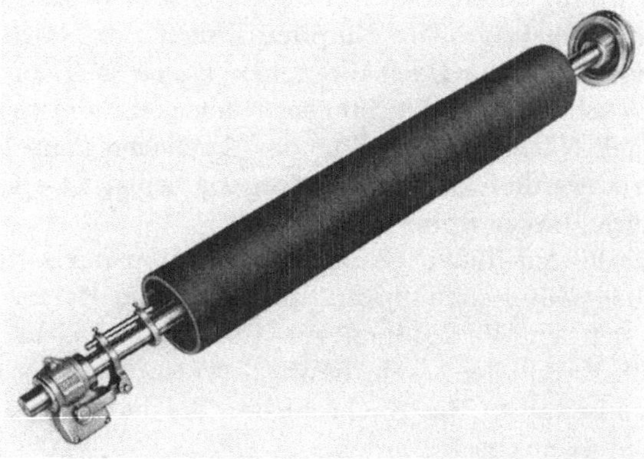

Abb. 57. Vollschleifwalze mit Changiervorrichtung (Graf)

Die Vollwalze benützt man normalerweise zum Vorschleifen (z. B. bei neuaufgezogenen, oder bei angesetzten Garnituren zum Höhenausgleich) oder zum Schleifen der Deckel direkt auf der Karde. Für das Feinschleifen der Trommeln wird diese Walze nicht empfohlen; trotz leichter Changierbewegung neigt sie zum

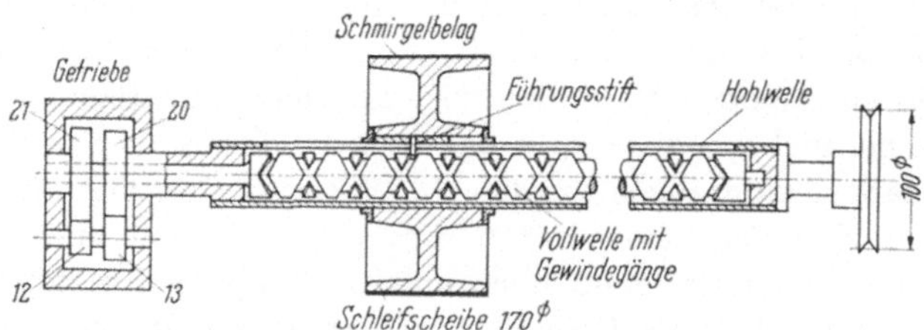

Abb. 58. Läufer-Schleifwalze mit Umlaufgetriebe (nach OESER, Baumwoll- u. Zellwollspinnerei)

Hohlschleifen der Garnituren. Weil sie dauernd auf ganzer Arbeitsbreite angreift, besteht bei scharfem Anstellen und der hohen Trommelgeschwindigkeit die Gefahr des Ausglühens der Häkchen (sie halten dann die Schärfe nicht mehr). Beim Deckel besteht diese Gefahr nicht, da er sich dauernd langsam vorwärts bewegt und die Garnitur Zeit zum Abkühlen hat.

Für Tambour und Abnehmer nimmt man deshalb die Traversierscheibe (Abb. 58): Eine Kreuzgewindespindel wird von einer Seilscheibe aus angetrieben und überträgt diese Bewegung durch ein Umlaufgetriebe auf ein über die Spindel geschobenes Rohr. Auf dem Rohr läuft ein 90...110 mm breiter Schleifkopf ($\varnothing$ 100...170 mm). Ein Führungsstift dieser Scheibe geht durch einen Schlitz des Rohres bis zum Gewinde der Spindel. Durch deren Drehung wird der Schleifkörper verschoben, durch die Führung im Rohr gedreht. Die Traversiergeschwindigkeit ist abhängig von der Übersetzung im Differentialgetriebe. Üblich sind:

zum Schleifen von Tambour und Abnehmer 4,5 Traversierungen/min;

zum Schleifen der Deckel 8,5 Traversierungen/min (zur Vermeidung von Schleifmustern — ungleichmäßiges Abschleifen — auf den Deckeln);

für Seitenschliff 2,5 Läuferspiele/min.

Beim Seitenschliff besteht der Schleifkopf des Läufers aus einer Anzahl schmaler Schmirgelscheiben, die in die Gassen der flexiblen Garnitur eingreifen. Dabei werden die vom häufigen Schleifen breiter gewordenen Häkchenspitzen durch seitliches Anschleifen wieder schlanker. Die Kardierwirkung alter Garnituren kann so wesentlich verbessert werden.

Einer starken Abnützung des Läufers begegnet man durch Verwendung einer Laufbüchse. Gleitflächen ermöglichen eine Korrektur bei Verschleiß und sichern über lange Zeit gleichmäßig gute Schleifbedingungen.

Die Beschläge sollen bis zum Rand hinaus einwandfrei geschliffen sein. Man wählt deshalb die Länge des Schleifapparates so, daß die Läuferscheibe ganz über die Trommelränder hinauslaufen kann. Stauchungen der Häkchen bei der Umkehr des Läufers werden auf diese Weise vermieden. Durch die Hin- und Herbewegung des Läufers erzielt man ein leichtes seitliches Anschleifen der Häkchen, wie es — in starkem Maße — beim Seitenschliff erzielt wird. Dieser wird in den Betrieben aber nur selten angewandt; meist begnügt man sich mit dem „Obenüberschliff".

Anstelle der mit Schmirgelband bezogenen Schleifscheibe setzt man bei Ganzstahlgarnituren grundsätzlich einen hochporösen Schleifstein ein. Er ist mit besonderer Sorgfalt zu behandeln, da er zerbrechlich ist. Die Poren setzen sich mit Schleifstaub zu und müssen von Zeit zu Zeit gereinigt, der Stein selbst abgezogen werden. Verölte Steine sind nicht mehr zu gebrauchen. In seiner Wirkung übertrifft der Stein die Schmirgelscheibe und die Schleifzeiten werden wesentlich verkürzt. Jetzt setzt man den Stein auch für flexible Garnituren ein.

2.5.9.2 Schleifarten. Grundsätzlich gilt, daß ein häufigeres und leichteres Schleifen garniturschonender ist als große Intervalle und intensives Schleifen (kurz, dafür öfter). Durch längere Schleifpausen sinkt die Qualität des Vlieses ab. Schleifpläne und Kontrollen der durchgeführten Arbeiten führen zu einem regelmäßigen Schleifen.

Für das Schleifen von Tambour und Abnehmer, das gemeinsam erfolgt, kommen verschiedene Verfahren zur Anwendung:

1. der Schnellschliff;

2. der Betriebsschliff;

3. der Langsamschliff.

Bei allen Schleifarten wird das Drahthäkchen „von rückwärts", also vom Häkchenknie her, geschliffen. Zur Niedrighaltung der Schleifwalzendrehzahl und zur Erhöhung des Schleifeffekts ist die Drehrichtung des Tambours umzukehren. Vor Beginn des Schleifens muß der Deckel etwa 1 Stunde lang auslaufen. Der Wickel wird abgenommen, der Flug entfernt und die Karde gründlich ausgestoßen (Feuergefahr).

Der Schnellschliff (Abb. 60). Der Tambour läuft mit normaler Geschwindigkeit (z. B. v = 12 m/sec) rückwärts. Der Tambour treibt den Abnehmer durch einen Riemen direkt an. Die Abnehmerdrehzahl wird dabei wesentlich erhöht (n = 350 U/min, v = 14 m/sec). Den Deckel setzt man häufig still.

Die Schleifwalzen werden meist direkt vom Tambour aus angetrieben (v = 7...8 m/sec).

Diese Schleifart wurde lange fast ausschließlich angewandt. Durch die verbesserten Gespinstprüfmethoden hat man jedoch erkannt, daß sich die hohe Abnehmergeschwindigkeit ungünstig auf die Bandgleichmäßigkeit auswirkt. Häufig war dabei der Abnehmer unrund geschliffen worden; die Folge: periodische Ungleichmäßigkeiten. Man ging deshalb zum

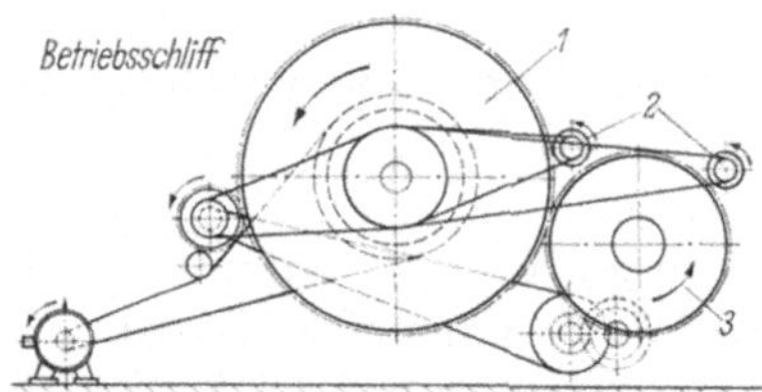

Abb. 59. Karde, hergerichtet zum
Betriebsschliff

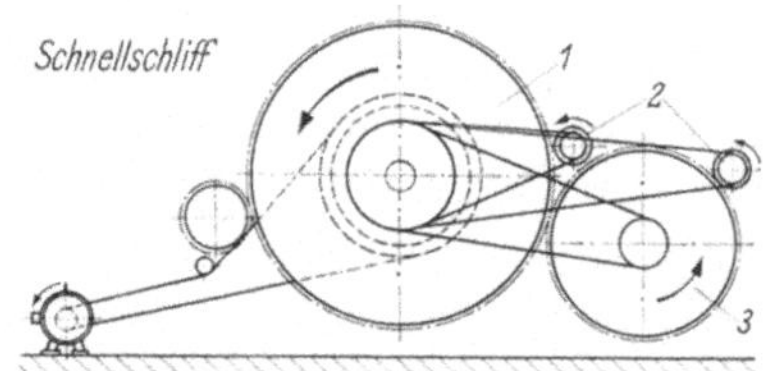

Abb. 60. Karde, hergerichtet zum Schnellschliff
1 Tambour; *2* Schleifwalzen; *3* Abnehmer

Betriebsschliff (Abb. 59) über. Die Trommeln laufen mit Betriebsdrehzahl, der Tambour rückwärts. Deshalb muß entweder der Riemen vom Tambour zum Vorreißer ausgeschränkt oder der Riemen vom Vorreißer zum Abnehmer gekreuzt werden (der Abnehmer muß seine normale Drehrichtung beibehalten). Die Schleifscheiben sind wie beim Schnellschliff angeordnet. Die Verminderung der Schleifgeschwindigkeit am Abnehmer verlängert unter Umständen die Schleifzeit etwas, Unrundschleifen wird jedoch vermieden.

Der Langsamschliff wird gelegentlich bei stark abgenützten Garnituren angewandt. Er setzt das Vorhandensein einer Leerscheibe auf der Tambourwelle voraus, da von dort aus — nach Ansetzen einer Seilscheibe am Abnehmerantrieb — erst der Abnehmer mit normaler Geschwindigkeit und dann, durch direkte Verbindung wie beim Schnellschliff, der Tambour angetrieben wird. Die Tambourgeschwindigkeit beträgt hier nur 0,3 m/sec.

Als Schleifgeschwindigkeit bezeichnet man die Summe der Walzengeschwindigkeiten (am Tambour z. B. 12+7 = 19 m/sec).

Die Schleifscheiben werden in verstellbare Supporte eingelegt. Weil die Scheibendurchmesser durch Abnützung verschieden groß sein können, muß vor dem Schleifen eine genaue Einstellung vorgenommen werden. Zur Grobeinstellung bedient man sich einer Blattlehre. Man stellt so eng als möglich ein. Dann läßt man die Schleifscheiben zur Kontrolle an den Garnituren vorbeilaufen. Erst jetzt stellt man die Walzen scharf an (nach Gehör, und gleichmäßig auf beiden

Seiten). Die beim Abschliff entstehenden Funken sollen möglichst kurz sein, da zu scharfes Anstellen die Häkchen schädigt und die Gratbildung fördert. Die Schleifdauer ist von vielen Faktoren abhängig. Gewöhnlich kann man mit 2...4 Stunden rechnen. Eine flexible Garnitur ist dann scharf, wenn beim Streichen der Finger gegen die Häkchen die Finger an den Häkchen „kleben" bleiben, also ein deutlicher Widerstand spürbar wird.

Nach dem Schleifen wird kurz (etwa 2...4 Minuten) mit einer Polierwalze mit geraden Häkchen entgratet. Zu langes Polieren nimmt die Schärfe.

2.5.9.3 Schleifen der Ganzstahlgarnitur. Es ist weniger ein Schleifen durch Glätten der abgenützten Arbeitsflächen als vielmehr ein leichtes Aufrauhen der kleinen oberen Zahnflächen. Durch das Überschleifen mit dem Schleifstein entstehen auf der Zahnkrone kleine Rillen, die das Auflösen der Faserflöckchen unterstützen.

Bei verschiedenen neuen Garnituren unterstützt man die Kardierarbeit durch Rillen an den Zahnflanken oder durch angespitzte Sägezähne.

Über die Häufigkeit des Schleifens bestehen in den Betrieben unterschiedliche Ansichten. Ein mehrmaliges, leichtes Überschleifen der angeführten Art wird für die Kardierarbeit günstig sein. Grundregel: den Stein nur ganz leicht angreifen lassen (keine Funken), öfter nachstellen. Der Sägezahn kann nicht ausweichen; bei zu starkem Anstellen wird also entsprechend viel abgenommen. Beim Schleifen der Ganzstahlgarnituren findet man, daß sowohl mit als auch gegen die Häkchen geschliffen wird. Feinzahngarnituren lassen sich eventuell gar nicht nachschleifen.

2.5.9.4 Schleifen der Deckel. Die Deckelgarnituren sind ebenfalls der Abnützung unterworfen und müssen deshalb auch in bestimmten Zeiträumen nachgeschärft werden. Dafür sind an den Karden besondere Deckelschleifvorrichtungen angebracht, die im wesentlichen aus einer Formschiene und einem gewichtsbelasteten Druckdaumen bestehen. Beim Durchlauf der Schleifvorrichtung wird der Deckel durch den Daumen an die Formschiene gedrückt und von der Schleifwalze geschliffen. Diese wird genau über der Deckelauflage in Supporten geführt. Als Schleifgerät benützt man die Vollschleifwalze oder den Läufer (s. oben). Die Formschiene ist eine gehärtete Stahlplatte und an der Arbeitsstelle genau im Schleifwinkel angeschliffen.

Der Kopf der Deckel ist so gefräst, daß der Deckel in Arbeitsstellung über der Tambourgarnitur leicht im Winkel steht, der Abstand eines Deckels zum Tambour also auf der Abnehmerseite enger ist als am Vorreißerende. Dieser Winkel muß auch beim Schleifen berücksichtigt werden. Die Schleifvorrichtungen sind so gebaut, daß die Auflagefläche für den Betriebszustand auch beim Schleifen aufliegt.

Das Schleifen der Deckel auf der Karde ist jedoch mit Nachteilen verbunden: die Deckel werden dabei immer in Rückenlage geschliffen und weil sie leicht durchhängen, entziehen sie sich der Schleifwalze zum Teil. Das führt zu einem ungleichmäßigen Schliff und erschwert eine genaue Einstellung. Auch dann, wenn die Deckelketten leicht verzogen und die Deckelstäbe nicht mehr genau achsparallel liegen, werden die Garnituren ungleichmäßig angeschliffen. Die Führung bewegter Deckel ist nie ganz exakt.

Eine Überprüfung der Deckel bestätigt diese Argumente sehr deutlich. In den meisten Spinnereien schärft man die Deckelgarnituren deshalb außerhalb der Karde auf Deckelschleifmaschinen. Zu diesem Zweck werden sie jährlich zwei- bis dreimal abmontiert.

Zur Vermeidung längerer Stillstandszeiten kann man gleich einen vorbereiteten Reservedeckel aufziehen. Meist nimmt man aber den längeren Stillstand hin und zieht den alten Deckel wieder auf. Zwischendurch wird dann auch einmal auf der Karde leicht geschliffen.

Je nach Konstruktion können auf den Deckelschleifmaschinen ein oder vier Deckel gleichzeitig bearbeitet werden. Dazu werden die Deckel auf Seitenlager gelegt und, in normaler Arbeitsstellung, über einem langen Schleifstein geschliffen. Während des Schleifvorganges wird der Stein hin- und herbewegt und erfährt gleichzeitig einen Vorschub gegen den Deckel. Nach Erreichen einer bestimmten Höhe schaltet die Maschine selbsttätig ab. Bei 4-Deckel-Schleifmaschinen werden die Deckel zusätzlich quer zum Stein bewegt.

Vor dem Schleifen müssen die Garniturhöhen gemessen werden, damit durch Festlegen der geringsten Garniturhöhe die Schleifdauer bestimmt werden kann. Nach dem Schleifen ist die Garniturhöhe nochmals zu prüfen.

Die natürliche Durchbiegung der Deckel wird meist durch Auflage eines dem Schleifdruck entgegenwirkenden Gewichtes fixiert. Durch diesen scheinbaren Hohlschliff entsteht eine gerade Arbeitsebene. So erreicht man über die ganze Arbeitsbreite eine einwandfreie Deckeleinstellung.

2.5.9.5 Schleifen des Vorreißers. Der Vorreißer ist den gleichen Arbeitsbedingungen wie Ganzstahlgarnitur ausgesetzt. Er muß deshalb ebenfalls in Abständen nachgeschärft werden. Ebenso wie das Ausgleichen der Zahnhöhen, erfolgt das am besten auf einer Drehbank in Verbindung mit einer dort montierten Läuferschleifwalze. Zum Polieren läßt man den Vorreißer häufig in einer Kiste mit Eisenfeilspänen oder Holzsägespänen laufen. Die Garnitur darf keinen Grat aufweisen; hängenbleibende Fasern verursachen Wickelbildung. Mit dem Batteurwickel einlaufende Faserbärte werden dann durchgezogen und führen zu Maschinenschäden.

2.6 Das Einstellen der Arbeitsorgane

Die genaue Einstellung ist für die Vliesqualität von ausschlaggebender Bedeutung. Abgenützte Deckellaufflächen und -köpfe, ausgelaufene Lager, schlechte Garnituren machen eine genaue Einstellung unmöglich. Die zu wählenden Abstände sind abhängig vom Rohstoff und der Wattenstärke. Je enger die Einstellung sein kann, um so bessere Ergebnisse sind zu erwarten. Die Haupteinstellpunkte und die gebräuchlichen Werte sind in Abb. 61 angegeben.

Der Abstand Speisemulde—Vorreißer ist sehr stark rohstoff- und wattenabhängig. Auf ganzer Arbeitsbreite muß am Speisezylinder ein gleichmäßiger und gut ausgekämmter Faserbart entstehen.

Die Einstellung Vorreißer—Tambour muß so eng sein, daß praktisch alle Fasern auf den Tambour übertragen werden und der Vorreißerbeschlag immer wieder faserfrei ist, wenn seine Zähne in die Wickelwatte einstechen.

Im allgemeinen ist es üblich, die Deckel in Durchlaufrichtung immer näher an den Tambour zu stellen. Vielfach findet man aber auch an allen Stellpunkten den gleichen Abstand (z. B. 10/1000''). Die Nissigkeit des Vlieses hängt weitgehend von dieser Einstellung ab. Auch der Rohstoff beeinflußt die Abstände.

Die Einstellung Tambour—Abnehmer beeinflußt die Kardierung und die Faserübertragung sehr stark: Einstellung so eng als möglich.

Den Hacker muß man so zum Abnehmer regulieren, daß das Vlies einwandfrei abgenommen wird. Normalerweise sollte bei tiefster Hackerstellung das untere Ende des Kammes auf der Verbindungslinie von Abnehmer- zu Hackerwellenachse liegen. Bei hohen Abnehmerdrehzahlen steigert man oft auch die Schwingungszahl des Hackers (bei Hochleistungskarden auf über 2300/min).

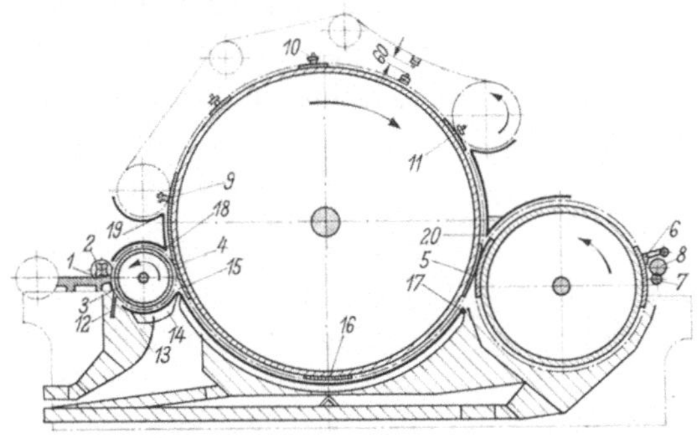

Abb. 61. Einstellpunkte an der Karde (Die schraffierten Flächen sind die unteren Absaugstellen)

Nr.	Benennung	Abstand	Nr.	Benennung	Abstand
1	Tisch-Speisew.............	5/1000″[1]	11	Deckel-Auslauf	8/1000″
2	Muldenkante	3/1000″	12	Vorreißermesser	10/1000″
3	Mulde-Vorreißer	6-8/1000″	13	Vorreißerrost-Einlauf	3 mm
4	Vorr.-Tambour	6/1000″	14	Vorreißerrost-Auslauf	1 mm
5	Tambour-Abnehmer	5/1000″	15	Trommelrost-Einlauf	12/1000″
6	Abnehmer-Hacker	15/1000″	16	Trommelrost-Mitte	22/1000″
7	Abn.-Abzugswalze	3,5 – 4mm	17	Trommelrost-Auslauf	2,5 mm
8	Walze I – Walze II ......4 – 5/10mm		18	Schutzblech-Einlauf	1 mm
9	Deckel-Einlauf	12/1000″	19	Schutzblech-Auslauf	12/1000″
10	Deckel-Mitte	10/1000″	20	Trommelspitze	22/1000″

Bei Hochleistungskarden wird der Hacker meist von anderen Übertragungsorganen — siehe dort — ergänzt oder ersetzt, weil bei sehr hohen Schwingungszahlen Schwierigkeiten auftreten können.

Auf die Bedeutung der Einstellung des vorderen Deckelabstreifbleches wurde bereits hingewiesen.

Die optimale Einstellung der Vorreißermesser, besonders die der Anstellwinkel, sollte durch Versuche ermittelt werden. Man kann damit die Reinigungswirkung und den Abgang an gutem Fasermaterial eventuell merklich verbessern.

Die Einstellung des Vorreißers geschieht am besten mit einer wannenartigen Lehre, an die dann der Rost herangedrückt wird; durch ihre Form bringt sie die richtigen Abstände. Behelfsmäßig kann man diese Einstellung auch mit einem auf eine Vorreißerwelle aufgeschobenen Fühler ausführen.

2.6.1 Deckelregulierung (Abb. 62)

Am weitesten verbreitet ist die 5-Punkt-Einstellung mit Hilfe eines flexiblen Bogens, der als Lauffläche für die Deckelstäbe dient. Am Deckellaufbogen sind besondere Schrauben angebracht. Damit kann der flexible Bogen angehoben (größerer Abstand) oder gesenkt (kleinerer Abstand) werden. Das erfolgt entweder direkt oder über einen keilförmigen Hilfsbogen. Beim Zurückdrehen der Schrauben senkt der Druck der aufliegenden Deckelstäbe den Bogen.

---

[1] 1″ = 25,4 mm.

Eine andere Ausführung (SACM) ermöglicht über Zahnkranz und Spirale eine zentrale Einstellung.

Rieter hatte bei seinem älteren Kardenmodell eine Kombination aus Einzel- und Zentraleinstellung gewählt. Bei der neuen Karde (Modell C1) ist man wieder auf eine 5-Punkt-Einstellung mit seitlichen Abstandskontrollschlitzen übergegangen.

Bei der Deckelregulierung kann man verschieden vorgehen. Besser als das Herausnehmen von nur einem Deckel ist es, sowohl den Deckel vor, als auch den nach dem Regulierdeckel herauszunehmen. Der Zug auf den Regulierdeckel bleibt dann konstant. Die Lehre ist grundsätzlich vom Abnehmer her auf den Vorreißer gerichtet einzuschieben, da die Deckel an der Abnehmerseite den kleineren Abstand haben (Anstellwinkel). Die Lehre muß über die ganze Arbeitsbreite geschoben werden.

Anstatt diesen Regulierdeckel nacheinander über die 5 Regulierstellen zu drehen, kann man die Abstände zwischen den Stellpunkten auszählen und gleich 5 Regulierdeckel vorbereiten. In Kontrollstellung gebracht,

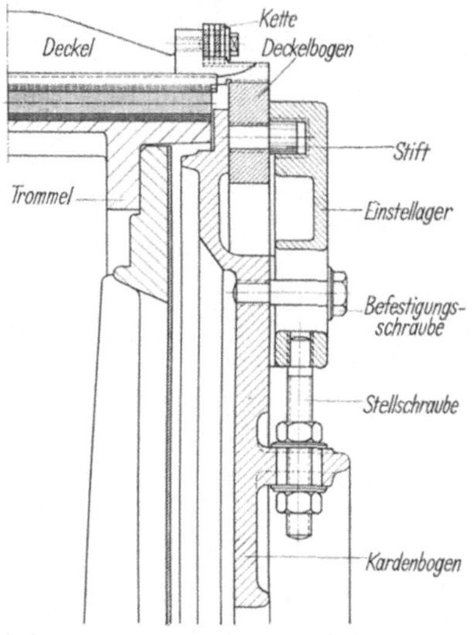

Abb. 62. Deckel-Einstellvorrichtung

braucht der Deckel nicht mehr verschoben zu werden. Ist der höchste Deckel eines Satzes bekannt — trotz sorgfältiger Bearbeitung weisen die Deckel immer kleine Unterschiede auf —, kann man diesen kennzeichnen und danach einstellen. Die Garnituren dürfen auf keinen Fall streifen.

Für die Einstellung der Abstände benützt man meist Blattlehren verschiedener Stärken. Für die Rost- und Trommeleinstellung sind sie lang und zu einem Kombinationssatz zusammengefaßt, für die Deckeleinstellung sind sie, damit man besser zwischen den Deckeln hindurchgreifen kann, kurz und abgewinkelt.

2.7 Besondere Arbeitsorgane

2.7.1 Speisezylinder

Auf die Bedeutung der Muldenbrust wurde bereits hingewiesen. Nur bei einwandfreier Klemmung der Wickelwatte am Einlauf ist eine tadellose Abarbeitung des Wickels möglich. Der Speisezylinder wird dazu an beiden Seiten mit Gewichten belastet.

Für eine noch bessere Führung hat Rieter den Durchmesser dieses Zylinders von den üblichen 60 mm auf 80 mm vergrößert. Für Baumwolle genügt ein Zylinder mit Axialriffelung. Für Zellwolle und Chemiefasern werden häufig Querrillen eingedreht und mit Sägezahndraht besetzt. Im Speisetisch werden an den entsprechenden Stellen Nuten eingefräst. Bei einer anderen Ausführung liegen die Querrillen enger aneinander und sind nicht besetzt, so daß ein waffelartiges Muster entsteht. In jedem Fall muß das Durchreißen von Wickelstücken verhindert werden, da sonst leichte Maschinenschäden entstehen, ganz abgesehen von Qualitätseinbußen.

2.7.2 Kardenroste

Für den Vorreißer findet man häufig eine Verbindung von Stab- und Langlochrost; der Tambourrost ist dagegen meist ein ausgesprochener Stabrost. Wichtig ist das spitze Auslaufen der Roste, damit sich an den Arbeitsstellen zwischen den Trommeln keine Faserbärte und Flug ansammeln können. Diese Faserbärte werden von Zeit zu Zeit mitgenommen und führen zu Nummernschwankungen und Vliesbrüchen (Verstopfung der Trichter).

Durch Spezialkonstruktionen versucht man die Wirksamkeit der Roste zu verbessern. So führt man den Lochteil am Vorreißerrost häufig glatt aus, weil sich die Löcher schnell vollsetzen und dann unwirksam sind. Bei einer anderen Ausführung (Aspichlerrost) wird auch der Tambourrost fast ganz glatt ausgeführt; nur 4 messerartige Stäbe sind übrig geblieben. Dieser Ausführung wird eine größere Wirksamkeit als dem Stabrost zugesprochen.

2.8 Das Ausstoßen der Garnituren

Die Drahthäkchen der flexiblen Garnituren haben parallele Flanken und stehen auch parallel zueinander. Liegen Fasern auf den Häkchenkronen und drückt neues Fasergut nach, werden die unten liegenden Fasern leicht in die bei flexiblen Garnituren großen Zwischenräume des Beschlages eingeschoben. Erst wenn sich dort ein gewisses Polster gebildet hat, ist der Gegendruck von unten so groß, daß die Faseraufnahme stark nachläßt. Begünstigt wird die Garniturfüllung durch das Häkchenknie. Fasern, die einmal unter das Knie gelangt sind, werden im normalen Arbeitsprozeß nicht mehr abgenommen. Mit fortschreitender Füllung verschlechtert sich die auflösende Wirkung der Kratzengarnitur, das Vlies wird wolkig, die Qualität nimmt ab. Dieser Punkt ist — abhängig von Rohstoff, Art und Zustand der Garnitur — nach 2 bis 3 Stunden erreicht; dann muß die Garnitur wieder freigemacht — ausgestoßen — werden.

Das früher übliche Ausstoßen mit der Bürstenwalze wendet man heute nur noch zur Reinigung der Garnituren von festgeklemmten Fremdkörpern an, meist einmal in der Woche. Verwendet wird dazu eine Walze, deren lange Kniehäkchen tief in die Garnitur eingreifen. In den Spinnereien hat sich für flexible Garnituren überall die pneumatische Ausstoßanlage eingeführt:

Von einer Vakuumpumpe aus gehen Rohrleitungen in den Kardensaal. Jede Karde hat ihren eigenen Anschluß, von dem aus sie mit dem Leitungsnetz verbunden werden kann. Über dem Abnehmer ist ein Rohr mit einer Spindel montiert, auf der sich — meist vom Abnehmer aus angetrieben — eine Doppeldüse bewegen kann. Ein Rohr der Düse geht zum Abnehmer, das andere zum Tambour. Ein einmaliges Überlaufen der Arbeitsbreite, Dauer etwa 1 Minute, reicht für das Ausstoßen der Garnituren. Vor dem Einschalten der Wanderdüse wird das Band abgerissen, die Speisung abgestellt und die Karde kurz auslaufen lassen.

Mit diesen Anlagen können gleichzeitig 1...3 Karden ausgestoßen werden. Das Vakuum hat 3000 mm Wassersäule an der Saugdüse, Kraftbedarf der Anlage 20...40 PS. Ein Ausstoßer kann etwa 120 Karden bedienen. Größere Karderien sollten unterteilt werden. Häkchengarnituren mit einer Einbettung bis zum Knie setzen sich langsamer voll und müssen dementsprechend weniger oft ausgestoßen werden.

Die faserhaltige, von der Pumpe angesaugte Luft wird durch Filter geleitet. Die abgeführten Fasern werden dort zurückgehalten, die Luft ins Freie weitergeleitet. Nach dem Ausstoßen eines Rohstoffsortiments nimmt man die angesaugten Fasern aus dem Filterkasten oder schaltet auf ein zweites Filter um.

Mit dem Ausstoßen müssen einige Nachteile hingenommen werden:

1. ein Produktionsausfall von etwa 2%;

2. rund 1% Verlust an guten Fasern;

3. Nummernschwankungen, die durch das langsame Auffüllen der Garnituren entstehen;

4. starke Qualitätsschwankungen durch die Verminderung der Kardierfähigkeit im Laufe des Ausstoßintervalles.

Zur Erhaltung einer möglichst gleichmäßigen Bandstärke läßt man nach dem Ausstoßen mehrere Meter Band weglaufen, ehe man wieder anspinnt. (Der Produktionsausfall wird dadurch noch gesteigert.)

2.8.1 Verlängerung der Ausstoßzwischenzeiten

Viele Betriebe wenden keine Mittel zur Verlängerung der Ausstoßzwischenzeiten an. Man glaubte vielfach, daß dadurch zu viele Kurzfasern ins Vlies gelangen. Es konnte jedoch nachgewiesen werden, daß durch den Ausstoß tatsächlich nur eine sehr kleine Kurzfasermenge ausgeschieden wird. Dagegen kommen alle langen Fasern, die bei der Bildung des ersten Polsters in die Garnitur gelangten, in den Abfall.

Die Ausstoßhäufigkeit kann durch verschiedene Maßnahmen vermindert werden:

1. Durch Verwendung von volantartigen Walzen, die entweder ober- oder unterhalb des Vorreißers montiert werden. Der *Weco-Flügel* wird zwischen Deckel und Vorreißer eingebaut. An einer Stahlwelle sind zwei Holzleisten mit elastischen Nadelplatten befestigt. Die geraden Nadeln greifen 1 bis 2 mm tief in die Garnitur ein. Der Flügel hat gegenüber dem Tambour 15...20% Voreilung und hebt die Fasern an die Garnituroberfläche. Das soll die Abnahme unterstützen.

Ähnlich arbeitet die *Wolters-Walze*. Die runde Bürste ist jedoch ganz mit einer Garnitur langer, gerader Häkchen besetzt. Diese Walze wird unterhalb des Vorreißers montiert.

2. Dauerausstoßvorrichtungen, z. B. *Constant Card*. Vom Hackerantrieb aus wird ein Ventilator gedreht, der seine Luft durch eine über dem Vorreißer hin- und herbewegte Düse holt. Die Düse läuft — wie die Ausstoßdüse — an der Tambourgarnitur vorbei. Dabei saugt sie dauernd einen schmalen Streifen des Tambours ab. Diese Fasern werden verdichtet und als dünnes Vlies gleich wieder beim Wickel aufgelegt. Der Kraftbedarf der Vorrichtung ist minimal.

3. *Halbstarre oder Ganzstahlgarnituren*. Auf die füllungshemmende Wirkung der Garnituren mit Auflageschicht wurde bereits hingewiesen. Noch stärker ist dieser Effekt bei Flachdraht-, am stärksten bei Ganzstahlgarnituren. Der geringe Raum zwischen den Häkchen und die Keilform der Zähne wirken der Füllungstendenz sehr stark entgegen. Bei fast allen Rohstoffen kann man auf ein Ausstoßen ganz verzichten.

2.9 Der Antrieb der Karde

Für den Anlauf braucht die Karde viel mehr Kraft als für den Dauerbetrieb. Die große Trommelmasse macht sich stark bemerkbar. In der Karderie hat sich deshalb der Transmissions-Gruppenantrieb sehr lange gehalten. Verschiedene Betriebe haben ihn auch bei Neubauten beibehalten. Der elektrische Anschlußwert für eine Gruppe ist geringer als die Summe der Einzelwerte. Trotzdem wird die Mehrzahl neuer Karden mit Einzelantrieb versehen. Dafür kommen verschiedene Methoden zur Anwendung:

1. Riementrieb (angeflanschter oder auf Gerüst über der Karde montierter Motor);

2. Direktantrieb (durch Kette, Vorgelege, Kurzriemen);

3. Reibrad-Antrieb.

Riementriebe ermöglichen die Verwendung von Voll- und Leerscheibe und damit einen sehr sanften Start der Karde. Bei starkem Abbremsen kann der Riemen rutschen. — Ein offener Riementrieb ist gefährlich, deshalb können große Abdeckungen erforderlich werden.

Die Direktantriebe sind so gut entwickelt, daß der Anlauf jetzt praktisch stoßfrei erfolgt. Bruchsicherungen sind vorgesehen. Der Motor ist meist innerhalb des Krempelbogens untergebracht.

Einen weichen Anlauf ermöglicht der Reibrad-Antrieb (Zwiesele-Kerber). Ein innerhalb des Krempelbogens angebrachter, schwenkbarer Motor drückt ein Reibrad von innen gegen die Tambourscheibe. Die auf der Motorwelle montierte Reibscheibe nimmt die Tambourscheibe allmählich mit. Durch die elastische Kraftübertragung ist der Kraftbedarf beim Anlauf sehr gering.

Will ein Betrieb vom Gruppenantrieb nicht abgehen, kann er, bei Aufstellung der Karden im Flachbau oder im Erdgeschoß eines Stockwerksbaues, von einer Transmission im Keller aus mit Riemen nach oben treiben. Die Transmission an der Decke des Kardensaales aufzuhängen ist oft vom Bau her nicht möglich oder unerwünscht (Flugfänger).

2.10 Besondere Kardentypen und Spezialapparate

Die *Carminati-Karde*, Bauart Zinser (Abb. 63), zeichnet sich durch ihre kleinen Abmessungen aus (70% des Platzbedarfes einer Normalkarde). Als Durchmesser werden angegeben: Vorreißer 228 mm, Tambour 700 mm, Abnehmer 438 mm (alles über Garnitur gemessen). Anstatt eines Wanderdeckels hat die Karde 18 Walzen ($\varnothing$ 48 mm); diese sind stationär und bedecken den oberen Teil des Tambours. Sämtliche Walzen und Trommeln sind mit Ganzstahlgarnitur bezogen. Deckelputz entsteht somit nicht. Eine wandernde Putzvorrichtung reinigt laufend die Arbeiterwalzen. Die Arbeitsgeschwindigkeiten entsprechen denen einer normalen Karde (also hier höhere Drehzahlen), die Geschwindigkeit der Kardierwalzen entspricht dem normalen Deckelvorschub. Die Bandablage erfolgt durch positiven Bandabzug, ohne Bandtrichter im Kopfteller.

Hochleistungskarden. Die geringe Produktion der Karde veranlaßte schon viele Maschinenbauer, diese viele Jahrzehnte unverändert gebliebene Maschine auf höhere Leistung zu bringen. Vliesabnahme und Bandqualität machten bisher immer Schwierigkeiten. Als erste Firma hat die SACM eine Karde, *Modell HP*

— nach den Anfangsbuchstaben der Erfinder auch RWN-Karde genannt — auf den Markt gebracht, mit der sich die 3…4-fache Produktion einer Normalkarde erzielen läßt. Diese Karde wurde aus der bekannten SACM-Karde entwickelt und hat deren Abmessungen bei den Arbeitsorganen beibehalten. In der Materialführung und -übertragung wurden jedoch wesentliche Änderungen vorgenommen.

Abb. 63. Carminati-Karde — Ansicht der Deckelwalzen mit Antrieb und umlaufenden Walzenreinigungsbürsten

Der Tambour ist ganz normal. Innerhalb des Abnehmers sind jedoch zwei Luftkammern untergebracht. Der Abnehmermantel selbst hat Schlitze; der Fuß des Abnehmerdrahtes ist auf der einen Seite wellenförmig ausgeführt. Zwischen zwei Drahtwindungen entstehen also Luftspalten. Durch diese kann, in Verbindung mit den Schlitzen im Abnehmermantel, entweder Luft in das Abnehmerinnere eingesaugt oder von dort hinausgedrückt werden. Die Luftkammern sind so eingerichtet, daß auf der Tambourseite gesaugt, das Fasermaterial also auf den Abnehmer herübergeholt, auf der Abgabeseite dagegen vom Abnehmer weggedrückt wird.

Abgenommen wird das Faservlies nicht von einem Hacker, sondern von einem 3-Walzen-System. Die obere Abnahmewalze ist perforiert, damit die vom Abnehmer herausgeblasene Luft ohne den Lauf des Vlieses zu stören abgeführt werden kann. Die Luftführung ist so, daß gleichzeitig eine Reinigung der Maschine von Flug und Abfall stattfindet. Die Verkleidung der Karde begünstigt die Sauberhaltung. Als Arbeitsgeschwindigkeiten werden genannt: Vorreißer 850 U/min, Tambour 300…320 U/min, Liefergeschwindigkeit etwa 3…4 Mal so groß als normal, Deckel 60…120 mm/min. Der Kraftbedarf beträgt 2,8 kW für die Maschine und 1,1 kW für die Absaugung.

Die Konstruktionen anderer Firmen zielen in ähnliche Richtung. Die Faserführung wird bei diesen Modellen nicht durch Saug- und Druckluft unterstützt. Obligatorisch ist aber eine Absaugeinrichtung, die den bei den hohen Trommeldrehzahlen sich in verstärktem Maße bildenden Staub und Flug absaugt. Die Ingolstadt-Hochleistungskarde KB 8, z. B., hat 5 Absaugstellen (Abb. 44, 61), und zwar am Deckeleinlauf, über und unter dem Abnehmer, unter der Trommel und unter dem Vorreißer. Auf diese Weise wird auch der größte Teil des ausgeschiedenen Abfalles mit abgesaugt und der Staubgehalt der Luft im Kardensaal erheblich verringert. Eine Kardengruppe von 4 bis 6 Karden wird an einen Einzelfilter angeschlossen.

Voraussetzung für eine hohe Liefergeschwindigkeit der Karde ist eine einwandfreie Vliesabnahme am Abnehmer. An diesem Punkt scheint die Entwicklung noch nicht abgeschlossen zu sein; mehrere Firmen verwenden Walzenabzüge, (Abb. 64) während Ingolstadt auf dem herkömmlichen Prinzip einen Hochleistungshacker entwickelt hat. Die Crosrol-Vliesquetsche wird häufig serienmäßig angebaut und in das Abzugssystem einbezogen.

Die Firma Yurin, Japan, ersetzt den Hacker durch ein mit 12 Schlitzen versehenem Rohr. Im Rohr befindet sich eine exzentrisch dazu geführte Welle mit 12 Blättern. Bei der gemeinsamen Drehung beider Organe kommen die Blätter auf der Abnehmerseite durch die Schlitze heraus und nehmen das Vlies ab. Bei der Weiterdrehung verschwinden die Blätter wieder und das Vlies wird sicher abgestreift. Der eigentliche Abzug erfolgt durch ein Paar, dem Crosrol-

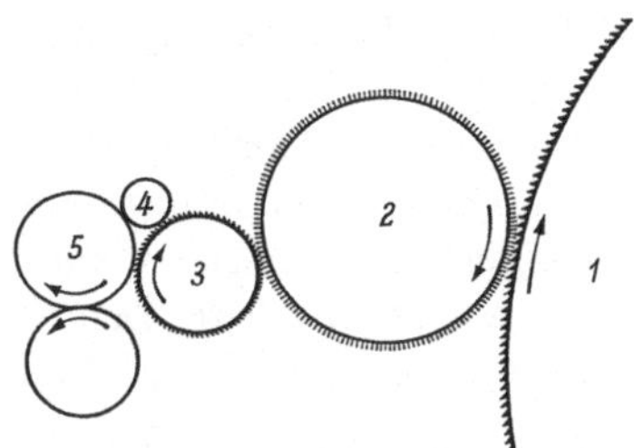

Abb. 64. Hackerlose Vliesabnahme durch Crosrol-Varga-Apparat (Platt)
1 Abnehmer; 2 Abnahmewalze mit flexibler Garnitur; 3 Übertragungswalze (Sägezahngarnitur); 4 Reinigungswalze; 5 Quetschwalzen

apparat ähnliche Walzen. Eine Umdrehung des Rohres entspricht somit 12 Hackerspielen. 200 Umdrehungen kommen der Schwingungszahl eines Hochleistungshackers gleich.

Die Tamboure dieser Karden sind — gegenüber denen der Normalkarden — verstärkt, damit sie bei den hohen Drehzahlen (z. B. 400 U/min) formstabil bleiben. Haupttrommel, Vorreißer und Deckel werden von einem, die anderen Arbeitsorgane meist von einem zweiten Motor, der polumschaltbar sein kann, angetrieben. Dabei ist Vorsorge getroffen, daß bei kurzfristigen Betriebsunterbrechungen (z. B. aus Sicherheitsgründen) der Tambour weiterläuft. Das gewährleistet einerseits schnellen Stillstand, andererseits sofortiges Anlaufen unter voller Leistung nach Behebung des Fehlers. Eingebaute Sicherungen verhindern Fehlschaltungen.

Die bisher gemachten Erfahrungen haben gezeigt, daß die Vliesqualität dieser Karden gegenüber der herkömmlicher Modelle mindestens gleichwertig ist. Die Leistung moderner Konstruktionen ist selbstverständlich ebenfalls rohstoffabhängig. Man erzielt aber die 3...5-fache Produktion herkömmlicher Maschinen (d. h. 60...85 m/min und bis zu 25 und 30 kg/h).

Zum Anspinnen läßt sich die Liefergeschwindigkeit auf 20...25% der Normalgeschwindigkeit herabsetzen.

Hochleistungskarden sind grundsätzlich mit Ganzstahlgarnituren ausgerüstet (Deckel halbstarr). Zur Bandablage werden Kannenstöcke mit sehr großen Kannen (bis 40″ ⌀) oder Kannenwechselvorrichtungen empfohlen.

Eine andere Lösung der Leistungssteigerung strebt man mit der *Doppelkarde* (z. B. Swift/Saco-Lowell, Varga) an. Dabei verbindet man zwei Normalkarden miteinander. Der Vorreißer der zweiten Karde kann auch durch einen Abnehmer ersetzt werden. Das Vlies des ersten Abnehmers geht direkt auf die Vortrommel der zweiten Karde über. Günstig kann sich der Anbau des Varga-Apparates zur

Vliesabnahme (Abb. 64) auswirken. Interessant ist dabei, daß keine neuen Karden angeschafft werden müssen. Die Erfahrung hat aber gezeigt, daß die Doppelkarde nicht unempfindlich ist und einer ganz besonders umsichtigen Wartung bedarf. Eine Absaugung ist auch hier unumgänglich. Ganzstahlgarnituren sind Voraussetzung.

Ganz allgemein ist zu sagen, daß der Umbau von alten Karden zu Hochleistungskarden in Aufwand und Ergebnis oft unbefriedigend bleiben muß.

Die *Vier-Kardengruppe* von Bettoni ist eine Kombination von vier Kleinkarden, die — durch gemeinsame Wellen für die Arbeitsorgane — miteinander verbunden sind (Tambour- ⌀ 500 mm, Vorreißer- und Abnehmer- ⌀ je 250 mm). Die abgenommenen Vliese werden zu Bändern verdichtet, über einen Tisch geleitet, einem Streckwerk zugeführt, entsprechend der Dublierung verzogen und in eine Kanne abgelegt. Der Kraftbedarf beträgt 3,5 kW plus 0,125 kW für den getrennten Hackerantrieb. Platzbedarf: 50% von 4 Normalkarden. Die weitere Entwicklung hat diese Tendenz bei der Planung von Spinnstraßen übernommen.

So, wie die Carminati-Karde arbeitet auch die *Granular-Card*, eine Entwicklung des SRRL, ohne Deckelputz. Darüber hinaus hat diese Karde weder einen Wanderdeckel noch Walzen. Die obere Tambourabdeckung besteht aus 4 präzise gearbeiteten Segmenten, die auf der Kardierseite mit einer Art feiner Schmirgelleinwand bezogen sind (beschichtet mit feinem Aluminiumoxyd). Diese Kardierblätter sind bei Verminderung der Qualität durch neue zu ersetzen. Zur Verbesserung der Kardierung ist auf der Vorreißerseite eine Vorauflösungswalze eingebaut (⌀ 56,4 mm, n = 33 U/min), durch die nur kleine Faserbüschel auf den Tambour übertragen werden. Die übrigen Dimensionen und Geschwindigkeiten entsprechen denen normaler Karden. Diese Konstruktion wird nur für Baumwolle bis $1^1/_8''$ empfohlen. Als Vorteile werden angegeben: geringere Abfallmengen, verbesserte Gleichmäßigkeit. Die Qualität des Gespinstes soll jedoch etwas abfallen. Tambour und Abnehmer sind mit normalen Garnituren bezogen. Die Karde konnte sich aber nicht durchsetzen.

Die Crosrol-Vliesquetsche. Zwischen Hacker und Vliesabzugswalzen ist ein leicht über Kreuz gestelltes Walzenpaar montiert (Abb. 65). (Bei Karden ohne Hacker folgt die Vliesquetsche den Abnahmewalzen). Die leichte Verkreuzung soll eine durchgehende Klemmung auch bei hohem Belastungsdruck (rund 50...230 kp, durch Schiebegewichte einstellbar) gewährleisten. Die hohe Pressung zerquetscht Schalen, Stengelreste und, zum Teil jedenfalls, auch Faserknötchen. Die zerdrückten Teile fallen im Laufe des weiteren Verarbeitungsganges aus. Faserschädigungen treten praktisch nicht auf (also keine Stapelverschlechterung). Besonders bei der Verarbeitung geringerer Baumwollen ist eine Verbesserung der Garnreinheit zu beobachten. Über die ganze Walzenbreite gehende, entsprechend angestellte Messer halten die Quetschwalzen sauber. Beim Ausspinnen stark zum Kleben neigender Baumwollen ist der Quetschdruck zu vermindern, bei Zellwolle, die ja keine Verunreinigungen aufweist, ganz aufzuheben. Die erzielte Qualitätsverbesserung läßt sich erst im Garn bzw. im Gewebe oder Gewirke erkennen, weil die zerstörten Fremdkörper erst beim Spinnen oder Umspulen (Reinigung) ausfallen.

Der *Graf Optima-Luntenregulierapparat* dient der Verbesserung der Gleichmäßigkeit des Kardenbandes. Dafür muß das Vlies möglichst stark komprimiert werden. Zu diesem Zweck ist den Vliesabzugswalzen ein Walzenpaar mit Nut und Bund vorgelegt.

Zwischen den beiden Walzenpaaren besteht ein mittlerer Verzug von $V = 1{,}3$ (regulierbar zwischen 1,0 und 2,0). Da die Ausgabenummer gegenüber dem normalen Spinnplan nicht verändert werden soll, ist der NW diesem zusätzlichen

Abb. 65. Crosrol-Vliesquetsche mit Belastungsvorrichtung und Abstreifmessern (Ingolstadt)

Verzug anzupassen. Schwankt die Bandstärke, wird über ein Hebelsystem der Regulierverzug und die Geschwindigkeit der Vliesabzugswalzen geändert. Nummernschwankungen lassen sich sehr fein ausgleichen, weil das Gerät mit geringer Trägheit arbeitet. Schwankungen im Batteurwickel und schlechte Ansatzstellen verschwinden, Band- und Garnungleichmäßigkeiten werden verbessert.

Auch in der Karderie strebt man möglichst *große Lauflängen* an. Außer einer Vergrößerung der Kannenhöhen auf 1070 mm ($= 42''$), die sich überall durchführen läßt, vergrößert man — wenn es der meist enge Platz in der Karderie erlaubt, die Kannendurchmesser auf 410 und 460 mm ($= 16''$ und $18''$). Bei Neuaufstellungen geht man sogar auf über 1000 mm ($= 40''$) Durchmesser und 1220 mm ($= 48''$) Höhe (Kanneninhalt fast 60 kg $= 2$ Wickel).

Bei einem gegebenen Kannenformat kann man die Lauflängen durch *Bandkomprimierung* vergrößern. Dafür werden die Vließabzugswalzen mittels Federn zusätzlich belastet (z. B. 2×12 kg). Der Kanneninhalt kann damit — abhängig vom Rohstoff — um 25% und mehr vergrößert werden.

Die schweren Wickel sind häufig auch im Durchmesser größer. Legt man sie direkt auf die Wickelwalzen auf, wird durch den Auflagedruck der Ablaufradius verkleinert und beim Abwickeln entstehen Falten. Deshalb läßt man den Wickel auf einer schrägen Auflage einlaufen (der Hauptteil der Gewichtskomponente wird dann von der Wickelführung aufgenommen), so daß der Wickel nur leicht an der Walze anliegt. Bei der Karde Modell C 3 baut Rieter doppelte Wickelwalzen an.

Abgepaßte Lauflängen lassen sich an der Karde nur durch Kannenwechsler erzielen. Das Ausrücken des Abnehmers muß verworfen werden, da dies beim

Wiedereinrücken meist zu einem Vliesbruch, immer zu Vliesschäden führt. (Aus Sicherheitsgründen muß man bei Hochleistungskarden trotzdem eine automatische Lieferungsabstellung anbauen.) Die früher von Rieter gebaute Revolverkannenpresse ist für die großen Formate nicht mehr geeignet. Heute baut man Zwei-Kannen-Wechsler. Der von Ingolstadt (Abb. 66) — er ist für Kannen bis 20″ Durchmesser geeignet — soll im folgenden beschrieben werden.

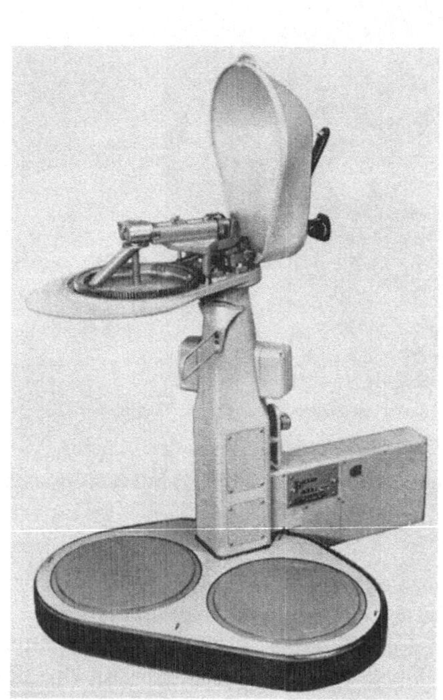

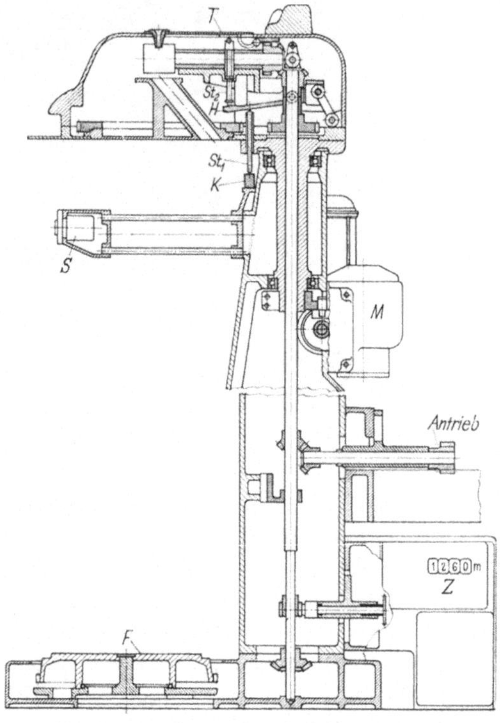

Abb. 66. Kannenstock mit
Wechselvorrichtung (Ingolstadt)

Abb. 67. Kannenstock mit Wechselvorrichtung
(2 Schnittebenen) (Ingolstadt)
Z Zähler; S Schalter; M Motor; F Fußteller; T Platte
mit Bandtrichter; St_1 Stift; H Hebel; St_2 Stift

Beim *automatischen Kannenwechsler von Ingolstadt* (Abb. 67) wird das Band in bekannter Weise durch den Kannenstock in die Kanne eingelegt. Der Antrieb des Kopftellers und der der Abzugswalzen wird von der Kalanderwalzenwelle abgeleitet. Bedeutsam sind diese Merkmale: Die Grundplatte trägt zwei Kannenteller und somit zwei Kannen. An den Lieferkopf ist nach unten eine Hohlwelle angeflanscht, welche die Antriebswelle lose umschließt. Der Kopf wird dadurch um diese Welle schwenkbar. Die Hohlwelle ist mit einem an der Seite der Kurbel angebrachten Kurbelgetriebe verbunden, das über ein Schneckenradvorgelege von einem Elektromotor angetrieben wird (Abb. 171). Ein Zählwerk, angetrieben durch die Kannenstockwelle, registriert dauernd die gelieferte Bandlänge. Der Bandtrichter wird in einer Platte T geführt und ist mit dieser hochklappbar. Unter dem schwenkbaren Lieferkopf ist an der Säule eine Kulisse K angebracht, auf der ein nach unten herausragender Stift *St 1* ruht. An der Trichterplatte liegt ein Stößel *St 2* an, und ein Hebel *H* ist so angeordnet, daß er eine Bewegung des auf der Kulisse gleitenden Stiftes auf den Stößel übertragen und somit die Platte mit dem Trichter anheben kann. Nach Erreichen der vorgewählten Bandlänge schaltet das Zählwerk den Wechselmotor ein und bewirkt das Herumschwenken des Lieferkopfes über die Reservekanne. Ein Endschalter setzt den Motor wieder still. Während des Umschwenkens gleitet der Stift über die Kulisse, die so geformt ist, daß der Stift nach der Hebung wieder in die Ausgangsstellung absinkt. Beim Hochheben des Trichters wird deshalb das Band von den Abzugswalzen getrennt. Beim Absenken kommt das aus dem Trichter herausragende Bandende wieder in den Bereich der Kalanderwalzen und läuft in die leere Kanne. Bei der nächsten Betätigung dreht der Motor den Kopf über die erste Kanne zurück. Der Kannenwechsler wird für Kannen bis $20'' \times 42''$ gebaut.

Die *Kontrollvorrichtungen* an den Karden sind verbessert worden: Sicherung bei doppeltem Watteneinlauf, ausgelaufenem Wickel, Verstopfungen im Trichterrad, Wickelbildung an den Abzugswalzen, Vlies- und Bandbruch, mechanische oder elektrische Sicherung und Abdeckklappen.

Für das Ausstoßen bringen verschiedene Firmen Ausstoßbürsten mit eingebautem Motor heraus; hierfür werden die Karden serienmäßig mit einer Steckdose zum Anschließen der elektrisch betriebenen Schleif-, Polier- und Ausstoßwalzen ausgerüstet.

Für die Verarbeitung von Chemiefasern längeren Stapels (80 mm und länger) werden im allgemeinen keine Wanderdeckelkarden, sondern Walzenkarden verwendet. Diese arbeiten — wie z. B. die Karde Modell C 3 von Rieter — mit 6 Arbeiter/Wender-Paaren und mit einem Volant. Für die Wahl der Garnituren bestehen keine festen Regeln. Auf allen Walzen können entweder flexible oder Ganzstahlgarnituren aufgezogen werden. Für den Volant empfiehlt Rieter Intervalldraht, der ein schachbrettartiges Muster ergibt, weil bei der hohen Drehzahl des Volants dann keine Spiralwinde auftreten.

2.11 Fehler an der Karde

Ungleichmäßiges Band entsteht durch ungleichmäßige oder löcherige Wickel, einseitige Belastung oder ausgelaufene Lager (es werden ganze Faserbüschel durchgezogen), unregelmäßige Speisung durch schadhafte Getrieberäder oder beschädigte Speisezylinder, zu weite Einstellung Speisemulde—Vorreißer oder Vorreißer—Tambour, übermäßig hoher Verzug zwischen Abnehmer—Vliesabzugswalzen—Preßkopfwalzen, zu geringe Schwingungszahl oder ungünstige Einstellung des Hackers, zu zeitiges Anspinnen nach dem Ausstoßen, ruckartig bewegte Deckelkette.

Zu hoher Abfallprozentsatz kann vermieden werden durch laufende Kontrolle des Deckelputzes und des Vorreißerabfalles. Ausgleich durch Einstellung des Deckelabstreifbleches oder der Deckelgeschwindigkeit, Regulierung der Abstände und der Anstellwinkel der Schalenmesser, Kontrolle der Rosteinstellung. Gedehnte Deckelketten verursachen zu weite Deckelabstände, so daß zwischen den Deckelstäben sehr viele Fasern herausgeblasen werden (führt zu starker Verflugung).

Wolkiges Vlies entsteht durch übermäßig starke Füllung der Garnituren; Ansammlung von Abfall, Flug oder öligem Schmutz an den Rosten; verschmutzte, stumpfe, gratige oder beschädigte Garnituren und Häkchen; zu hohe Kardiergeschwindigkeit; beschädigten Vorreißerdraht (verbogene Häkchen verursachen Wickel am Vorreißer, die sich von Zeit zu Zeit lösen und zu Vliesbrüchen oder Garniturschäden führen können); zu weite Einstellung zwischen Tambour und Deckel und an den anderen Arbeitsstellen; Flugansammlungen an den Stößen der einzelnen Rostsegmente; abgeschliffene Garnituren; zu scharf geschliffene, gratige Garnituren; falsche Hackereinstellung oder verbogene Hackerzähne; zu großer Ausstoßintervall.

Unreines Vlies hat als Ursache ungenügende Reinigung oder schlechte Bearbeitung des Rohstoffes in der Putzerei; schlecht geputzte Karden (z. B. verstopfter oder verklebter Vorreißerrost); ungleichmäßige Vorreißergarnitur.

Periodische Gleichmäßigkeitsschwankungen: schlagender oder unrund geschliffener Abnehmer (Vorsicht beim Schleifen; Schnellschliff kann gefährlich sein); ausgelaufene oder beschädigte Getrieberäder; verstopfte Zahnlücken; zu starke Kannenfüllung (Verstärkung des durch die Kopftellerdrehung verursachten Schnittes); Schwankungen im Batteurwickel.

Gerade bei der Karde ist eine laufende Kontrolle der Gleichmäßigkeit sehr wichtig. Elektro-kapazitive Prüfgeräte (z. B. die Geräte der Firma Zellweger, Uster/Schweiz) sind in fast allen Spinnereien zu finden. In Verbindung mit geeigneten Zusatzgeräten können periodische Schwankungen leicht ermittelt werden.

3 Die Kämmerei

Für den Spinner ist die Wahl der richtigen Baumwollprovenienzen von großer wirtschaftlicher Bedeutung, da längerer Stapel und größere Reinheit den Baumwollpreis nicht unwesentlich beeinflussen. Je feiner das Garn ausgesponnen werden soll und desto bessere Eigenschaften verlangt werden, um so länger und auch feiner muß die Baumwolle sein. Die Steigerung der Garnqualität verlangt aber meist eine Vergrößerung des Stapels und eine Erhöhung des Reinheitsgrades. Im normalen Arbeitsprozeß sind für die Verbesserung dieser Eigenschaften enge Grenzen gesetzt, so daß man einen zusätzlichen Arbeitsgang, das Kämmen, einschalten muß.

3.1 Aufgaben der Kämmerei

Als Aufgaben für die Kämmerei ergeben sich:

1. Eine Verbesserung der Garnqualität durch Ausscheiden von Verunreinigungen, wie Schalen-, Blatt- und Kapselreste, sowie durch die Auskämmung der Nissen;

2. Eine Verbesserung der wirksamen Stapellänge und des Mittelstapels durch intensive Parallelisierung und Streckung der Fasern und durch das Ausscheiden größerer oder kleinerer Prozentsätze Kurzfasern.

Gekämmtes Garn zeichnet sich aus durch erhöhte Festigkeit, Gleichmäßigkeit, Glanz, Glätte und Reinheit.

Das von der Kämmaschine abgelieferte Band heißt *Kammzug* oder Kämmband, der Abfall *Kämmling*. Abhängig von Rohstoff und späterem Verwendungszweck des auszuspinnenden Garnes werden 5...30% der Fasermenge als Kämmling ausgeschieden.

Baumwollgarne feiner als Nm 70 (14 tex) verlangen in der Regel die Einschaltung des Kämmens. Aber auch gröbere Garne können bereits eine Auskämmung erforderlich machen, wenn nur dadurch besondere Eigenschaften erreichbar sind (z. B. Garne für Reifenkord, Maschinenstrickgarne usw.).

Garne aus Zellwolle und Chemiefasern bedürfen im allgemeinen keiner Auskämmung, da sie im Stapel bereits sehr gleichmäßig geliefert werden und keine Verunreinigungen aufweisen.

Für die Verarbeitung des Rohstoffes auf der Kämmaschine ist die Vorlage von Faserbändern, wie sie von der Karde abgeliefert werden, ungeeignet; es ist also eine besondere Vorbereitung erforderlich. Die Kämmerei wird deshalb eingeteilt in:

A. die Kämmerei-Vorbereitung und
B. die eigentliche Kämmerei

3.2 Die Kämmerei-Vorbereitung

3.2.1 Aufgaben der Kämmerei-Vorbereitung

Die Kardenbänder müssen so vorbereitet werden, daß sie später dem Zweck des Kämmens entsprechend bearbeitet werden können. Durch Strecken muß die Wirrlage der Fasern verbessert und damit die Parallelisierung erhöht werden. Nur so kann durch den Kämmprozeß eine gute Trennung von Lang- und Kurzfasern erfolgen. Durch Dublieren wird die Vorlage vergleichmäßigt. Die Speisung der Kämmaschine geschieht am zweckmäßigsten durch Bandwickel. Aus diesem Grunde schließt die Kämmerei-Vorbereitung immer mit einer Wickelmaschine ab (Ausnahme SACM).

Umfangreiche Versuche haben ergeben, daß die Fasern im Kardenband meist eingeschlagene Faserenden (Faserhäkchen) haben. Zum überwiegenden Teil handelt es sich dabei um schleppende Häkchen. Aus diesem Grunde schalten die meisten Firmen zwischen Karde und Kämmaschine eine gerade Passagenzahl (z. B. 2 oder 4) Vorbereitungsmaschinen ein. Die Faserhäkchen erreichen dann den Kreiskamm führend und werden ausgestreckt.

Auch die an den Vorbereitungsmaschinen angewandte Verzugshöhe beeinflußt den Kämmlingsprozentsatz. Die verschiedenen Maschinenfabriken setzen deshalb jetzt in starkem Maße Streckwerke für höhere Verzüge in der Kämmerei-Vorbereitung ein. Die erreichte Verbesserung drückt sich durch eine Senkung der Abfallmenge (bis zu 3%) — bei gleicher Einstellung der Kämmaschine — aus. Eine zu weitgehende Parallelisierung des Vorlagewickels kann jedoch zu Ablaufschwierigkeiten (z. B. Schälen des Wickels) an der Kämmaschine führen.

3.2.2 Vorbereitungsverfahren

Im folgenden sind die gebräuchlichsten Vorbereitungsverfahren aufgeführt:

1. Herkömmliches Verfahren:

<pre>
          Karde
          Bandwickler (D=16...24, V=1,1...2,0)
          Kehrstrecke (D=6,   V=6)
          Kämmaschine
</pre>

2. Platt'sches Verfahren[1]*:*

    Karde
    1. Strecke   (D=6;   V=6)
    2. Strecke   (D=6;   V=6)
    3. Strecke   (D=6;   V=6)
    Bandwickler   (D=12...24; V=1,0)
    Kämmaschine

3. Whitin-Vorbereitung:

    Karde
    Strecke   (D=8...10; V=6...8)
    Super Lap M. (D=60;   V=3,0...4,5)
    Kämmaschine

4. Vereinfachtes Platt-Verfahren:

    Karde
    1. Strecke   (D=8;   V=8)
    2. Strecke   (D=8;   V=8)
    Bandwickler   (D=12...24; V=1,1)
    Kämmaschine

Zu 1: Beim herkömmlichen Verfahren werden 12...24 Bänder zu einem Bandwickel zusammengefaßt. Da die unverstreckten Bänder in diesem Wickel keine glatte Vorlage geben (schlechte Klemmung), müssen sie an der Kehrstrecke

Abb. 68. Vliesumlenkung am Kehrblech (Ingolstadt)

verzogen werden. Die verzogenen Vliese werden dann dubliert. Das geschieht ebenfalls an der Kehrstrecke. Dabei werden die Vliese über sogenannte Kehrbleche geleitet (Abb. 68) und auf dem Bandtisch zusammengeführt. Die Lauf-

---

[1] Auch Platt wendet jetzt das unter 3 angeführte Verfahren mit an (s. Lap Maschine 701)

richtung der Vliese wird so um 90° geändert. Die vereinigten Watteschichten werden anschließend wieder zu einem Wickel aufgerollt, der dann der Kämmmaschine vorgelegt wird.

Zu 2: Beim Platt-Verfahren durchlaufen die Kardenbänder zuerst drei Strecken-Passagen. Die Strecken besitzen nur ein Ein-Zonen- bzw. ein 2/3-Streckwerk. Die Bänder werden in allen Passagen effektiv verzogen. Als vierte Maschine folgt ein „Lap Former", das ist ein Bandwickler ohne Verzug, dessen Wickel zur Kämmaschine kommt.

Zu 3: Whitin setzt nur zwei Vorbereitungsmaschinen ein. Als erste Passage nimmt man einen Streckendurchgang mit 8- oder 10facher Dublierung und entsprechendem Verzug. Beim folgenden Bandwickler, der „Super Lap Machine", werden bis zu 3×20 Bänder dubliert und 3...5-fach verzogen. Die drei Bandgruppen werden übereinandergelegt, gepreßt und zu einem Wickel, der dann zur Kämmaschine kommt, aufgerollt.

Zu 4: Beim vereinfachten Platt-Verfahren versucht man durch eine Erhöhung der Verzüge an den Strecken eine Streckenpassage einzusparen. Man arbeitet also mit ungerader Passagenzahl zwischen Karde und Kämmaschine. Diese scheinbar ungünstige Zusammenstellung soll aber keine merkliche Verschlechterung bringen, da durch den höheren Verzug die Faserausstreckung bei den einzelnen Durchgängen verbessert wird.

Bei den neueren Verfahren (2, 3 und 4) liegen bereits höher vorverzogene Bänder mit guter Parallelisierung vor. Man kann deshalb auf eine Wickeldublierung verzichten.

3.2.3 Maschinen der Kämmerei-Vorbereitung

Der *Bandwickler*, auch Banddubler oder Wattenmaschine genannt (Abb. 69), dient der Zusammenfassung von Kardenbändern zu einem Bandwickel. Je nach Bandstärke und gewünschtem Metergewicht des Wickels dubliert man 16...24

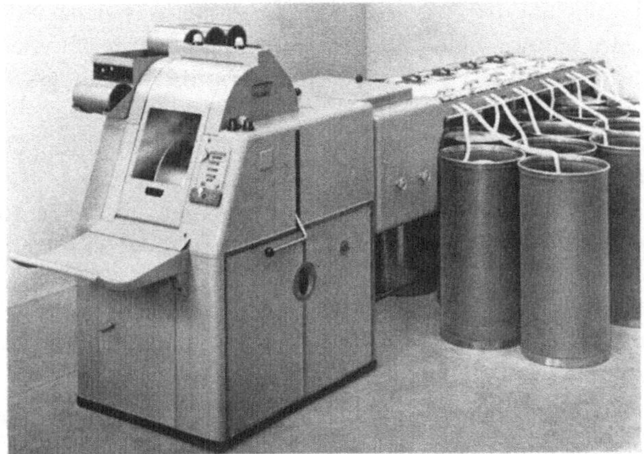

Abb. 69. Bandwickler (Ingolstadt)

Bänder. Dubler werden mit und ohne Streckwerk gebaut. Beim konventionellen Verfahren wurde früher meist das Modell mit Streckwerk eingesetzt.

Der Bandwickler mit Streckwerk fand auch beim Wickelstreckverfahren von Rieter Anwendung. Beim Vorbereitungssystem von Platt folgt der 3. Streckpassage ein einfacher Dubler, Lap Former genannt. Man verzichtet auf den Verzug, weil eine zu weitgehende Parallelisierung in diesem Stadium zu Störungen im Wickelablauf führen würde.

Durch die Erkenntnisse auf dem Gebiete der Verzugsauswirkungen auf die Ausstreckung der Fasern kommt dem Streckwerk in der Vorbereitung der Kämmerei große Bedeutung zu. Am Dubler mit Streckwerk benützt man vorzugsweise ein 4/6 Streckwerk (sprich: „4-über-6"-Streckwerk) mit Verzügen zwischen 1,5 und 2,5, aber auch das 3/4-Streckwerk. Durch den Verzug ist auch eine gute Auflockerung der Bänder erreichbar. Zur besseren Führung der großen Fasermassen wählt Rieter für die Zylinder ohne Doppelklemmung (s. Abb. 174) geriffelte (kannelierte) Stahldruckwalzen, deren Riffelteilung genau mit der Riffelung der Unterzylinder übereinstimmt (Zahnradriffelung).

Die Bänder werden über einen hochglanzpolierten oder verchromten Bandtisch zugeführt. An den Längsseiten des Tisches laufen geriffelte Einzugszylinder, die, in Verbindung mit kombinierten Belastungs- und Kontrollwalzen, die Bänder aus den Kannen herausheben. Bei fehlendem Band, z. B. bei Bandbruch, stellt die Maschine ab.

Zur Verdichtung der Bänder folgt dem Streckwerk ein Kalanderteil. Bei älteren Modellen sind die 4 Kalanderwalzen übereinander angeordnet, bei den neuen Modellen liegen sie paarweise hintereinander. Die Bänder lassen sich so besser einführen. Die Bandwatte wird auf eine Wickelhülse (heute meist aus Kunststoff) aufgewunden. Diese Hülse mußte früher auf einen Dorn im Wickelkopf aufgeschoben werden. Neue Maschinen arbeiten spindellos. Die Wickelhülse wird elektromagnetisch, mechanisch oder hydraulisch bzw. pneumatisch belastet. Ingolstadt belastet die Zahnstangen der Preßköpfe durch ein elektromagnetisches Bremsgetriebe.

Die Wickelbreiten schwanken je nach Kämmaschinensystem und den dort vorgesehenen Arbeitsbreiten zwischen 230 und 300 mm ($9^1/_2$"...12"). Den Wickel wählt man schmäler als die Arbeitsbreite, da er bei der Abarbeitung etwas auseinanderläuft. Die höhere Belastung und die größeren maximalen Wickeldurchmesser moderner Maschinen ($\varnothing$ bis 500 mm), erlauben Wickelgewichte bis 15 kg. Das führt zu einer Erhöhung des Wirkungsgrades.

Die Arbeitssicherheit wird durch automatische Abstellung beim Öffnen des Wickelverdecks wesentlich erhöht.

Die *Kehrstrecke* (Abb. 70) ist beim konventionellen Vorbereitungsverfahren die letzte Maschine vor der Kämmaschine. Sie wird grundsätzlich mit 6 „Ablieferungen" gebaut. Ihre Aufgaben sind das Verziehen des Bandwickels (Ausstrecken eingeschlagener Faserenden und Ausbreiten der Bänder zu einem möglichst glatten Vlies), sowie das Dublieren der sechs Vliese zu einem Wattenwickel.

Die Bandwickel des Dublers werden auf einen Speisetisch aufgelegt und einem Streckwerk zugeführt. Die auslaufenden Vliese werden nicht zusammengefaßt, sondern über ein verwundenes Vliesblech geleitet (Abb. 68) und dadurch in ihrer Laufrichtung um 90° gedreht; auf dem Führungstisch überlagern — dublieren — sich die Vliese, durchlaufen als dicke Watte einen Kalanderteil, um schließlich zu einem Wickel aufgerollt zu werden.

Als Streckwerk kommt bei modernen Maschinen meist das 3/4-Streckwerk zum Einsatz. Die Druckwalzen werden durch Federn oder pneumatisch (Rieter) belastet, wobei sich die Gesamtbelastung eines Kopfes bis auf 90 kg steigern läßt. Sie muß dem höher gewordenen g/m-Gewicht der Wickel angepaßt werden.

Das Doppelklemmpunkt-Streckwerk mit seiner günstigen Verzugsaufteilung und Faserführung verbessert die Faserparallelität im Wickel und trägt — ohne Qualitätseinbuße — zu einer Herabsetzung der Kämmlingsmenge bei.

Abb. 70. Kehrstrecke (Ingolstadt)

Die Klemmpunktsentfernungen entsprechen denen der Strecke; im Hauptverzugsfeld geht man aber gerne um 2...3 mm weiter als dort.

Die Kehrbleche sind aus Messing oder verchromtem Stahlblech. Für den Kalanderteil und den Wickelapparat gilt das gleiche wie für den Bandwickler. Der verbesserten Konstruktion der Kämmaschine entsprechend, stellt man jetzt Wickel mit einem Gewicht bis 75 g/m, zum Teil bis 85 g/m her.

Abb. 71. Super Lap Maschine (Whitin), ältere Ausführung (das neuere Modell ist mit Absaugung an den Streckwerken und automatischem Wickelwechsler mit Spulenreserve und Wickelablage ausgestattet)

An der Kehrstrecke sind Liefergeschwindigkeiten bis 60 m/min maschinenmäßig gut erreichbar; in der Praxis geht man aber über 40...45 m/min nicht hinaus.

Die *Super Lap Machine* (Abb. 71), eine Konstruktion der Firma Whitin, vereinigt Bandwickler und Kehrstrecke in einer Maschine. Bis zu 20 Streckenbänder werden einem senkrecht stehenden 2/3-Streckwerk zugeführt und je nach Stärke 3- bis 5fach verzogen. Die Belastung der Druckwalzen beträgt rund 110 kp. Drei solcher Einheiten sind bei einer Maschine zusammengefaßt. Auf dem Bandtisch werden die aus den Streckwerken auslaufenden Vliese übereinander gelegt (Breite 293 mm = 11^1/$_2$''), abgezogen und durch ein Kalanderwalzenpaar verdichtet. Die Wickelbildung erfolgt ohne Dorn, das Wickelholz wird seitlich gehalten. Nach Aufwicklung einer vorher eingestellten Länge wirft die Maschine den Wickel automatisch aus. Wahlweise ist die neueste Ausführung auch mit automatischem Wickelmagazin lieferbar. (Bis zu drei Wickel können auf den Wickelschalen abgelegt werden und die Maschine läuft selbsttätig weiter. Erst wenn die Ablage belegt ist, stellt die Maschine ab.) Nach dem automatischen Wechsel läuft die Maschine langsam an und geht dann, nach dem Aufwickeln des Anfanges auf die normale Liefergeschwindigkeit von 75 m/min. An die Maschine kann eine Absaugung für alle wichtigen Arbeitsorgane angebaut werden. Für den Einzug der Streckenbänder sind Zuführstelle mit Bandkanal vorgesehen.

Abb. 72. Wickelapparat mit automatischem Wickelwechsler und Spulenmagazin des Lap Former 701 (Platt)

Der *Lap Former, Type 701*, von Platt (Abb. 72) entspricht dieser Maschine. 4 × 12 Bänder (vorgestreckt) durchlaufen den Kehrstreckenteil. Die entstandenen Vliese werden dubliert und zu einem Wickel aufgerollt (305 mm breit, 585 mm ⌀ ... bis zu 27 kg Gewicht). Vollautomatischer Wickelwechsel und Wickelablage für 8 Wickel erhöhen den Wirkungsgrad. Wie bei der Super Lap Machine wird auch hier die Sauberhaltung der Maschine durch eine Absaugung erleichtert.

3.3 Die eigentliche Kämmerei

3.3.1 Einteilung der Kämmaschinen

Man unterscheidet zwischen solchen mit schwingender Zange und solchen mit schwingenden Abreißzylindern. Die meisten modernen Kämmaschinen haben schwingende Zange (Ausnahme Ingolstadt). Bei diesen trennt man — abhängig vom Zangendrehpunkt — Maschinen mit Standpendel (Drehpunkt unterhalb der

Kammwelle), z. B. Hartford-Kämmaschine von Platt, und Maschinen mit Hängependel (Drehpunkt oberhalb der Kammwelle), z. B. Saco-Lowell-Kämmaschine.
Die Modelle Super J (Whitin) (Abb. 78), die E 7 (Rieter) (Abb. 73, 74) und die

Abb. 73. Rieter-Kämmaschine, Modell E 7/2 (Vorderansicht)

PDC (SACM) lassen sich schlecht einordnen, da sie, was den Bewegungsablauf
betrifft, eine Kombination aus Stand- und Hängependel darstellen. Sie verbinden
den Vorteil des Standpendels (bessere Auskämmung) mit dem Vorteil des Hänge-
pendels (bessere Lötung). Der Zangenschwingpunkt liegt hinter der Kammwelle.

Abb. 74. Rieter-Kämmaschine, Modell E 7/2 (Rückansicht) mit Ablage der Bänder in zwei Kannen,
Abführung des Kämmlings und aufgelegten Reservewickeln

Die arbeitenden Teile einer Kämmaschine (Abb. 75) sind die Speisevorrichtung
mit dem Wickeltisch, Zangenapparat (Abb. 79) — bestehend aus Unter- und
Oberzange sowie dem häufig direkt mit der Zange bewegten Fix- oder Vorstechkamm — (die Zange klemmt den Faserbart, wenn dieser vom Kreiskamm ausgekämmt wird), Kreiskamm (mit 13...20 Nadelleisten besetzt, dient zum Auskämmen des Faserbartes), Abreißvorrichtung (zwei Walzenpaare, von denen das

hintere den aus der Zange herausragenden Faserbart abtrennt), Abzugsvorrichtung (die das Vlies zusammenfaßt), Bandtisch, Streckwerk und der Kannenstock mit Bandablage.

3.3.2 Arbeitsweise der Kämmaschine

Die Kämmaschine arbeitet intermittierend. Bei jedem Arbeitstakt — Kammspiel genannt — muß ein neues Stück Wickelwatte gespeist werden, das dann ausgekämmt und abgezogen wird.

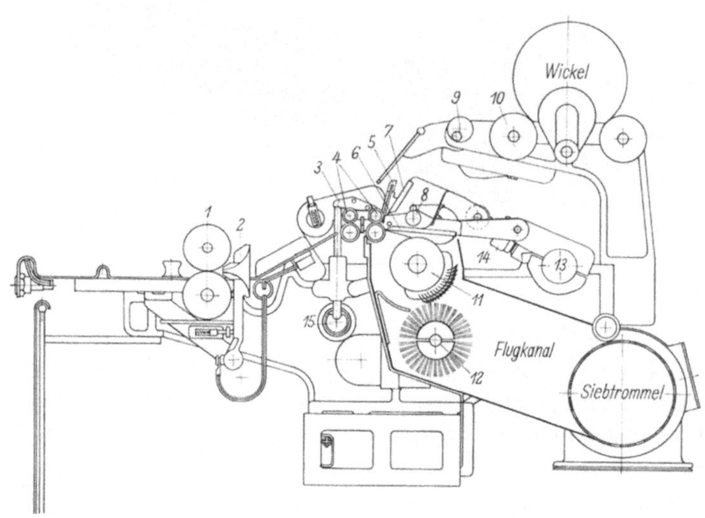

Abb. 75. Schnitt durch Kopf einer Kämmaschine (Rieter, Mod. E 7)
1 Abzugswalzen; *2* Bandtrichter; *3* Belastungsarm für Abreißdruckwalzen; *4* Abreißdruckwalzen; *5* Fixkamm (Vorstechkamm); *6* Unterzange; *7* Oberzange; *8* Speisezylinder; *9* Exzenterwelle für Spannungsausgleich; *10* Wickelwalze; *11* Rundkamm (Kreiskamm); *12* Bürste; *13* Zangenwelle; *14* Stützlager mit Schließfeder; *15* Druckluftschlauch

Beim Auskämmen des aus der Zange herausragenden Faserbartes muß die Abreißvorrichtung außerhalb des Bereiches der Nadelstäbe sein, deren Nadeln über das glatte Segment des Kreiskammes hinausragen. Beim Abreißen dagegen müssen Abreißvorrichtung und Zange so nahe als nötig zusammengeführt werden. Die Annäherung wird dadurch erreicht, daß man die Zange auf die Abreißzylinder zuschwingen läßt oder die Abreißzylinder zur Zange hinbewegt. Man spricht dann entweder von Maschinen mit schwingender Zange oder von solchen mit schwingender Abreißvorrichtung.

3.3.2.1 Ablauf eines Kammspieles (Abb. 76). Bei einer Maschine mit schwingender Zange verläuft ein Kammspiel folgendermaßen:

Der Zangenapparat befindet sich in hinterer Totpunktlage, die Oberzange drückt den Faserbart nieder und in den Bereich des Kreiskammes. Beim Durchstreichen der letzten Nadelreihen rollt sich der hintere Abreißdruckzylinder in Richtung Kreiskamm auf dem Unterzylinder ab. Dann beginnen die Abreißzylinder mit der Rücklieferung des beim vorhergehenden Kammspiel abgezogenen und ausgekämmten Wattestückes. Beim Vorwärtsschwingen des Zangenapparates hebt sich die Oberzange ab. Kommt dann der ausgekämmte Faserbart in den

Bereich der Abreißzylinder, drehen sich diese wieder vorwärts, damit die aus der Zange herausragende Franse gut mit dem bereits abgezogenen Fasern verbunden (gelötet) werden kann.

3.3.2.1.1 Vorlaufspeisung (Abb. 77). Nach dem Abheben der Oberzange wird neue Wickelwatte gespeist (= Speisen während des Abreißens = Vorlaufspeisung). Sind die vereinigten Faservliese in den Klemmpunkt des hinteren Abreißzylinderpaares eingelaufen, sticht der Fixkamm in die Watte ein und hält, nachdem er sich so nahe als möglich auf die Abreißzylinder hinbewegt hat, die neu gespeisten, ungekämmten Fasern zurück. Während Zangenapparat und Fixkamm jetzt wieder nach hinten schwingen, schließen sich die Zangenbacken, die Watte wird getrennt, der aus der Zange herausragende Faserbart nach unten gedrückt und der Fixkamm dabei aus der Watte herausgezogen. Der Abreißdruckzylinder ist schon während der Lötung nach vorne geschwungen, damit der Abreißabstand möglichst klein gehalten werden kann. Jetzt schwingt er wieder nach hinten und ein neues Kammspiel beginnt.

Unterhalb der Kreiskammwelle befindet sich eine Walzenbürste. Diese dreht sich schneller als der Kreiskamm und reinigt so die Nadelleisten von den ausgekämmten Fasern. Die Bürste wird pneumatisch sauber gehalten, der verdichtete Kämmling in einen Behälter abgelegt bzw. abgesaugt. Ein Kammspiel dauert zwischen 0,5 und 0,3 Sekunden.

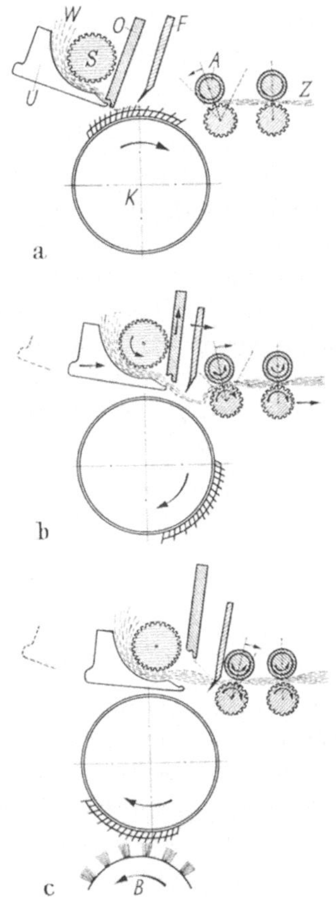

3.3.2.1.2 Rücklaufspeisung (Abb. 77). Die Speisung der Wickelwatte kann aber auch erst nach der Trennung erfolgen. Man spricht dann von Speisen nach dem Abreißen oder Rücklaufspeisung. Aus (Abb. 77) wird deutlich, daß bei der Vorlaufspeisung Fasern mit einer kleineren Länge als dem Abreißabstand (minimale Länge = Abreißabstand — Speisung) abgezogen werden können und damit in den Kammzug gelangen. Bei der Rücklaufspeisung, wo die Wattenzufuhr erst nach dem Abreißen erfolgt, können höchstens Fasern bis zur Länge des Abreißabstandes in den Kammzug gelangen; dagegen kommen Fasern bis zur Maximallänge Abreißabstand + Speisung auch in den Kämmling. Daraus wird ersichtlich, daß Speisung vor bzw. während des Abreißens besonders für kurze Baumwollen geeignet ist. Das Auskämmen dieser Provenienzen wird dadurch erst rentabel.

3.3.2.1.3 Zusatzspeisung. Bei der Kämmaschine von Ingolstadt ist darüber hinaus eine Zusatzspeisung vorgesehen. Diese kann sowohl positiv als auch negativ sein. Bei der positiven Zusatzspeisung wird vor dem Auskämmen ein

Abb. 76 a – c. Ablauf eines Kammspieles bei Vorlaufspeisung (Saco-Lowell) vgl. Abb. 83
W Wickelwatte; S Speisezylinder; U Unterzange; O Oberzange; F Fixkamm; K Kreiskamm mit Nadelleisten; A Abreißzylinder; Z Kammzug; B Bürste
a) entspricht Index 14…17;
b) entspricht Index $1^1/_2 … 5^1/_2$;
c) entspricht Index $5^1/_2 … 8$

zusätzliches Stück Wickelwatte gespeist, das nach dem Auskämmen wieder zurück-
gezogen wird (bei der negativen Zusatzspeisung ist es umgekehrt). Abgerissen
wird also immer nur die aus der normalen Speisung resultierende Länge. Im
ersten Falle erfolgt also eine intensivere, im zweiten Falle dagegen eine leichtere
Auskämmung (sie kann bis auf 3% Kämmling reduziert werden!), als ohne Zusatzspeisung.

3.3.3 Auskämmungsgrad

Er ist abhängig vom Verwendungszweck des Garnes, vom Rohstoff und der
Stapelbeschaffenheit. Der Rohstoff wiederum muß in Abhängigkeit vom erforderlichen Auskämmungsgrad und dem Verwendungszweck des Garnes gewählt werden. Während ein hoher Auskämmungsgrad auf den meisten Maschinen leicht zu
erreichen ist, lassen sich niedrige Prozentsätze oft nur durch Maschinenumstellungen (z. B. Umstellung von Vor- auf Rücklaufspeisung (Rieter) oder Änderung der Grundeinstellung der Maschine (Saco-Lowell)] erreichen. Die Kämmlings-
verminderung durch Anheben der Unterzange erreichen zu wollen, kann nur als
Notbehelf gelten, weil dann der Kreiskamm den Faserbart nur unvollständig
durchstreift, also unsauber auskämmt.

Folgende Auskämmungen und Bezeichnungen sind üblich:

über 22%	erstklassige Auskämmung
18...22%	sehr gute Auskämmung
15...18%	normale Auskämmung
10...15%	gewöhnliche Auskämmung
unter 10%	Halb- oder „Semi"-Kämmung

Die höheren Auskämmungen wendet man an, um die Ausspinnung feinster
Garne zu ermöglichen oder um die Festigkeit eines Garnes positiv zu beeinflussen
(durch Verbesserung des Kurzfaseranteiles = Verbesserung des Mittelstapels).
Nicht jede Baumwolle entspricht den Anforderungen des Kämmens.

Niedrige Auskämmungen dienen dagegen häufig der Verbesserung der Reinheit.
Beim Durchziehen des Faserbartes durch die Nadelleisten werden Fremdkörper,
größere Nissen und zerrissene Fasern ausgeschieden. Durch die von der Ernteart
beeinflußte Verschlechterung der Baumwollreinheit, wurde auch das leichte
Auskämmen in stärkerem Maße eingeführt. Bereits beim Kämmen mit niedrigsten
Kämmlingsprozentsätzen erfolgt eine merkliche Verbesserung der Faserparallelität
im Band. Auch Glätte und Glanz des Fadens erfahren eine Steigerung. Diese
Methode ist dem früher vielfach praktizierten Doppelt-Kardieren weit überlegen.
(Die Kardenbänder wurden dafür auf einem Bandwickler zu einem Wickel ver-
einigt, der dann wieder einer Karde vorgelegt wurde.)

Verschiedene Kämmaschinenkonstruktionen sind sehr gut für kürzere Baumwollen (bis herunter zu 7/8") geeignet.

3.3.3.1 Berechnung des Kämmlingsprozentsatzes (Abb. 77, 82). Gegauff,
neben Heilmann der bedeutendste Ingenieur bei der Entwicklung der Baumwollkämmaschine im 19. Jahrhundert, hat für die überschlägige Berechnung des
Kämmlingsprozentsatzes eine brauchbare Formel entwickelt. Zugrunde liegt ein
dreieckförmiges Stapeldiagramm. Praktisch trifft das natürlich nicht zu, bringt
aber ausreichende Näherungswerte. Der genaue Kämmlingsprozentsatz muß
nachgeprüft und die Maschineneinstellung nötigenfalls korrigiert werden.

Zur exakten Kämmlingsbestimmung benützt man eine dreiarmige Quadrantenwaage. An einen Arm hängt man den in einer bestimmten Zeiteinheit abgelieferten Kammzug, an den zweiten Arm den entsprechenden Kämmling. Am dritten Arm kann man auf einer Skala das Gewichtsverhältnis des Kämmlings zum Gesamtanhang als Prozentsatz, auf die Wickelvorlage bezogen, ablesen.

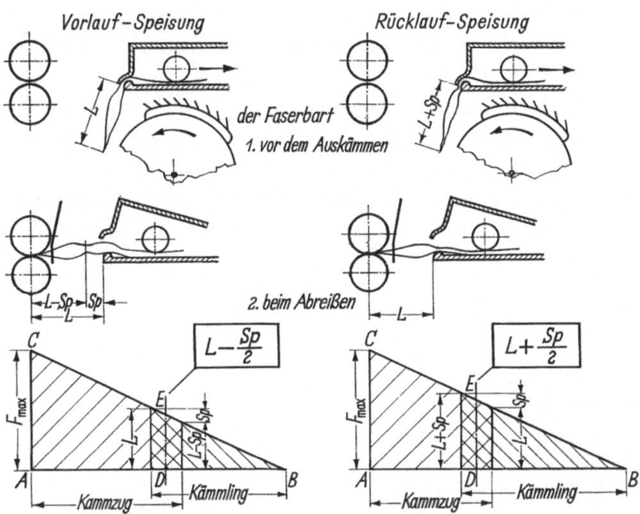

Abb. 77. Bestimmung des Kämmlingsprozentsatzes nach Gegauff
L Abreißabstand (Ecartement) (mm); Sp Speisung (mm); F_{max} maximale Faserlänge (mm); $L \pm Sp/2$ theoretische Minimallänge (mm) der in den Kammzug gelangenden Fasern (Maximallänge der Fasern im Kämmling)

Nach der Formel von GEGAUFF berechnet sich der Kämmlingsprozentsatz p wie folgt:

$$p = \frac{\left(L \pm \dfrac{Sp}{2}\right)^2}{F^2} \cdot 100 \; (\%)$$

Hierin bedeutet: p = Kämmlingsprozentsatz
L = Abreißabstand in mm (= kleinste Entfernung zwischen Zange und Abreißzylinder)
Sp = Speisung (mm/Kammspiel)
+ gilt für Rücklaufspeisung
− gilt für Vorlaufspeisung
F = maximale Faserlänge (mm)

Aus dieser Formel werden die verschiedenen maschinengebundenen Möglichkeiten zur Kämmlingsbeeinflussung ersichtlich.

Die Wattenspeisung Sp (mm/KS) kann nur in engeren Grenzen verändert. werden. Eine Vergrößerung von Sp über ein bestimmtes Maß bringt bei Vorlaufspeisung geringere Sauberkeit, bei Rücklaufspeisung mehr Abfall — ohne Verbesserung der Sauberkeit. Die Produktion ist jedoch direkt proportional zur Speisung. Bei sorgfältiger Wickelvorbereitung (= bessere Faserparallelisierung) kann die Speisung etwas größer als sonst gewählt werden. Der kleinste mögliche

Abreißabstand L ist besonders für niedrige Kämmlingsprozentsätze von Bedeutung. Er ist bei den einzelnen Maschinentypen und durch die Konstruktion fixiert. Bei den Maschinen mit schwingender Zange liegt L_{min} zwischen 15 und 19 mm, bei Ingolstadt (schwingende Abreißzylinder) kommt man bis auf 13 mm.

Daß p größer werden muß, wenn bei einem bestimmten Ecartement ($=$ Abreißabstand) die Stapellänge F kürzer wird, ergibt sich zwangsläufig. Für die Verarbeitung kürzerer Baumwollen und für niedrige Kämmlingsprozentsätze bietet die Vorlaufspeisung Vorteile (höhere Produktion), höhere Auskämmungen lassen sich dagegen leichter bei Rücklaufspeisung erzielen.

In die Formel nicht einbeziehen kann man die Auswirkungen des Fixkammes. Je näher zur Zange hin sein Einstich in die Watte erfolgt, um so weniger Kämmling.

Auch bei der Verarbeitung von Rohstoffen gleicher maximaler Stapellänge aber unterschiedlichen Stapelschaubildes entstehen abweichende Kämmlingsprozente.

3.3.4 Produktion der Kämmaschine

Sie ist abhängig von:

Anzahl der Kammspiele/min	n_K
Größe der Speisung/KS	Sp
Wattengewicht (g/m)	g
Kämmlingsprozentsatz	p
Kopfzahl der Maschine	z
Nutzeffekt	η

Es gilt:

$$P_{eff.} = \eta \cdot \frac{n_K \cdot Sp \cdot g}{1000 \cdot 1000} \cdot \frac{100 - p}{100} \cdot 60 \cdot z \quad \text{(kg/Maschinen-h)}$$

In der folgenden Tabelle sind für die wichtigsten Kämmaschinenmodelle maßgebende Daten angegeben.

Firma	Modell	Kammspiele pro Minute	Speisung mm/KS	Kopfzahl	Nadelreihen
Ingolstadt	KM	bis 140	4...7+Z	8	20
Platt	Century	200	4,83...6,35	8	17
Rieter	E 7/2	bis 200	4,9...6,5	8	14
SACM	PDC	200	5,2...6,75	2×1	15;19
Saco-Lowell	140	140	5,9	2×6	13;17
Whitin	J 7B	bis 230	5,00...6,14	8	17

Kopfzahl z: Saco-Lowell baut seine Maschine Modell 140, genauso wie dessen Vorgänger, doppelseitig mit 2×6 Ablieferungen. Die Bänder werden 6fach dubliert und in zwei Kannen abgelegt. Alle anderen Modelle (bis auf Duplex der SACM) sind einseitig und haben jetzt durchweg 8 Ablieferungen. Grundsätzlich arbeitet man dabei mit Bandteilung, wobei die Ablage entweder als Doppelband in eine oder als Einzelband in zwei Kannen erfolgt.

Allein durch den Übergang von den früher üblichen 6 Köpfen auf 8 Köpfe war — unter Berücksichtigung der Bandteilung — bereits eine wesentliche Produktionssteigerung möglich geworden. Den entscheidenden Schritt zur Hochleistungskämmaschine tat Whitin im Jahre 1948, als es mit seiner Modell J Kämmaschine die Kammspielzahl/min gegenüber den herkömmlichen Maschinen um 50% auf 150 KS/min steigern konnte.

Für eine Produktionssteigerung ist einer Vergrößerung der Speisung eine Erhöhung des *Wickelgewichtes* vorzuziehen. (Z. B. früher 50 g/m, jetzt 75 g/m).

Abb. 78. Ansicht der Whitin-Kämmaschine

Die dickere Wickelwatte wirkt beim Abreißen zurückhaltend auf die ausgezogen werdenden Fasern. Das streckt die eingeschlagenen Faserenden (hair pins) zu einem höheren Prozentsatz aus und hält Verunreinigungen und Nissen besser zurück als bei dünnerer Vorlage.

Den *Nutzeffekt* kann man bei modernen Maschinen mit $\eta = 0,95$ einsetzen.

3.3.5 Die Arbeitselemente der Kämmaschine

3.3.5.1 Kreiskamm (Abb. 75). Die aus dem Zangenapparat herausragenden Faserenden werden durch den Kreiskamm ausgekämmt. Bei den Maschinen mit schwingender Zange beträgt sein Spitzenkreisdurchmesser meist 125 mm ($= 5''$), bei Ingolstadt ist er 195 mm. Das Kammsegment hat — abhängig von Firma und Type — 13 bis 20 Nadelstäbe. In der Regel nimmt die Setzdichte der Nadeln in Durchlaufrichtung zu und der Abstand von Reihe zu Reihe ab. Bei Platt, z. B., hat die erste Nadelreihe rund 8, die letzte dagegen 32 Nadeln/cm. Dadurch und durch den steiler werdenden Einsatzwinkel nimmt die Kämmwirkung mit jeder folgenden Nadelreihe zu. Die Nadelstärke wählt man mit zunehmender Setzdichte immer dünner. In einem bestimmten Beispiel nimmt deshalb der freie Raum zwischen den Nadeln — bezogen auf die Länge eines Kammes — vom ersten zum letzten Kamm nur von 30% auf 20% ab. Für die Besetzung des Rundkammes nimmt man meist Rundnadeln. Die Kammleisten sind entweder auf den Zylinder aufgeschraubt (einseitig abwechselnd links und rechts), oder — diese Anordnung findet man bei modernen Maschinen immer häufiger — sie sind in ein geschlossenes Segment eingesetzt. Die Kämme erhalten so einen festeren Stand. Bei Saco-Lowell erfährt der Kreiskamm durch ein Getriebe mit elliptischen Rädern während eines jeden Kammspieles eine Beschleunigung (die Kämmgeschwindigkeit nimmt von Kamm zu Kamm zu). Das Fasermaterial wird dadurch geschont.

Die Numerierung der Nadeln erfolgt nach DIN 64101 und kann als Weltnorm bezeichnet werden. Die für Kämmaschinen gebräuchlichen Stärken sind in nachfolgender Tabelle zusammengefaßt.

Nr.	$\varnothing$ mm	$\varnothing$ Zoll	Nr.	$\varnothing$ mm	$\varnothing$ Zoll
20	0,99	0,0390	27	0,44	0,0175
21	0,88	0,0345	28	0,38	0,0150
22	0,79	0,0310	29	0,355	0,0140
23	0,71	0,0280	30	0,33	0,0130
24	0,62	0,0245	31	0,30	0,0120
25	0,535	0,0211	32	0,28	0,0110
26	0,50	0,0195	33	0,25	0,0098

Bei Flachnadeln, wie sie häufig für Fixkämme verwendet werden, bedeutet z. B. 25/31, daß die Nadelbreite dem Durchmesser der Rundnadel Nr. 25, die Nadelstärke dem Durchmesser der Rundnadel Nr. 31 entspricht.

Als Beispiel für die Benadelung der Kammleisten sei das Kammsegment der Rieter-Kämmaschine, Modell E 7, angeführt[1].

Stab-Nr.	Nadeln/cm	Teilung mm	Nadel-Nr.	Nadel-vorsprung	freier Raum %
1	2	5,00	22	5,5	85
2	2	5,00	22	5,0	85
3	4	2,50	22	4,5	71
4	7	1,43	22	4,0	53
5	11	0,91	25	3,4	40
6	15	0,67	27	3,5	42
7	19	0,53	28	3,3	36
8	21	0,48	28	3,1	32
9	23	0,43	30	2,9	34
10	24	0,42	30	2,7	36
11	25	0,40	31	2,5	35
12	26	0,38	31	2,3	36
13	27	0,37	31	2,3	35
14	28	0,36	31	2,3	34
Fixkamm	23,6	0 42	28	6,5	17

3.3.5.2 Fixkamm oder Vorstechkamm. Er hat zweiAufgaben zu erfüllen:

1. Auskämmung der hinteren Faserenden;

2. Zurückhalten des Faserbartes und Unterstützung der Trennung beim Abreißen.

Bei Whitin und Rieter erfolgt die Bewegung des Fixkammes synchron mit der Zangenbewegung und entspricht genau dem Bewegungsablauf der Oberzange. Bei anderen Modellen führt der Fixkamm eine Eigenbewegung aus. Das Getriebe wird dadurch zwar komplizierter, erlaubt jedoch, durch eine entsprechende Nachstellung, eine bessere Anpassung an Rohstoff und Auskämmungsgrad.

---

[1] WALZ, F., Die Benadelung der Baumwollkämmaschine, T. P. 1959, S. 1203

Die Benadelung des Fixkammes entspricht meist der der dichteren Kammleisten. Wegen der größeren Stabilität bevorzugt man häufig Flachnadeln. Oft sind die Nadeln auch gebogen, damit man den Fixkamm näher an den Abreißzylinder heranführen kann.

Die Fixkämme sind in der Höhe (Einstechtiefe) und in ihrem Abstand zu den Abreißzylindern einstellbar. Das ist für die Änderung des Abreißabstandes von Bedeutung, damit der Fixkamm immer so nahe als möglich an die Abreißzylinder herangeführt werden kann. Bei Saco-Lowell und Ingolstadt ist der Fixkammantrieb ganz vom Zangenantrieb getrennt. Zur Reinigung können die Fixkämme ausgehoben werden. Durch das Aufspießen von Fremdkörpern wird dies von Zeit zu Zeit erforderlich.

3.3.5.3 Speisung und Auskämmung

3.3.5.3.1 Speisung des Wickels (Abb. 79). In den meisten Fällen kommt nur ein Wickel zur Vorlage. Sein Metergewicht schwankt bei neuen Maschinen zwischen 65 g und 85 g. Ein auf der Unterzange aufliegender Riffelzylinder steuert die Zufuhr des Wickels, der sich, je nach Speisungsart, entweder beim Vor- oder beim Rückschwingen der Zange dreht. Die Schaltung wird entweder durch Klinke und Klinkenrad oder durch eine Stirnradübersetzung gesteuert. Der Wickelvorschub entspricht dem Drehwinkel des Rades und kann durch Änderung des Klinkenrades (z. B. Platt) oder durch Änderung der Übersetzung (Rieter) beeinflußt werden. Bei Rieter wirkt das Zahnrad wie eine Ratsche: während es bei Drehung in einer Richtung gesperrt ist (Drehung des Speisezylinders), läuft es bei der Gegenbewegung leer.

Bei der Kämmaschine von Ingolstadt wird bei jedem Kammspiel ein Malteserrad um $^1/_4$ Umdrehung geschaltet. Eine Stirnradübersetzung überträgt diese Schaltung auf die Speisewalze. Durch Änderung dieser Übersetzung ist die Speisung in Stufen von 0,16 mm veränderlich. Eine Zusatzeinrichtung überträgt auf die Speisewalze eine Schwingbewegung. Im Laufe eines Kammspieles gleicht sich dieser Vorschub (vor dem Abreißen) wieder aus.

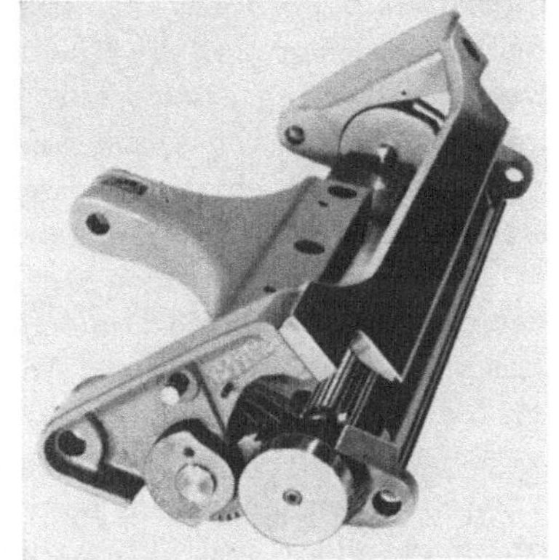

Abb. 79. Zangenapparat (Rieter) mit Zahnsegment und Schaltvorrichtung für Rücklaufspeisung

Der Wickel liegt auf Abrollwalzen, die bei jedem Kammspiel um den der Speisung entsprechenden Betrag gedreht werden. Rieter treibt die Walzen kontinuierlich an. Ein Exzenter hebt und senkt den Wickeltisch jedoch so, daß der Wickel dauernd gleichmäßig gestrafft bleibt.

3.3.5.3.2 Pilgerschrittbewegung. Bei jedem Kammspiel erfolgt eine vollständige Trennung des Wickels vom bearbeiteten Vlies. Zur Wiedervereinigung (Lötung) muß deshalb der Abreißzylinder nach dem Auskämmen einen Teil der bereits abgezogenen Fasermasse zurückliefern. Er muß also eine sogenannte Pilgerschrittbewegung ausführen.

Bei älteren Typen wurde diese Bewegung über einen Exzenter oder ein Zahnsegment in Verbindung mit einer Kupplung erreicht. Zur Lötung hat man dabei den Antrieb kurzzeitig ausgekuppelt. Höheren Spielzahlen, wie sie bei modernen Maschinen üblich sind, ist diese Steuerung nicht mehr gewachsen. Die Hartford-Kämmaschine (Platt) arbeitet als einzige der neuen Konstruktionen noch nach diesem Prinzip (das Nachfolgemodell, die Century-Kämmaschine, ist nun auch frei davon). Durch sorgfältige Wickelvorbereitung können dort aber ausnehmend große Speiselängen (bis 8,13 mm/KS) angewandt werden, so daß sich die niedrige Kammspielzahl ($n_k = 125$) wieder ausgleichen läßt; außerdem ist diese Maschine in erster Linie für die Auskämmung mittlerer Prozentsätze gedacht. Die Produktion ist so trotzdem relativ hoch.

Whitin hat als erste Firma den kontinuierlichen Antrieb des Abreißzylinders eingeführt. Diesem Antrieb wird eine zweite Bewegung überlagert, die im Laufe eines Kammspieles erst negativ und dann, in gleicher Größe, positiv ist. Die Kombination beider Drehungen erfolgt mit einem Umlaufgetriebe (Abb. 80). Damit wird beim Abreißzylinder ein stoßfreies Hinübergleiten von der Vorwärts- in die Rückwärtsbewegung und umgekehrt erreicht. Die Abreißzylinder stehen so nie länger als einen Augenblick still. Erst durch diese Entwicklung sind die hohen Leistungen möglich geworden. Auch Saco-Lowell, Rieter, Platt, SACM und Ingolstadt verwenden bei ihren Kämmaschinen Umlaufgetriebe. Die Getriebe sind so ausgelegt. daß die Rücklieferung kleiner ist als der Abzug beim Abreißen. Bei jeder Lötung erfolgt also eine Überlappung des Faserbartes, die zu einer sogenannten inneren Dublierung führt. Bei entsprechender Wahl dieser Überlappung ergibt sich ein gewisser Ausgleich der durch die Lötung im Vlies verursachten Stärkeschwankungen.

Bei den Kämmaschinen von Platt (Hartford), Saco-Lowell und Ingolstadt rollt sich der hintere Abreiß-Druckzylinder zusätzlich auf dem Unterzylinder ab. Dadurch wird eine sehr große Annäherung des Fixkammes an den Klemmpunkt des hinteren Abreißzylinderpaares möglich.

Bei Whitin, Platt (Century) und Rieter fällt diese Zusatzbewegung weg. Die letztgenannten Maschinen besitzen deshalb weniger arbeitende Teile. Über eine entsprechende Konstruktion des Fixkammes kann aber trotzdem ein kleines Ecartement erreicht werden (bei Rieter z. B. 15 mm). Gebogene Fixkammnadeln unterstützen dies.

3.3.5.3.3 Berechnung der Abreißzylinderbewegung (Abb. 80). (Als Beispiel dient die Whitin-Kämmaschine, Modell J).

Bei jeder Drehung des Zeigerrades IW (Index Wheel) findet eine Exzenterumdrehung statt. Durch die Rollenbewegung übertragen, schwingt Kurbel K_1 um die Exzentrizität hin und her. Unter Berücksichtigung der Hebellänge ergibt sich ein Winkel von 50,5°. Diese Schwingung wird von Welle W — auf die das Doppelrad *44/22* und das Rad *66* lose aufgeschoben sind — und Kurbel K_2 auf das Doppelrad *17/61* übertragen. Dadurch schwingt *17/61* im gleichen Winkel um die Räder *22* und *66*.

Von der Kammwelle aus überträgt Rad *37* eine kontinuierliche Drehung auf den Abreißzylinder. Die Schwingbewegung der Kurbel bewirkt nun eine Zusatzdrehung, die auch dem Abreißzylinder mitgeteilt wird. (Wegen des Auf- und Abschwingens ist diese Drehung einmal positiv, das andere Mal negativ).

Die resultierende Bewegung läßt sich nach der Art der Umlaufgetriebe des Flyers (s. 5.8.1) berechnen.

Die Lieferung der Abreißzylinder $= L_A$

Drehung des Rades x je Kammspiel $= n_x \dots x = $ Zähnezahl

$$L_A = n_{66} \cdot \frac{66}{15} \cdot \frac{9}{6} \cdot 25{,}4 \cdot \pi = 395 \cdot n_{66}$$

n_{66} selbst setzt sich aus 3 Teilbewegungen zusammen:

$$n_1 = n_{44} \cdot \ddot{U} \quad \downarrow \qquad\qquad \dots n_{44} = 1 \cdot \frac{37}{44} = 0{,}841$$

$$n_2 = \frac{50{,}5}{360} \quad \downarrow\uparrow \qquad\qquad \dots \ddot{U} = \frac{22}{61} \cdot = 0{,}093$$

$$n_3 = \frac{50{,}5}{360} \cdot \ddot{U} \quad \uparrow\downarrow$$

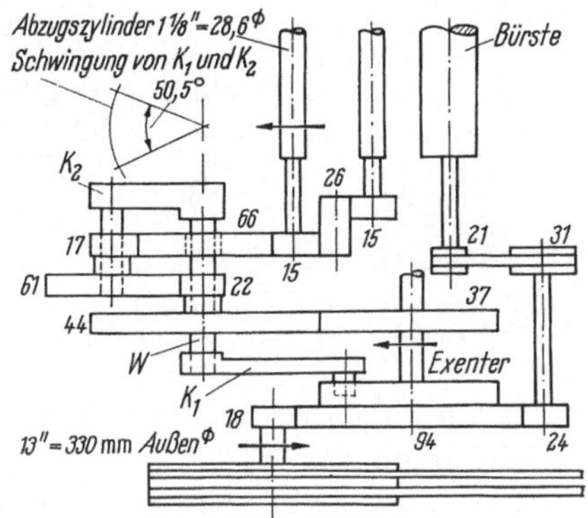

Abb. 80. Getriebeschema für den Antrieb der Abreißzylinder (Whitin)

$$n_{66} = n_1 + n_2 + n_3$$
$$n_{66} = n_{44} \cdot \ddot{U} \pm \frac{50{,}5}{360} \cdot (1 - \ddot{U})$$
$$n_{66} = 0{,}841 \cdot 0{,}093 \pm 0{,}140 \cdot 0{,}907 = 0{,}078 \pm 0{,}127$$
$$L_A = 395 \cdot (0{,}078 \pm 0{,}127)$$
$$L_A = 30{,}8 \pm 50{,}2 \ (\text{mm})$$

Es werden also bei jedem Kammspiel 81,0 mm ($= 30{,}8 + 50{,}2$) abgezogen; 50,2 mm werden jedoch wieder zurückgeliefert, so daß also 30,8 mm effektiv abgezogen werden.

3.3.5.3.4 Abzug des Vlieses (Abb. 81). Dieser wurde bei den neuen Maschinen in einem wesentlichen Punkt geändert. Die früher zentral vor den Abreißzylindern angeordneten Vliesabzugstrichter sind jetzt auf den Vliesrand zu versetzt, so daß ein asymmetrischer Vliesabzug entsteht. Man hat erkannt, daß sich auf diese Weise ein wesentlich besserer Ausgleich der Lötstellen erzielen läßt. Durch den asymmetrischen Abzug werden bei der Verdichtung des Vlieses zum Band die Lötstellen nicht mehr dubliert, sondern gegeneinander versetzt.

3.3.5.3.5 Einstellung des Abreißabstandes. Sie kann auf verschiedene Arten vorgenommen werden.

1. Durch Änderung des Zangenschwingwinkels. Dabei geht allerdings die Zangenschwingung über das nötige Maß hinaus. Größere Ecartementsveränderungen lassen sich deshalb häufig

Abb. 81. Kopf einer Kämmaschine mit asymmetrischem Vliesabzug (Rieter).
Die Abreißdruckzylinder sind herausgeklappt, die Oberzange angehoben

2. durch Änderung der Grundeinstellung des Zangenapparates erreichen. (Diese Grundeinstellung gilt dann für einen bestimmten Kämmlingsbereich; kleinere Änderungen lassen sich mit der 1. Methode ausgleichen.)

3. Bei Ingolstadt wird der Abreißabstand durch Änderung des Schwingwinkels der Abreißvorrichtung zur Zange hin geändert.

Der Abreißabstand kann häufig zentral verstellt, die Einstellung an Skalen kontrolliert und damit leicht reproduziert werden.

Abb. 82. Antriebskopf einer Kämmaschine (Rieter)
1 Umlaufgetriebe; *2* Zahnrad mit Nutenexzenter; *3* Zangenschwingwelle mit Zentralverstellung für Zangenapparat; *4* Zeigerscheibe (Index Wheel); *5* Hauptwelle mit Antriebsscheibe und Kupplung für Langsamgang; *6* Umschalthebel für Langsamgang
(Vgl. hierzu Getriebeskizze der Rieter-Kämmaschine, Mod. E 7)

Alle Maschinen sind mit einer Zeigerscheibe, auch Index Wheel genannt, ausgerüstet, auf deren Umfang in regelmäßiger Teilung Zahlenmarkierungen eingeschlagen sind (Abb. 82). Die exakte Einstellung für das Zusammenspiel der einzelnen Arbeitselemente einer Kämmaschine wird erst durch dieses Zeigerrad

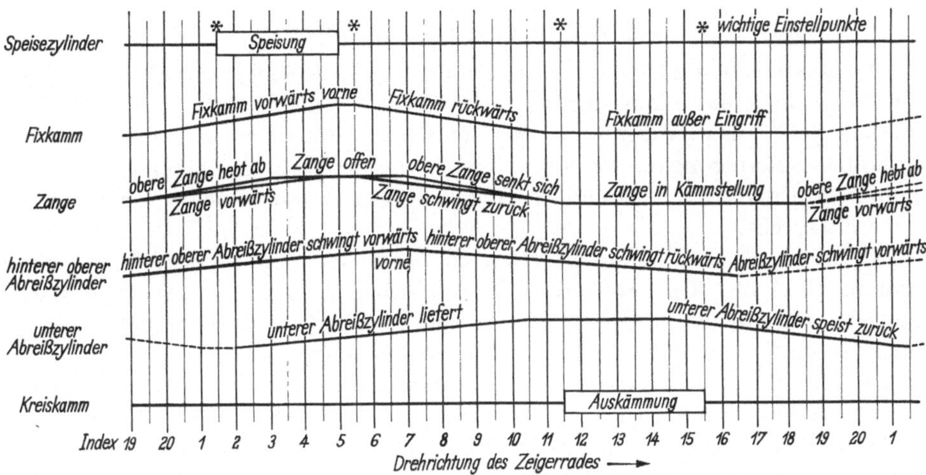

Abb. 83. Bewegungsablauf und Einstelldiagramm für das Zusammenspiel der Arbeitselemente an einer Kämmaschine (Saco-Lowell)

möglich. In den Einstellvorschriften ist genau angegeben, wie die einzelnen Arbeitsgänge zueinander verlaufen müssen (Abb. 83). Die Markierungen stellen somit Fixpunkte dar.

3.3.5.4 Führung des Bandes.

Der *Bandtisch* ist meist verchromt, damit die Bänder ohne großen Widerstand (Fehlverzüge) darüber hingleiten können. Gleich hier findet die Teilung in zwei Bandgruppen statt (Teilband).

Die *Streckwerke* sind die gleichen Systeme, wie sie die verschiedenen Firmen an ihren Strecken verwenden (vgl. 4.3.4).

Die *Bandablage* erfolgt jetzt meist in zwei Kannen (Abb. 74) (bei Saco-Lowell getrennt für jede Seite eine Kanne), aber auch als Doppelband in eine Kanne (unter Verwendung von zwei Kopftellern) oder — seltener — als Zwillingsband mit nur einem Kopfteller und geteiltem Bandtrichter. Bei Doppelbandablage erhält die Kanne keine rotierende Bewegung; dafür erteilt ihr ein Kehrgetriebe (Abb. 84), wie es auch bei Strecken

Abb. 84. Getriebekopf einer Kämmaschine mit Kehrgetriebe für Doppelbandablage (Rieter, Mod. E 7)

zum Einsatz kommt (vgl. 4.5), eine hin und her gehende Drehung von jeweils rund 180°. Die Kannenstöcke sind den jetzt üblichen großen Kannenformaten angepaßt.

Zur *Überwachung des Bandes* sind mehrere Kontrollstellen vorgesehen, deren Ansprechen Signallampen auch optisch anzeigen.

3.3.6 Langsamgang (Abb. 80; 82)

Die Maschinen von Rieter und Ingolstadt bieten als Sonderheit die Möglichkeit zur Umstellung auf Langsamgang. Bei Rieter (Modell E 7/2) erfolgt die Umstellung nach einer bestimmten Zeit selbsttätig. Sie dient in erster Linie der gründlichen Reinigung des Rundkammes, da dieser — wie alle Arbeitselemente — dann in Zeitlupe läuft, während die Bürstenwelle sich mit normaler Geschwindigkeit weiterdreht.

Als konstruktive Sonderheit sei noch angeführt, daß Ingolstadt bei seiner Kämmaschine alle Kurvenscheiben durch Kurbelgelenkgetriebe ersetzt hat. Das Getriebe gewinnt so an Übersicht. Handräder erlauben die Einregulierung der Maschine (z. B. die optimale Einstellung der Lötung) während des Laufes.

Auf eine Besprechung der Fehler an der Kämmaschine soll verzichtet werden, da zu viele Faktoren zu berücksichtigen wären und die Fehlerquellen zu vielseitig sind. Die Behebung der Fehler setzt unbedingt das genaue Studium der Einstellvorschriften für die Modelle der einzelnen Firmen voraus.

4 Die Strecke

4.1 Aufgaben der Strecke

Die Strecke soll im Spinnprozeß folgende Aufgaben erfüllen:

1. Weitgehende Parallelisierung und, besonders bei Baumwolle, Ausstreckung der Fasern in den zur Vorlage kommenden Karden- oder Streckenbändern. Der

Abb. 85. Hochleistungsstrecke mit zwei Ablieferungen (SACM)

Zweck ist eine Steigerung der Fasernutzlänge und Verbesserung der Verziehbarkeit in den folgenden Arbeitsgängen.

2. Ausgleich der Dickenschwankungen des Bandes als Voraussetzung für die Erzeugung eines gleichmäßigen Gespinstes.

Der ersten Aufgabe wird die Strecke durch das Streckwerk und den Streckwerksverzug gerecht, der zweiten durch die Dublierung (= Zusammenfassung von mehreren, z. B. 4…10, Einzelbändern bzw. Vorlage von Bandwickeln) oder durch automatische Reguliervorrichtungen.

Die Rationalisierungsbestrebungen in der Spinnerei lassen der Strecke eine große Bedeutung zukommen. Die Einsparung von Flyerpassagen durch ständig höher werdende Verzüge am Flyer und besonders an der Ringspinnmaschine, setzen ein äußerst gleichmäßiges Streckenband voraus und machen dies zum entscheidenden Halbprodukt in der Spinnerei.

Die Strecke wird ein- oder zweiköpfig gebaut. Unter Kopf versteht man die Zusammenfassung von mehreren Ablieferungen mit einem gemeinsamen Getriebe. Als Ablieferung bezeichnet man den Teil eines Streckenkopfes, von dem die zu einem Streckenband zu vereinigenden, vorgelegten Bänder dubliert, verstreckt und in eine Streckenkanne abgelegt werden. Die Anzahl der Ablieferungen schwankt zwischen 2 und 8. Bei neueren Strecken findet man häufig 4, moderne Hochleistungsstrecken haben meist nur zwei je Kopf. Beim Einsatz in Spinnstraßen und als Regulierstrecken sind sogar Modelle mit nur einer Ablieferung üblich (Abb. 41). Die Strecken werden fast immer einköpfig geliefert; jeder Kopf hat dann auch seinen eigenen Motor. In Verbindung mit der hohen Produktion bringt die kleine Ablieferungszahl eine größere Beweglichkeit, wenn in einer Spinnerei gleichzeitig mehrere Sortimente verarbeitet werden müssen.

Abb. 86. Strecke mit nur einer Ablieferung und automatischem Kannenwechsel
(Platt, Mod. Mercury). Die vorgelegten Kardenkannen ($\varnothing$ 32″ = 815 mm) sind fahrbar

Mit einem einmaligen Streckendurchgang, Passage genannt, läßt sich die erforderliche Vergleichmäßigung (besonders beim Strecken nach dem Kämmen) bzw. die erforderliche Faserparallelisierung nicht erreichen. Der ersten Strecke, auch Vorstrecke genannt, folgt deshalb im Normalfalle noch eine zweite, die Ausstrecke. In der Regel arbeitet man an beiden Durchgängen mit der gleichen Dublierungszahl, nämlich 6- oder 8fach, seltener 10fach. Die Verbesserung der Streckwerkselemente und die damit möglich gewordene höhere Belastbarkeit der Zylinder, gestattet jetzt auch die einwandfreie Führung größerer Fasermassen. Die hohe Dublierungszahl kann besonders in Verbindung mit Bandteilung und höherem Verzug (bessere Faserausstreckung) vorteilhaft sein.

Von drei Streckenpassagen ist man praktisch ganz abgekommen. Ausnahmen kann man, wegen der besseren Faserdurchmischung und Vergleichmäßigung, gelegentlich noch in Buntspinnereien finden. Auch beim Arbeiten mit Bandteilung, wo früher drei Durchgänge empfohlen wurden, beschränkt man sich meist auf zwei Passagen.

4.2 Materiallauf an der Strecke

Die von der Karde oder Vorstrecke abgelieferten Kannen gelangen an der Vor- bzw. der Ausstrecke zur Vorlage. Die Bänder laufen über Führungsorgane und erreichen über einen Speisezylinder das Streckwerk. Am Speisezylinder kontrollieren Gewichtsrollen den Bandeinlauf. Das als Vlies aus dem Streckwerk kommende, verzogene Fasergut wird durch einen Trichter zusammengefaßt, durch Kalanderwalzen verdichtet und von einem sich drehenden Trichterrad (auch Kopfteller oder Schlauchrad genannt) zykloidenförmig in eine rotierende oder ohne Eigendrehung kreisförmig bewegte Kanne abgelegt.

4.3 Die Arbeitselemente der Strecke

4.3.1 Getriebe

Für das Getriebe verwendet man meist schrägverzahnte Räder mit feiner Teilung. Stark beanspruchte Zahnräder werden zusätzlich gehärtet und geschliffen. Zwischenräder aus Kunststoff wirken geräuschmindernd. Der Vorteil der schrägverzahnten Räder liegt vor allem im gleichmäßigeren Eingriff und der daraus resultierenden besseren Mitnahme (Vermeidung von Schnitten im Band). Bei normal verzahnten Rädern ist häufig eine ruckartige Drehung der Gegenräder zu beobachten, ein Effekt, der besonders bei schon leicht abgenützten Rädern unangenehm in Erscheinung tritt.

Im Streckwerk (für den Verzug), an den Kalanderwalzen (für die Vliesspannung) und am Tellerantrieb (zur Änderung der Bandablage in die Kanne) sind Wechselstellen vorgesehen. Die durch den letztgenannten Wechsel beeinflußbare Kopftellerdrehzahl ist jedoch in starkem Maße vom Kannenformat abhängig.

Hohe Geschwindigkeit und starke Belastung verursachen an den Streckwerkszylindern eine beachtliche Torsionswirkung. Durch Antrieb der Zylinder an beiden Seiten, bzw. durch Mittenantrieb, wirkt man möglichen Störungen entgegen. Zur Kraftübertragung auf das dem Getriebe gegenüberliegende Ende verwendet man Hilfswellen, die unter der Zylinderbank entlang geführt werden.

4.3.2 Antrieb

Der Antrieb der Strecke erfolgt über Riemen oder Kette meist direkt auf den Vorderzylinder. Von dort zweigen dann die Triebe zu den übrigen Streckwerkszylindern, zum Bandeinzug und zu den Kopf- und Fußtellern ab. Mit Hilfe von Stufenscheiben erreicht man eine einfache Drehzahländerung; die Scheiben sind den Bedürfnissen entsprechend ausgelegt. Für eine schnelle Drehzahländerung hat die Firma Spintex ihrem Streckenmotor ein 5-Gang-Getriebe angeflanscht, dessen Abstufung von Gang zu Gang z. B. 20 m/min beträgt. Eine stufenlose Drehzahländerung erzielt man mit dem Simplabelt-Getriebe. Hier ist auf die

Motorwelle eine Spreizscheibe aufgezogen; der Motor selbst ist auf einem Schlitten montiert und kann durch Drehen einer Kurbel verschoben werden. Mit der Änderung des Achsabstandes Motorwelle—Vorgelegewelle ändert sich gleichzeitig der wirksame Durchmesser der Spreizscheibe und damit die von der Vorgelegewelle auf den Vorderzylinder übertragene Drehzahl.

4.3.3 Bandzuführung (Abb. 87)

Bei den jetzt üblichen großen Kannenformaten werden die Kannen grundsätzlich in Reihe aufgestellt. Die früher übliche Art der geschlossenen Aufstellung ist bei Formaten von über 300 mm ∅ ungünstig, weil dann das Ansetzen der Bänder der Bedienung Schwierigkeiten bereitet. In Verbindung mit Hochleistungsstrecken fällt der größere Platzbedarf bei Reihenaufstellung nicht ins Gewicht; er wird durch die wesentlich geringere Zahl benötigter Ablieferungen mehr als ausgeglichen. Strecken mit nur zwei Ablieferungen lassen auch Vorlage in Doppelreihe zu, wodurch der Platzbedarf hinter der Maschine wesentlich vermindert wird.

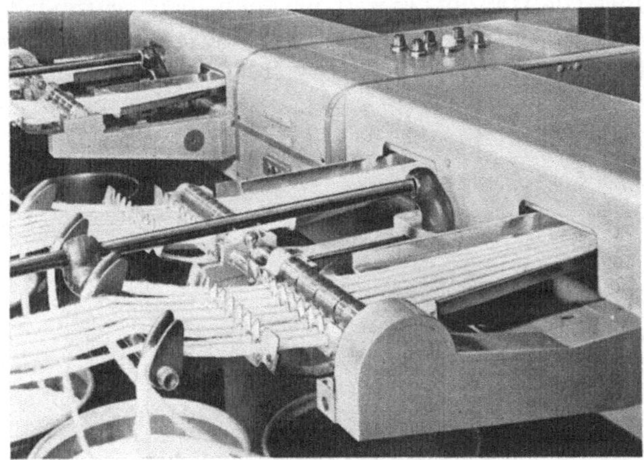

Abb. 87. Bandeinlauf mit Bandrechen und Kontrollwalzen (Ingolstadt)

Für die Zuführung der Bänder zum Streckwerk nimmt man häufig einfache Rohrgestelle mit Querarmen und Führungsrollen; das begünstigt die Einleitung der Bänder. Bei gekämmtem Material arbeitet man meist mit positiv angetriebenen Zuführwalzen, wie sie am Bandwickler üblich sind; Fehlverzügen läßt sich so besser entgegenwirken, weil hier der Weg, über den das Band frei gezogen werden muß, verkürzt wird. (Eine zusätzliche Unterstützung erreicht man mit einem hochglanzpolierten Zuführtisch.) Bei dieser Art des Bandabzuges ist die Abstellung für Bandbruch sehr weit zurückverlegt, so daß die Maschine sicher vor Einlauf des gerissenen Endes zum Stillstand kommt. Aus diesem Grunde wendet man den positiven Einzug auch gerne bei kardiertem Material an. Bei der Einführung der Bänder ins Streckwerk legt man Wert darauf, Überlappungen der Bänder zu vermeiden. Dieser Fehler bringt Verzugsstörungen und damit eine Verschlechterung der Gleichmäßigkeit. Man führt deshalb die Lunten durch einen Bandrechen. Auf gute Sauberhaltung der Führungsfinger ist zu achten; Faserbärte bringen Störungen und Vliesbrüche.

4.3.4 Das Streckwerk

Es hat die Aufgabe den vorgelegten Rohstoff (Band, Lunte) auf eine Stärke zu vermindern, die für die Verarbeitung an der nächsten Maschine die besten Werte erwarten läßt. Unter Verzug versteht man deshalb allgemein die Verminderung der Faserzahl im Bandquerschnitt ohne Ausscheidung von Fasern; das bedingt eine Verteilung der Gesamtfasermasse auf eine größere Länge.

4.3.4.1 Verzugsvorgang (Abb. 88). Führt man das aus endlichen Fasern bestehende Band einem Zylinderpaar zu, so nehmen die Fasern die Geschwindigkeit dieses Walzenpaares an. Bringt man den Rohstoff dann an ein zweites Walzenpaar, das sich mit höherer Geschwindigkeit dreht, werden die Fasern allmählich diese höhere Geschwindigkeit annehmen. Durch diesen Geschwindigkeitsübergang und dem dabei erfolgenden Herausziehen der Fasern aus einer größeren Fasermasse, werden die Faserenden ausgestreift. Beim Einlauf in die Klemmlinie haben sich die Fasern dann ganz dieser höheren Geschwindigkeit angepaßt (vorausgesetzt sie werden nicht mehr vom ersten Zylinder gehalten). Hat das in Materialdurchlaufrichtung nachfolgende Walzenpaar z. B. die doppelte Geschwindigkeit des vorhergehenden Paares, dann wird die im Band zugeführte Fasermasse auf die doppelte Länge verteilt. Man spricht von zweifachem Verzug.

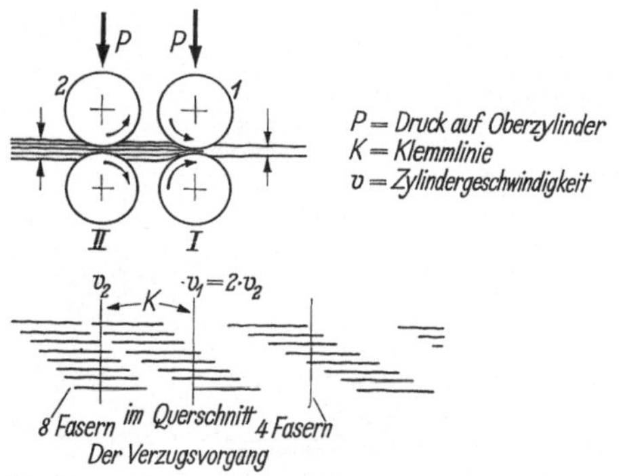

Abb. 88. Darstellung des Verzugsvorganges im Streckwerk

Ein Streckwerk ist die Kombination mehrerer hintereinandergeschalteter Walzengruppen, deren Geschwindigkeit sich in Durchlaufrichtung steigert. Die unteren Walzen sind Stahlzylinder und haben positiven Antrieb. Zur besseren Fasermitnahme sind sie geriffelt; man nennt sie deshalb auch Riffelzylinder. Auf diesen liegen die Oberwalzen, die man auch als Druckzylinder bezeichnet, da sie belastet und durch Reibung mitgenommen werden. Die Belastung muß so groß sein, daß auch beim Durchlauf größerer Fasermassen und beim Auftreten hoher Verzugskräfte zwischen Ober- und Unterzylinder kein Schlupf entsteht.

4.3.4.2 Streckwerksarten. Das Normalstreckwerk für die Strecke besitzt 4 Unterzylinder. Das früher übliche Streckwerk mit 4 Zylinderpaaren — „4-über-4"-Streckwerk, kurz 4/4-Streckwerk genannt — findet bei modernen Strecken kaum mehr Anwendung. Durch zahlreiche Versuche und die Erfahrung der Praxis hat sich gezeigt, daß die bei diesem Streckwerk übliche Verzugsaufteilung auf die drei Verzugszonen der Gleichmäßigkeit des Bandes abträglich ist. Besser als der von Zone zu Zone gesteigerte Effektivverzug (abgestufter

Verzug), ist die Verzugsaufteilung auf nur zwei Zonen. Die meisten Maschinenfabriken sind jedoch bei einem dreistufigen Streckwerk geblieben, verziehen aber in der mittleren Zone nicht ($V = 1{,}0$ — Beruhigungszone). In der weiteren Entwicklung ersetzte man die beiden mittleren Belastungswalzen durch einen gemeinsamen, größeren Druckroller. Diese Streckwerke bezeichnet man als „3-über-4"- bzw. 3/4-Streckwerke (Abb. 89a). Weil der größere Druckroller zwei Klemmpunkte hat, ist auch die Benennung „DK-Streckwerk" üblich. Dieser Doppelklemmpunkt (DK) der Zylindergruppe *II/2/III* fördert die ausstreifende, glättende Wirkung des Verzuges auf die Fasern. Verstärkt wird dieser Effekt durch ein Höhersetzen dieser Zylindergruppe gegenüber der Streckfeldebene.

Nach neuer Norm (DIN 64050) erfolgt die Numerierung der Zylinder gegen den Faserfluß. Der Lieferzylinder (die „Ausgangswalze") ist also der 1. Zylinder. Unterzylinder erhalten römische Zahlen (*I, II, III* ...), die Oberzylinder arabische Zahlen (*1, 2, 3,* . . .). Diese Bezeichnung ist auch international üblich. Nach alter deutscher Norm hatten die Einzugszylinder die Nummern *I/1*. Schlupfwalzen, das sind Oberzylinder ohne Fremdbelastung, die ein Durchziehen der Fasern zulassen, erhalten einen Zusatzbuchstaben (z. B. 2a, 2b, 3a . . .).

Bei verschiedenen Typen dieses Systems ist der Zylinder *II* nicht direkt angetrieben, hat er doch keine Verzugsfunktion mehr. Er wird dann nur noch als

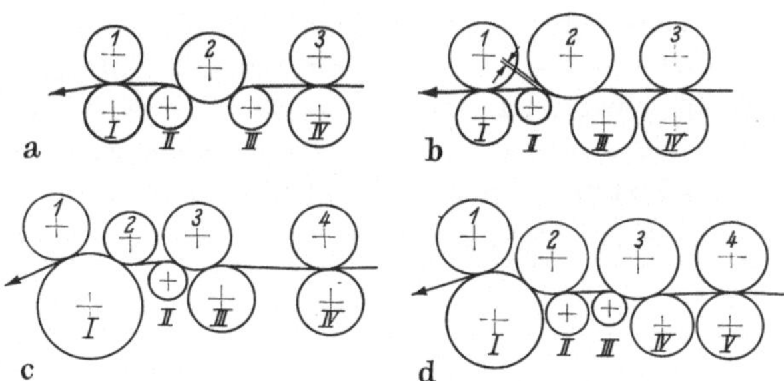

Abb. 89 a — d. Strecken-Streckwerke moderner Hochleistungsstrecken (Zoll-Werte gerundet)

		1	2	3	4	5
a) „3-über-4"-Streckwerk	Oberwalze	*1*		*2*	*3*	
(Ingolstadt)	⌀ (mm)	32		41	32	
	⌀ (mm)	30	22	22	30	
	Unterzylinder	*I*	*II*	*III*	*IV*	
b) „DC-7 A"-Streckwerk	Oberwalze	*1*		*2*	*3*	
(Saco-Lowell)	⌀ (mm)	38		45	38	
	⌀ (mm)	29	19	35	35	
	Unterzylinder	*I*	*II*	*III*	*IV*	
c) „4-über-4"-Streckwerk	Oberwalze	*1*	*2*	*3*	*4*	
mit Doppelklemmpunkten	⌀ (mm)	36	28	36	36	
(SACM)	⌀ (mm)		60	21	35	35
	Unterzylinder	*I*	*II*	*III*	*IV*	
d) „4-über-5"-Streckwerk	Oberwalze	*1*	*2*	*3*	*4*	
(Whitin)	⌀ (mm)	41	41	41	41	
	⌀ (mm)		51	25	19	35	35
	Unterzylinder	*I*	*II*	*III*	*IV*	*V*
e) „Polar"-Streckwerk	Oberwalze	*1*		*2*	*3*	
(Rieter)	⌀ (mm)		40	40	40	
(in enger Einstellung)	⌀ (mm)	35	25	20	28	28
	Unterzylinder	*I*	*II*	*III*	*IV*	*V*
f) „3-über-3"-Streckwerk	Oberwalze	*1*	*2a*	*2*	*3*	
mit Umlenk-Drückstange	⌀ (mm)	33	*A*	27	27	
(Platt)	⌀ (mm)	51		28,5	28,5	
(entspricht Abb. 90)	Unterzylinder	*I*		*II*	*III*	

Schleppzylinder mitgeführt. Im Durchmesser ist der Zylinder *II* allgemein wesentlich kleiner als der Lieferzylinder (Abb. 178). Das gestattet eine enge Einstellung zum Lieferzylinder und somit die Verwendung des 3/4-Streckwerkes auch beim Strecken kurzstapligen Rohstoffes.

Das bei Saco-Lowell übliche Streckwerk (Abb. 89b) arbeitet nach dem Shaw-Prinzip — also mit Durchzug zwischen *2/II*, da sich *2* auf *III* abstützt. Auf die DK-Walze *2* lassen sich Distanzierringe verschiedenen Durchmessers aufsetzen, so daß der Abstand zu II reguliert und der Durchzugseffekt dem Rohstoff und der Fasermasse angepaßt werden kann. (Baumwolle 0,015″; Chemiefaser 0,030″).

Das Streckwerk von Whitin ist ein 4/5-System (Abb. 89d). Es hat zwei konstante Zonen. Der Hauptverzug findet zwischen *2/II* und *3/III* statt. Auch dieses Streckwerk ist für Stapellängen zwischen 7/8″ und 3″ verwendbar.

Beim Streckwerk der SACM (Abb. 89c), einem 4/4-Streckwerk mit zwei Doppelklemmpunkten, sind Änderungen des Klemmpunktabstandes im Hauptverzugsfeld bis zu 3 mm durch bloße Verstellung des Oberzylinders *2* möglich. Dadurch läßt sich eine leichte Anpassung an den Rohstoff vornehmen. Das Streckwerk von Zinser hat als Zusatzeinrichtung am Vorderzylinder eine Vliesquetsche angebaut. Der Vorderzylinder wird dann vollkommen glatt ausgeführt und der Oberzylinder *1* je Zapfen mit 70 kp statt mit 14 kp, wie es normal ist, belastet.

Eine gewisse Sonderstellung nimmt das Rieter-Streckwerk ein (Abb. 89e). Es wird auch als „Polar"-Streckwerk bezeichnet, da die hinteren Zylindergruppen um einen Drehpunkt schwenkbar sind. Das Einlaufwalzenpaar läßt sich noch zusätzlich gegenüber dem mittleren Zylindertrio verschwenken. Die Zylindereinstellungen dieses 3/5-Streckwerkes sind auf Skalen an beiden Maschinenseiten ablesbar und lassen sich jederzeit reproduzieren.

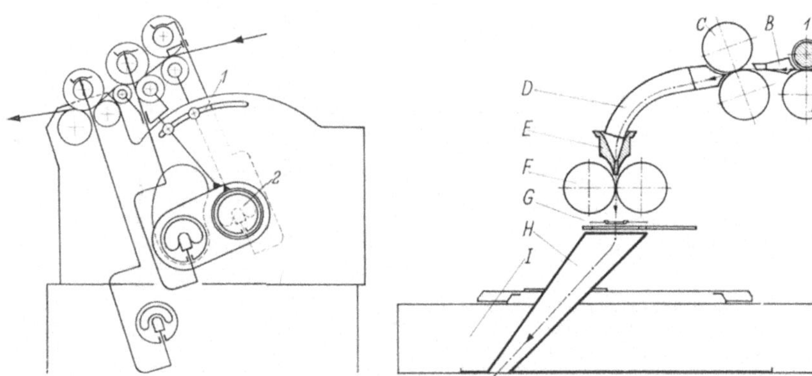

Abb. 89e. Polar-Streckwerk (Rieter)

Abb. 90 Bandlauf durch eine Strecke (Platt)
1, 2, 3 Druckwalzen (garniert); *I, II, III,* Riffelzylinder *A* Umlenk-Drückstange *B* Verdichter; *C* Kalanderwalzen (glatt); *D* enger Vlieskanal; *E* Trichter; *F* Kalanderwalzen (glatt); *G* Bandkontrolle; *H* Führungsrohr; *I* Trichterrad

Das 3-Zylinder-Streckwerk von Platt mit zusätzlicher (Umlenk-)Druckstange im Hauptverzugsfeld kann als Ein- oder Zweizonen-Streckwerk verwendet werden (Abb. 90). Die Druckstange ist ein Stab kleinen Durchmessers, der gemeinsam mit *2* um *II* geschwenkt werden kann. Die Abstände der Druckstange zu *2* und *II* bleiben dabei konstant. Der vordere Oberzylinder ist um *I* schwenkbar. Der Abstand von *I* zu *II* ist konstant, Anpassungen an Stapeländerungen werden durch Schwenken der Oberzylinder vorgenommen. Eine Streckwerkseinstellung genügt für einen großen Stapelbereich (Platt gibt z. B. an von $1''\ldots 1^1/_4''$). Der große Vorderzylinder ist — wie bei Rieter — spiralgeriffelt (Abb. 101).

4.3.4.2.1 Verzugsaufteilung. Die klassische Verzugsaufteilung am 4/4-Streckwerk war — in Durchlaufrichtung — $V_1 = \sqrt[6]{V}$; $V_2 = \sqrt[3]{V}$; $V_3 = \sqrt{V}$. V ist der Gesamtverzug. Wie schon erwähnt, findet man diese Aufteilung bei modernen Strecken nicht mehr, weil man — besonders bei 6facher Dublierung — in einer der drei Zonen immer im kritischen Bereich ($V = 1,5\ldots 2,0$) lag. In diesem Bereich halten sich Haft- und Gleitvermögen eines Faserverbandes gerne das Gleichgewicht; die gesetzmäßige Verschiebung innerhalb des Faserverbandes ist dann gestört, das Band wird ungleichmäßig.

Abhängig davon, ob Kardenbänder oder Streckenbänder der ersten Passage verzogen werden sollen, wählt man Vorverzüge (V_V) von $1,30\ldots 1,40$ bzw. $1,03\ldots 1,05$. Darauf folgt bei 3/4-Streckwerken die Beruhigungszone ($V = 1,0$) und dann die Hauptverzugszone mit dem Verzug $V_H = V_G : V_V$ (V_G = Gesamtverzug).

Der stetige Materialdurchlauf führt zu einer Abnützung der Zylinder. Um ein Hohllaufen zu vermeiden, gibt man dem Bandeinlauf mit einer Changiervorrichtung eine seitliche Bewegung. Dadurch erfolgt die Abnützung fast auf ganzer Zylinderbreite gleichmäßig.

4.3.4.3 Klemmpunktabstände. Die richtige Wahl der Klemmpunktabstände ist bei reinen Klemmstreckwerken — wie sie an der Strecke üblich sind — von größter Bedeutung für den Ausfall des Gespinstes. Die miteinander zur Verarbeitung kommenden Fasern sind nicht gleich lang. Die Einstellung der Zylinderabstände muß deshalb nach einer mittleren Faserlänge erfolgen. Ist der Abstand zu weit, werden die Fasern unzureichend geführt — sie „schwimmen" — und der Verzug erfolgt unregelmäßig. Die Folge ist ein sehr ungleichmäßiges Band. Aber auch eine zu enge Einstellung bringt große Verzugsstörungen, da die Fasern gleichzeitig in zwei Klemmpunkten gehalten werden. Diese Fasern reißen entweder oder sie bremsen den abziehenden Oberzylinder. Es entsteht ein welliges, unregelmäßiges und unbrauchbares Band.

Üblicherweise legt man deshalb als Einstellänge den „95%-Wert" zugrunde. Es ist die Faserlänge, unter deren Größe 95% aller Fasern liegen.

Allgemein gilt: je dicker die Vorlage und je besser geordnet die Fasern im Vorlageband, um so weiter der Abstand. Höhere Verzüge verlangen genauere Anpassung der Klemmpunktabstände an den Stapel als niedrigere Verzüge. Aus diesem Grunde vermindert man auch den Klemmpunktabstand im Streckwerk von Zone zu Zone.

Durch das Ausstreifen der eingeschlagenen Faserenden und der Faserkräuselung tritt mit dem Verzugsvorgang eine Verbesserung der Fasernutzlänge ein. Aus diesem Grunde wird häufig empfohlen, die Zylinderabstände bei der 2. Passage — hauptsächlich im Vorverzugsfeld — weiter zu stellen. Es gilt aber auch, daß durch die zunehmende Entkräuselung der Unterschied in den Faserlängen größer wird. Die Anzahl der schwimmenden Fasern steigt. (Das ist mit ein Grund, warum die Gleichmäßigkeit des Streckenbandes in der 2. Passage häufig schlechter ist als die der ersten Passage. Deshalb läßt man auch die Abstände in beiden Durchgängen meist gleich groß.)

Beim normalen 4/4-Streckwerk ist der Klemmpunktabstand gleich dem Achsabstand der Zylinder. Beim 3/4-Streckwerk dagegen ist der Achsabstand in den effektiven Verzugszonen kleiner als der Klemmpunktabstand (richtiger müßte es immer „Klemmlinienabstand" heißen). In den Betrieben stellt man den Klemmpunktabstand über den Zylinderabstand ein. (Der Zylinderabstand ist die lichte Weite zwischen zwei Zylindern.) Zur Einstellung benützt man als Hilfsmittel Metallehren. Durch Zusammensetzen verschiedenstarker Metallstreifen gewinnt man die erforderliche Dicke, setzt die Lehre zwischen zwei Zylinder ein, zieht jeweils den hinteren Zylinder an den vorderen heran und schraubt ihn fest.

Der Ausgangszylinder ist grundsätzlich unverstellbar in den auf der Zylinderbank festgeschraubten Stanzen (= Zylinderlagern) gelagert. Man muß das Streckwerk also von diesem Zylinder aus nach hinten einstellen.

Zur Nachprüfung der Zylinderabstände klemmt man zwischen Ober- und Unterzylinder ein Blatt Papier mit aufgelegtem Kohlepapier ein. Durch den Belastungsdruck hinterläßt das Kohlepapier Streifen auf dem weißen Papier; deren Abstand entspricht dann der effektiven Einstellung. Die Streckwerke für Strecken sind heute zum Teil so verschieden voneinander, daß man keine allgemein gültigen Richtlinien mehr geben kann. Die Maschinenhersteller erteilen deshalb genaue Richtlinien.

Für das 3/4-Streckwerk an der Strecke Modell SB 62 (Abb. 178) empfiehlt Ingolstadt die folgenden Werte. Sie sind bis zu einem gewissen Grad auch auf andere, ähnliche Streckwerke übertragbar (Vgl. auch Abb. 96).

Material	Nm	Verzug	Zylinderstellung (mm)
Vorverzugsfeld 1. Passage			
Baumwolle	0,18...0,24	1,8	x + (12 bis 10)
kardiert	0,24...0,30		x + (10 bis 8)
Baumwolle			
gekämmt und	0,18...0,24	1,4 (1,04)	x + (16 bis 14)
Zellwolle	0,24...0,30		x + (14 bis 12)
Vorverzugsfeld 2. Passage			
Baumwolle	0,18...0,24	1,4	x + (14 bis 12)
kardiert	0,24...0,30		x + (12 bis 10)
Baumwolle			
gekämmt und	0,18...0,24	1,04	x + (18 bis 16)
Zellwolle	0,24...0,30		x + (16 bis 14)
Hauptverzugsfeld 1. und 2. Passage			
alle Karden-	0,18...0,24	Hauptverzug!	x − (1 bis 3)
und Streckenbänder	0,24...0,30		x − (2 bis 4)

x = 95%-Länge. Die Beruhigungszone ist konstant.

Die einzusetzende Lehrenstärke bestimmt man folgendermaßen:

Haben die Zylinder z. B. die Durchmesser 32 mm und 19 mm und ist auf Grund der Stapellänge eine Zylinderstellung (Klemmpunktabstand) von 34 mm erforderlich, dann ergibt das eine Lehrenstärke von 34 − (32 + 19) : 2 = 8,5 mm (Zylinderabstand).

4.3.4.4 Unterwalzen. Die Unterwalzen der Streckwerke sind normalerweise einsatzgehärtete Stahlwellen. Da ein Zylinderstrang meist aus mehreren Einzelzylindern zusammengesetzt ist, schneidet man die benötigten Längen von Rundeisenstangen ab. In der weiteren Fertigung werden die Zylinder an den Lagerstellen abgedreht, mit einer Riffelung versehen, auf genaue Systemlänge ab- und an den Paßstellen plangeschliffen. Dazwischen erfolgt die Härtung. Heute sind meist alle Unterzylinder ganz oberflächengehärtet (0,5...1,0 mm glashart, Kern weich). Früher hat man die hinteren Zylinder nur in den Lagerstellen gehärtet. Wegen der hohen Belastung und der zum Teil stark abnützenden Wirkung synthetischer Fasern ist man davon abgekommen. Heute wird oft matt verchromt.

Die Riffel werden gefräst, gehobelt oder gepreßt. Man verwendet sowohl die spanabnehmenden als auch das verformende Verfahren. Jedes Verfahren hat seine Anhänger. Bei den spanabnehmenden Verfahren (Hobeln oder Fräsen) muß eine mechanische oder elektrolytische Entgratung erfolgen. Die Zylinder werden praktisch nach jedem Arbeitsgang geprüft und gerichtet.

Von der Differentialriffelung, bei der die Riffelteilung unregelmäßig — differenziert — war, ist man abgekommen, weil diese zu langperiodischen Gleichmäßigkeitsschwankungen und damit zu Moiré-Bildung in Geweben und Gewirken führte. Heute findet entweder die Normalriffelung (die Riffel verlaufen axial und haben gleiche Teilung) oder (Rieter, Platt u. a.) eine Spiralriffelung, wobei die Riffel in einer Schraubenlinie gezogen sind und dem Druckzylinder einen ruhigeren Lauf geben sollen, Anwendung.

Die Zylinder sind durch Schraub- oder — seltener — durch Steckkupplung miteinander verbunden. Die Gewinde werden entweder angeschnitten oder eingepreßt. Damit sich die Schraubenverbindungen beim Lauf der Maschine nicht lockern, wählt man, abhängig von der Antriebsseite, Links- oder Rechtsgewinde. Beschädigungen beim Zusammenschrauben vermeidet man, wenn die Rohrzangen mit einem Kupferfutter ausgelegt sind. Die früher gebräuchlichen Vierkantverbindungen findet man heute nicht mehr.

Die *Zylinderlager* (Stanzen) haben bei einem 4/4-Streckwerk drei, bei einem 3/4-Streckwerk zwei bewegliche Lagerschlitten zum Verschieben der Zylinder bei der Einstellung der erforderlichen Zylinderabstände. Bei den DK-Systemen wird die DK-Gruppe gemeinsam verschoben, da der Abstand dieser Zylinder zueinander konstant bleibt, z. B. 50 mm. Ältere Modelle haben Lager aus Messing oder Rotguß. Bei den neuen Modellen zieht man Sinter- oder Nadellager vor: geringere Lagerreibung, selbst bei wesentlich gesteigerten Drücken und Geschwindigkeiten, laufen sie fast vollständig wartungsfrei.

4.3.4.5 Druckwalzen. Sie dienen der Faserklemmung im Streckwerk. Einwandfreier Rundlauf und Leichtgängigkeit sind Grundvoraussetzungen für gute Verzugsarbeit. Störungsanfällige Gleitlager (Wartung, beschränkte Belastbarkeit) finden keine Verwendung mehr. Die Mantelhülsen sind durchweg wälzgelagert.

Für die Druckroller wählt man bei niedrigen Belastungsdrücken (15 bis maximal 20 kp je Zapfen) Doppelrollenlager (Abb. 91). Diese werden in das Lagergehäuse eingepreßt und mit dem Gehäuse auf den gehärteten Lagerzapfen aufgeschoben. Eine Spurplatte nimmt die axialen Drücke auf; eine Schraubenfeder hält Spurplatte und Rollenlager axial in der richtigen Lage. Die Form der Lagergehäuse ist der Belastungsart angepaßt, der Zylinder-Durchmesser muß den

Gegebenheiten des Streckwerks entsprechen. Deshalb sind auch Gehäusedurch-
messer und Zapfenstärken (7,8 bzw. 8,8 mm) begrenzt. Große Geschwindigkeiten
verlangen höhere Belastungsdrücke als sie von diesen Zapfen aufgenommen
werden können. Durch den Einsatz von Nadellagern lassen sich die Zapfen bis
auf 12 mm Durchmesser verstärken. Nadeln oder „Langrollen" werden in einem
Käfig geführt. Der Belastungsdruck kann bis auf 35 kp/Zapfen gesteigert werden.
Bei der Ausführung der SKF (Abb. 92) nehmen Spurkugeln entstehende Axial-
drücke auf.

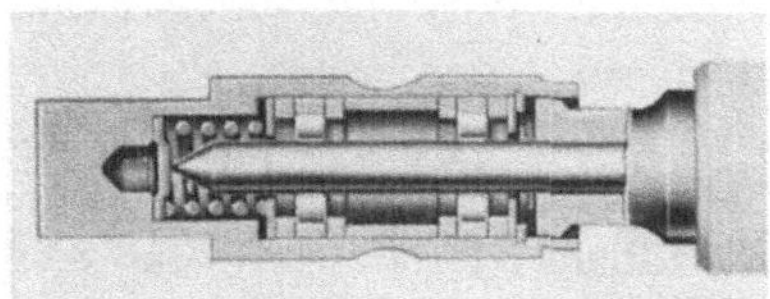

Abb. 91. Schnitt durch das Endlager einer
Strecken-Druckwalze mit doppelreihigem
Rollenlager und Druckplatte zur Aufnah-
me von Axialdrücken (Süssen, Mod. RB)

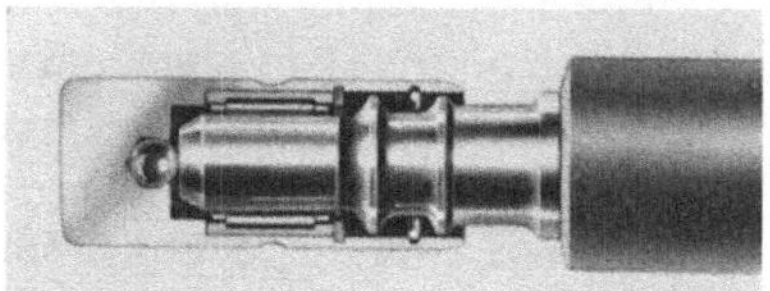

Abb. 92. Schnitt durch das Endlager einer
Strecken-Druckwalze mit Langrollen und
einer Spurkugel zur Aufnahme von Axialdrücken (SKF)

Die Druckwalzen für Flyer und Ringspinnmaschinen sind Zwillingswalzen und
haben durchweg Mittenbelastung. Im Gegensatz zu den Streckenwalzen, die
grundsätzlich an beiden Seiten belastet und geführt werden, ist bei Flyer und
Ringspinnmaschine sowohl Seiten- als auch Mittenführung möglich. Bei den
Konstruktionen der Druckroller wird dies berücksichtigt.

Man unterscheidet Fest- und Losroller. Bei den Festrollern sind die Mantelhülsen fest miteinander verbunden, bei den Losrollern unabhängig voneinander
beweglich. Meist kommen Losroller zum Einsatz. Beim Typ LP der SKF (Abb. 93)

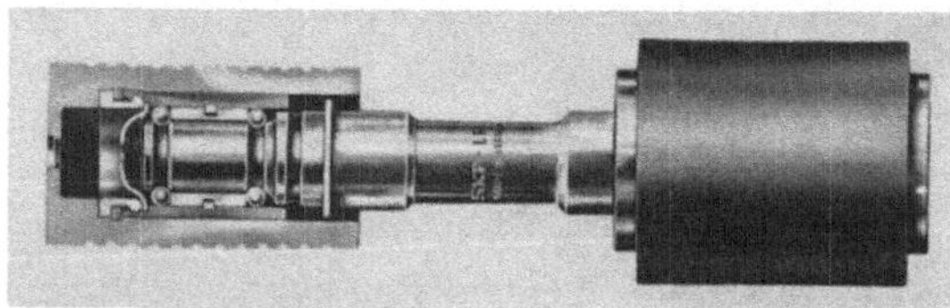

Abb. 93. Losroller für Ringspinnmaschine mit abziehbaren Mantelhülsen (SKF, Mod. LP)

können die Mantelhülsen von Hand abgezogen und ohne Werkzeug wieder aufgeschoben werden. Ein Nylon-Schnappring hält die Hülse unverrückbar fest.
Erst nach mehreren Betriebsjahren muß wieder nachgeschmiert werden. Zur

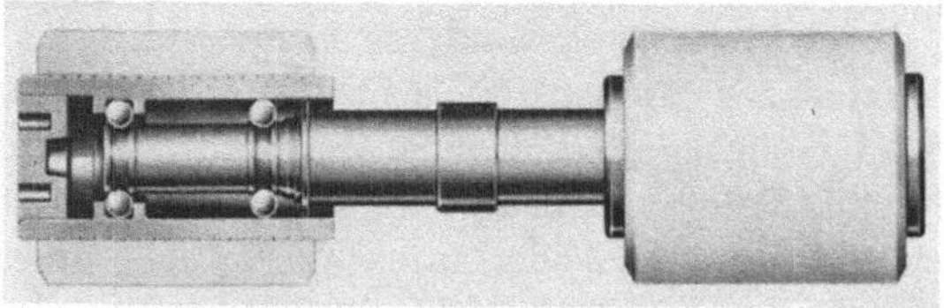

Abb. 94. Losroller für Ringspinnmaschine mit nicht abziehbaren Mantelhülsen (Süssen, Mod. DSN)

Erhöhung der Rundlaufgenauigkeit und zur Vergrößerung des Fettraumes
(Schmierintervall dadurch 50 000 Laufstunden) hat Süssen bei seiner Type DSN
(Abb. 94) Laufbüchse und Mantelhülse zu einer untrennbaren Einheit zusammen-
gefaßt. Das gleiche gilt für die Reihe LP 201 der SKF.

4.3.4.5.1 Zylinderbezüge. Die Druckwalzen müssen mit elastischen Bezügen versehen sein, damit die Fasern beim Passieren der Klemmpunkte nicht zerquetscht werden. Die früher üblichen Lederhülsen mit elastischer Filzunterlage findet man jetzt kaum mehr. An ihre Stelle sind Kunstkautschukbezüge getreten. Diese Gummihülsen können in jeder gewünschten Härte geliefert werden. Gebräuchlich sind Härten zwischen 65° und 85° Shore. Weiche Bezüge haben bessere Klemmeigenschaften, härtere Bezüge vertragen aber die höheren Drücke besser und neigen weniger zur Wickelbildung (elektrostatische Aufladung).

Kunstkautschukbezüge neigen allgemein leichter zur Wickelbildung als Lederbezüge; besonders klimatische Störungen machen sich stark bemerkbar. Durch Bestreichen mit besonderen, antistatisch wirkenden Zylinderlacken, durch Spezialbehandlung der geschliffenen Hülsen (z. B. künstliche Alterung durch UV-Bestrahlung) oder durch Anbringung von Ionisationsgeräten (z. B. in der Nähe der Lieferzylinder von Strecken), kann man dieses Übel wirksam bekämpfen.

Bei Beschädigung oder nach Abnützung der Lauffläche lassen sich Hülsen aus Kunststoff leicht überschleifen. In der Regel erfolgt das nach 1000...2000 Betriebsstunden. Im Gegensatz zu den Hülsen aus Kalbsleder ist das Aufziehen der Hülsen aus synthetischem Gummi (mit Hilfe einer Aufziehpresse) sehr einfach. Der größtmögliche Anfangsdurchmesser richtet sich bei den synthetischen Bezügen in erster Linie nach den Gegebenheiten des Streckwerkes. Abschleifbar sind sie bis auf eine Wandstärke von 4 mm und können so mehrmals eingesetzt werden.

4.3.4.6 Belastungsdruck. Den erforderlichen Belastungsdruck erreichte man lange Zeit durch Anhängen von Gußgewichten. Für jeden Lagerzapfen, später für jeden Zylinder, hatte man eigene Belastungsgewichte. Bedingt durch Lage-

Abb. 95. Ablieferung einer Strecke (Ingolstadt, Mod. SB 5).
Deutlich sichtbar sind die Kontrollampen, die Belastungshebel mit Federelementen und Knebelverschlüssen sowie die Putzvorrichtungen.

rungsprobleme, konnte der Druck nicht besonders hoch gewählt werden. Meist bewegte man sich damit an der unteren Grenze (s. u.). Auftretende Schwingungen brachten die Gewichte leicht zum Hüpfen, so daß die Maschinen unruhig liefen und die Bandqualität sehr ungünstig beeinflußt wurde.

Anstelle der Gewichte haben sich jetzt fast überall vorgespannte Federelemente durchgesetzt, die in hochklappbaren Belastungsarmen verstellbar geführt werden (Abb. 95). Zum Einsatz kommen Schrauben- oder Scheibenfedern. Diese masselose Belastung läßt sich den betrieblichen Gegebenheiten leicht anpassen. Waren bei Anwendung von Gewichtsplatten Drücke von 0,8…1,1 kp/cm Klemmlinie üblich, wählt man für Hochleistungsstrecken nun 1,8…2,0…2,2 kp/cm und darüber. Die hohen Liefergeschwindigkeiten der Strecken wurden erst durch diese gesteigerten Drücke möglich. Andererseits verlor die Strecke mit dem Wegfall der schweren Gewichte an Laufruhe. Diesen Verlust konnte man über eine wesentlich stabilere Konstruktion der ganzen Maschine wieder ausgleichen.

Beim Umstellen des Streckwerkes (Anpassung an den Rohstoff) sind auch die Federelemente nachzustellen. Bei der Einstellung der Federspannung für den erforderlichen Belastungsdruck (erfolgt bereits im Werk) ist die Berücksichtigung des Manteldurchmessers der Druckwalze bedeutsam, da der Führungsarm für die Federelemente gegenüber der Druckzylinderachse veränderlich ist. Der Belastungsdruck ändert sich mit der Kompression der Federn; das ist beim Abschleifen der Zylinderbezüge unbedingt zu beachten.

Rieter wendet bei seinen neuen Strecken Modell D0 eine pneumatische Belastung an. Damit läßt sich jeder gewünschte Belastungsdruck leicht einstellen.

Der Wegfall der Gewichtshaken macht das Streckwerk für die Einstellung zugänglicher. Bei verschiedenen Konstruktionen kann das Streckwerk von oben her eingestellt werden. Das Niederdrücken der Belastungsarme zur Belastung der Zylinder erfolgt mit Hilfe einfacher Knebelverschlüsse.

4.3.4.7 Sauberhaltung der Streckwerkswalzen. Die Aufnahme kurzer Fasern durch Druck- und Riffelzylinder ist unvermeidbar. Vernachlässigt man die Sauberhaltung des Streckwerkes, führt das zu verstärkter Wickelbildung und Qualitätsverlust. Für Liefergeschwindigkeiten bis etwa 80 m/min haben sich zur Reinigung der Zylinder die wandernden Putztücher, System Ermen, sehr gut bewährt (Abb. 95). Die gespannten Filztücher werden vom Getriebe aus durch Klinke und Klinkenrad in Umlauf gesetzt. Die an den schnell laufenden Streckwerkswalzen haften gebliebenen Fasern gehen auf die langsam umlaufenden Putztücher über, wo sie nach der Umkehr am Streckwerkseinlauf ein schwingender Hacker zusammenrollt. Von Zeit zu Zeit muß der Abfall abgenommen werden. Die Putzvorrichtungen befinden sich sowohl über den Oberwalzen als auch unter den Riffelzylindern.

In verschiedenen Betrieben hat man die Filztücher gegen Kunststoffolien ausgetauscht; dabei nützt man die abstoßende Wirkung gleichgerichteter elektrischer Ladungen aus. Die Fasern kommen so wieder in den Faserverband zurück. Diese Vorrichtungen arbeiten mit gutem Erfolg. Mit Filz oder Plüsch bezogene Putzbrettchen setzt man höchstens noch an den Unterzylindern ein.

4.3.4.8 Absaugung. Bei den jetzt üblichen hohen Liefergeschwindigkeiten ist die Wirkung der Putztücher unzureichend. Bei allen Hochleistungsstrecken setzt man deshalb eine Absaugung ein (Abb. 96), saugt dann aber den entstehenden Faserflug nicht nur aus dem Bereich des Streckwerkes, sondern auch am Vliesabzugstrichter ab. Gerade die dort sich ansammelnden Fasern führen leicht zu Betriebsstörungen. Außerdem läßt sich so am Vliestrichter ein Stau der durch die hohe Geschwindigkeit vom Vlies mitgerissenen Luft vermeiden. Der große Luftwiderstand würde sonst zu rauhen Bändern, noch mehr Flugfasern und Vliesbrüchen führen.

Rieter saugt beim Modell DO das Streckwerk axial ab. Verunreinigungen der Zylinder nehmen die Putzwalzen, die mit einem moosgummiartigen Bezug versehen sind, ab. Von dort übernimmt ein periodisch herangeführter Kamm die Fasern und übergibt sie dem Luftstrom. Leicht federnde Putzstäbe reinigen die Unterwalzen.

Flugansammlungen im Bereich des Streckwerkes verhindern Whitin und Zinser durch eine vollständige Abkapselung dieses Raumes. Das Band ist so vom Einlauf ins Streckwerk bis zur Ablage in die Kanne dauernd dem Einfluß der Absaugung ausgesetzt.

Bei Anwendung von Absaugdüsenleisten besteht die Gefahr eines Faserstaues vor diesen Leisten. Ingolstadt (Abb. 96) hebt deshalb die auf dem Zylinder aufliegende Düse periodisch an; zurückgehaltene Fasern können so durchlaufen und sofort abgesaugt werden.

In vielen Fällen wird die gefilterte Rückluft durch das Getriebe geführt, so daß dort ein leichter Überdruck entsteht und Flugansammlungen vermieden werden.

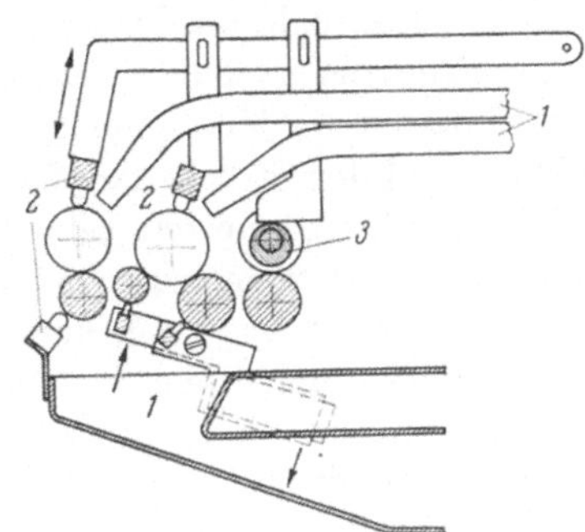

Abb. 96. Schnitt durch Streckwerk mit Absaugung durch Düsenleisten
1 Düsenleiste;   *2* Abdichtungslippe;
3 Exzenter zum periodischen Abheben der Düsenleiste am Ausgangszylinder (Ingolstadt)

4.3.5 Abstellvorrichtungen

Aus den bereits angeführten Gründen faßt man an der Strecke mehrere Bänder zusammen. Der Bruch einzelner Bänder, oder Wickelbildung würde die Gleichmäßigkeit der auslaufenden Fasermasse stören. Im Verlauf des Spinnprozesses erfolgt nach der Strecke praktisch kein Ausgleich mehr, da im sehr stark verkürzten Arbeitsgang der modernen Spinnerei keine weitere Dublierung stattfindet. Fehlerhafte Streckenbänder müssen deshalb zu einem sehr ungleichmäßigen Garn führen. Durch Wickelbildung und Materialstauungen können zusätzlich Maschinenschäden oder Betriebsunterbrechungen entstehen. Um das zu vermeiden, wird bei auftretenden Störungen die Maschine stillgesetzt. Der Fehler bleibt dadurch auf ein kurzes Stück begrenzt. Ein Lichtsignal macht die Streckerin darauf aufmerksam (Abb. 95; 97).

Die Abstellvorrichtungen sprechen an:

a) bei Bandbruch im Einlauf

b) bei Wickelbildung an Ober- oder Unterzylindern

c) bei Vliesbruch

d) nach Lieferung einer bestimmten Luntenlänge (volle Kanne).

Bei modernen Strecken erfolgt Abstellung zusätzlich:

e) bei einer Verstopfung des Vliesabzugstrichters

f) bei Wickelbildung an den Kalanderwalzen

g) bei Bandstauungen zwischen Trichter und Bandkanal.

Drei Systeme finden Anwendung:
1. die mechanische Abstellung
2. die elektro-mechanische Abstellung
3. die rein elektrische Abstellung.

Zu 1: Mechanische Abstellvorrichtungen sind nur noch selten zu finden. Im Betriebszustand drückt die Lunte oder das Vlies einen Hebel (Löffel) nieder. Fehlt die Lunte, kippt der Hebel. Von einem dadurch arretierten Fühler wird eine unter Federzug stehende Schiene ausgerastet und verschoben; dabei schiebt die am Ende der Schiene angebrachte Riemengabel den Treibriemen auf eine Leerscheibe und der Streckenkopf wird stillgesetzt.

Zu 2: Elektro-mechanische Abstellungen sind noch häufiger anzutreffen. Über einen Schwachstromkreis wird die ganze Maschine „unter Strom gesetzt". Einige Teile sind an den +-Pol, andere an den —-Pol angeschlossen. Beide Gruppen sind voneinander isoliert. Am Bandeinlauf und am Kalanderteil erfolgt die Isolation durch den Rohstoff. Am Einlauf wird jedes Band gesondert abgetastet. Fehlt ein Band bzw. das Vlies, oder hebt ein Zylinderwickel den Druckzylinder an einen Kontakt, wird der Stromkreis geschlossen und ein Elektromagnet spricht an. Ein Teil einer rotierenden Kupplung wird durch den jetzt angezogenen Anker der elektrischen Spule festgehalten, der andere Teil kann sich weiterdrehen. Die sich weiterdrehende Hälfte der Kupplung erfährt, gegen den Druck einer Schraubenfeder, entlang einer beiden Teilen gemeinsamen Fläche, auf einem Keil eine Verschiebung. Ein mit der Riemengabel in Verbindung stehender Hebel wird dabei herumgeworfen und, wie bei *1*, der Streckenkopf stillgesetzt.

Zu 3: Bei den neuen Strecken hat jeder Kopf seinen eigenen Motor. (Bei den alten Modellen war für eine Maschine, also für mehrere Köpfe, nur ein Motor vorgesehen. Der Antrieb der einzelnen Köpfe erfolgte über Vorgelegewelle und Voll- und Leerscheibe.) Wie bei *2*, sind auch hier verschiedene Maschinenteile gegeneinander isoliert. Tritt der Kontrollfall ein, braucht — im Gegensatz zu *1* und *2* — der Motor nicht mehr weiterzulaufen. Durch den Stromschluß wird ein Hilfsstromkreis angeregt, ein Relais betätigt und dadurch der Hauptstromkreis unterbrochen: der Motor stellt ab, die Maschine bleibt stehen. Die Verwendung mehrerer Kontrollampen (3 bis 5) (Abb. 95) läßt die Stillstandsursache schnell erkennen, denn jede Lampe entspricht einer bestimmten Störungsquelle. Zur besseren Unterscheidung sind die Abdeckgläser häufig verschiedenfarbig.

In den Spinnereien arbeitet man meist mit abgepaßten Lauflängen (d. h. alle Kannen eines bestimmten Sortiments sollen immer die gleiche Meterzahl enthalten). Durch den Anbau von Rücklaufzählern mit elektrischen Kontakten ist das leicht erreichbar. Der Zähler wird dazu auf die gewünschte Meterzahl eingestellt; vom Lieferzylinder oder den Kalanderwalzen aus angetrieben, zählt er auf Null zurück und setzt dann die Maschine still. Meist leuchtet bereits kurz vor Ablauf der eingestellten Länge die dafür vorgesehene Kontrollampe auf, so daß sich die Streckerin rechtzeitig auf den zu erwartenden Kannenwechsel einrichten kann.

An der Strecke Modell SB 62 von Ingolstadt, z. B., erfolgt der Kannenwechsel vollautomatisch (Abb. 97). Nach Lieferung der eingestellten Bandlänge stellt die Strecke ab. Der Vliestrichter hebt ab und trennt das Band vor den Kalanderwalzen. Dann tritt ein Schiebemechanismus in Tätigkeit. Die vollen Kannen

werden von zwei am Mittengetriebe angebrachten, schwenkbaren Schiebern
erfaßt und nach vorn ausgestoßen. Dabei ergreifen die hinteren Arme der Schiebevorrichtung zwei Reservekannen, die seitlich eingeschoben hinter der jetzt

Abb. 97. Strecke mit automatischem Kannenwechsel beim Ausstoßen der vollen Kannen
(Ingolstadt, Mod. SB 62)

vollen Kanne in Reservestellung waren, und schieben sie in Arbeitsstellung.
Dann klappen die Führungsarme hoch und die Schiebevorrichtung geht in Ausgangsstellung zurück. Nun senkt sich der Vliestrichter wieder und die Maschine
läuft an; zuerst mit $1/3$ der Normalgeschwindigkeit und, nach einigen Sekunden —
die Zeit ist mittels Relais regulierbar —, mit der eingestellten Liefergeschwindigkeit.

Abb. 98. Verbindung zweier Streckenpassagen durch „Kannenautomatik" (Ingolstadt)

Die Bewegung der Kannen an den beiden Streckenpassagen läßt sich bei Ingolstadt durch eine Kannenautomatik vereinfachen (Abb. 99). Die von der ersten Strecke ausgestoßenen Kannen gleiten dabei auf Rollenbahnen und über eine Weiche in Doppelreihe in Reservestellung vor der zweiten Strecke. Sind die Vorlagekannen der zweiten Passage leer, läßt man diese auf weiteren Rollenbahnen in Reservestellung zur ersten Strecke zurücklaufen. Dort werden sie, nach Bedarf, seitlich eingeschoben. Nach dem Herausnehmen der ausgelaufenen Kannen löst man eine Sperre, die vollen Reservekannen kommen so in Arbeitsstellung und können angesetzt werden.

Vor den Ablieferungen der zweiten Strecke sind kleine Wagen aufgestellt. Auf diese werden die vollen Kannen dieser Strecke geschoben. Ein Palettenwagen bietet Platz für vier Kannen. Kannen und Wagen kommen am Flyer zur Vorlage. Die leeren Rücklaufkannen des Flyers werden an der zweiten Streckenpassage zu beiden Seiten auf dort angebrachte Schiebemagazine gestellt und so den Ablieferungen zugeführt.

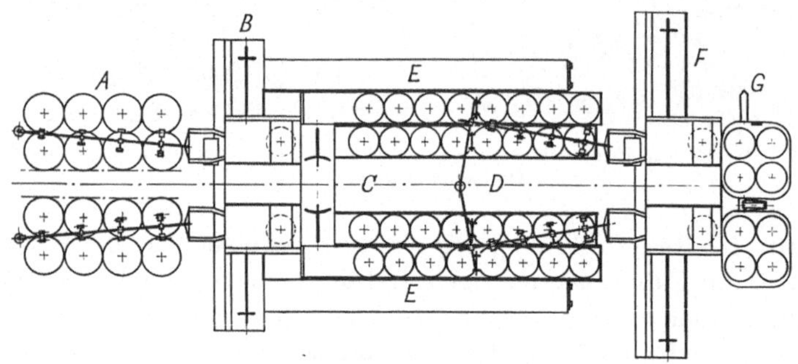

Abb. 99. Schema der Kannenautomatik von Ingolstadt

A Kardenkannen; *B* 1. Strecke mit seitlicher Zuführung leerer Kannen; *C* ausgestoßene Kannen der 1. Passage in Reservestellung; *D* Vorlage der 2. Passage; *E* Rücklaufbahn zur 1. Strecke für leere Kannen; *F* 2. Strecke mit seitlicher Zuführung leerer Kannen; *G* ausgestoßene Kannen der 2. Strecke auf Transportwagen

Auch Zinser nimmt bei der Strecke, Modell 720, den Kannenwechsel automatisch vor, Die vollen Kannen (die Strecke hat zwei Ablieferungen direkt nebeneinander) werden nach vorne ausgestoßen und, nach dem Zurückgleiten des Ausstoßmechanismus, seitlich abgeschoben (z. B. auf einen Wagen). Im gleichen Arbeitstakt kommen von der anderen Seite her zwei Reservekannen vor die Ablieferungen. Die Greifer gleiten nun ein zweites Mal nach vorne und holen diese Kannen unter die Kopfteller. Jetzt kann die Strecke wieder anlaufen. Der Anbau eines Kannenmagazins macht die Bedienung frei vom Arbeitstakt.

Andere Firmen (z. B. Platt, Rieter (Abb. 41; 86), Saco-Lowell) arbeiten an ihren Streckenmodellen mit nur einer Ablieferung, wie sie in Spinnstraßen zum Einsatz kommen, mit Kannenwechslern (s. a. 102).

Bei den jetzt üblichen hohen Liefergeschwindigkeiten würde eine bloße Unterbrechung des Stromkreises die Strecke zu lange „nachlaufen" lassen (gerissene Bänder könnten dann bis ins Streckwerk einlaufen und Fehler verursachen). Deshalb arbeitet man z. B. mit vollautomatischer Bremsung der Strecke durch Erregung des abgeschalteten Drehstrommotores mit Gleichstrom.

4.4 Bandablage

Die Ablage des Bandes in die Kanne erfolgt durch die Kopftellerdrehung in Verbindung mit der Fußtellerdrehung (= Kannenbewegung) nach vorhergehender Verdichtung des Vlieses durch einen Trichter.

Die Bohrung des Trichters wählt man in Abhängigkeit von Rohstoff und Bandnummer. Oft gebrauchte Richtwerte sind

$$b = \frac{2,1 \ldots 2,3}{\sqrt{Nm}} \text{ (mm)}.$$

Für glatte Fasern kann man kleinere Werte wählen als für rauhe. Für Nm 0,25 (4000 tex) ergibt das eine Bohrung von 4...4,5 mm Durchmesser.

Die Länge des Trichters sollte sich nach der Stapellänge des zur Verarbeitung kommenden Rohstoffes richten (Abstand Trichterunterkante—Kalanderwalzenklemmpunkt etwas größer als Stapellänge). Häufig wird aber eine einzige Trichterform für alle Rohstoffe gewählt.

Gleitlagerung der Kopfteller ist für hohe Geschwindigkeiten ungeeignet. Zur Verminderung des Kraftbedarfs und Verbesserung der Reibungswerte verwendet man mit Vorteil eine Dreipunkt- oder Vierpunktführung des Kopftellers durch nadelgelagerte Kunststoffrollen. Andere Firmen führen den Kopfteller mit Kugelringen oder verlegen die Kugellagerführung über die Kopfplatte, so daß das Trichterrad „hängend" montiert wird; in diesem Falle kann für alle Kannenformate eine einheitliche Führung verwendet werden (Zinser). Immer ist man bemüht, die Schmierstellen von den Bändern fernzuhalten.

Angetrieben werden die Kopfteller entweder durch Schraubenräder oder Keilriemen. Letztere umschlingen den Kopfteller sehr stark und steigern die Laufruhe; zum Teil laufen die Antriebsräder für die Kopfteller im Ölbad.

Bei einem geraden Bandkanal wird das Band, wegen der hohen Durchlaufgeschwindigkeit, leicht auf oder über den Rand der Kanne geworfen. Das führt

Abb. 100. Vliesauslauf an Strecke (Ingolstadt, Mod. SB 64).
Vlieskanal mit Absaugung, Kalanderwalzen mit Belastungsvorrichtung und gekrümmtes Führungsrohr für tangentiale Bandablage

zu Verschlingungen und Fehlverzügen. Dieses Übel kann weitestgehend behoben werden, wenn man den Trichter entsprechend steil stellt (größere Höhe bei größeren Kannendurchmessern) und zwischen Kannenrand und Kopfteller ein halbkreisförmiges Leitblech einsetzt; oder man führt den Bandtrichter spiralig (Rieter) bzw. als Doppelkrümmer (Ingolstadt) aus; das Band verläßt dann den Trichter in Drehrichtung (Tangentialablage), die Ablage ist störungsfrei. Die Reibung im Bandkanal läßt sich durch zusätzliche Spritzlackierung des Rohrinneren herabsetzen. (Abb. 100)

Grundsätzlich unterscheidet man zwischen Ablage des Bandes an die Mitte und Ablage über die Mitte. Bei Ablage über die Mitte ist der Schleifendurchmesser größer, bei Ablage an die Mitte kleiner als der halbe Kannendurchmesser. In beiden Fällen entsteht ein Mittenloch, dessen Größe durch die Exzentrizität Kopfteller—Fußteller beeinflußbar ist. Bis zu einem gewissen Grad bringt eine Vergrößerung des Mittenloches eine Steigerung der Kannenkapazität, weil die weitere Überkreuzung weichere Bandüberlappungen entstehen läßt.

Bei den kleineren Kannenformaten findet man meist die Ablage über die Mitte. Vorteile sind die bessere Überkreuzung der Schleifen, die exaktere Ablage in die Kanne und eine höhere Gleichmäßigkeit des Bandes. Jede Schleife bringt eine falsche Drehung, jede Kannenumdrehung eine echte Drehung ins Band. Zur Vermeidung echter Drehungen, deren Rückstau zu Verzugsstörungen führen kann, wird bei verschiedenen Konstruktionen die Kanne auf einer nicht rotierenden, sondern nur kreisförmig bewegten Bodenplatte (bzw. einem Fußteller) geführt. Diese Nachteile verlieren an Bedeutung, wenn Kannen großen Durchmessers zum Einsatz kommen. Der Kopfteller kann dann niedriger gebaut werden als bei Ablage über die Mitte, darf das Führungsrohr doch einen bestimmten Neigungswinkel nicht unterschreiten, wenn das Band ohne Störungen in die Kanne gleiten soll. Das Fassungsvermögen der Spinnkannen, das bei den kleineren Formaten sehr zugunsten der Ablage über die Mitte verschoben ist, unterscheidet sich bei großen Kannendurchmessern nur noch um wenige Prozente.

Bei allen Modellen sind Fußteller bzw. Bodenplatte so ausgeführt, daß die aufgesetzte Kanne immer die richtige Stellung zum Kopfteller hat. Bei der neuen Zinser-Strecke sind die Fußteller unabhängig von der Fußplatte verstellbar; das erleichtert die Einrichtung der Maschine.

4.5 Teilbandverfahren

Bereits in den 30er Jahren (Patente von Casablancas) führte das Bestreben, Flyerpassagen einzusparen, zur Entwicklung der Teilbandstrecke. Sie erfuhr später nach verschiedener Richtung eine Weiterentwicklung.

Grundsätzlich wird das aus dem Streckwerk auslaufende Vlies dabei halbiert — gewöhnlich durchlaufen bereits die vorgelegten Bänder das Streckwerk in zwei Gruppen — und so getrennt durch zwei Trichter geführt.

Erfolgt die Ablage in die Kanne nur durch einen Kopfteller, so spricht man von Zwillingsbandablage. Bei echter Fußtellerdrehung ergeben sich bei Bandbrüchen aber Schwierigkeiten; auch spleißen diese Zwillingsbänder leicht ab, wenn sie an der nächsten Passage aus der Kanne gehoben werden.

Laufen die beiden Teilbänder durch getrennte Trichterräder in die gemeinsame Kanne, bezeichnet man das als Doppelbandablage. Zur Vermeidung von Bandverwirrungen ist hier die Schleifengröße kleiner als der halbe Kannendurchmesser (Ablage an die Mitte) und die Kanne ändert nach rund 180° Drehung jeweils ihre Bewegungsrichtung. Die beiden Bänder werden also nierenförmig nebeneinander abgelegt. Beim Bruch des einen Bandes kann das andere ungekürzt weiterlaufen.

Das Teilbandverfahren bietet folgende Möglichkeiten:

1. Durch die Teilung des Vlieses entstehen normalerweise zwei Bänder halber Stärke. In der weiteren Verarbeitung konnte man damit, vor Einführung des Hochverzuges, am Flyer eine Passage einsparen. Bei der Ausspinnung feiner Nummern gilt das heute noch. Da bei höheren Verzügen meist stärkere Flugbildung auftritt, ziehen einzelne Betriebe dieses Verfahren dem Flyer-Hochverzug vor. Die Einführung von Doppelriemchen-Streckwerken am Flyer schwächt aber dieses Argument immer mehr ab.

2. Aus einer Kanne können zwei Bänder entnommen werden. Das ermöglicht große Kannenformate an der Strecke ohne Vergrößerung des Platzbedarfes am Flyer (halbe Kannenzahl). Geschieht das in Verbindung mit einer Verzugshalbierung an der Strecke, hat also jedes Teilband normale Stärke, erhält man damit

3. eine Verdoppelung der Streckenproduktion. Die Verbesserung der Streckenkonstruktionen und die erhöhten Belastungsdrücke ermöglichen die praktische Anwendung.

Für stärker parallelisierte Bänder, besonders in der Kämmerei, bringt das leichtere Teilband oft Fehlverzüge. Mit Hilfe einer Falschdrahteinrichtung, z. B. System Kruse, läßt sich das Band wesentlich festigen; auch ein Abspleißen der Fasern wird so verhindert. In den meisten Fällen erhält man ein gleichmäßigeres Band.

4.5.1 Das Kruse-Verfahren

Beim Kruse-Verfahren wird ein zwischen Ausgangszylinder und Kalanderwalzen eingebautes Drehröhrchen intermittierend angetrieben. Seine Drehrichtung bleibt immer gleich. Auf die lange Strecke Streckwerk—Drehröhrchen kommen ebenso viele Drehungen wie auf die kurze Strecke Drehröhrchen—Kalanderwalze (Drehrichtung jedoch umgekehrt; Falschdraht). Dieses Zusammendrehen bringt die gewünschte Festigung. Zu beachten ist aber, daß die Schaltfrequenz für das Drehröhrchen — und damit die Leistungsfähigkeit dieser Strecke — begrenzt ist. In speziellen Fällen muß das aber kein Nachteil sein. Besonders für das Streckenbandspinnverfahren ist diese Strecke noch interessant.

4.5.2 Federeinsätze

Beim Teilbandverfahren, bei gekämmten Bändern und bei großen Kannenformaten verwendet man häufig Federeinsätze. Die Federkraft darf aber nicht so stark sein, daß das Band aus der Kanne herausgedrückt wird. Die Feder soll normalerweise nicht bis zum Kannenrand reichen, weil dadurch die Bandablage gestört werden kann. Dessen ungeachtet setzen verschiedene Firmen gerade eine zu lange Feder ein, weil das Andrücken des auslaufenden Bandes an den Kopfteller eine Art positiven Bandabzug ergibt. Durch Auflegen von Filzscheiben auf den Blecheinsatz unterstützt man diesen Effekt noch.

4.6 Die Leistung der Strecke

Bis vor wenigen Jahren glaubte man, die Streckengeschwindigkeit nicht über 30 m/min steigern zu können. Für Qualitätsgarne verlangte man sogar noch niedrigere Geschwindigkeiten. Durch Einführung der synthetischen Zylinderbezüge, Federbelastung der Druckwalzen und eine stabilere Maschinenkonstruktion konnte man — ohne Qualitätseinbuße — zunächst auf 50 m/min steigern. Die Anwendung verbesserter Lagerungen und der Absaugvorrichtungen ermöglichten dann Geschwindigkeiten bis über 150 m/min. Für noch höhere Geschwindigkeiten waren gewisse Schwierigkeiten in der Luntenführung zu überwinden. Durch eine leicht geneigte Ausführung des Streckwerkes oder eine starke Zusammenfassung des Vlieses bereits kurz nach dessen Auslauf aus dem Streckwerk und Rohstofführung in besonders schmalen und gewölbten Bandkanälen (Abb. 90; 101) werden noch wesentlich höhere Geschwindigkeiten verwirklicht (z. B. bis 260 m/min und mehr). Selbst gekämmte Bänder können so mit Geschwindigkeiten von 200 m/min gefahren werden.

Abb. 101. Streckwerk der „Globe"-Strecke (Platt) mit Umlenk-Drückstange, schräg geriffeltem Ausgangszylinder und Vliesabführung in engem Bandkanal (Ausgangsdruckwalze entfernt)

Die Produktion der Strecken liegt jetzt beim 4- bis 8fachen Wert älterer Strecken. Durch die hohen Liefergeschwindigkeiten werden die Kannen — selbst unter Berücksichtigung der großen Formate — schneller gefüllt als früher und es treten mehr Stillstandszeiten auf. Das senkt den Wirkungsgrad. Alle Firmen bieten deshalb jetzt Strecken mit nur zwei Ablieferungen an. Das begünstigt auch die Sortimentsabstimmung.

In Verbindung mit den Bestrebungen nach einer Automatisierung in der Baumwollspinnerei gewinnen Strecken mit nur einer Ablieferung an Bedeutung. Eine interessante Entwicklung ist die Mercury-Strecke von Platt (Abb. 86) Sie ist mit automatischem Kannenwechsel ausgestattet und erzielt Liefergeschwindigkeiten von über 400 m/min. Die meisten Getrieberäder (auch für das Streckwerk) laufen in einem Ölbad. Die Mercury-Strecke wird von Platt als letzte Maschine einer von dieser Firma entwickelten Spinnstraße eingesetzt.

4.7 Sortierung

Die Nummernkontrolle (Sortierung) an der Strecke geschieht — wie an anderen Maschinen auch — durch Abwiegen von Proben bestimmter Länge. Bei der Sortierung in der Spinnerei wird der Strecke das Hauptaugenmerk geschenkt. Man glaubt, hier noch entscheidenden Einfluß auf den Ausfall des Garnes nehmen zu können. Die Nummernkontrolle erfolgt alle 2 bis 8 Stunden, häufig zweimal je Schicht. Die ermittelten Werte werden entweder in ein Sortierbuch oder, als Punkte, einen Sortierstreifen eingetragen. Die statistische Methode setzt sich immer mehr durch. Auf dem Kontrollstreifen zieht man eine der Sollbandstärke entsprechende Linie und zeichnet dazu die erlaubten Abweichungen nach oben und unten ein. Diese Grenzen dürfen jedoch nicht willkürlich festgelegt werden, sondern müssen durch Auswertung vieler Sortierungen statistisch gesichert sein; Maschinenbeschaffenheit und Rohstoff sind von großem Einfluß. Gegenüber früher führen diese Erkenntnisse jetzt zu einem viel selteneren Austausch des Verzugswechsels, ohne daß dadurch eine Qualitätsminderung hingenommen werden müßte. Als Folge davon reduzierte man die Sortierungshäufigkeit ganz beträchtlich.

4.8 Regulierstrecken

Die Nützlichkeit oder Notwendigkeit der Einführung von Regulierstrecken in die Baumwollspinnerei kann unter verschiedenen Gesichtspunkten betrachtet werden. Im Gegensatz zur Kammgarnspinnerei können hier durch Regulierstrecken in der Vorbereitung keine Passagen eingespart werden. Aus den bereits

Abb. 102. Kardengruppe mit Füllschachtspeisung, Bandspeicher, Bandtisch und Regulierstrecke (Ingolstadt)

weiter oben angeführten Gründen werden bei der Herstellung hochwertiger Garne zwei Durchgänge erhalten bleiben müssen. Sicher ließe sich die heute ohnehin schon sehr gute Nummernhaltung des Streckenbandes noch weiter verbessern, doch ist es mehr als zweifelhaft, ob sich dieser Aufwand auch lohnt.

Anders liegen die Verhältnisse in der Kämmerei, weil die üblichen zwei Streckpassagen nach dem Kämmen praktisch ganz der Vergleichmäßigung des Kammzuges dienen (und hier eventuell tatsächlich ein Durchgang eingespart werden könnte), und bei der Automatisierung des Spinnprozesses. Das tritt beim Zusammenschluß mehrerer Karden zu einer Gruppe mit Kanalbandführung und Füllschachtspeisung sehr stark in Erscheinung. Bei längeren Stillständen (über das Wochenende) ändert die Materialsäule ihre Dichte, so daß das Kardenband in der Nummer gröber werden würde. Bei Ausfall einer Karde der Gruppe müßte man ohne Regulierstrecke die ganze Produktionseinheit stillsetzen, weil sonst das Streckenband um den entsprechenden Prozentsatz zu leicht wäre.

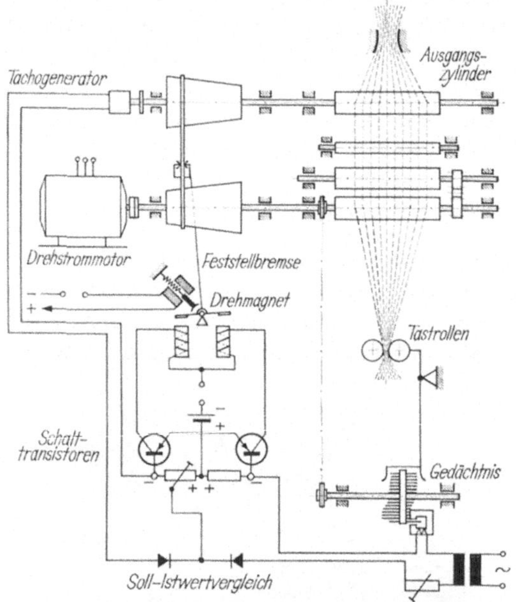

Abb. 103. Prinzipbild für Baumwoll-Regulierstrecke (Ingolstadt, Mod. RSB)

Alle Firmen, die sich mit der Automatisierung des Spinnprozesses befassen, müssen das Problem der Bandregulierung lösen. Auf Grund der Entwicklung bei den Spinnereimaschinen ergibt es sich, daß — wegen der erforderlichen Produktionsabstimmung — 4 Hochleistungskarden eine Regulierstrecke beschicken (Abb. 102). Ein Band entspricht also 25% der Vorlage (—). Dazu kommen noch natürliche Nummernschwankungen ($\pm$). Der Regulierbereich liegt deshalb häufig zwischen -35% und $+15\%$.

Die Regulierung erfolgt z. B. kapazitiv (Saco-Lowell/Zellweger) pneumatisch (Daiwa), foto-elektrisch (Rieter), durch Ermittlung der erforderlichen Verzugskraft (Zinser) oder mechanisch-elektrisch (z. B. Ingolstadt).

Abb. 103 stellt das Prinzipbild der Baumwoll-Regelstrecke RSB von Ingolstadt dar. Die vier einlaufenden Kardenbänder werden vor dem Eintritt in das 3/4-Streckwerk durch zwei Tastrollen auf ihren Querschnitt geprüft. Eine der beiden Tastrollen ist schwenkbar gelagert und steht unter Federdruck. Ihre

Bewegungen entsprechen den Querschnittsschwankungen und werden über ein Hebelsystem auf das sogenannte Gedächtnis übertragen. Hierbei handelt es sich um eine vom Hinterzylinder angetriebene Trommel, an deren Umfang axial verschiebbare Stifte angeordnet sind. Je nach Ausschlag der beweglichen Tastrolle werden die Stifte durch Eintastbacken in der einen oder anderen Richtung verschoben. Nach Zurücklegung einer Kreisbahn von rund 270°, bezogen auf die Eintaststelle, durchlaufen die Stifte den Spalt einer Magnetspule, die eine der Eintauchtiefe der Stifte entsprechende Steuerspannung abgibt. Nach der mechanischen Eintastung der Meßwerte durch die Eintastbacken auf die Gedächtnistrommel, erfolgt deren Abnahme kräftefrei-induktiv. Die Zeit, die ein Stift benötigt, um von der Eintaststelle in den Spalt der Magnetspule zu gelangen, entspricht genau dem Weg, den das Material von den Tastrollen bis in das Verzugsfeld zurücklegt. Die Regelung spricht so auf Dickenschwankungen an, wenn sich diese tatsächlich im Verzugsfeld befinden.

Die veränderliche Geschwindigkeit für den Ausgangszylinder wird durch einen Konustrieb erzeugt. Auf der Welle des getriebenen Konus sitzt ein Tacho-Generator, der eine Spannung abgibt, die der Drehzahl dieser Konuswelle proportional ist. Diese Tachometerspannung — der Istwert — wird in dem elektrischen Regelsystem mit der vom Gedächtnis ausgehenden Spannung — dem Sollwert — verglichen. Auftretende Spannungsdifferenzen — positiv oder negativ — werden einem Kippverstärker zugeleitet. Dieser steuert den Drehmagneten, der mittels einer Riemengabel den Konusriemen verschiebt. Überwiegt beispielsweise durch ein dicker einlaufendes Band die Spannung am Gedächtnis, so bekommt der Drehmagnet einen Impuls, wodurch er den Riemen so lange nach der größeren Drehzahl verschiebt, bis die Tachospannung wieder gleich der abgetasteten Gedächtnisspannung ist. Durch den Soll-Istwert-Vergleich spielt ein Riemenschlupf im Konusgetriebe keine Rolle, da der Drehmagnet den Riemen jeweils so weit nachstellt, bis die Solldrehzahl erreicht ist.

Die Regelgeschwindigkeit ist außerordentlich hoch. Relativ große Querschnittsschwankungen können auf sehr kurzer Länge vollkommen ausgeglichen werden.

4.9 Herstellung von Mischgespinsten

Die intensivste Durchmischung mehrerer Faserkomponenten läßt sich in der Putzerei erzielen. Chemiefasern ist aber (bei Mischung mit Baumwolle) die intensive Bearbeitung in der Putzerei oft abträglich. Je früher die Vermischung erfolgt, desto größer ist auch der nicht mehr direkt verwertbare Abfall. Idealer für eine Mischung erscheint deshalb die Strecke. Voraussetzung für eine gute Mischung an der Strecke ist aber, daß sich die zusammenzumischenden Komponenten in einem Färbeprozeß sehr gleichmäßig uni färben lassen. Bei der Streckenmischung ist nämlich auch mit drei Passagen nur eine unvollständige Vermischung der Rohstoffanteile erzielbar. Ungleich angefärbte Faserstoffe führen zu fleckigen Geweben und Gewirken. In solchen Fällen kann man die Putzereimischung nicht umgehen (Wickel- oder Flockenmischung).

Mit der Strecke lassen sich praktisch alle Mischungsprozentsätze erzielen: entweder durch die Anzahl der Bänder je Komponente oder/bzw. und durch Zusammenführung verschiedener Bandnummern (zu große Nummernunterschiede vermeiden).

Die Schnittlängen der der Baumwolle beizumischenden Fasern müssen dem Baumwollstapel angepaßt sein. Einer Baumwolle von 28...30 mm Maximalstapel, z. B., gibt man Zellwolle von 32...34 mm Schnittlänge zu. Schon von einer Chemiefaserbeimischung von 20% an muß man den Zylinderabstand im Streckwerk dem verbesserten Stapel anpassen.

5 Der Flyer

5.1 Aufgaben des Flyers

Vom Rohstoff aus gesehen hat der Flyer (Abb. 104) innerhalb des Spinnprozesses keine eigene Aufgabe zu erfüllen. Das zeigt sich auch darin, daß er bei Kurzspinnverfahren — ohne wesentlichen spinntechnischen Nachteil — ausgeschaltet wird; die bei jedem Verzugsvorgang mögliche Verbesserung der Faserparallelisierung ist beim Flyer ohnehin gering. Bedeutsamer ist schon die Ausstreckung der Faserhäkchen und der Vorteil der echten Drehung beim Verzugsvorgang an der Ringspinnmaschine.

Abb. 104. Gesamtansicht eines Flyers (Zinser)

Die Direktspinnverfahren müssen aber noch immer sehr unterschiedlich beurteilt werden[1]. In Europa konnten sie aus verschiedenen Gründen (s. Abschn. 6. 2.1) noch keinen größeren Anklang finden, so daß der Flyer weiterhin eine bedeutsame Rolle einnimmt.

An dieser Maschine sind folgende Probleme zu bewältigen:

1. Das Streckenband muß verzogen werden. Dabei sinkt die Bandstärke aber so weit ab, daß die Lunte durch Drehen gefestigt werden muß, will man ein unkontrolliertes Auseinandergleiten verhindern.

---

[1] WEGENER u. PEUKER: Das Faserband-Spinnverfahren. Düsseldorf: L. A. Klepzig 1965.

2. Die Aufwindung der gedrehten Lunte muß auf zylindrische, flanschlose Hülsen erfolgen. Ein Abrutschen der Windungen muß durch konische Ausbildung der Spulenenden verhindert werden.

3. Während der Aufwindung wächst der Spulendurchmesser immer mehr an. Die Lieferung bleibt dagegen über den ganzen Abzug gleich. Das macht eine Vorrichtung für die Konstanthaltung der Aufwindegeschwindigkeit erforderlich.

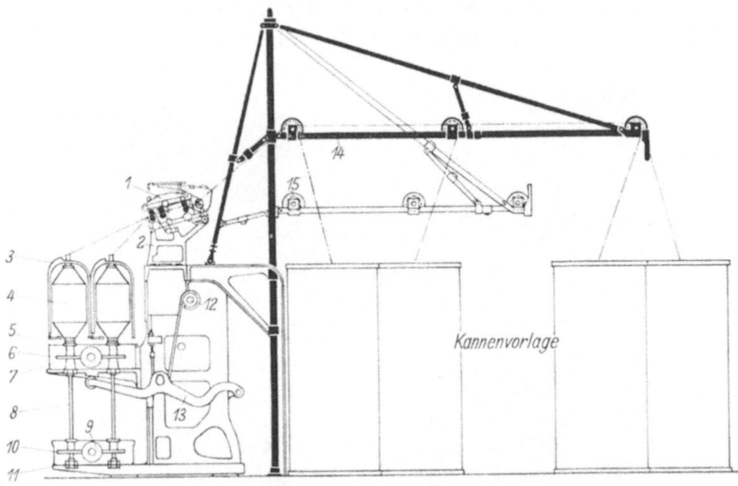

Abb. 105. Schnitt durch Flyer (Rieter, Mod. F 1)
1 Streckwerk; *2* Zylinderlager („Stanze"); *3* Flügel; *4* Spule; *5* Spulenantriebswelle; *6* Spulenrad; *7* Spulenwagen; *8* Spindel; *9* Spindelantriebswelle; *10* Spindelrad; *11* Spindelbank; *12* Wagenhubwelle; *13* Wagenhubstange mit Rolle; *14* Bandeinlaufgatter; *15* Bandführungsrolle

Der Flyer muß deshalb diese Arbeitselemente aufweisen (Abb. 105): ein Streckwerk für den Verzug; Flügel mit Führungsarmen für die Lunte als Drehungselemente; eine bewegliche Spulenführung für die Aufwindung; ein Konusgetriebe für die Regulierung der Spulendrehzahl; ein Wendegetriebe für die Umkehr der Wagenbewegung; einen Schaltapparat zur Steuerung des Bewegungsablaufes. Aus krafttechnischen Gründen kommt noch ein Umlaufgetriebe hinzu.

5.2 Das Getriebe

Das Getriebe moderner Flyer ist von der Stirnseite her zugänglich (Abb. 106). Der Motor (Einzelantrieb) ist platzsparend innerhalb der Maschine untergebracht. Die Kraftübertragung geschieht mittels Flachriemen, Keilriemen, Ketten und Zahnräder. Die Anpassung des Flyers an den Spinnplan erfolgt durch Wechselräder. Diese sind alle auf die Stirnseite der Maschine herausgezogen. In Teilung und Verschraubung sind sie aufeinander abgepaßt und untereinander austauschbar.

5.2.1 Die Wechselstellen am Flyer (Abb. 180, 181)

1. Der *Nummer- oder Verzugswechsel* (NW) beeinflußt im Streckwerk die Geschwindigkeit des Eingangs- und der Zwischenzylinder. Da die Geschwindigkeit des Lieferzylinders gleich bleibt, ändert sich das Geschwindigkeitsverhältnis

zwischen Ausgangs- und erstem Zwischenzylinder und somit Haupt- und Gesamtverzug. Bei gleichbleibender Vorlagenummer wird die Ausgabenummer geändert.

1 a. Der *Vorverzugswechsel* (VVW) wirkt meist auf den Eingangszylinder und ändert so — sinngemäß zu 1 — Vor- und Gesamtverzug.

2. Der *Drahtwechsel* (DW) beeinflußt die Lieferung. Da die Spindeldrehzahl durch den DW nicht geändert wird, ist ein Austausch des DW gleichbedeutend mit einer Drehungsänderung. Die Änderung der Lieferung macht eine Anpassung der Aufwindung erforderlich. Der DW muß im Getriebe also an einer Stelle unter-

Abb. 106. Getriebe eines Flyers (Ingolstadt, Mod. FB 6)

gebracht sein, die vor der Abzweigung von Konus-, Spulen- und Wagentrieb liegt. Für treibenden DW gilt: mehr Zähne — mehr Lieferung — weniger Drehung.

3. Der *Konuswechsel* (KW) gibt seine Drehzahl an Spulen und Wagen weiter. Der KW wird geändert, wenn die Konen für eine erforderliche Änderung der Spulendrehzahl nicht mehr ausreichen. Das ist jedoch nur in Ausnahmefällen nötig. Anstelle des KW findet man gelegentlich einen Differentialwechsel (DiW). Dieser beeinflußt dann lediglich die Spulendrehzahl.

4. Der *Wagenwechsel* (WW) wirkt auf die Steiggeschwindigkeit des Spulenwagens. Eine Änderung der Windungsbreite der Lunte (z. B. Nummernänderung) macht eine Anpassung des WW erforderlich.

5. Der *Schaltwechsel* (SW) ist maßgebend für die Größe der Konusriemenverschiebung je Schaltung. Dadurch erfolgt die laufende Anpassung der Spulendrehzahl an den Windungsdurchmesser (Änderung der wirksamen Konusübersetzung).

5.2.1.1 Berechnen der Wechsel. In den Betrieben werden bei erforderlichen Maschinenumstellungen die neu einzusetzenden Wechsel häufig aus den Wechseln berechnet, die für das bisher zu spinnende Material eingesetzt waren. Bezeichnet der Index 1 das Neue, dann gilt:

$$\frac{NW_1}{NW} = \frac{NmA}{NmA_1} \cdot \frac{NmV_1}{NmV}$$

$V =$ Vorlage (Berechnung unter Berücksichtigung
$A =$ Abgabe der Vorlage)

$$\frac{DW_1}{DW} = \frac{\alpha \cdot \sqrt{Nm}}{\alpha_1 \cdot \sqrt{Nm_1}}$$

... unter Berücksichtigung von α

$$\frac{WW_1}{WW} = \frac{\sqrt{Nm}}{\sqrt{Nm_1}} \cdot \frac{kh}{kh_1}$$

... unter Berücksichtigung der Windungsbreite $kh : \sqrt{Nm}$

$$\frac{SW_1}{SW} = \frac{\sqrt{Nm_1}}{\sqrt{Nm}} \cdot \frac{kd}{kd_1}$$

... unter Berücksichtigung des Lagenzuwachses $kd : \sqrt{Nm}$

Werte für kh und kd

Die in der Literatur angegebenen Werte weichen zum Teil erheblich voneinander ab. Rohstoff, Drehungsgrad, Nummer und Art der Aufwindung üben einen sehr großen Einfluß aus, sind kh und kd im gewissen Sinne doch ein Maß für die Bewicklungsdichte der Spule. Bei „normaler" Drehung und Bewicklung stellte Rieter, z. B. eine ganz beträchtliche Steigerung der spezifischen Dichte mit feiner werdender Nummer fest. (Unter „spezifischer Dichte" versteht man im allgemeinen das Verhältnis $\dfrac{\text{Nettogewicht der Rohstoffpackung}}{\text{Volumen des Rohstoffes} \times \text{spez. Gewicht}}$. Die spez. Dichte ist also immer kleiner als 1,0. Für die Flyerlunte nennt Rieter Werte zwischen 0,25 und 0,4.) Arbeitet man aber mit härterer Drehung, wie jetzt allgemein üblich (Vergrößerung des Nettogewichtes, bessere Ablaufverhältnisse usw.), ist der Unterschied nicht mehr so groß. Versuche haben dabei zu folgenden Werten geführt:

Nm	1,0	1,5	2,0	2,5	3,0	3,5	4,0	5,0
tex	1000	680	500	400	340	290	250	200
kh	3,90	3,70	3,60	3,40	3,35	3,30	3,25	3,20
kd	0,65	0,69	0,72	0,73	0,76	0,77	0,78	0,80

Selbstverständlich gelten auch hier die oben gemachten Vorbehalte. Beim Rückrechnen der Werte kommt man dann praktisch auf eine gleichbleibende spezifische Dichte.

5.3 Streckwerk (Abb. 107, 108, 114)

Die Höhe des Verzuges richtet sich nach den Erfordernissen des Spinnplanes. Wie groß dabei der Verzug an den einzelnen Passagen gewählt werden kann, hängt ab von den vorhandenen Streckwerken. Neben der erwünschten Faserstreckung (bzw. Parallelisierung) und Vergleichmäßigung des Bandes, was die Spinnereien in der Regel auf zwei Streckendurchgänge festlegt, ist dies der zweite Faktor, der Einfluß auf die Größe der Passagenzahl in der Spinnerei hat. Hochverzugsstreckwerke (sowohl am Flyer als auch an der Ringspinnmaschine) ermöglichen deshalb eine Reduzierung der Bearbeitungsstufen. In der Vorspinnerei kommt man heute in den meisten Fällen mit einem einzigen Flyerdurchgang aus. Im Gegensatz zur Strecke strebt man am Flyer mit jeder Passage eine Verfeinerung der Lunte an.

Bei Anwendung des „Normalverzuges" ($V = 3\ldots6$) spricht man von Grob-, Mittel-, Feinflyer; bei „Hochverzug" ($V = 6\ldots12$) oder „Höchstverzug" ($V > 12$) spricht man im allgemeinen von Hochverzugsflyern. Klarer ist eine Benennung, die sowohl die Art der Vorlage als auch die Höhe des Verzuges beinhaltet. Hochverzugsflyer können nämlich in jeder Passage, d. h. mit Kannen- oder Spulenvorlage, eingesetzt werden. Bei den Verbindungen Grob-/Mittelflyer, Mittel-/Fein-

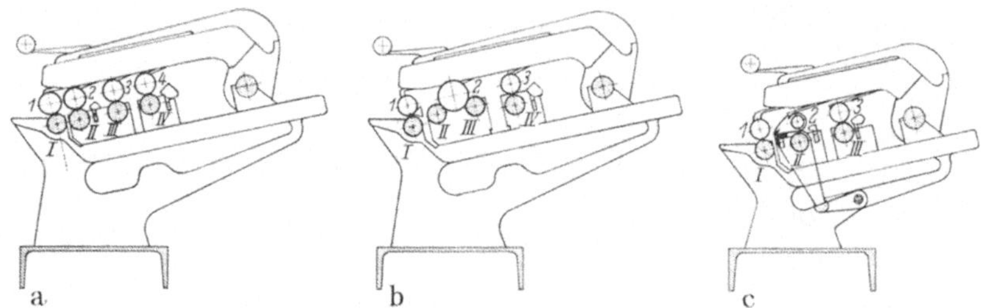

Abb. 107. Hochverzugs-Streckwerke für Flyer mit Führungs-Druckarm PK 500
a) Zweizonen-Streckwerk („4-über-4") für Verzüge bis 12-fach
b) Zweizonen-Streckwerk mit Doppelklemmpunkt („3-über-4") für Verzüge bis 8-fach, Mittelfeld in beiden Fällen konstant 50 mm)
c) Dreizylinder-Doppelriemchen-Streckwerk (mit PK 400) für Verzüge bis 14-fach.
In Zweizonen-Ausführung (mit PK 500), mit viertem Zylinderpaar, für Verzüge zwischen 12 und 20

flyer und Grob-/Feinflyer bezieht sich die Bezeichnung vor dem Strich auf die Art der Vorlage (Grobflyer = Kannenvorlage, Mittel- bzw. Feinflyer = Spulenvorlage mit doppelter Aufsteckung), die Bezeichnung nach dem Strich aber auf die Stärke (Nm) der an der jeweiligen Arbeitsstufe üblichen Lunte (s. 7.7.1).

Die Wahl des Streckwerkes ist abhängig vom vorgesehenen Spinnplan. Grobe Garnnummern bzw. mittlere Nummern und Hochverzug an der Ringspinnmaschine lassen auch heute noch das 3-Zylinder-Klemmstreckwerk zu. Für höhere Verzüge setzt man riemenchlose 2-Zonen-Streckwerke oder Stufenstreckwerke ein. Aber auch Doppelriemchen-Streckwerke — wie an der Ringspinnmaschine — sind verbreitet. Bei den riemchenlosen Streckwerken gibt man dem 3/4-Streckwerk den Vorzug. Wegen der ausgezeichneten Faserführung und den guten Verzugseigenschaften setzt man das Doppelriemchen-Streckwerk heute schon sehr häufig auch bei niedrigeren Verzügen ein.

5.4 Drehung und Aufwindung der Lunte

Die Festigung des aus dem Streckwerk heraustretenden Bandes geschieht durch die Drehung. Am Flyer richtet sich die Höhe der Drehung nach dem Rohstoff und der auszuspinnenden Vorgarnnummer. Lange, feine und rauhe Fasern sowie grobe Nummern benötigen weniger Drehung als kurze, grobe und glatte Fasern sowie feine Nummern. Man wählt die Drehung so, daß die Lunte an der nächsten Maschine ohne Schwierigkeiten abgezogen und verzogen werden kann. Heute dreht man jedoch härter als früher, weil dadurch Spulenkapazität, Laufverhalten (Fadenbrüche), Flugbildung und Faserstreckung beim Verziehen an der Ringspinnmaschine günstig beeinflußt werden. Die modernen Streckwerke lösen die härtere Drehung einwandfrei auf.

Die Drehungserteilung erfolgt durch den Flügel, dessen U/min konstant sind. Das in einer Zeiteinheit gelieferte Luntenstück wird also immer eine gleiche Anzahl Drehungen erhalten.

Die Größe der Drehung muß deshalb durch Änderung der Lieferung den jeweiligen Erfordernissen angepaßt werden.

Somit gilt:

$$T/m = \frac{n_{Spi}\,(U/\mathrm{min})}{L\,(\mathrm{m/min})} \tag{1}$$

Rohstoff- und Nummernabhängigkeit werden ausgedrückt durch:

$$T/\mathrm{m} = \alpha \cdot \sqrt{N} \qquad (\dots \text{allgemein}: \alpha \cdot N^x;\quad \sqrt{N} = N^{0,5} \dots x = 0,5) \tag{2}$$

Der α-Wert ändert sich mit dem Rohstoff, die Potenz mit der Nummer.
Üblich sind: Drehungsberechnung nach KOECHLIN ($x = 0,5$)
Drehungsberechnung nach LAETSCH (für Vorgarn $x = 0,65$)
Die üblichen α-Werte sind den Tabellen in (7.3.1) zu entnehmen.

Nach Formel (2) berechnet man die für den jeweiligen Fall benötigte Drehung, die, in (1) eingesetzt, die Lieferung und den dafür benötigten Drahtwechsel ergibt.

Das vom Streckwerk gelieferte Faserbändchen wird durch den Flügel gezogen und an der Hülse befestigt. Aufgewunden wird der Faden durch eine Drehzahldifferenz zwischen Spule und Spindel. Die Aufwindegeschwindigkeit muß über den ganzen Abzug konstant bleiben, weil dauernd ein gleichbleibendes Fadenstück aufzuwinden ist. Der Spulendurchmesser wächst mit jedem Hub und macht deshalb von Lage zu Lage eine Anpassung der Spulendrehzahl erforderlich. Dies wird über ein Konusgetriebe erreicht, dessen Treibriemen zu Beginn jeder neuen Bewicklungsschicht um einen ganz bestimmten Betrag verschoben wird.

Die Fadenverlegung kann gegenüber dem Flügel (und damit gegenüber der Spindel) durch voreilende oder durch nacheilende Spule geschehen. Bei voreilender Spule dreht sich die Spule schneller, bei nacheilender Spule langsamer als die Spindel. Es gilt aber immer:

$$n_{Spule} \cdot \pi \cdot d_{Spule} - n_{Spindel} \cdot \pi \cdot d_{Spule} = \text{konstant}$$

oder: Spulengeschwindigkeit — Preßfingergeschwindigkeit = konstant

Das macht bei voreilender Spule laufend eine Verringerung, bei nacheilender Spule eine Steigerung der Spulendrehzahl erforderlich (Abb. 108). Aus dem Zusammenwirken der Größen in Drehungsformel (1) ergibt sich, daß die Spindeldrehzahl in beiden Fällen konstant bleiben muß. Daraus resultiert:

bei nacheilender Spule ist die Spulendrehzahl immer kleiner als die Spindeldrehzahl,

bei voreilender Spule ist die Spulendrehzahl immer größer als die Spindeldrehzahl.

In der Baumwollspinnerei wählt man heute — trotz der erforderlichen höheren Spulendrehzahl — die voreilende Spule, weil mit der nacheilenden Spule einige Nachteile verbunden sind:

1. Durch die geringere Anzahl Übersetzungsräder laufen die Spindeln etwas früher an als die Spulen. Bezogen auf den kurzen Baumwollstapel bedeutet das bei jedem Anlauf der Maschine einen Schnitt in der Lunte.

2. Bei einem Fadenbruch liegt das gerissene Luntenende entgegen der Drehrichtung. Wird dann die Maschine nicht sofort stillgesetzt, wickelt sich das gerissene Ende laufend von der Spule ab.

Diese Nachteile treten bei voreilender Spule nicht in Erscheinung.

Aus Abbildung 108 geht hervor, daß sich die Spulendrehzahl im Laufe eines Abzuges immer mehr der Spindeldrehzahl nähern muß.

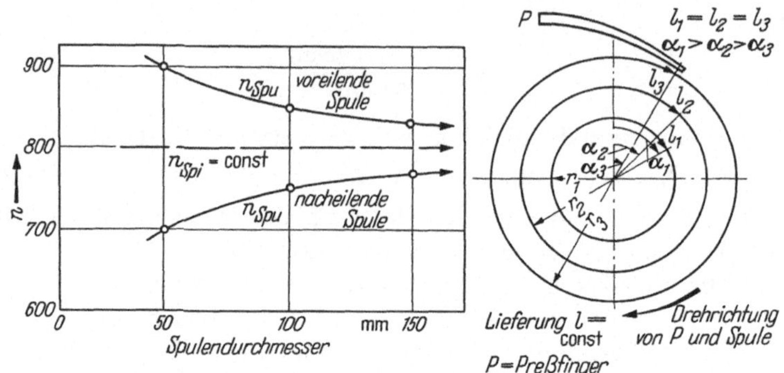

Abb. 108. Anpassung der Spulendrehzahl bei zunehmendem Spulendurchmesser (rechts): Das je Zeiteinheit gelieferte Fadenstück l ist konstant. Bei konstanter Preßfingerdrehzahl (Spindeldrehzahl) und zunehmendem Spulendurchmesser (r_s), muß α immer kleiner werden (Preßfingerstellung im Beispiel für voreilende Spule) (links): Die veränderliche Spulendrehzahl in Gegenüberstellung zur konstanten Spindeldrehzahl

Für den Baumwollflyer gilt: $n_{Spu} = n_{Spi} + n_z$

n_z ist die für die Aufwindung der Lunte erforderliche Zusatzdrehzahl. Sie ist abhängig von der Lieferung *(L)* und dem jeweiligen Windungsdurchmesser *(d)* der Spule: $n_z = \dfrac{L}{\pi \cdot d} \; (U/\mathrm{min})$

(*L* und *d* müssen gleiche Dimension haben).

5.5 Schaltapparat

Für die Bildung einer einwandfreien Flyerspule hat das Getriebe drei Bedingungen zu erfüllen; es muß erreicht werden:

1. Eine dem Lagenzuwachs entsprechende Drehzahlabnahme durch eine genau abgestimmte Verschiebung des Konusriemens.

2. Eine exakte Steuerung der Wagenbewegung (Umkehr und Hublänge).

3. Eine dem größer gewordenen Spulendurchmesser angepaßte Verringerung der Wagengeschwindigkeit.

Diese drei Operationen werden, vom Spulenwagen ausgehend, durch den Schaltapparat ausgelöst und auf das Getriebe übertragen.

Grundsätzlich sind zwei verschiedene Arten von Schaltapparaten anzutreffen:

a) der mit einer Schwinge arbeitende (z. B. Ingolstadt, Platt)

b) der mit Steuernocken arbeitende (z. B. Whitin, Zinser)

Eine Abart von (a) ist der Schaltapparat von Rieter (bzw. der des FB7 von Ingolstadt), der in Verbindung mit dem Konusgetriebe besprochen wird. Vollkommen anders arbeitet der Schaltpaparat am Rovematic-Flyer (s. 5.10).

5.5.1 Arbeitsweise der verschiedenen Schaltapparate

Zu a): Erklärt am Schaltapparat des FB 5 von Ingolstadt (Abb. 109). Mit dem Spulenwagen bewegt sich die Kulisse K nach oben oder — wie zur Erklärung angenommen — nach unten. Zahnstange Z dreht sich um W nach links unten. Die Schwinge SW, von Z geführt, macht diese Bewegung mit. Im Bewegungsablauf drückt Schraube S_3 gegen den hinteren Ansatz der Klinke K_3. Diese dreht sich um ihren Drehpunkt und gibt den mittleren Ansatz des Wendestückes WS

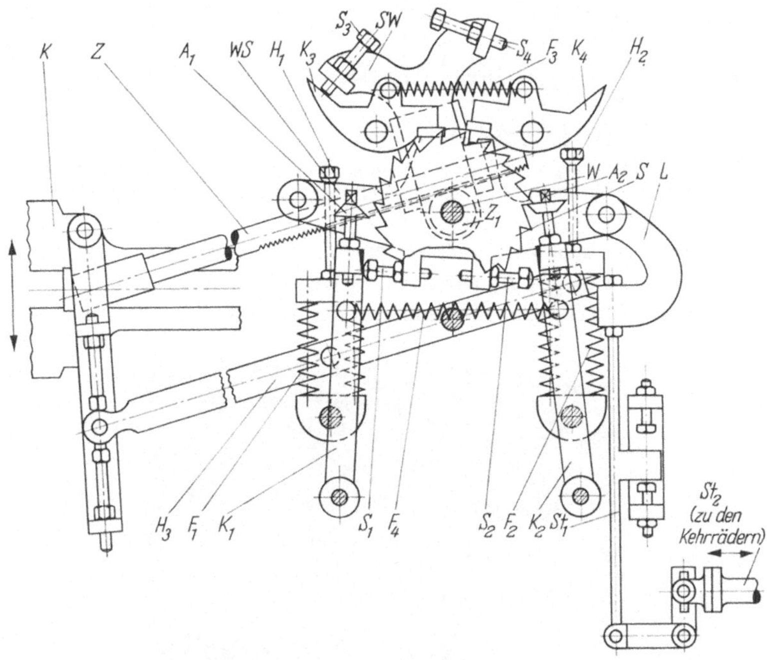

Abb. 109. Schema des Schaltapparates mit Klinkenrad am Mod. FB 5 von Ingolstadt (vgl. Abb. 181)

frei. K_4 wird durch F_3 nach unten gezogen. Jetzt kann der durch H_1 auf den linken Ansatz von WS ausgeübte Zug von Feder F_1 zur Wirkung kommen: WS schwingt entgegen dem Uhrzeigersinn um W. Lasche L und Stange St_1 gehen nach oben, St_2 und die am Ende dieser Stange angebrachten Kehrräder nach links, so daß durch diesen Eingriffswechsel die Wagenbewegung umgesteuert wird.

Beim Herumschwingen von W drückt Schraube S_2 die Klinke K_2 nach außen (dabei wird K_1 durch Feder F_4 nach innen gezogen) und das durch A_2 arretierte Schaltrad S freigegeben. S steht unter Zug und kann sich jetzt drehen bis der entsprechende Zahn von S an A_1 anstößt. A_1 und A_2 sind so eingestellt, daß sich S jeweils um $^{1}/_{2}$ Zahn drehen kann. Je mehr Zähne also S hat um so kleiner ist der Betrag um den der Konusriemen verschoben wird (Abb. 111).

Durch die Drehung von S dreht sich auch der Zahnkolben Z_1 und zieht dabei die Zahnstange Z nach rechts. Diese Verkürzung von Z bringt beim nächsten Wagenhub eine Verkürzung dieses Hubes, da der Schaltvorgang immer nach Durchlauf eines bestimmten Winkels von Z eingeleitet wird (Abb. 112). Abhängig von der Zähnezahl von Z_1 läßt sich die Größe der Hubverkürzung beeinflussen. Je größer Z_1 desto größer die Hubverkürzung desto steiler der Spulenkonus.

Bei der nun folgenden Bewegung des Spulenwagens nach oben wird F_1 durch H_1 gespannt und der linke Ansatz von WS entlastet. F_2 zieht sich zusammen und

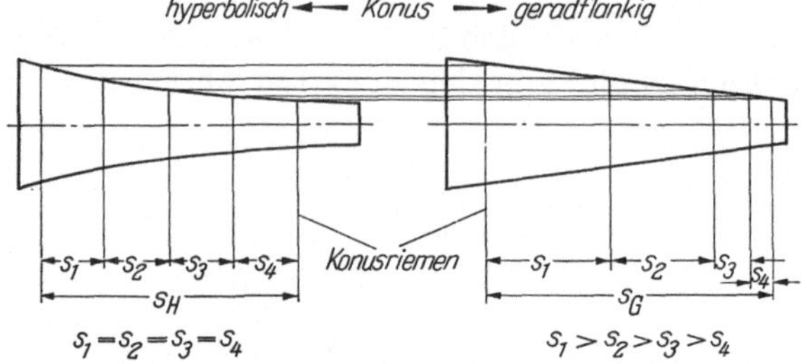

Abb. 110. Riemenverschiebung am Flyer. Während bei hyperbolischen Konen der Schaltbetrag immer gleich bleibt, muß er bei geradflankigen Konen immer kleiner werden.

belastet den rechten Arm von WS, dessen mittlerer Ansatz nun gegen K_4 drückt. Beim Aufstoßen von S_4 auf K_4 wird der neue Wechsel eingeleitet.

(Bei dem als Abart von a) bezeichneten Schaltapparat findet das gleiche

Abb. 111. Flyergetriebe mit Kurvenscheibe zur Anpassung der Riemenstellung bei Verwendung geradflankiger Konen (Rieter)
1 Kurvenscheibe mit Führungsseil für Riemengabel; *2* Umlaufgetriebe; *3* Schaltrad

Prinzip Anwendung. Die Verwendung geradflankiger Konen macht es jedoch erforderlich, die Riemenverschiebung während des Abzuges laufend zu verkleinern (Abb. 111). Diese Anpassung erreicht man (Abb. 112) durch eine zusätzlich eingebaute Kurvenscheibe.

5.5.1.1 Schaltapparat mit Steuernocken

Zu b: Ganz anders arbeitet der Schaltapparat mit Steuernocken, wie er z. B. von Zinser gebaut wird (Abb. 180).

Mit dem Spulenwagen hebt und senkt sich die Gewindespindel GSP. Diese ist in ihrem oberen Teil als Keilnutwelle ausgebildet und kann durch *37* hindurchgeschoben werden. Die mit der GSP verbundenen Steuernocken *1 A* und *1 B* gleiten an den Armen *4 A* und *4 B* des Schaltflügels *4* entlang. Schaltwelle *WS* steht über Hebel *5*, Stirnrad *8* und Nocken *6* und *7* unter Federzug.

Senkt sich der Spulenwagen, kommt *4 A* frei von *1 A*, der Federzug wirkt sich aus; *WS* wird gedreht, bis Arm *4 B* an *1 A* anschlägt. Diese halbe Drehung machen auch *8/9* mit; Stange *St* wird verschoben, so daß jetzt das rechte Kehrrad in Eingriff kommt und die Hubrichtung des Wagens umgekehrt wird. Kegelrad r_2 hat zwei um 180° versetzte Zahnlücken. Eine von beiden steht immer unter dem sich mit dem oberen Konus drehenden Kegelrad r_1. Durch die von Feder F ausgehende leichte Drehung von *WS* (s. o.) kämmen die Zähne von r_2 mit r_1, so daß sich r_2 bis zum Anschlag von *4 A* an *1 B* dreht ($^1/_2$ Umdrehung) und jetzt die zweite Zahnlücke unter r_1 steht.

Aus der Getriebeskizze ist zu entnehmen, daß durch die Drehung der Riemenschaltspindel RSS mehrere Zahnräder gedreht werden. Am Ende dieser Reihe befindet sich das Rad *37* auf der GSP. Durch seine Drehung dreht sich GSP und die Steuernocken *1 A/1 B* werden — bedingt durch Links- bzw. Rechtsgewinde auf der GSP — zusammengeschoben. Beim nächsten Hub kommt dann der entsprechende Schaltarm früher von den Steuernocken frei: der Hub ist kürzer.

5.5.2 Allgemeines zum Schaltapparat

Die beiden Kehrräder müssen einander genau gegenüber stehen, da sonst bei der Schaltung das geschaltete Rad nicht mit dem Triebling in Eingriff kommt und der Wagen stehen bliebe.

Der Spulenkonuswinkel soll für Baumwolle 50°, für Zellwolle 55° betragen. Wählt man ihn zu flach, rutschen die Lagen ab, nimmt man ihn zu steil, nutzt man das Fassungsvermögen der Spule nicht aus.

Bei dem unter b) genannten Schaltapparat beeinflußt man die Hubverkürzung — und auch den Konuswinkel — durch den Betrag um den die Steuernocken je Schaltung zusammengeschoben werden (in der Skizze durch Änderung der Übersetzung c/d).

Bei dem unter a) beschriebenen Schaltapparat hat man für die Änderung des Winkels zwei Möglichkeiten:

1. durch Verschiebung der Zahnstange *Z* am Anfang eines Abzuges (Änderung der wirksamen Anfangslänge) (Abb. 112).

2. durch Austausch des Zahnkolbens Z_1.

Bei jeder Schaltung muß die Riemenverschiebung ohne Verzögerung erfolgen; Fehlverzüge und Fadenbrüche sind sonst unvermeidbar. Die Schaltung selbst muß dem Durchmesserzuwachs entsprechen. Für eine gleichmäßige Fadenspannung ist es erforderlich, daß bei dem unter a) beschriebenen Schaltapparat die

Schaltung jeweils genau $^1/_2$ Zahn beträgt (regulierbar durch Einstellung von A_1/A_2). Um diese Fehlerquelle auszuscheiden, verwendet Ingolstadt bei seinen Modellen FB 6 und FB 7 Stirnradübersetzungen, durch die auch eine feine Ab-

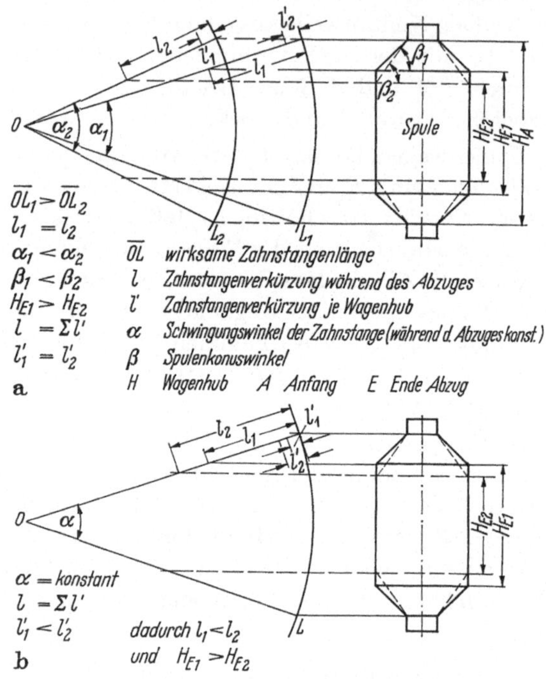

Abb. 112a u. b. Beeinflussung der Spulenform durch a) Veränderung der wirksamen Zahnstangenlänge und b) Änderung von l' (nur möglich, wenn Schaltapparat mit Schwinge verwendet wird)

stufung der Schaltbeträge erreicht wird. Anstelle des Klinkenrades wird dort ein Stirnrad gewechselt (Abb. 106, 181).

Das Schaltrad muß bei einer Änderung der Aufwindeverhältnisse gewechselt werden; es beeinflußt sowohl Riemenverschiebung als auch Hubverkürzung.

5.6 Flyerflügel

Für das Zustandekommen einer gut gewundenen Spule ist die Art der Luntenführung am Flügel von großer Bedeutung. Mit einer 3/4 Umschlingung der Flügelkrone — gegenüber der meist üblichen $^1/_4$ Umschlingung (Abb. 113) — kann man eine stärkere Abbremsung der Lunte erzielen. Das gleiche gilt für ein mehrmaliges Umschlingen des Preßfingers. Meist wählt man aber die $^1/_4$ Umschlingung der Krone und zweifache Preßfingerumwicklung, weil bei ungünstiger Abstimmung Fehlverzüge in den Luntenstücken zwischen Streckwerk und Flügelkrone bzw. Flügelkrone und Spule auftreten können. Auch die Drehungsverteilung in diesen Luntenstücken muß beachtet werden. Eine gleichmäßige Verteilung und eine kompaktere Lunte strebt man mit Kronenaufsätzen an (Abb. 113). Diese sind aus Gummi oder Kunststoffen und haben häufig Radialrillen (durch die Fibration der Lunte beim Flügelumlauf soll die Drehung im freien Luntenstück besser verteilt werden). Man erreicht so nicht selten eine wesentliche Verminderung der Fadenbruchzahlen und eine Steigerung der Spulenkapazität.

Die Flyerflügel selbst müssen äußerst sorgfältig hergestellt werden. Meist ist ihre Fertigung mit sehr viel Handarbeit verbunden. Für die großen Formate und hohe Drehzahlen ist eine genaue Auswuchtung unerläßlich. Ingolstadt gießt

Abb. 113. Flyer mit Doppelriemchen-Streckwerk, pneumatischer Belastung und kombinierter Faden-absaug-Abstellvorrichtung. Die Leichtmetallflügel sind mit einer Drallkrone versehen. Die Unter-zylinder werden von Putzwalzen, die Oberzylinder von umlaufenden Putztüchern gereinigt. (Rieter, Mod. F 1)

die Flügel nach einem Spezialverfahren. Nach einem anderen Patent werden die Flügel aus Leichtmetall-Spritzguß gefertigt. Diese Flügel kommen besonders beim Arbeiten mit hohen Spindeldrehzahlen und großen Spulenformaten zum Einsatz (Abb. 113). Die großen Spulenformate und hohen Spindeldrehzahlen stellen häufig nur schwer zu lösende Probleme dar (z. B. Aufbiegen der Flügelarme).

Am Normalflügel wird der Preßfinger durch die bei der Flügelumdrehung wirksam werdenden Kräfte und durch die Lunte an die Spule gepreßt. Beim Franzbach-Flügel erhöht man diese Kraft durch eine Feder. Die Fläche mit Auge am Auflaufende des Preßfingers ist bei diesem Flügel durch ein gerändeltes Räd-chen ersetzt, das zur Luntenführung mit einer Nut versehen ist. Mit dieser Maßnahme erzielt man sowohl eine größere Windungsdichte der Spule als auch eine bessere Komprimierung des Fadens.

Zur Verminderung der Luntenreibung und zur Verhütung von Rostbildung werden die Flügel häufig lackiert oder verchromt.

5.7 Konusgetriebe

Durch die kontinuierlich veränderliche Konusübersetzung kann den Spulen die jeweils richtige Drehzahl zugeleitet werden. Es finden hyperbolische und geradflankige Konen Anwendung. Für die gebräuchlichen Konen (Abb. 114) gelten folgende Beziehungen:

$$Co' + Cu' = \text{konstant} \qquad Co = \text{oberer Konus} \qquad A = \text{Anfang}$$
$$Co_A = Cu_E \qquad\qquad\quad Cu = \text{unterer Konus} \qquad E = \text{Ende}$$
$$Co_E = Co_A$$

Um eine genaue Schaltung erzielen zu können, nimmt man bei den hyperbolischen Konen eine möglichst langgestreckte Form. Die Riemenverschiebung je Schaltung kann dann relativ groß sein. Bei Verwendung dieser Konusart sind die Schaltbeträge vom Anfang bis zum Ende gleich.

Bei den geradflankigen Konen muß zwar der Schaltbetrag im Laufe eines Abzuges immer kleiner werden, weil die Konusdurchmesserabnahme nicht proportional zum Spulendurchmesserzuwachs ist (Abb. 110), man hat aber den Vorteil, daß der Auflaufwinkel des Konusriemens über die ganze Konuslänge gleich bleibt. Die geradflankigen Konen sind deshalb auch meist kürzer (bei Rieter z. B. nur 570 mm für die Riemenver-

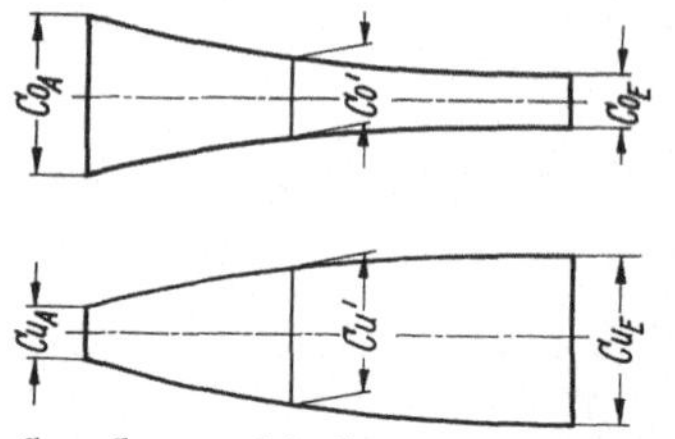

Abb. 114. Ergänzung von oberem und unterem Konus

schiebung). Die Spulendrehzahlabnahme muß degressiv sein, da sich ein konstanter Lagenzuwachs bei größer werdendem Spulendurchmesser immer weniger bemerkbar macht.

Nimmt man z. B. $d_{Spu} = 50; 100; 150$ mm Durchmesser an und geht von einer Lieferung von 18,95 m/min aus, dann erhält man

d	n_Z	$d + z$	n_Z'	Diff.
50	120	54	111,1	8,9
100	60	104	57,7	2,3
150	40	154	39,0	1,0

Es bedeutet: d = jeweiliger Windungsdurchmesser (mm)
n_Z = die zur Aufwindung der Lieferung erforderliche Zusatzdrehzahl der Spule (s. 5.4)
z = 4 mm = angenommener, gleichbleibender Zuwachs des vorhergehenden Wertes von d
n_Z' = die für den neuen Durchmesser erforderliche Zusatzdrehzahl
Diff. = Drehzahldifferenz ($= n_Z - n_Z'$)

Wegen der größer gewordenen Spulenformate sind die Konen moderner Flyer meist dicker als früher (Jumbo-Konen) und laufen mit höherer Drehzahl (Kraftübertragung). Zur Verminderung der bewegten Masse fertigt man die Konen jetzt häufig aus Aluminium statt aus Gußeisen. Die große Umfangsgeschwindigkeit erlaubt es, einen schmalen Konusriemen beizubehalten; für die Einstellung auf eine genaue Spulendrehzahl ist das unbedingt erforderlich. Sehr gut bewährt haben sich hier Siegling-Riemen, die auch zur Übertragung großer Kräfte sehr schmal bleiben können (z. B. 20 mm).

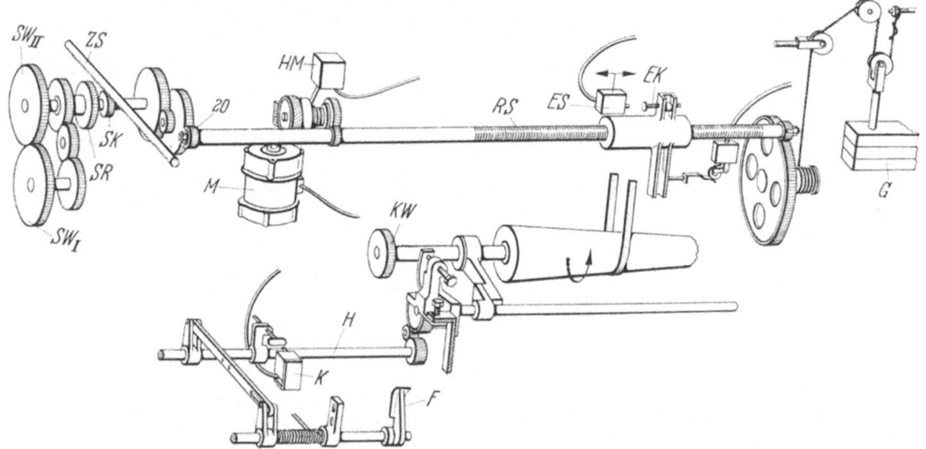

Abb. 115. Schaltapparat mit automatischer Konusriemen-Rückführung (Ingolstadt, Mod. FB 6)
ZS Zahnstange; SK Zahnkolben; SR Klinkenrad (konstant); SW_I und SW_{II} austauschbare Schalträder (Stirnräder); M Servomotor; HM Hubmagnet steuert Kupplung; F Fußhebel; K Kontakt
für Servomotor; H Konushubwelle; KW Konuswechsel; RS Riemenschaltspindel; G Gewicht;
ES Endschalter mit Endkontakt EK
(vgl. Getriebeskizze des FB 6 von Ingolstadt)

Gespannt wird der Riemen durch Herunterdrehen oder — jetzt häufig üblich — durch Selbstbelastung mit dem Eigengewicht des unteren Konus. (Abb. 115) Zur Rückführung des Konusriemens in Anfangsstellung wird der untere Konus über einen Fußhebel, eventuell von einer Hydraulik unterstützt (z. B. Zinser), erst entlastet; beim Weiterdrücken wird durch Schließen eines Kontaktes ein Hilfsmotor eingeschaltet, durch einen Elektromagneten eine Kupplung geschlossen und so die Gewindespindel, die die Riemengabel führt, gedreht. Beim Erreichen der Anfangsstellung öffnet ein Unterbrecherkontakt den Hilfsstromkreis und der Hilfsmotor wird stillgesetzt.

5.8 Umlaufgetriebe

Aus den bekannten Gründen muß die Spulendrehzahl bei der Bewicklung von Lage zu Lage geändert werden. Wegen der bestehenden Kräfteverhältnisse genügen die Konen für den Antrieb der Spulen nicht. Aus diesem Grunde kombiniert man die variable Konusdrehzahl mit der konstanten Hauptwellendrehzahl mit Hilfe eines sogenannten Umlaufgetriebes (Differentialgetriebe), dessen Abgangsdrehzahl dann auf die Spulen übertragen wird.

5.8.1. Berechnung des Umlaufgetriebes (Vgl. Abb. 181)

Die vom Spulenrad 34 abgehende Drehzahl n_S kommt folgendermaßen zustande: Das Rad 30 und das Gehäuse des Umlaufgetriebes bewegen sich mit der von den Konen her übertragenen Drehzahl, das Rad *47* dreht sich mit der Hauptwellendrehzahl. Durch gleiche Drehrichtung von *47* und 30 hält man die Reibung niedrig (zusätzlich können Kugellager eingebaut sein). Bei modernen Getrieben verwendet man schrägverzahnte, gefräste und gehärtete Zahnräder, die in einem Ölbad laufen. Geräusch und Verschleiß werden vermindert, der Lauf störungsfreier.

Aus der Drehzahlkombination entstehen folgende Verhältnisse:

1. Durch die Drehung des Gehäuses mit dem Doppelrad *22/20* wird bei jeder Umdrehung von 30 das Rad *49* einmal gedreht.

2. Dabei rollt sich *22* auf *47* ab; *20* (gleiche Drehzahl wie *22*) dreht 49 im Verhältnis $\frac{47}{22} \cdot \frac{20}{49}$, die resultierende Drehrichtung ist der Ausgangsdrehrichtung entgegengesetzt (—).

3. Die gleichzeitige Drehung von 47 übersetzt jedoch die Hauptwellendrehzahl auf *22/20* und somit auf *49*. Diese Bewegung hat die gleiche Richtung wie die unter (1). Durch die eingeschalteten Zahnräder (wie unter 2.) wird sie entsprechend deren Zähnezahlen übersetzt.

Diese drei Bewegungsabläufe finden gleichzeitig statt und überlagern sich. Rechnungsmäßig kann das so dargestellt werden:

n_K = Drehzahl des Konusrades 30

n_H = Drehzahl des Rades *47*, das fest auf der Hauptwelle sitzt,

47, 22, 20 und 49 sind Übersetzungsräder im Umlaufgetriebe, die zur Übersetzung $\ddot{U} = \frac{47}{22} \cdot \frac{20}{49}$
zusammengefaßt werden.

n_S = kombinierte Drehzahl, die durch das Spulenrad 34 über die nachfolgenden Übersetzungen an die Spulen weitergegeben wird.

Für die Berechnung müssen jeweils die Auswirkungen der Einzelbewegungen auf das Rad S untersucht werden.

1. $n_{S1} = n_K$ ↓   ↓ ↑ = Drehrichtung von 34, bezogen auf die Eingangs-
2. $n_{S2} = n_K \cdot \ddot{U}$ ↑   drehrichtung von 30 und 47 (↓)
3. $n_{S3} = n_H \cdot \ddot{U}$ ↓

$$n_S = n_{S1} + n_{S2} + n_{S3}$$

betrachtet man die Richtung ↓ (Eingangsdrehrichtung) als positiv (+), dann gilt:

$$n_S = n_H \cdot \ddot{U} + n_K - n_K \cdot \ddot{U}$$

$$n_S = n_H \cdot \ddot{U} + n_K \cdot (1 - \ddot{U}) \dots \ddot{U} = \frac{47}{22} \cdot \frac{20}{49} = 0{,}872$$

$$n_S = 0{,}872 \cdot n_H + 0{,}128 \cdot n_K$$

somit

$$n_S = 0{,}872 \cdot n_H + 0{,}128 \cdot n_K \qquad \text{oder allgemein:}$$
$$n_S = x \cdot n_H + y \cdot n_K$$

Diese Formel gilt für Flyer mit voreilender Spule, wie sie in der Baumwollspinnerei üblich sind. Während also $x \cdot n_H$ konstant bleibt, ändert sich $y \cdot n_K$ abhängig von der Konusübersetzung und wird im vorliegenden Falle laufend kleiner. Die zur Spule gehende Drehzahl $-n_S-$ nimmt somit bei jeder Übersetzungsänderung (Riemenverschiebung) ab, die Spulendrehzahl wird langsamer.

Die Umlaufgetriebe sind generell so ausgelegt, daß $x \cdot n_H = n_{Spi}$ ist. Bei Entlastung des unteren Konus (Reservebildung zum Abziehen) wird $y \cdot n_K = 0$, die Spule dreht sich mit der Hauptwellendrehzahl und es findet keine Aufwindung statt.

Das hier berechnete Umlaufgetriebe ist Heute am weitesten verbreitet (z. B. Rieter, Ingolstadt, Zinser). Die Werte für $\tilde{U}$ schwanken jedoch leicht (s. auch 8.5).

5.9 Spulen- und Wagenantrieb

Bedingt durch die Art der Fadenverlegung, muß die Spulenführung am Flyer beweglich sein. Bei den alten Flyern wird die Spulendrehzahl vom Umlaufgetriebe aus über ein 3-Räderknie auf die Spulenantriebswelle übertragen. Bei der Auf- und Abbewegung des Wagens entsteht im dort üblichen Räderknie aber eine abrollende Bewegung, die in der Lunte zu einer Spannungsdifferenz führt. Ein 5-Räderknie, wie es z. B. Rieter baut, kann diesen Fehler ausgleichen.

Andere Kompensationsmöglichkeiten sind:

Kettentrieb („horse head" genannt), wie ihn z. B. englische und amerikanische Firmen verwenden, oder Gelenkwellen. Ingolstadt hat bei den Modellen FB 5 und FB 6 eine stehende Teleskopwelle (Königswelle) eingeführt; die Kraftübertragung erfolgt dabei über zwei Kegelräderpaare. Zinser treibt die Spulenantriebswelle direkt durch eine um die Horizontale schwingende Teleskopwelle (mit Kreuzgelenken an beiden Enden) an. Beim Modell FB 7 verwendet Ingolstadt ebenfalls eine um die Horizontale schwingende Teleskopwelle mit Stirnradübersetzung.

Moderne Flyer haben meist nur eine Spulenantriebswelle. Als Spulenräder nimmt man links- und rechtsgängige Schraubenräder (damit man an vorderer und hinterer Spulenreihe gleiche Drehrichtung bekommt). Die Spulenrädchen laufen auf Kugelringen (Abb. 116). Welle und Rädchen sind ebenso wie Spindelantriebswelle und Spindelrädchen in einer staubdichten Wanne untergebracht. Die Wellen werden in kurzen Abständen mit Kugellagern abgestützt.

Abb. 116. Spulenwagen mit Spulenantriebswelle und den auf Kugelringen laufenden Spulenrädchen (Zinser)

Am Spulenwagen sind auch die Spindelbüchsen festgeschraubt. Diese langen Halslager führen die Spindeln und geben ihnen einen sicheren Stand. Bei Flugansammlungen in diesem Bereich besteht Verstopfungsgefahr. Ölschmierung ist deshalb nicht immer günstig. Durch Einreiben mit Molykote lassen sich sehr günstige Reibungsverhältnisse schaffen ohne Faseransammlungen zu begünstigen.

Die Spindelhalslager dienen sowohl zur Führung der Spulenrädchen als auch der Flyerhülsen.

Der Spulenwagen wird an den Zwischengestellen durch Gleitschuhe geführt. Zum Gewichtsausgleich erhält er bei den meisten Konstruktionen durch einen

Hebel — in Verbindung mit Ausgleichsgewichten — von unten her Unterstützung.
Für die Ingolstadt-Flyer FB 5 und FB 6 ist eine Rollenführung direkt am Zwischengestell vorgesehen. Der Antrieb geht von Längswellen mit Zahnkolben aus.
Eine Ausnahme macht z. B. Rieter (Abb. 105), wo die Antriebswelle gleichzeitig
Führungswelle für die Gegengewichte ist.

Das große Format führte auch wieder zu je zwei Wellen für Spindel- und
Spulenantrieb, da große Räder auf den Wellen eine starke Vergrößerung der
Wanne und Bauhöhe oder hohe Wellendrehzahlen bringen. (Die Größe der Räder
bestimmt der Abstand der beiden Spulenreihen: großes Format = größerer
Abstand = größerer Raddurchmesser). Trotzdem gibt man dem Einwellenflyer
den Vorzug. Platt verlegt beim Modell M.S. 3 die Antriebswelle für die Spulen
in die Spindelbank, so daß der Spulenwagen flach sein kann.

5.10 Der Rovematic-Flyer

Dieser Flyer ist eine Neukonstruktion der Firma Saco-Lowell und weicht in
vielen Punkten vollständig vom Herkömmlichen ab. Aus diesem Grunde soll der
Rovematic-Flyer hier gesondert besprochen werden.

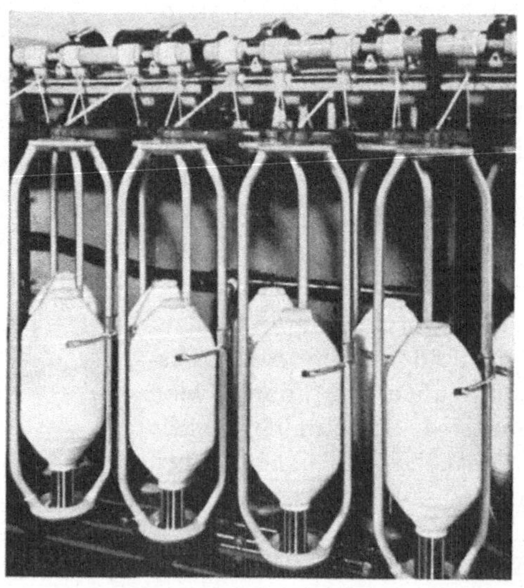

Abb. 117. Spulenseite des Rovematic-Flyers (Saco-Lowell)

Der Flyer Modell FB ist für eine Spindeldrehzahl von 1200 U/min vorgesehen; das Spulenformat beträgt $7'' \times 14''$ ($\approx 175 \times 350$ mm). Die hohe Drehzahl
bringt bei den Flügeln keine Schwierigkeiten, weil diese auch unten geschlossen
sind und die beiden Arme sich so nicht aufspreizen können (Abb. 117). Wegen
der geschlossenen und nicht abnehmbaren Flügelform kann keine durchgehende
Spindel verwendet werden. Zur sicheren Führung ist der Flügel an der Streckwerksbank abgestützt. Die Flügelkrone ist aus Gummi und wirkt wie die bereits

besprochenen Flügelaufsätze. Der Spulenwagen — im eigentlichen Sinne — entfällt. Spulen- und Spindelantrieb sind in einem gemeinsamen Gehäuse untergebracht. (Modell FC hat ein Spulenformat von $5\frac{1}{2}'' \times 12''$. Die Flügel-
drehzahl soll bis 1800 U/min gesteigert werden können. Es ist besonders für die
feineren Nummern bestimmt.)

Die „Spindel" (Abb. 118) ragt in den Flü-
gelrahmen hinein und besteht aus zwei aus-
fahrbaren Rohren: dem äußeren (der Spulenführung), und dem inneren (der eigentlichen
Spindel). Wenngleich sich die innere Hohl-
spindel unabhängig von der Spulenführung
auf- und abbewegen kann, sind beide doch so
miteinander verbunden, daß sie mit gleicher
Drehzahl rotieren müssen. Innerhalb der Hohl-
spindel befindet sich eine in ihrer Höhenstellung unveränderliche Führungsschraube.
Diese ist durch eine auf die Spindel aufge-
schobene Mutter mit dem Spulenträger verbunden. Der Antrieb von Spindel und Führungsschraube erfolgt durch zwei verschiedene
Wellen. Drehten sich Führungsschraube und

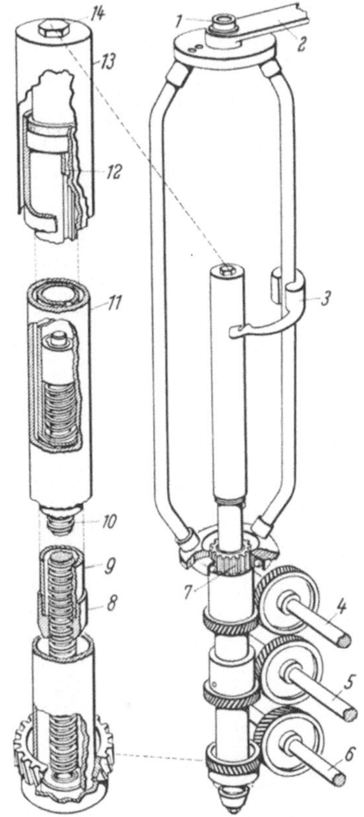

Abb. 118. Spindel-Flügel-Spezialkonstruktion des Rovematic-Flyers

1 Gummikrone; *2* Abstützung an Streckwerksbank; *3* Preßfinger; *4* Flügelantrieb *F*; *5* Spulenantrieb *SW*; *6* Antrieb
FW der Führungsschraube; *7* Splintverbindung; *8* Mutter;
9 Spindel; *10* Führungsschraube; *11* Hülse; *12* Keil;
13 Spule; *14* Sechskantsperre

Spindel gleich schnell, würde letztere ihre Höhenstellung nicht verändern; sind
aber beide Drehzahlen verschieden, verschieben sich beide Teile gegeneinander:
die Spule hebt und senkt sich (abhängig davon, ob sich die Führungsspindel
langsamer oder schneller als die Spindel dreht). Die Drehrichtung des Antriebs-
rades bleibt immer gleich, nur seine Geschwindigkeit ändert sich.

Die für den Spulenaufbau erforderliche variable Drehzahl kommt nicht mehr
von einem Konuspaar, sondern von einem PIV-Getriebe (stufenloses Regelgetriebe). Über Steuerscheibe und Rolle wird von einem Hebel die Übersetzung
dieses Getriebes geändert und dem Spulendurchmesser angepaßt. Auch hier
nimmt man die Hauptkraft von der Hauptwelle ab.

Der Flyer besitzt zwei Umlaufgetriebe, die in Tandem-Anordnung auf einer
Welle montiert sind. Die vom ersten Umlaufgetriebe abgehende Spulendrehzahl
wird dem zweiten Differential als zweite Eingangsdrehzahl zugeführt, dessen
Abgangsdrehzahl zur Führungsspindel geleitet wird (Abb. 119).

Berechnung des Tandem-Umlaufgetriebes am Rovematic-Flyer

(Der einfacheren Berechnung halber wird n_S nicht direkt berechnet. Es ergibt sich einfacher durch Umstellung nachstehender Formel.)

$$n_{H1} = n_S \downarrow$$
$$n_{H2} = n_S \cdot \ddot{U} \downarrow$$
$$n_{H3} = n_P \cdot \ddot{U} \uparrow$$

$$\downarrow = +$$
$$\uparrow = -$$

$$n_{H1} + n_{H2} + n_{H3} = n_H = n_S(1 + \ddot{U}) - n_P \cdot \ddot{U} \qquad \ddot{U} = \frac{28}{84} = \frac{1}{3}$$

$$n_S = \frac{n_H + n_P \cdot \ddot{U}}{1 + \ddot{U}}$$

n_P = Drehzahl vom PIV-Getriebe (veränderlich)

n_H = Drehz. von Hauptwelle (konstant)

n_P und n_H kombiniert, ergeben variable

n_S = Drehz. zur Spulenantriebswelle SW

$$(1) \qquad \boxed{n_S = \frac{3}{4} n_H + \frac{1}{4} n_P}$$

Leitwellendrehzahl $n_L = n_S$

Daraus ergibt sich für das 2. Getriebe (linke Hälfte):

$$n_{S1} = n_{FS} \downarrow$$
$$n_{S2} = n_{FS} \cdot \ddot{U} \downarrow$$
$$n_{S3} = n_W \cdot \ddot{U} \uparrow \downarrow$$

n_W = reversierende Drehung vom Wagenantrieb (variabel über PIV) und mit n_S als Eingangsdrehzahl

$$n_{S1} + n_{S2} + n_{S3} = n_S = n_{FS}(1 + \ddot{U}) \pm n_W \cdot \ddot{U}$$

$$(2) \qquad \boxed{n_{FS} = \frac{3}{4} n_S \pm \frac{1}{4} n_W}$$

Die Drehzahl der Führungsspindelwelle

$$n_{FW} = n_{FS} \cdot \frac{60}{18} = \frac{10}{3} \cdot n_{FS} , \qquad (3)$$

die Drehzahl der Spulenantriebswelle

$$n_{SW} = n_S \cdot \frac{60}{24} = \frac{20}{8} \cdot n_S . \qquad (4)$$

Beispiel: Setzt man $n_S = n_S$ und $n_W = \frac{3}{4} n_S$,

dann gilt, in (2) eingesetzt, $\ldots n_W \downarrow$: $n_{FS} = \frac{3}{4} n_S - \frac{1}{4} \cdot \frac{3}{4} n_S = \frac{9}{16} n_S$

$\ldots n_W \uparrow$: $n_{FS} = \frac{3}{4} n_S + \frac{1}{4} \cdot \frac{3}{4} n_S = \frac{15}{16} n_S$.

Setzt man n_{FS} nun in (3) ein und vergleicht mit (4), so erkennt man daß

$$\text{bei } n_W \downarrow \quad n_{FW} < n_{SW} \left(-\frac{5}{8} n_S \right)$$

$$\text{bei } n_W \uparrow \quad n_{FW} > n_{SW} \left(+\frac{5}{8} n_S . \quad \right)$$

Übersetzung und Verzahnung der Räder sind so, daß

$$\text{bei } n_W \downarrow \text{ die Spule } \downarrow ,$$
$$\text{bei } n_W \uparrow \text{ die Spule } \uparrow \text{ geht.}$$

(Vgl. Abb. 118)

Der Schaltapparat kontrolliert die Hubänderung an der Spule und die Übersetzung des PIV-Getriebes. Als Schaltrad kommt ein feinverzahntes Stirnrad zur Anwendung.

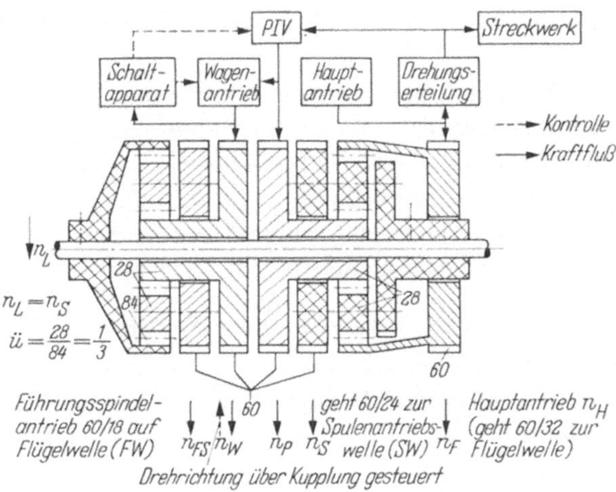

Abb. 119. Umlaufgetriebe des Rovematic-Flyers (Saco-Lowell)

Zum Abziehen müssen die Flügel nicht abgenommen werden. Die freien Spindeln können durch Druckknopfschalter „heruntergedreht" und die Spulen herausgenommen werden.

5.11 Fehler am Flyer

I. Fehler im Fadenzug

a) Stimmt der Fadenzug bereits beim Spinnen der ersten Lage nicht, ist die Riemenanfangsstellung falsch. Ist die Spannung zu groß (Fäden reißen ab), muß der Riemen auf einen kleineren, ist sie zu klein (Fäden hängen durch), muß er auf einen größeren treibenden Konus-Durchmesser verschoben werden.

b) Ist der Fadenzug am Anfang richtig, ändert sich aber im Laufe der Spulenbildung, dann ist das Schaltrad falsch gewählt, die Spulendrehzahl stimmt mit der Durchmesserzunahme nicht mehr überein. Nimmt die Spannung zu, muß ein Schaltrad mit weniger, nimmt sie ab, eines mit mehr Zähnen eingesetzt werden. (Das gilt für den Schaltapparat mit Schwinge, wo die Schalträder getrieben und alle gleich groß im Durchmesser sind. Mit der Zähnezahl ändert sich die Teilung. Bei Stirnrad-Schalträdern hängt die Änderung davon ab, ob das Rad treibend oder getrieben ist.)

c) Paßt der Fadenzug bereits am Anfang nicht und ändert er sich noch zusätzlich im Laufe des Abzuges, dann sind sowohl Riemenanfangstellung als auch Schaltrad falsch.

II. Fehler, die durch das Aussehen der Lunte und am Spulenaufbau zu erkennen sind

a) Erfolgt die Umschaltung der Kehrräder nicht schnell genug oder greifen die Schaltklinken nicht ein, bleibt der Spulenwagen stehen oder er fällt nach unten.

Das Vorgarn wird dann immer an der gleichen Stelle aufgewunden und es bilden sich „Reifen".

Gelegentlich lockert sich eine Kupplung der Spulen- oder Spindelwelle, dann wird an den Spulen nach dieser Kupplung nicht mehr aufgewunden und es bilden sich Häufchen.

Der gleiche Fehler, zumindest aber ein Nachlassen der Fadenspannung tritt auf, wenn der Konusriemen rutscht. Ursache kann sein: öliger Konus, unterer Konus nicht richtig belastet; Konusriemen gerissen.

b) Fehler, die durch das Streckwerk oder das Vorgarn verursacht werden (z. B. schlagende Zylinder, Verzugsstörungen), lassen sich heute leicht mit den bekannten Gleichmäßigkeitsprüfgeräten nachweisen und lokalisieren.

5.11.1 Vermeidung von Fehlern

Unzureichende Drehung verusacht Fehlverzüge im Vorgarn, starke Flugbildung und Verschmutzung der Maschine. Die durch eine Drehungsverminderung erreichbare Leistungssteigerung wird dann durch das Ansteigen der Fadenbruchzahlen mehr als ausgeglichen.

Zu starke Drehung bringt Produktionsverluste und Verzugsschwierigkeiten an der Ringspinnmaschine. Unverzogene Vorgarnstellen verursachen Dickstellen, Fadenbrüche und Beschädigungen an den Druckzylindern.

Spulenbewicklung: Beim Arbeiten mit großem Spulenformat sollte man von der häufig praktizierten Regel, daß beim Verlegen der ersten Garnlage zwischen zwei benachbarten Windungen die nackte Spule noch gerade sichtbar sein sollte, abgehen. Eine möglichst dichte Verlegung ist günstiger. Auch sollte man dann etwas härter drehen, damit die innere Spulenspannung nicht zu Fehlverzügen führt (durch eine der Durchmesservergrößerung des Batteurwickels entsprechenden Ausdehnung). Bei dichter Bewicklung wächst die Spulenkapazität.

Fadenspannung: Von Zeit zu Zeit die Aufwindung überprüfen! (Ein Papierstreifen, dessen Länge dem Umfang des Ausgangszylinders entspricht, wird am Preßfinger angelegt. Bei einer Umdrehung des Zylinders muß dieser Streifen dann genau aufgewunden sein. Diese Prüfung sollte man während eines Abzuges mehrmals wiederholen). Für weichere Drehung muß die Fadenspannung etwas lockerer gewählt werden als für härtere Drehung (verminderte Spulenkapazität). Zu große Fadenspannung ist gefährlicher als zu geringe, da sie bis zu einem gewissen Grade unentdeckt bleibt. Die dabei entstehenden Fehlverzüge erhöhen die Ungleichmäßigkeit des Garnes. Kontrolle auch durch Sortierung. Diese wird gewöhnlich wöchentlich einmal durchgeführt. Vordere und hintere Spulenreihe sind wegen der unterschiedlichen Einlaufverhältnisse getrennt zu untersuchen. Die Spannung kann als normal bezeichnet werden, wenn die Sortierung vom Spulenkern bis außen nicht mehr als 1,5...2,5% abweicht.

Übermäßig hohe Fadenbruchzahlen sind häufig zurückzuführen auf ausgelaufene oder hohle Zylinder — rutschende Konusriemen — schlecht arbeitende Wagenumkehr — seitlich aus der Zylinderklemmung oder den Riemchen herauslaufende Lunten (Changierbewegung kontrollieren) — hüpfende Spulen (abgenützte oder verschmutzte Spulenrädchen) — lockere Kupplungen — beschädigte Unterzylinder. Bei Behebung von Luntenbrüchen ist grundsätzlich am Ausgangszylinder anzudrehen.

Schnittiges Vorgarn entsteht meist durch falsche Klemmpunktabstände im Streckwerk, schadhafte Zahnräder, unrund laufende Zylinder, beschädigte und schlagende Druckroller, zu hohen Verzug.

6 Die Ringspinnmaschine

6.1 Aufgaben der Ringspinnmaschine

Auf der Ringspinnmaschine wird das vom Flyer gelieferte Vorgarn zur gewünschten Feinheit (= Nummer) ausgesponnen. Ferner muß das Garn — dem Rohstoff, der Nummer und dem Verwendungszweck entsprechend — gedreht werden, damit es die geforderte Festigkeit erhält.

Das macht für diese Maschine folgende Arbeitselemente erforderlich: ein Spulengatter für die Aufnahme des Vorgarns, ein Streckwerk zum Verziehen der Flyerlunte, eine Vorrichtung zur Drehungserteilung, eine Einrichtung für die Garnaufwindung.

Im Gegensatz zu den anderen Spinnereimaschinen wird die normale Ringspinnmaschine immer doppelseitig gebaut.

6.2 Die Verarbeitung der Lunte (Abb. 121)

Die Flyerspulen steckt man im Gatter der Ringspinnmaschine auf. Von dort werden die Lunten — meist einzeln, manchmal auch paarweise (= doppelte

Abb. 120. Ringspinnsaal
Die Maschinen (Zinser) sind mit direkt gekuppelten Regelmotoren und Wanderreinigern ausgerüstet

Aufsteckung) — durch eine changierende Fadenführung hindurch vom Eingangszylinder des Streckwerkes eingezogen. In den einzelnen Zonen des Streckwerkes wird das Vorgarn verzogen und schließlich vom Ausgangs- oder Lieferzylinder lose abgegeben. Zwischen Streckwerk und Spindel erfolgt die Festigung des Fadens durch Drehung. Das Garn wird dann auf eine Hülse aufgewunden. Diese ist fest auf die Spindel aufgeschoben und dreht sich so mit der Spindeldrehzahl. Die Verlegung des Fadens auf der Hülse geschieht entweder durch Auf- und Abbewegung der Ringbank oder — seltener — durch eine entsprechende Bewegung der Spindelbank. Unter Ringbank versteht man den Träger der Spinnringe, unter Spindelbank den der Spindeln. Jede Spindel hat ihren zugehörigen Ring. Der Abstand von Spindelmitte zu Spindelmitte wird Teilung genannt. Die Spindelzahl je Maschine schwankt zwischen 280 und 540. Die Grenze nach oben setzen zulässige Maschinenlänge und brauchbare Teilung. Ist eine entsprechende Garnmenge auf die Hülse aufgewunden, wird die bewickelte Hülse (Kops genannt) gegen eine leere Hülse ausgetauscht: es wird abgezogen.

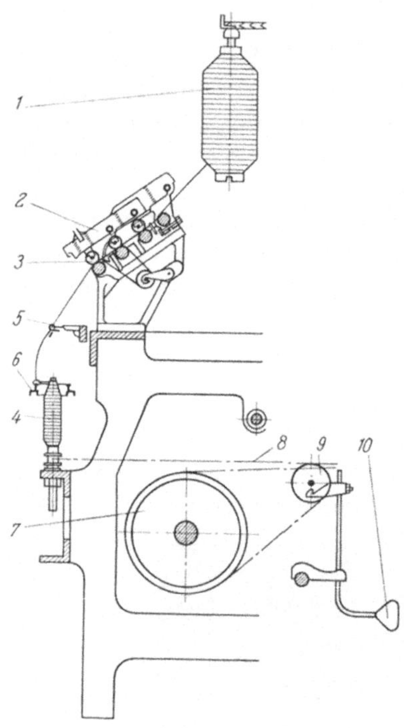

Abb. 121. Schema einer Ringspinnmaschine
1 Ablaufspule mit Spulenhalter; *2* Doppelriemchen-Streckwerk mit Führungsdruckarm; *3* Streckwerkswalzen; *4* Spindel mit Kops; *5* Fadenführer; *6* Ringbank mit Spinnring und Läufer; *7* Antriebstrommel; *8* Spindelband; *9* Spannrolle mit *10* Gewicht

6.3 Getriebe und Streckwerk

6.3.1 Getriebe und Wechselräder

Das Zusammenwirken der Arbeitselemente einer Ringspinnmaschine kann aus den Getriebeskizzen entnommen werden (Abb. 122).

Die neuen Maschinentypen sind meist wesentlich schmäler ausgeführ als die älteren Konstruktionen (s. 7.5.6). Die sich drehenden Teile sind in den Lagerstellen jetzt vorwiegend mit Wälzlagern ausgestattet. Das und eine weitverzweigte Zentralschmierung erleichtern die Wartung beträchtlich.

Zur Anpassung an die Erfordernisse des Spinnplanes, hat auch die Ringspinnmaschine verschiedene Wechselstellen. Die Wechselräder haben folgende Aufgaben:

1. Der *Nummerwechsel* (NW), auch Verzugswechsel (Abb. 184, 185, 186) genannt, wirkt auf die Einzugsgeschwindigkeit des Streckwerkes ein. Da er die Liefergeschwindigkeit unbeeinflußt läßt, bringt eine Änderung des NW eine Änderung von Haupt- *und* Gesamtverzug. Bei gleichbleibender Vorlage wird so sie Ausgabenummer beeinflußt.

a) Der *Vorverzugswechsel* (VVW) beeinflußt in den meisten Fällen die Geschwindigkeit des Zwischenzylinders und damit *beide* Teilverzüge (= Änderung der Verzugsaufteilung). Der Gesamtverzug bleibt dann unverändert. Der VVW kann auch auf den Eingangszylinder wirken.

2. Der *Drahtwechsel* (DW) wirkt auf die Geschwindigkeit des Ausgangszylinders. Da er keinen Einfluß auf die Spindeldrehzahl hat, verursacht ein Wechsel des DW eine Drehungsänderung. Die Wagengeschwindigkeit paßt sich der geänderten Drehung an.

3. Der *Wagenwechsel* (WW) beeinflußt die Exzenterdrehzahl und damit die Auf- und Abbewegung des Wagens — unabhängig von der Lieferung. Durch den WW läßt sich die Fadenverkreuzung (= Lieferung je Wagenspiel) ändern.

4. Der *Trommelkolben* (TK) ermöglicht eine Änderung der Drahtkonstante. Bei günstiger Abstufung des TK kann mit einer geringen Anzahl von Drahtwechseln ein großer Drehungsbereich erfaßt werden.

5. Der *Schaltwechsel* (SW) bestimmt durch seine Zähnezahl den Betrag, um den die Ringbank nach jedem Wagenspiel höher geschaltet wird. Dadurch erfolgt auch die Regelung der Kopsdicke. Je mehr Zähne, um so geringer der Schaltbetrag. (Bei verschiedenen modernen Ringspinnmaschinen ist kein eigentliches Schaltrad mehr vorhanden. Die Änderung des Schaltbetrages läßt sich dort durch besondere Mechanismen erzielen (Abb. 122).

Bei modernen Ringspinnmaschinen sind die Wechselräder untereinander austauschbar. In der Regel hat man für jede Maschinenseite einen Nummernwechsel. Neue Maschinentypen haben gelegentlich nur noch einen, der dann auf beide Seiten wirkt (Abb. 186). Bei Übergang von Z- auf S-Drehung kann bei allen Maschinen der Drehsinn des Ausgangszylinders auf einfache Weise umgekehrt werden.

6.3.1.1 Errechnung der benötigten Wechselräder. Die Errechnung erfolgt über die Maschinenkonstanten in Verbindung mit den materialbedingten Gegebenheiten. Wie am Flyer, ist

Abb. 122. Getriebe einer modernen Ringspinnmaschine (Zinser Mod. 13-1)

aber auch an der Ringspinnmaschine die Bestimmung der für eine neue Nummer erforderlichen Wechselräder aus den vorher eingesetzten möglich (s. 5.2.1.1). Lediglich bei der Berechnung des Schaltwechsels verfährt man anders. Hier gilt:

$$\frac{SW_1}{SW} = \frac{Nm_1}{Nm}$$

(Der Index 1 bezieht sich auf die neuen Verhältnisse.)

6.3.2 Das Streckwerk

Die Streckwerke haben seit 1950 eine sehr bedeutsame Entwicklung erfahren. Das reine Klemmstreckwerk war schon damals an der Feinspinnmaschine praktisch bedeutungslos geworden. Die lange Zeit stark verbreiteten Einriemchen-Streckwerke mußten in der weiteren Umstellung nun fast überall den Doppelriemchen-Streckwerken weichen. Man hat erkannt, daß eine exakte Faserführung Voraussetzung für ein gleichmäßiges Qualitätsgarn ist. Ehe es aber zu dieser Entwicklungsstufe kommen konnte, bedurfte es vieler Verbesserungen bei den Zylindern, der Belastung und der Faserführung.

6.3.2.1 Streckwerkstypen. Von den vielen Streckwerkstypen konnten sich nur wenige in größerem Maße durchsetzen. Von den verschiedenen Systemen bestehen allerdings Varianten, die sich aber häufig nur in Einzelheiten unterscheiden. Am weitesten verbreitet sind:

a) das Le Blan-Roth-Streckwerk
b) das Kurz-/Langriemchen-Streckwerk
c) das Casablancas-Streckwerk
d) das Shaw-Streckwerk

Das *Le Blan-Roth-Streckwerk* (Abb. 127) ist ein Einriemchen-Streckwerk mit langem, gespanntem Unterriemchen. An der vorderen Riemchenumlenkung ist

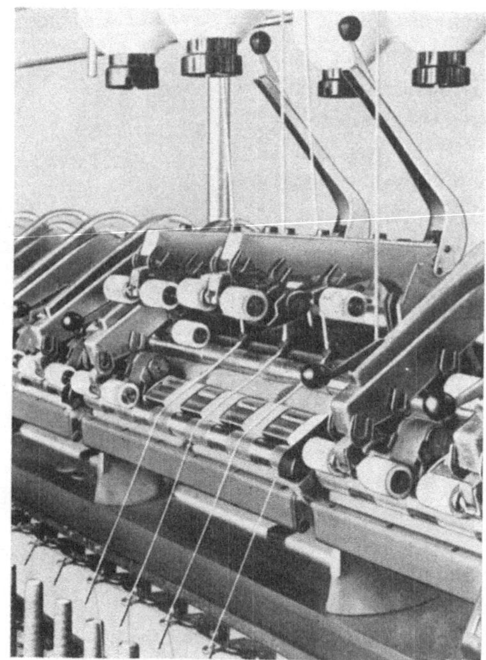

Abb. 123. Kurz-Langriemchen-Streckwerk

zur besseren Faserführung eine leichte, selbstbelastende Schlupfwalze kleinen Durchmessers aufgelegt. Dieses Streckwerk, vorzugsweise im mittleren Nummernbereich eingesetzt, erlaubt Verzüge bis 16- und 20-fach. Gegenüber Flug ist es kaum empfindlich. Jetzt wird es meist durch Doppelriemchen-Streckwerke ersetzt. Beim Verspinnen von Fasern mit hohem Verzugswiderstand findet man es heute noch.

Kurz-/Langriemchen-Streckwerke (Abb. 123; 128) arbeiten anstatt mit einer Schlupfwalze mit einem kurzen ungespannten Oberriemchen als oberem Führungselement im Hauptverzugsfeld. Dieses Streckwerk ist die Weiterentwicklung de Le Blan-Roth-Streckwerkes.

Das Oberriemchen wird in einem Käfig geführt. Der Auslaufabstand der beiden Riemchen, Maulweite genannt, ist der zu verspinnenden Lunte und der Nummer anzupassen. Die Einstellung der Maulweite erfolgt durch auswechselbare Distanzstücke (Abb. 126).

Einstellung der Maulweite M (nach Süssen)

Nm	(tex)	$M\ (mm)$
unter 20	(über 50	3,5...5,0
20...34	(50...30)	3,4...4,0
34...60	(30...17)	2,5...3,5
über 60	(unter 17)	2,5...3,0

Die Maulweite ist abhängig von Faserfeinheit, Struktur und Parallellage der Fasern sowie vom Verzug. Grundsätzlich sollte man mit der engstmöglichen Einstellung arbeiten.

Die langen Unterriemchen werden entweder durch Gewichtsrollen oder durch federgespannte Führungsbügel straff gehalten. Wichtig ist es, die vordere Riemchenumlenkung möglichst nahe an den Klemmpunkt des Ausgangszylinderpaares heranzuführen. Das Unterriemchen wird deshalb anstatt über einen Zylinder über eine Umlenkschiene geführt (wie beim Le Blan-Roth-Streckwerk). Diese Schiene

Abb. 124. Casablancas-Streckwerk, Modell GX 2
(mit doppelter Aufsteckung des Vorgarnes)

ist leicht gewölbt (Abb. 126) oder abgestuft, damit diese geschobenen Riemchen besser gespannt werden.

Dadurch erzielt man eine Verbesserung der Faserführung im Hauptverzugsfeld. Die eigentliche Spannung erhalten die Riemchen entweder von einer Spannrolle oder einem unter Federdruck stehenden Spannbügel; letzterer kann durch eine Spannrolle ergänzt sein. Die Spannvorrichtungen sind unterhalb der Unterzylinder montiert.

Die Kurz-/Langriemchen-Streckwerke werden heute bei kardiertem Material für Verzüge bis 40-fach, bei gekämmtem Material für noch höhere Verzüge eingesetzt.

Beim *Casablancas-Streckwerk* (Abb. 124) findet grundsätzlich Doppelriemchenführung des Faserverbandes Anwendung. Beide Riemchen sind kurz, annähernd gleich lang und in einem Käfig geführt. Eine Spannvorrichtung ist nicht vorhanden. Zur Einstellung der Maulweite nimmt man Führungsstifte; sie dienen gleichzeitig der vorderen Riemchenumlenkung. Bei einem Typ dieses Streckwerkes sind die Riemchen länger als normal, können jedoch an zwei Stellen durch einen Stift leicht abgeknickt werden; dies entspricht einer Verlegung des hinteren Klemmpunktes im Hauptverzugsfeld. Durch diese Vorrichtung soll das Streckwerk für Fasern bis 60 mm Stapellänge universell verwendbar gemacht werden.

Das *Shaw-Streckwerk* ist ein Einriemchen-Streckwerk. Das Besondere ist, daß keine Schlupfwalze eingesetzt wird. Dafür ist die mittlere Druckwalze nach vorne verlagert, so daß das Unterriemchen leicht durchgebogen wird. Die Druckverteilung ist jedoch so, daß die Oberwalze — sie hat einen größeren Durchmesser als die anderen Druckzylinder — ihren Druck praktisch ganz auf den Zwischenzylinder wirken läßt. Zwischen mittlerem Oberzylinder und Riemchen kann dagegen ein Faserdurchzug stattfinden. Der Abstand dieses Oberzylinders zur Wendeschiene läßt sich durch Abstandsringe verändern und dem zu verspinnenden Rohstoff anpassen.

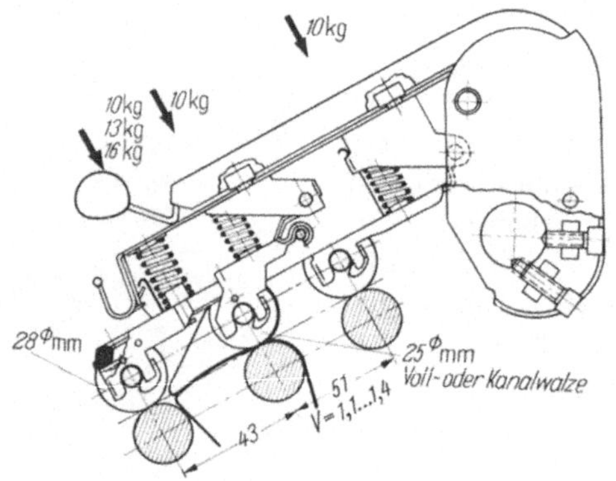

Abb. 125. Schnitt durch Pendelträger PK 220 (SKF)

6.3.2.2 Belastung der Streckwerke. Der entscheidende Fortschritt im Streckwerksbau war die Verbesserung von Führung und Belastung der Druckwalzen. Die Entwicklung der sogenannten Führungsdruckarme für die Oberwalzen ermöglichte die Abschaffung der zur Belastung der Einzugszylinder meist verwendeten schweren Selbstbelastungswalzen und der Belastungssättel für die vorderen Zylinder. Die Erzeugung des Klemmdruckes geschieht masselos mit Schrauben-, Spiral- und Blattfedern bzw. pneumatisch. Die dabei gebräuchliche Mittenführung der Druckroller läßt die sogenannten Chapeaux wegfallen. Das erleichtert die Sauberhaltung und verbessert die Zugänglichkeit des Streckwerkes. Zur Einstellung der Oberzylinderabstände benützt man Lehren. Das gewährleistet stets den richtigen Belastungsdruck und eine genau achsparallele Einstellung der Oberwalzen zu den Riffelzylindern.

Die wichtigsten Führungsdruckarme sind:

1. der Pendelträger der SKF (Abb. 125)
2. der Universalträger von Süssen (Abb. 126)
3. der Führungsarm von Rieter (Abb. 127)

Die SKF belastet mit Spiral-, oder wie hier am Beispiel des PK 220 gezeigt, mit Schraubenfedern. Der Belastungsdruck auf hinteren und mittleren Zylinder beträgt 10 kp je Zylinderzwilling. Am Ausgangszylinder kann die Belastung auf sehr einfache Weise in drei Stufen (10 — 13 — 16 kp) verändert werden. Die Lenker sind allseitig beweglich aufgehängt, so daß sich die von ihnen geführten Oberwalzen beim Lauf automatisch achsparallel zu ihrem Riffelzylinder einstellen können. Die beiden hinteren Lenker lassen sich stufenlos verstellen.

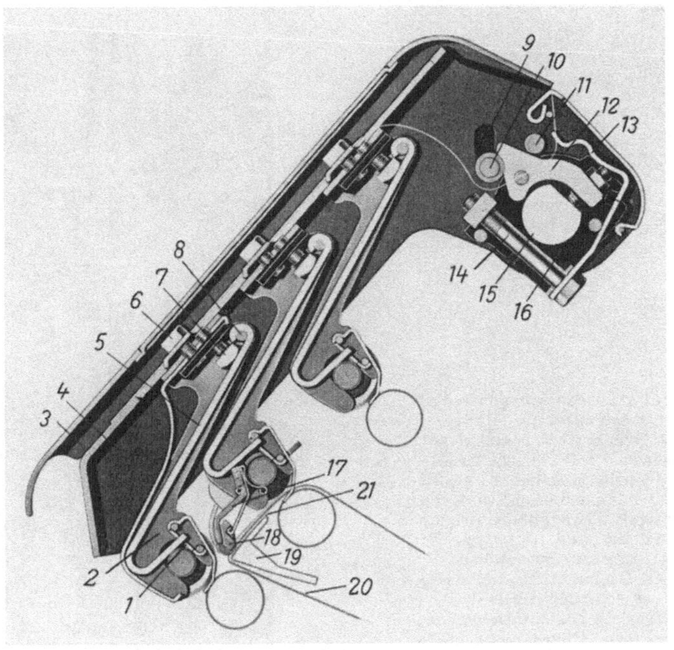

Abb. 126. Führungsdruckarm UT 600 (Süssen)

1 Haltefeder;   *2* Druckwalzenhalter;   *3* Entlastungshebel;   *4* Führungsschiene;   *5* Belastungsfeder; *6* Befestigungsschraube f. 2;   *7* Justierschraube mit Druckstück;   *8* Federhalter;   *9* Schlitz;   *10* Bolzen; *11* Bolzen (Drehpkt. f. 3);   *12* Stellhebel;   *13* Führungsfeder;   *14* Klemmschraube;   *15* Halterstange; *16* Klemmstück; *17* Oberriemchenkäfig; *18* Abstandsplatte (f. Maulweite); *19* Wendeschiene; *20* Unterriemchen; *21* Oberriemchen

Beim hier gezeigten UT 600 von Süssen sind alle drei Druckwalzenhalter stufenlos einstellbar. Den benötigten Belastungsdruck erzeugen angelenkte Blattfedern an jedem Halter. Der Druck läßt sich mit Hilfe einer Justierschraube verändern und durch ein Kontrollgerät in der Maschine überprüfen.

Bei Rieter ist im Führungsrohr für die Arme ein Schlauch untergebracht, der wiederum an einen Kompressor angeschlossen ist. Dadurch kann, je nach Einstellung eines Ventils, der jeweils richtige Druck für die ganze Maschine gewählt werden. Er liegt bei mittleren Spindelteilungen zwischen 0,7 und 1,2 atü, was an der Ausgangswalze eine Belastung von 11,5 bis 14,5 kp je Walzenzwilling hervorbringt. Der Druck wird durch Druckübertragungshebel und eine Rolle auf den Walzensattel und die einzelnen Zylinder übertragen. Ein Kompressor reicht für mehrere Maschinen.

Die hier aufgeführten Führungsdruckarme sind alle mit einem Entlastungshebel ausgerüstet. Dieser gestattet das Be- bzw. Entlasten eines Aggregates mit nur einer Hand.

Als neues Belastungssystem kommt die Magnetbelastung hinzu (Saco-Lowell). Dafür wird in die hohle Oberwalze ein Permanentmagnet eingesetzt. Ober- und Unterzylinder werden durch das magnetische Feld zusammengedrückt, so daß auf den durchlaufenden Faserverband der für den Verzug erforderliche Druck ausgeübt wird. Lagerungs- und Schmierungsprobleme treten bei den Oberwalzen

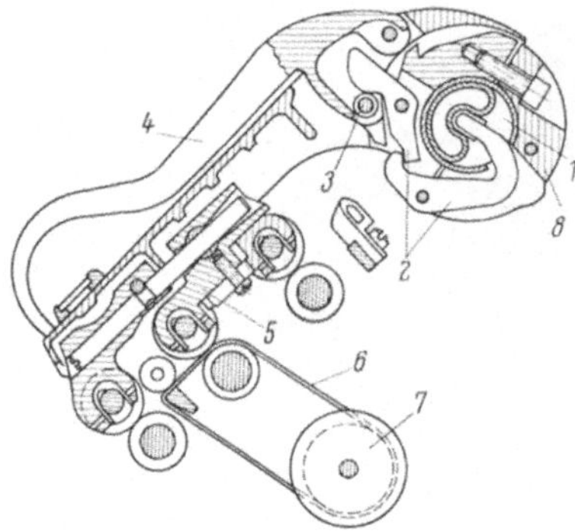

Abb. 127. Schnitt durch Führungssattel mit pneumatischer Belastung (Rieter)
1 Schlauch für Druckluft; *2* Hebel zur Druckübertragung; *3* Rolle zur Druckübertragung; *4* Entlastungshebel (nimmt beim Anheben 3 mit nach oben, wodurch Entlastung erfolgt); *5* einstellbare Brücke zur Druckverteilung und Führung der Oberwalzen; *6* Führungsriemchen; *7* Spannrolle; *8* Klemmstück zur Arretierung des Führungsarmes
(Das hier gezeigte Le Blan-Roth-Streckwerk wird heute von Rieter nicht mehr gebaut — vgl. Abb. 128)

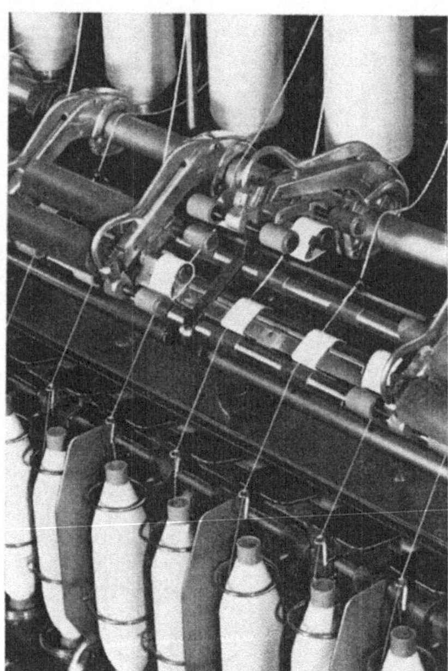

Abb. 128. Kurz-/Langriemchen-Streckwerk mit Führungssattel (pneumatische Belastung) und Fadenabsaugung. Die hier gezeigte Maschine ist mit doppelten Balloneinengungsringen, Windfangblechen und Kniebremsen an den Spindeln ausgerüstet (Rieter)

nicht auf. Zur Führung der Druckwalzen muß man zwar wieder auf die Seitenführung zurückgreifen (Führung durch seitlich in die „Druckwalze" eingesetzte Polyamid-Zapfen), dafür entfallen die Belastungselemente. Im Gegensatz zu den anderen Systemen wirkt hier auf die Zylinderlager nicht der ganze Belastungsdruck, sondern nur das geringe Gewicht der Magnetwalzen. In den USA soll diese Belastungsart schon verbreitet Eingang gefunden haben. (Abb. 129)

Die mit den neuen Belastungsarten ausgerüsteten Streckwerksmodelle sind, im Gegensatz zu den alten Ausführungen (mit Gewichten), an keine Streckwerksneigung gebunden. Der Druck ist in allen Lagen gleichbleibend. Die bei Streckwerksneigungen von 45° bis 60° und steiler gebotenen Möglichkeiten, begünstigen den Bau schmaler Maschinen (700 mm bis herab zu 500 mm gegenüber 900 bis 1000 mm bei normalbreiten Maschinen). Durch eine entsprechende Konstruktion der Streckwerkslager kann hier der Fadenlauf steiler gestaltet werden, ohne daß man den Umschlingungswinkel des Fadens am Ausgangszylinder vergrößern müßte. (In diesem Bogen erhält der Faden praktisch keine Drehung, so daß er hier besonders störungsanfällig ist.) Der Fadenlauf ist jetzt häufig um rund 15° gegenüber der Spindelachse geneigt. Vom senkrechten Fadenlauf (Neigung 0°) ist man bei vielen Ringspinnmaschinen wieder abgekommen, weil bei einem leicht schrägen Fadenlauf eine noch bessere Drehungsverteilung im oberen Fadenstück (zwischen Streckwerk und Fadenführer) zu beobachten ist und die Fadenbruchzahlen zurückgehen.

Die Riemchenstreckwerke sind im Normalfalle für Faserlängen bis 40 und 45 mm praktisch mit konstanter Einstellung des Hauptverzugsfeldes verwendbar. Durch Austausch des Normalkäfigs gegen einen Langriemchenkäfig wird ihr

Abb. 129. Streckwerk mit Magnet-Druckwalzen „MagneDraft" (Saco-Lowell)

Einsatz für 60 und 65 mm Stapellänge möglich. Eventuell setzt man auch als Führungswalze für die Oberwalze eine mit elastischem Bezug garnierte Kanalwalze ein. Das ermöglicht bei kürzerem Walzenabstand einen Faserdurchzug.

6.3.2.3 Verzüge. Das Vorverzugsfeld muß — abhängig von der Höhe des Vorverzuges, der Vorgarnnummer und der Vorgarndrehung — den Verhältnissen angepaßt werden (Abb. 130).

Rohstoff, Garnausfall und Arbeitsbedingungen bestimmen in erster Linie die Höhe des Verzuges bis zu welchem ein Streckwerk einsetzbar ist.

Für die Höhe des Vorverzuges werden — von der SKF z. B. — folgende Werte empfohlen:

Gesamtverzug	Vorverzug
12...25	1,1...1,4
25...60	1,1...1,4
	oder 2,0...4,0
60 und höher	2,0...4,0

Vorverzüge zwischen 1,4 und 2,0 sollten aus den bekannten Gründen (s. Abschn. 4.4.3.2.1) auch an der Ringspinnmaschine vermieden werden. Der Vorverzug muß jedoch so hoch sein, daß die Lunte gut aufgelockert, d. h. mit auflösbarer Vorgarn-

10*

drehung, ins Hauptfeld kommt. Bei den höheren Vorverzügen muß das Vorverzugsfeld dem Stapel angepaßt werden. Für den Klemmpunktabstand gilt:

bei Vorgarn bis Nm 2,5 (400 tex) Einstellstapel $+1$ bis 3 mm,
bei Vorgarn über Nm 2,5 (400 tex) Einstellstapel $+0$ bis 2 mm.

Bei schwer verzierbaren Chemiefasern kann eine weitere Vorfeldeinstellung günstiger sein.

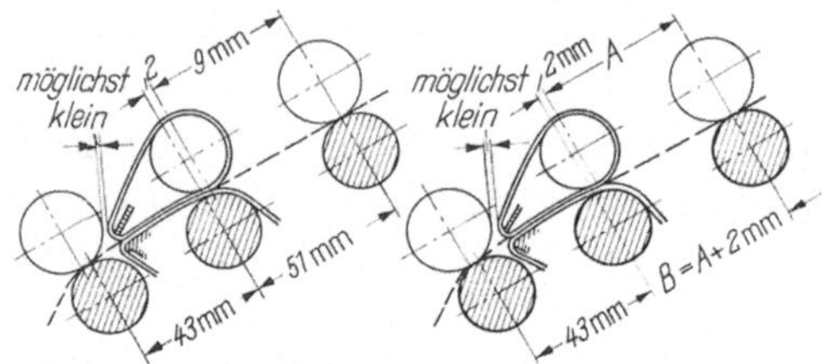

Abb. 130. Einstellung der Streckfeldweiten mit kurzem Oberriemchenhalter für Fasern bis 40 mm Stapellänge (nach SKF)
links: bei Vorverzug 1,1...1,4   rechts: bei Vorverzug über 2,0   A Stapellänge plus ca. 2 mm

Die jetzt üblichen hohen Belastungsdrücke machen, besonders bei langen Maschinen, eine Verbesserung von Zylinderlagerung und Streckwerksantrieb erforderlich. Durch den Einbau von Nadellagern für die Riffelzylinder (vorzugsweise beim Ausgangs-, aber auch bei Zwischen- und Eingangszylinder) vermeidet man die ruckartigen Stoßverzüge, die bei sehr stark belasteten (= abgebremsten) Zylindern leicht auftreten. Die Lager müssen staubdicht abgeschlossen sein und sollen zur Reinigung keine Demontage des Zylinders erforderlich machen (Abb. 131).

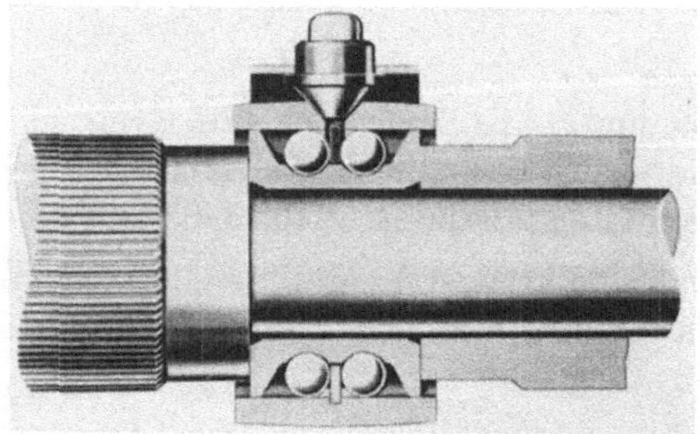

Abb. 131.   Kugellagerung der Riffelzylinder (Süssen)

6.3.2.4 Druckroller (Abb. 93, 94). Die Druckroller und deren Bezüge sind in den Kap. 4.3.4.5 und 4.3.4.5.1 bereits besprochen worden. An der Ringspinnmaschine wählt man die Härte der Bezüge zwischen 65° und 85° Shore. Bei hohen Belastungsdrücken werden meist die größeren Härten vorgezogen. Das Lackieren der Zylinderbezüge — zur Verminderung der Wickelbildung infolge statischer Aufladungen — ist heute meist nicht mehr erforderlich. Durch UV-Bestrahlung (Otalo) erreicht man eine künstliche Alterung der Oberfläche und wirkt so der Aufladung entgegen. Diese Sonderbehandlung muß nach jedem Schleifen wiederholt werden.

Der mittlere Druckroller dient zur Führung des Oberriemchens und hat meist eine glatte Metallhülse; oft ist diese Hülse leicht gerillt, seltener zusätzlich mit einem elastischen Mantel bezogen.

6.3.2.5 Laufriemchen. Sie werden ebenfalls sehr häufig aus synthetischem Material gefertigt. Dann können sie nahtlos sein und der Wegfall der Klebestellen ergibt einen stoßfreien Lauf. Beim Verspinnen von Chemiefasern können aber gelegentlich Verzugsstörungen auftreten. (Dies ist besonders bei klimatischen Schwankungen der Fall.) Der Einsatz von Riemchen aus chromgarem Leder kann Abhilfe schaffen. Nimmt man für beide Riemchen Leder, wählt man für das zweite Riemchen lohgares Leder. Mit Hilfe eines Spezialklebers lassen sich auch Gummiriemchen nachträglich (z. B. als Ersatz) wieder einsetzen.

6.3.2.6 Streckwerksantrieb (vgl. Abschn. 8.7). Beim Antrieb des Streckwerkes muß den gebräuchlichen Verzugshöhen Rechnung getragen werden. Bei gleichen Maschinentypen finden in verschiedenen Betrieben ganz unterschiedliche Verzugshöhen Anwendung. Die Maschinenfabriken bauen deshalb in den Streckwerksantrieb austauschbare Übersetzungsräder ein, die ohne Änderung des Antriebssystems eine Anpassung an die jeweiligen Betriebsbedingungen ermöglichen. Sowohl bei sehr hohen als auch bei niedrigen Verzügen können dann Nummerwechsel mit ausreichend großen Zähnezahlen (= feine Verzugsabstufung) eingesetzt werden. Das gleiche gilt für den Vorverzug, wo man ebenfalls eine Zwischenübersetzung einschaltet.

Die modernen Doppelriemchen-Streckwerke sind, wie bereits erwähnt, ohne Umstellung für einen großen Stapelbereich einsetzbar; eine eventuell erforderliche Anpassung muß aber trotzdem möglich sein. Der Streckwerksantrieb ist deshalb meist aus dem eigentlichen Getriebekasten herausgezogen und auf die Zylinderbank verlegt. Zinser umgeht bei einem seiner Modelle diese Notwendigkeit dadurch, daß die Zylinder über Teleskopwellen mit zwei Kreuzgelenken angetrieben werden. Die Übersetzungsräder sind fest im Getriebekasten untergebracht.

Der Antrieb des Streckwerkes erfolgt in der Regel direkt auf den Ausgangszylinder und von dort auf die übrigen Zylinder. Die Lagerung ist wegen der angehobenen Belastungsdrücke wesentlich verstärkt worden.

6.3.2.7 Reinigung des Streckwerkes. Eine ständige Reinigung des Streckwerkes geschieht durch die Absauganlage und die Putzwalzen. Letztere sind mit Filz oder Plüsch bezogen und liegen direkt auf den Druckwalzen auf. Bei einwandfreien Oberzylindern gehen die von den Rollern mitgenommenen Fasern leicht auf die Putzwalze über. Bei Verwendung sogenannter Flugglätter (= Metallstäbe, die auf die vordere Putzwalze drücken) kann der Reinigungsintervall für die Putzwalzen vergrößert und die Putzarbeit vermindert werden. Zur Unterstützung der Absauganlage setzt man häufig am vorderen Unterzylinder zusätzlich eine Putzwalze ein. Sie wird hinter dem Absaugrohr von besonderen Haltern geführt. Zur Reinigung dieser Walze kann der Absaugstutzen heruntergeklappt werden. Zur gründlichen Reinigung des Streckwerkes und seiner Lagerstellen verwendet man einen sogenannten Flockfang: Eine dünne Stahlspindel wird entweder über eine flexible Welle von den Spindelbändern aus oder durch einen in das Gerät selbst eingebauten Motor angetrieben. Der Flug wickelt sich um die Spindel; das Streckwerk wird faserfrei. Die Wanderreiniger (s. 6.20) unterstützen die

Sauberhaltung sehr wirksam. Manche Firmen entfernen deshalb die hinteren oberen Putzwalzen.

6.4 Drehungserteilung

Das vom Streckwerk der Ringspinnmaschine gelieferte Faserbändchen muß in weit stärkerem Maße durch Drehung gefestigt werden, als dies beim Flyervorgarn nötig ist, da hier die Faserzahl im Luntenquerschnitt wesentlich stärker vermindert wird. Hinsichtlich Rohstoff und Nummer gelten die gleichen Gesichtspunkte wie am Flyer. Als dritter Punkt kommt beim Garn noch der Verwendungszweck hinzu (z. B. Kettgarn, Schußgarn usw.). Die üblichen Drehungswerte sind dem Abschnitt (7.3) zu entnehmen.

Im Gegensatz zum Flyer muß die Spindeldrehzahl an der Ringspinnmaschine des öfteren geändert werden. Die Höhe dieser Drehzahl läßt sich aber nicht willkürlich festlegen, sondern ist sowohl von technologischen Faktoren (z. B. mögliche Läufergeschwindigkeit) als auch von spinntechnischen Gegebenheiten (z. B. Drehung) abhängig. Die erforderliche Garndrehung erhält man durch Anpassung der Lieferung an die eingestellte Spindeldrehzahl.

Die Drehung kommt durch das Zusammenwirken von Lieferung, Spindeldrehzahl, Ring und Läufer zustande. Die Formel $T = n_{Spi}/L$ gilt nur bedingt, weil die genaue Drehungszahl nicht von der Spindel, sondern vom Läufer übertragen wird. Bei jedem Umlauf des Läufers auf dem Ring erhält das gelieferte Fadenstück eine Drehung. Da die Liefergeschwindigkeit des Ausgangszylinders geringer ist als die Umfangsgeschwindigkeit des Kopses, wird das Garn auf den Kops aufgewunden; der Läufer bleibt dabei stets um den Betrag der Lieferung hinter dem Kops (= Spindel) zurück (Nacheilung). Wegen der an Kegelbasis und Kegelspitze unterschiedlichen Umfangsgeschwindigkeiten des Kopses erhält das Garn an der Basis mehr und an der Spitze weniger Drehung, was aber nicht ins Gewicht fällt (Drehungsdifferenz 1...2%). Andere Faktoren, z. B. die Einspinnung, verursachen weit stärkere Abweichungen. Praktisch kann man deshalb Läuferdrehzahl = Spindeldrehzahl setzen. Die Einzwirnung oder Einspinnung ist abhängig von Drehungsgrad und Nummer, zum Teil auch vom Rohstoff. Man muß dies bei der Drehungsberechnung und — ganz besonders — bei der Bestimmung des Nummerwechsels berücksichtigen, weil die Einspinnung den Faden verkürzt und die vom Ausgangszylinder gelieferte Rohstoffmenge auf eine kürzere Garnlänge verteilt wird.

6.5 Aufwindung des Garnes

Würde man den Bewicklungsvorgang des Flyers auf die Ringspinnmaschine übertragen, müßte die hülsentragende Spindel auf- und abbewegt werden. Bei den meisten Ringspinnmaschinen wird aber das fadenführende Organ, also die Ringbank, bewegt.

6.5.1 Aufwindevorrichtungen

Die Standardmaschinen der verschiedenen Maschinenfabriken haben einen Verlegemechanismus wie er in Abbildung 132 dargestellt ist. Stirnräder übersetzen die Drehung der Hauptwelle auf den Wagenwechsel Ww. Dieser treibt über weitere Übersetzungen den Exzenter E. Gegen den Exzenter drückt die im Schaltarm SA gelagerte Exzenterrolle. Der ortsfest gelagerte Exzenter zwingt so den

Schaltarm, seinen Hebungen und Senkungen zu folgen. Weicht z. B. der Schaltarm nach unten aus, geht auch Kette I mit nach unten. Übersetzungsrolle $\ddot{U}$ dreht sich dabei im Gegensinn und zieht Kette II nach links. Dieser Bewegung folgen Quadrant Q, Kette $K3$ und die Wagenzugstangen EF. Dabei dreht sich der Winkelhebel W im Gegensinn und drückt mit einer Rolle die Wagenhubstange HS und die Ringbank nach oben.

Bei Weiterdrehen des Exzenters senkt sich die Ringbank (deren Eigengewicht und Ausgleichsgewichte den erforderlichen Zug auf den Schaltarm ausüben), der Schaltarm geht nach oben und die Schaltklinke SK schlägt an Stellschraube ST

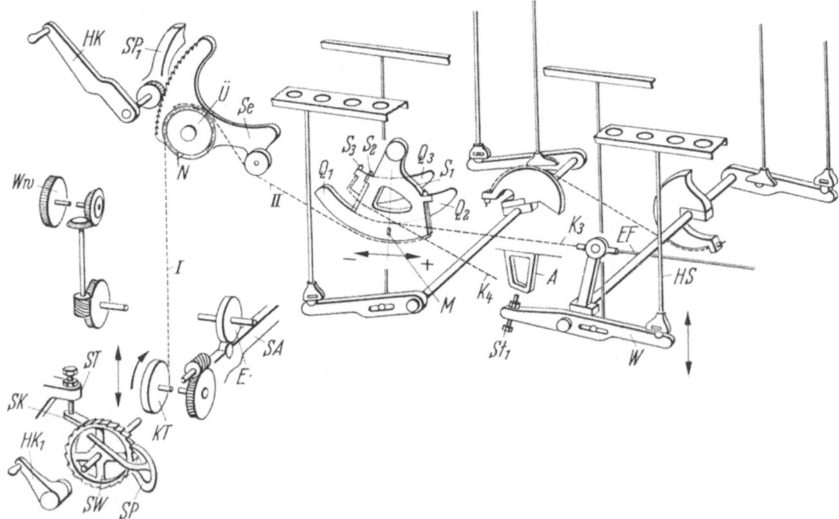

Abb. 132. Ringbankbewegung bei Ringspinnmaschine mit Wagenhubstangen (Ingolstadt)
SA Schaltarm mit Rolle; E Exenter; KT Kettentrommel; ST Stellschraube; SK Schaltklinke mit Sperre SP; SW Schaltwechsel (Klinkenrad); $HK1$ Handkurbel; Ww Wagenwechsel; K Kette (I, II, $K3$, $K4$); HK Handkurbel zum Unterwinden; N Kettendrücker; $\ddot{U}$ Übersetzungsrolle; Se Zahnsegment mit Sperre (zum Unterwinden − nach Lösen der Sperre − absenkbar); Q dreifacher Quadrant; $Q1$ zur Grundeinstellung der Kopsform (über I und $K2$); $Q2$ zur Einstellung der Anspinnhöhe (über $S2$ und $K3$); $Q3$ zur Bewegung der Ballonringe über $K4$; S Spannschrauben ($S1$, $S2$, $S3$); M Markierung zur Einstellung des Quadranten; $St1$ Stellschraube zur Einstellung der Unterwindstellung; A Anschlag für $St1$ Unterwindung; W Wagenhubarm; HS Ringbank-Hubstange; EF Zugstange

an. Da der Schaltarm aber noch weiter steigt, dreht sich SK um seine Lagerung und nimmt über die Klinkensperre SP das Schaltrad SW mit. In der Regel stellt man die Stellschraube so ein, daß das Schaltrad bei jedem Wagenspiel um eine Zahnteilung gedreht wird.

Die Drehung des Schaltrades macht die Kettentrommel KT mit und wickelt so jeweils ein entsprechendes Stück von Kette I auf. Die Ringbank geht deshalb nicht mehr ganz in ihre Ausgangsstellung zurück, wird also bei jedem Wagenspiel um einen kleinen Betrag höher gesetzt. Dieser Betrag ist abhängig vom Schaltbetrag. Unbeeinflußt davon bleibt der Lagenhub des Wagenspieles. Letzterer ergibt sich aus Exzenterhub und den verschiedenen Übersetzungsverhältnissen.

Ein Abzug ist fertig, wenn beim Drücken der Exzenterspitze auf die Exzenterrolle die Ringbank noch 5...8 mm von der Hülsenoberkante entfernt ist.

Zum Abziehen oder „Absetzen" der Kopse muß die Ringbank heruntergedreht werden: man unterwindet. Dazu dreht man die Handkurbel HK nach Lösen der Sperre $SP\,1$ im Uhrzeigersinn und senkt so das Zahnsegment Se mit der Übersetzungsrolle $\ddot{U}$. Ketten I und II werden entspannt und — über $K\,3$, W und HS — senkt sich die Ringbank. Die Größe der Abwärtsbewegung läßt sich durch die Einstellung der dabei an Anschlag A anstoßenden Stellschraube $St\,1$ regulieren. (Zum Unterwinden muß die Ringbank bis unter die Anspinnhöhe — das ist die Stelle der Hülse, wo bei Beginn eines Abzuges die erste Windung gelegt wird) — abgesenkt werden. Dort müssen vor dem endgültigen Maschinenstillstand noch einige Windungen aufgewickelt werden, damit sich diese Fadenreserve beim Abziehen der Kopse abspulen kann und beim Aufstecken der neuen Hülsen festklemmen läßt — ohne daß ein Fadenbruch entsteht.) Mittels Hand-Kurbel $HK\,1$ löst man beim Aufstecken auf die Schaltradachse die Sperre SP. Dreht man das Schaltrad nun im Uhrzeigersinn, rollt sich Kette I von der Kettentrommel ab.

Bringt man nach dem Abziehen das Zahnsegment (mittels Handkurbel HK) wieder in Arbeitsstellung, wird auch die Ringbank wieder die richtige Anfangsstellung (= Anspinnhöhe) einnehmen. Die Anspinnhöhe soll 5...8 mm oberhalb des unteren Hülsenrandes liegen. Sie läßt sich über Schraube $S\,2$ und Kette $K\,3$ einregulieren. Die Ausnützung des Hülsenformates verlangt eine genaue Ausrichtung der Ringbänke. Nur so ist die Anspinnhöhe niedrig zu halten.

Neben der Exzenterform sind für die Kopsform von Bedeutung:

1. Kettendrücker N an der Übersetzungsrolle $\ddot{U}$ und
2. die Fläche am Quadranten.

Der Kettendrücker bewirkt eine Vergrößerung des Rollendurchmessers. Solange der Kettendrücker auf die Kette drückt, wird — mit der Fortschaltung abnehmend — der Ringbankhub verkürzt. Auf den Kops übertragen, verursacht das eine dichtere Fadenverlegung als beim Arbeiten ohne Kettendrücker. Am Kopsansatz entsteht ein Bauch, wodurch das Kopsvolumen eine Vergrößerung erfährt. (Die Gefahr eines Abrutschens einzelner Lagen ist bei Zellwolle größer als bei Baumwolle; deshalb schaltet man dort die Wirkung des Kettendrückers ganz oder doch sehr weitgehend aus.)

Die Fläche des Quadranten soll die nicht gleichförmige Hebebewegung des Winkelhebels W (und damit der Ringbank) und deren ungünstige Beeinflussung des Kopsaufbaues ausgleichen. Überträgt man nämlich eine kreisförmige Bewegung auf die Vertikale, so ist der Hub je Winkeleinheit klein, wenn man sich der Höchst- oder Tiefststellung nähert; um die Horizontale herum ist er dagegen groß. Beim Fehlen dieser Ausgleichsfläche — sie stellt die Verkleinerung eines treibenden Durchmessers dar — würden konvexe Kopse entstehen. Die Verschiebung des Quadranten nach rechts oder links (durch Schraube $S\,1$ und Kette II regulierbar) bringt Kopse, die sich nach oben zu bzw. nach unten hin verjüngen. Bei Neukonstruktionen ist man von dieser Art der Wagenbewegung abgekommen (Abb. 133). Man hängt die Ringbänke und auch die Halter für Balloneinengungsringe und Fadenführer an Bändern oder Ketten auf, die über Umlenkrollen geführt und an Zugstangen oder Bändern unter der Streckwerksbank befestigt sind. Das verlangt eine geringere Bodenfreiheit und läßt eine niedrigere Montage der

Spindelbänke zu. Der Abstand zwischen Spindeloberkante und Ausgangszylinder, der für gute Fadenführung von großer Bedeutung ist, läßt sich so (ohne Überschreitung einer vertretbaren Arbeitshöhe) vergrößern. Die sich gegenüberliegenden Ringbänke sind durch Traversen verbunden; paarweise angeordnete Säulen sind in die Konstruktion der Zwischengestelle einbezogen und dienen als Führungsorgane für die Ringbänke.

Abb. 133a. Vierspindel-Bandantrieb mit Antriebsscheiben und unten liegender Spannrolle (Ingolstadt). Die Ringbänke beider Maschinenseiten sind miteinander verbunden. Ihre Hebung und Senkung besorgen in Plastikbänder eingebettete Drahtseile, die über Führungsrollen an den Zwischengestellen gezogen werden

Abb. 133b.   Rahmenbau einer modernen Ringspinnmaschine in Schmalbauweise (Sao-Lowell,   Modell Spinomatic)
1 Zwischengestell mit Stellschrauben; *2* Antriebswelle mit Scheiben; *3* Spindelbank (Aluminium); *4* Spindelführung; *5* Ringbank (Aluminium); *6* Separatoren (elastisch); *7* Ringbankführung; *8* Ballonringführung; *9* Fadenführerführung; *10* Führungsstangen; *11* Bandführungsrollen; *12* Zylinderbank; *13* Gatterständer

Die zunehmende Automatisierung verlangt eine Anpassung der Kopsaufmachung an die Notwendigkeiten des folgenden Spulprozesses. Aus diesem Grunde sehen verschiedene Firmen (Abb. 148) eine *Oberwindung* vor. Hat die Ringbank eine bestimmte Höhe erreicht, wird die normale Bewicklung unterbrochen, die Ringbank noch ein kleines Stück angehoben und so oberhalb des Garnkörpers eine Reserve, in der Art der Unterwindreserve, aufgewickelt. Dann erst geht die Ringbank nach unten. Die Unterwindung erfolgt dabei vorteilhafterweise auf das Spindeloberteil unterhalb der Hülse. Das gestattet ein Abziehen der Kopse in üblicher Weise. Beim Aufstecken der neuen Hülsen wird — wie bisher — der

Faden zerrissen, beim Spulen läßt sich die Oberwindung, ohne Störung durch eine Unterwindung auf der Hülse, erfassen. Der Rest der Unterwindereserve auf dem Wirtel läßt sich leicht entfernen.

6.5.2 Schaltapparat

Auch die Schaltapparate sind bei vielen neuen Modellen umkonstruiert worden. Dabei umgeht man den Austausch des Schaltrades zur Änderung der Ringbankschaltung je Wagenspiel. Zinser, z. B., verwendet eine Klinkenschaltung

Abb. 134. Stufenlos einstellbarer Schaltapparat mit Vierfach-Klinke ohne Schaltradaustausch. Durch Drehen des Zeigerrades (r. o.) ändert sich der tote Gang eines Stoßhebels und damit der Drehwinkel des Klinkenrades und die Höherschaltung der Ringbank

(Abb. 122; 134) mit feinverzahntem Schaltrad und Vierfach-Klinke. In Verbindung mit einer Änderung des toten Ganges eines vom Exzenter bewegten Stoßhebels erreicht man dabei eine praktisch stufenlose Verstellbarkeit der Ringbankschaltung.

Andere Firmen, z. B. Ingolstadt, bauen ähnliche Ausführungen.

Diese Apparaturen lassen sich leicht mit einer automatischen Unterwindevorrichtung koppeln.

6.5.3 Ringbankexzenter

Der Exzenter ist ausschlaggebend für die Art der Hubbewegung und der Bewicklung. In Deutschland findet in der Baumwollspinnerei fast ausschließlich die „Kopswicklung" Anwendung (Abb. 136) (= kleiner Lagenhub — meist gleich dem Ringdurchmesser — und kegelförmige Überdeckung der einzelnen Lagen). Gebräuchlich ist dafür der Einspitzexzenter (1 Umdrehung = 1 Wagenspiel). Als Aufteilung für Hebung : Senkung findet man 2 : 1, manchmal auch 3 : 1, seltener 4 : 1. Je stärker das Verhältnis nach einer Seite verschoben ist, um so dichter ist für diese Hubrichtung die Bewicklung, um so leichter können beim Umspulen Schlupfwindungen (= Abrutschen von Kopslagen) entstehen. Dieser Gefahr begegnet man durch eine Verminderung der Lieferung je Wagenspiel.

Praktisch erreicht man dies mit einer Änderung des Wagenwechsels oder der Exzenterform. So wurden Zwei- und Dreispitz-Exzenter (WM-Exzenter) entwickelt. Dabei kommen auf eine Umdrehung zwei bzw. drei Wagenspiele (Abb. 135). Durch Verbesserungen im Spulmaschinenbau kann man auf diese Sonderformen jetzt meist verzichten.

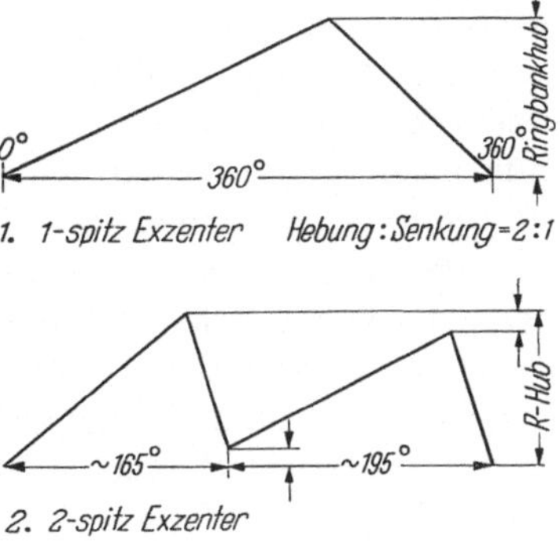

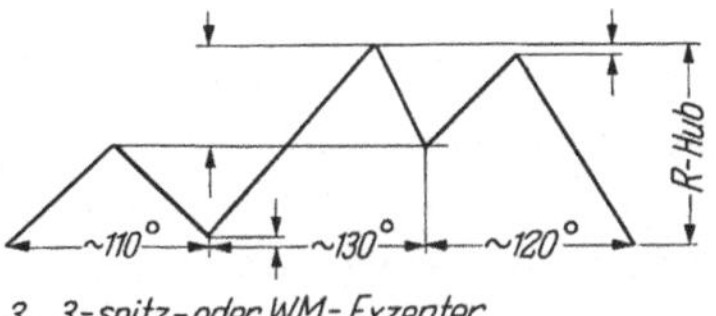

Abb. 135. Weg-/Zeitdiagramme für verschiedene Exzenterformen

Verschiedene Firmen führen bei ihren neuen Typen ihre Exzenter wesentlich größer aus als früher. Das soll den Exzenterverschleiß vermindern und die Ringbankbewegung exakter machen. Meist ist auch die Exzenterrolle oder eine Füh-

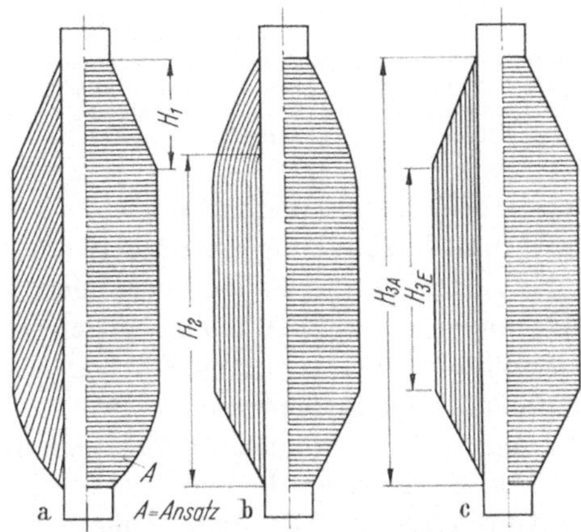

Abb. 136a—c. Kopsaufbau. a) normale Kopswindung; H_1 klein, nach Bildung des Ansatzes konstant; b) kombinierte Windung, H_2 groß und konstant; c) Parallelwindung, großer Anfangshub H_{3A} vermindert sich laufend bis H_{3E} am Ende des Abzuges

rungs rolle auf dem Schaltarm verschiebbar, so daß der Lagenhub — er wird durch die Rollenverschiebung (Änderung des Hebelarmes) beeinflußt — auf einen Bestwert gebracht werden kann.

In Amerika ist für den Kopsaufbau die „kombinierte Wicklung" sehr weit verbreitet (Abb. 136). Hier wird die Ringbank mit normaler Geschwindigkeit bei jedem Wagenspiel über rund $^3/_4$ des Gesamthubes geführt; der Hub ist also wesentlich länger als bei der Kopswindung. Wie allgemein üblich, wird die Ringbank nach jedem Wagenspiel höher geschaltet. Als Vorteile werden angegeben, daß die unteren Garnlagen — besonders bei feinen Nummern — besser vor Verschmutzung geschützt werden als bei Kopswicklung, und daß allein diese Wicklungsart für die hohen Spulgeschwindigkeit verschiedener automatischer Spulmaschinen geeignet ist. In steigendem Maße setzt sich aber auch in Amerika die Kopswicklung durch, bringt sie doch sowohl beim Spinnen als auch beim Spulen auf den modernen Hochleistungs-Spulmaschinen Vorteile.

Die Parallelwicklung (wie am Flyer) kommt an der Ringspinnmaschine fast nicht mehr zum Einsatz.

6.5.4 Fadenverlegung

Durch die Drehung der Spindel wird das Fadenstück zwischen Streckwerk und Spindel in eine Drehbewegung versetzt und um die Spindel herumgeschleudert. Einer zufälligen Fadenverlegung wirkt der Läufer entgegen. Dieser wird auf dem Ring geführt und erhält durch die Ringbank seine Windungsstellung zur

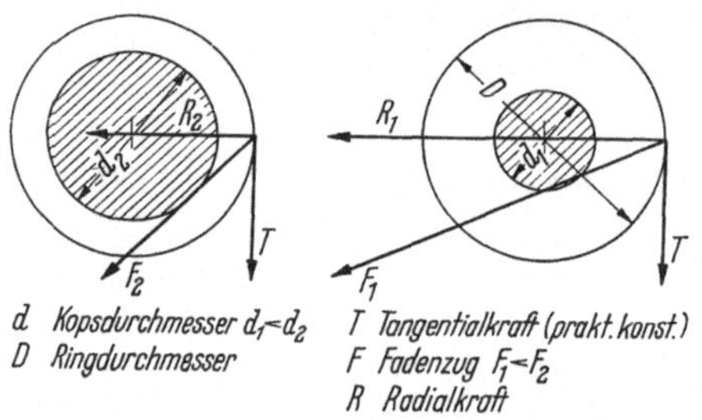

Abb. 137. Kräftezerlegung am Kops (stark vereinfacht). Die Fadenspannung F wirkt nach der Umlenkung des Fadens am Läufer tangential zum Kops, die Tangentialkraft T tangential zum Ring. Es bestätigt sich, daß die Fadenspannung um so größer wird, je kleiner der Kopsdurchmesser ist (z.B. Kegelspitze gegenüber Kegelbasis).

Spule. Das Eigengewicht möchte den Läufer in Ruhe halten, der Fadenzug schleppt ihn aber auf dem Ring herum. Die Reibung des Läufers am Ring wirkt als zusätzliche Bremsung. Bei der Lieferung des Fadens verringert sich der Zug auf den Läufer und er bleibt gegenüber der Spindel um das gelieferte Fadenstück zurück: der Faden wird aufgewunden. (Einen sehr wesentlichen Einfluß auf Fadenspannung und Abbremsung hat der Luftwiderstand.)

Wegen des kegelförmigen Kopsaufbaues ändert sich der Fadenzug laufend (Abb. 137). Er ist an der Kegelspitze (= kleiner Durchmesser) größer als an der Kegelbasis (= großer Durchmesser). Die Spannungsverhältnisse beim Winden des Kopsansatzes sind denen an der Kegelspitze ähnlich. Zur Vermeidung hoher Fadenbruchzahlen geht man deshalb beim Spinnen des Ansatzes meist mit der Maschinengeschwindigkeit zurück (Stufenscheibe, Regelmotor).

Eine zusätzliche Belastung des Fadens tritt durch die Verkürzung des Fadenballons bei der Höherschaltung der Ringbank auf. Senkt man statt dessen die Ringbank ab (z. B. Rieter, Modell G 4), kann man über den ganzen Abzug mit nahezu gleichbleibenden Spannungsverhältnissen rechnen. (Abb. 138)

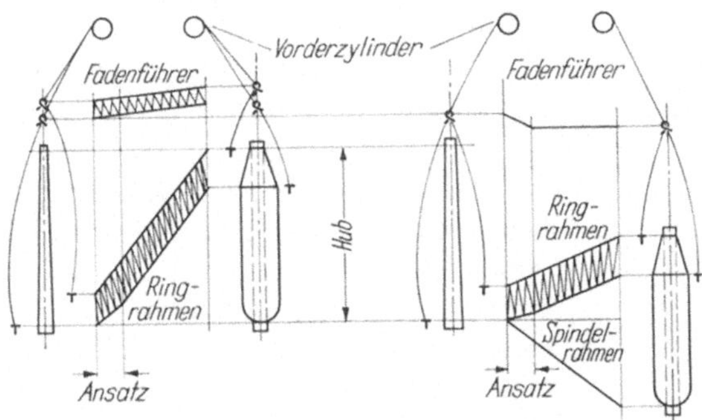

Abb. 138. Bildung eines Kopses (Kopswindung). a) stationäre Spindelbank; b) absenkbare Spindelbank

Bei den Maschinen mit stationärer Spindelbank hilft man sich durch eine Vergrößerung des Abstandes Lieferzylinder—Spindelbank. Der Gefahr eines zu groß werdenden Fadenballons (höherer Kraftbedarf, Störung des Nachbarballons) wirken Einengungsringe entgegen.

6.5.4.1 Entlastung des Fadenballons. Sie bringt immer eine Verminderung der Fadenbruchzahlen. Dies mit einer Herabsetzung der Maschinengeschwindigkeit erreichen zu wollen, wäre einem proportionalen Produktionsverlust gleichzusetzen.

Auch leichtere Läufer führen nur theoretisch zu einem Erfolg, weil damit eine Ausdehnung des Ballons verbunden ist. Er darf aber eine bestimmte Weite nicht überschreiten, würde er doch sonst über die üblichen Scheibenseparatoren hinüberschlagen und Fadenbrüche verursachen. Zu leichte Läufer führen zu einem Zusammenbruch des Ballons und damit zu Fadenbrüchen.

Durch Verwendung von Ringen zur Einschnürung des Ballons kann man das gesteckte Ziel am ehesten erreichen. Diese *Balloneinengungsringe* (Abb. 139) haben, im Gegensatz zu den bereits früher verwendeten Ringseparatoren größeren Durchmessers, meist den Durchmesser des Spinnringes. Diese kreisförmige Umschließung und Einengung bringt eine Entlastung des Läufers, so daß nun effektiv leichtere Läufer eingesetzt werden können. Dies wirkt sich, besonders auf das

Abb. 139. Doppelballonringe und Einzelringführung an Ringspinnmaschine (Saco-Lowell). Die durchgehenden Windfangbleche können heruntergeklappt werden.

Ende des Abzuges hin, günstig aus, weil dort der normale Läufer ohnehin zu schwer ist; die beim Bespinnen des letzten Hülsenviertels steigenden Fadenbruchzahlen verdeutlichen dies. Auch das Anschlagen des Fadenballons an die Scheibenseparatoren, in jeder Sekunde rund 300 Mal, und die Ursache vieler Ringschäden und Fadenbrüche, entfällt.

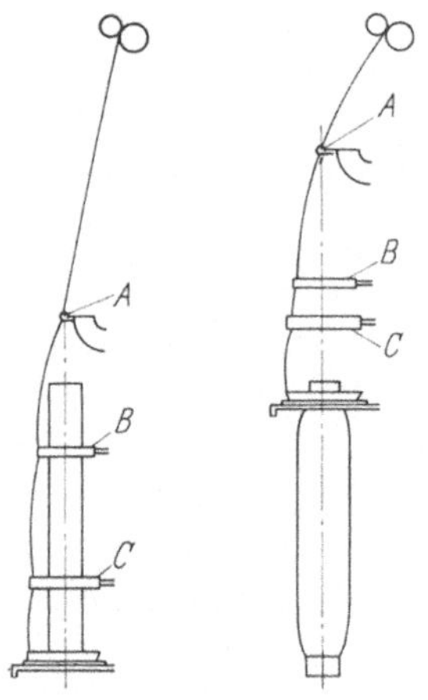

Als Balloneinengungsringe verwendet man einfache oder doppelte Ringe aus Stahldraht oder Manschetten aus Stahlblech. Sie sind entweder stationär auf der Ringbank befestigt oder führen eine Eigenbewegung aus. Bei einem Gesamthub der Ringbank von mehr als 240…250 mm ist der Einsatz von doppelreihig angeordneten Balloneinengungsringen empfehlenswert. In diesem Falle läßt man die Ringe eine Eigenbewegung ausführen und führt sie synchron mit Ringbank und Fadenführern; häufig ändern sie im Laufe eines Abzuges ihren Abstand zueinander. Dadurch läßt sich auch bei stark veränderlichen Ballonverhältnissen ein Zusammenbrechen des Fadenballons verhindern (Abb. 140).

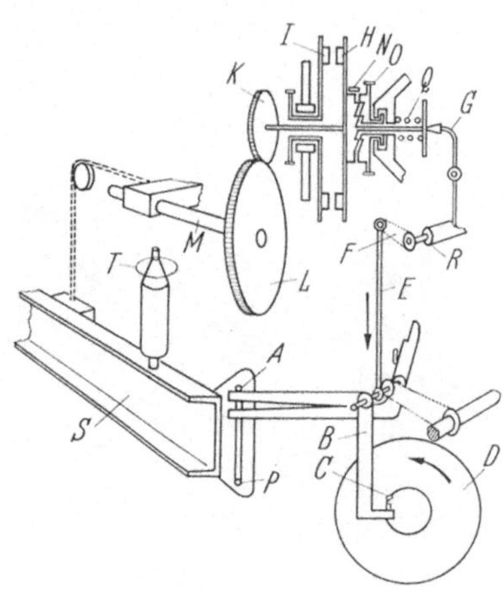

Abb. 140. Veränderung der Ballonringstellung bei Verwendung von zwei getrennt bewegten Ringen im Laufe eines Abzuges (Saco-Lowell)

Die schlechtere Zugänglichkeit der Spindel und des Kopses beim Abziehen und Anspinnen wird durch die Vorteile mehr als ausgeglichen. Bei Ingolstadt z. B. lassen sich diese Balloneinengungsringe bis auf die Ringbank absenken und stören dann beim Abziehen kaum noch.

6.5.5 Automatische Unterwindung

Durch entsprechende Vorrichtungen läßt sich das Unterwinden der Ringbank bei vollem Abzug automatisieren. Anhand Abbildung 141 soll dies für eine Ringspinnmaschine mit absenkbarer Spindelbank (Rieter, Modell G 4) beschrieben werden. Erreicht die Spindelbank S ihre tiefste Stellung, drückt Stift A das freie Ende des Winkelhebels B nach unten; der rechte Arm von B gelangt dadurch in den Bereich des Rotationsmessers C. C zieht mit B gleichzeitig Stange E nach unten; Hebel F beschreibt dabei eine Linksdrehung. Dadurch überdrückt der obere Arm von Hebel G die Feder Q der Klauenkupplung und bringt Scheibe H an den Reibbelag der sich dauernd drehenden Scheibe I heran. Die Drehung von I wird somit auf H übertragen. Da Zahnrad K fest auf der Achse von H montiert ist und in Eingriff mit Zahnrad L steht, wird Zugspindel M angetrieben. M zieht mittels Ketten die Spindelbank nach oben. Während des Unterwindevorganges muß die

Abb. 141. Automatische Unterwindung an der Ringspinnmaschine (Rieter)

Klauenkupplung offen sein, damit die Welle von H dem entgegengesetzt wirkenden Schaltrad, das normalerweise über Zahnrad O und die geschlossene Klauenkupplung auf die Spindelbänke S wirkt, entzogen bleibt. Kurz bevor die Spindelbank ihren höchsten Punkt erreicht hat, löst der Stift P durch die Aufwärtsbewegung die Verriegelung von H und I. Die Druckfeder Q schließt die Klauenkupplung N. Welle R wird durch eine zweite Spiralfeder in Normallage zurückgedreht; dadurch wird von R aus ein Schalter betätigt, der die Maschine zum Abziehen stillsetzt.

6.6 Produktion der Ringspinnmaschine

Die üblichen Formeln (s. 7.4.6) lassen zwar eine Berechnung der Produktion bei gegebenen Werten zu, sagen aber nichts über die tatsächlich mögliche Leistung aus.

Begrenzend wirken

die vertretbare Liefergeschwindigkeit,
die maximal mögliche Spindeldrehzahl,
die ohne Schaden erzielbare Trommeldrehzahl,
die höchstmögliche Läufergeschwindigkeit,
der Rohstoff.

Das schwächste Glied dieser Kette ist die Läufergeschwindigkeit. Die anderen Faktoren würden, von wenigen Fällen abgesehen, wesentlich größere Leistungswerte zulassen. Eine hohe Läufergeschwindigkeit ist aber immer erstrebenswert, ist sie doch direkt proportional zur Lieferung und damit zur Produktion.

Unter normalen Bedingungen halten die Läufer nur Geschwindigkeiten bis 27 m/sec stand. Bei Berücksichtigung der weiter unten angeführten Faktoren sind jedoch häufig Steigerungen auf über 30 m/sec möglich. Eine willkürliche Erhöhung führt dagegen zu einem beträchtlichen Anwachsen der Fadenbruchzahlen.

Für das Erzielen hoher Läufergeschwindigkeiten sind günstig:

Großes Verhältnis Hülsen-$\varnothing$: Ring-$\varnothing$ ($d:D$ mindestens 0,5). Die Vergrößerung des Hülsendurchmessers d verursacht nur einen geringen Volumenverlust, verbessert aber die Spannungsverhältnisse ganz wesentlich.
Verwendung von Ballonringen.
Läufer mit tiefliegendem Schwerpunkt.
Ringprofile, die dem inneren Läuferfuß eine möglichst große Anliegefläche bieten: der Wärmeaustausch wird begünstigt, der Läuferverschleiß geringer.
Große Ringdurchmesser: sie haben einen kleineren Umlenkwinkel und ergeben einen geringeren Anpreßdruck.
Ein schmälerer Ringflansch läßt breitere Läufer zu (Wärmeaustausch) — kann aber bei groben Nummern Schwierigkeiten machen (kleinerer Fadendurchlaß).
Beachtung geeigneter Einfahrmethoden für den Ring.
Genau zentrierte Spindeln und Fadenführer
Vibrationsfreier Spindellauf.
Beachtung des Raumklimas. Bei einer relativen Luftfeuchtigkeit von 45...50% sind die Reibungsverhältnisse günstiger als bei hohen Werten (z. B. 65%).
Sauberhaltung des Ringbereiches durch richtig eingestellte Läuferreiniger (Abb. 143)
Schaffung guter Reibungsverhältnisse (z. B. durch Oberflächenvergütung).

6.7 Ringläufer

Die Läuferfabriken stellen eine große Zahl verschiedenartiger Läuferformen her (Abb. 142). Für die Baumwollspinnerei haben die größte Bedeutung:

der C-Läufer,
der N-Läufer,
der Oval- oder Elliptikläufer und
der Halbelliptik- oder „Hochschulter-Läufer.

Die Läufer haben runden (z. B. für Synthetiks vorgezogen) oder — in der Baumwollspinnerei üblich — flachen Querschnitt. In bezug auf die Größe des Läuferbogens unterscheidet man gewöhnliche, mittlere und kleine Form.

In der Spinnerei sind Stahlläufer gebräuchlich. Nylonläufer sind hier nicht geeignet; ihr schlechtes Wärmeleitvermögen und ihre Thermoplastizität sind von Nachteil.

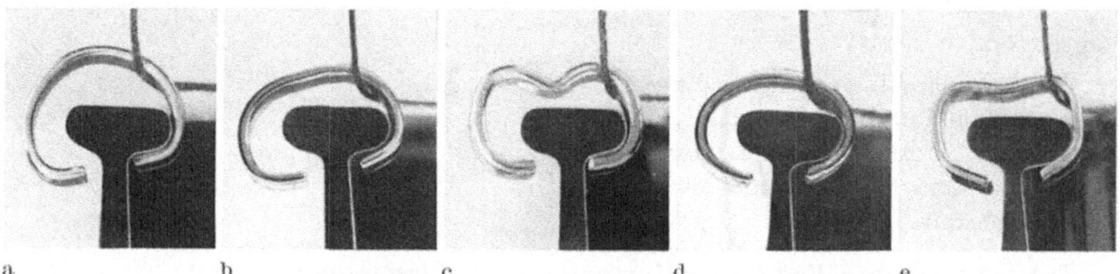

Abb. 142. Verschiedene Ring-/Läuferkombinationen (Reiners + Fürst) (von links nach rechts)
a) Ring: Normalprofil, Flansch 2;   Läufer: Spinnflach
b) Ring: Normalprofil, Flansch 2;   Läufer: Spinnflach *T*
c) Ring: Normalprofil, Flansch 2;   Läufer: *N*-flach
d) Ring: *El*-Profil, Flansch 2;   Läufer: Elliptikflach
e) Ring: *El*-Profil, Flansch 2;   Läufer: Halbelliptik

6.7.1 Numerierung der Läufer

Sie erfolgt in Europa nach zwei Systemen. Am klarsten ist die Numerierung der N-Läufer. Sie entspricht dem 1000-Stückgewicht in Gramm.

Bei den anderen Läufern ist die englische Läufernummer gebräuchlich. Die folgende Tabelle bringt eine Gegenüberstellung beider Systeme.

C-Läufer	N-Läufer	C-Läufer	N-Läufer	C-Läufer	N-Läufer
13/0	17	5/0	32,5	4	85
12/0	18	4/0	35	5	95
11/0	19	3/0	40	6	105
10/0	20	2/0	45	7	115
9/0	22	1/0	50	8	130
8/0	24	1	60	9	145
7/0	27	2	70	10	165
6/0	30	3	78	11	185

In den USA ist eine davon abweichende Numerierung gebräuchlich:

N-Läufer	10	20	40	80	160	320	640
Europ. Nr.	19/0	10/0	3/0	3...4	10	20	44
US-Nr.	23—0	17—0	6—0	3	10	19	44

Die Wahl der richtigen Läufernummer ist Erfahrungssache und wird von vielen Faktoren beeinflußt. Man wählt die Läufer so schwer, daß die Fadenspannung keine zu hohen Fadenbruchzahlen verursacht, daß aber — andererseits — der Fadenballon auch nicht zu weit ausbaucht und eventuell zusammenbricht. Bis zu einem gewissen Grad kann man durch das Läufergewicht das Kopsgewicht beeinflussen (größere Spannung = härterer Kops).

6.7.1.1 Garnnummer — Läufernummer. Für Baumwolle und rohweiße Zellwolle, normale Drehung, normalprofilierte Ringe und Läufer, gute Ringzentrierung, guten Ringzustand und d : D $\geq$ 0,45 gibt Reiners + Fürst folgende Werte an:

Garnnummer			Ring $\varnothing$ (mm)	Läufergeschwindigk. (m/sek)	Hülsen-$\varnothing$ (mm)	Ringbankhub (mm)	Ring-Läufer-Nr.
Nm	Ne	tex					
10	6	100	82	36,3	37		13—11
12	7	84	76	34,9	34		11—9
16	10	64	64	32,0	29	250 bis 300	8—7
20	12	50		31,1			7—6
24	14	42	57	30,2	26		6—5
28	16	36		30,0			5—4
34	20	30	55	29,6	25		3—2
40	24	25		29,0		200	1—1/0
50	30	20	50	28,0	23	bis	2/0—3/0
60	36	17	45	27,2	20	250	3/0—4/0
70	42	14		26,6			4/0—5/0
80	48	12,5		26,2			5/0—6/0
85	50	12	42	25,9	19	175	6/0—7/0
90	54	11		25,7		bis	6/0—7/0
100	60	10		25,3			7/0—8/0
110	65	9,2		24,9		200	8/0—9/0
120	70	8,4	38	24,7	17		9/0—10/0
130	76	7,6		24,4			9/0—10/0

Für gefärbte Baumwolle und für gefärbte oder mattierte Zellwolle liegt die Läufergeschwindigkeit etwa 25% niedriger. Auch für weicher gedrehte Garne (geringere Reißfestigkeit) ist die Läufergeschwindigkeit zum Teil wesentlich geringer zu wählen. Mit Hilfe eines von Reiners + Fürst entwickelten Spezialrechenschiebers lassen sich für alle Fälle brauchbare Werte bestimmen.

In einer schon vor Jahren von der Firma C. Hofmann entwickelten Formel wird zusätzlich noch die mittlere Reißfestigkeit des Garnes berücksichtigt. Die Läufernummer läßt sich wie folgt ermitteln:

$$G = 65000 \cdot \frac{Z}{v \cdot n} \cdot \frac{D}{d} \cdot$$

Hierin bedeutet:

G = Gewicht von 1000 Spinnflachläufern in g
Z = mittlere Reißfestigkeit des Garnes in g
v = Läufergeschwindigkeit in m/sec
n = Spindelumdrehungen pro Minute
d = größter Hülsendurchmesser in mm
D = lichte Ringweite in mm

Für die Ermittlung der C-Läufernummer benützt man die Gegenüberstellung von C- und N-Läufernummer. Sollen N-Läufer zum Einsatz kommen, wählt man diese häufig um einige Nummern schwerer als der G-Wert angibt.

In den Betrieben wendet man die C-Läufer (hoher Bogen) häufig für die gröberen, die N-Läufer (kleiner Fadendurchlaß) für die feineren Nummern an. Die N-Läufer haben die besseren Laufeigenschaften, sind aber flugempfindlicher.

Die Läufer einer bestimmten Form sind im ganzen (Läufer-)Nummernbereich gleich groß. Sie unterscheiden sich demnach nur in der Profilstärke.

Sehr weite Verbreitung haben jetzt die Oval- oder Elliptikläufer gefunden. Ihr tief liegender Schwerpunkt vermindert die Kippneigung; der Läufer liegt nur mit seinem inneren Horn am Ringflansch an. Daraus resultieren geringerer Verschleiß, ruhigerer Lauf und ein Absinken der Fadenbruchzahlen. Das Ringprofil muß jedoch eine für den Läufer geeignete Form haben (Abb. 142), weil sonst der freie Raum zwischen Ring und Läufer zu eng wird, was insbesonders bei unreinen oder stark flugenden Garnen zu Verstopfungen, verminderter Wärmeableitung, erhöhtem Läuferverschleiß und Fadenbrüchen führt. Für diese Fälle empfiehlt sich ein sogenannter Halbelliptik- oder Hochschulterläufer, bei dem der Raum für den Fadendurchlaß vergrößert ist, oder Läufer aus einem stärker als üblich ausgewalztem Profil (= größere Oberfläche = bessere Wärmeableitung.

6.7.2 Das *Einsetzen der Ringläufer* von Hand ist sehr zeitraubend und macht bei schwereren Läufern oft Schwierigkeiten. Mit Hilfe von mechanischen Einsetzgeräten (z. B. von Reiners + Fürst oder von Bräcker) läßt sich diese Arbeit ganz wesentlich erleichtern und beschleunigen. Der Mehrpreis für magaziniert gelieferte Läufer macht sich durch geringere Verluste und Zeitersparnis mehr als bezahlt.

6.8 Der Spinnring

Die Fertigung der Spinnringe verlangt größte Sorgfalt. Die Ringe werden aus Nitrier- oder Sonderstahl hergestellt, zur Sicherung eines feinkörnigen Gefüges aus dem Vollen gearbeitet, gehärtet, feingeschliffen poliert und teilweise sogar mit Hochglanzpolitur versehen. Verschiedene Sonderfertigungen erhalten eine zusätzliche Oberflächenvergütung (s. auch 6.11).

Der Härtegrad der Ringe liegt zwischen 62 und 65 Rockwelleinheiten. Die Härtung muß 0,4...0,5 mm tief gehen. Nitrierte Ringe erhalten eine Härtung von 68°...70° RC. Sie sind sehr verschleißfest, jedoch nicht für alle Fälle gleich gut geeignet. Je härter das Material um so geringer der Verschleiß. Das gilt auch für Ring und Läufer. Die Läuferhärte wählt man geringer als die Ringhärte, da der wesentlich teurere Ring in geringerem Maße abgenützt werden soll. Der Läufer darf eine bestimmte Härte nicht überschreiten, weil er sonst seine Elastizität verliert und schon beim leichten Aufbiegen während des Einsetzens brechen könnte. Diese größere Sprödigkeit bei zunehmender Härte führt oft zur Ablehnung der nitrierten Ringe. Die Ringe dürfen sich bei der Härtung nicht verziehen. Die Entwicklung der Ringe und Läufer hat gerade in jüngster Zeit große Fortschritte gemacht. Hochleistungsringe wie der Black-Velvet-Ring (Platt) oder der Black-Speed-Ring (R + F) weisen eine Oxydschicht auf, sind für hohe Geschwindigkeiten geeignet und bedürfen praktisch keines Einfahrens.

In den Normblättern DIN 64000 und 64001 sind die Hauptabmessungen für Ringe festgelegt. In Deutschland erfolgt die Angabe der lichten Ringweite in mm, im Ausland meist in Abstufungen von $^1/_8''$.

6.8.1 Ringformen

In Abbildung 142 sind die wichtigsten Flanschformen dargestellt. Am häufigsten findet man in der Spinnerei den einseitigen Spinnring, da er gleichmäßige Laufverhältnisse im ganzen Betrieb gewährleistet. Er läßt sich ohne Schwierigkeiten allen Ringbänken anpassen (vgl. Abb. 143).

Oft findet man auch den doppelseitigen Spinnring. Er ist umkehrbar und bietet durch seine zwei Laufflächen — wenigstens theoretisch — die doppelte Lebensdauer. Weist der Ring aber keine besondere Oberflächenvergütung auf, setzt sich mit der Zeit an der unteren Lauffläche Rost an, so daß diese Fläche dann nicht mehr die ursprüngliche Qualität besitzt. Spinnerinnen wenden den Ring oft eigenmächtig schon lange vor dem Verschleiß der ersten Lauffläche.

Die normale *Flanschbreite* beträgt bei Spinnringen 4 bzw. 4,1 mm (Flansch 2). Für feinere Garnnummern sind auch Schmalflanschringe im Einsatz: Flansch $1^1/_2$ mit 3,6 mm und Flansch 1 mit 3,2 mm Flanschbreite. Der engere Garndurchlaß macht die Schmalflanschringe trotz anderer Vorteile für gröbere Garne ungeeignet. Ringflansch und Läufer müssen einander angepaßt sein.

Die *Flanschform* wurde für das Spinnen mit hohen Läufergeschwindigkeiten als besonders wichtig erkannt. Bei den neuen Typen ist der innere Bord des Ringes verlängert (Abb. 142), der äußere verkürzt. Die Lauffläche an der inneren Flanschseite ist dabei genau mit der Läuferform abgestimmt. Der Läufer liegt im Fluge nur noch an dieser Innenseite an (Flächenführung). Die obere Flanschfläche ist abgeflacht. Dadurch ist der Garndurchlaß auch bei gröberen Nummern und Verwendung von flachbogigen Läufern noch ausreichend.

6.8.2 Lebensdauer der Ringe

Sie ist in erster Linie abhängig von der Beanspruchung und von der Wartung; auch der Rohstoff ist von Bedeutung. Bei Verarbeitung von Baumwolle kann man mit einer Lebensdauer von 10...15 Schichtjahren rechnen; beim Verspinnen von Chemiefasern werden die Ringe stärker beansprucht (fehlende natürliche Schmierung). Schlechtes Einfahren kann die Brauchbarkeit der Ringe stark verkürzen.

6.9 Direktspinnen von Schußgarn

Hier verwendet man kleinere Ringdurchmesser als beim Spinnen auf Ketthülsen. Die dabei verwendeten Schußkopse müssen wegen des begrenzten Raumes im Webschützen einen kleineren Durchmesser haben. Würde man trotzdem Ringe mit großen Durchmessern verwenden, nützte man einerseits die gegebene Ringbanklänge nicht aus, andererseits ergäben sich ungünstigere Laufverhältnisse.

Um „Schußspinnmaschinen" vielseitiger zu gestalten, nimmt man trotzdem manchmal die normale große Teilung und tauscht im Bedarfsfalle — wenn auf Ketthülsen gesponnen werden soll — entweder die ganzen Ringbänke oder, unter Verwendung eines Reduziereinsatzes, nur die Ringe aus. Wegen der unterschiedlichen Spulenform müssen die Spindeloberteile immer mit ausgetauscht werden. In den meisten Betrieben ist man jedoch vom Direktspinnen abgekommen, da

man beim Umspulen der Normalkopse eine zusätzliche Reinigung erzielen kann
(Qualitätsverbesserung). Für Rohgewebe, besonders bei feinen Nummern, sollte
das Direktspinnen von Schußgarn aber immer noch interessant sein. (Heute versteht man unter „Direktspinnen" meist das direkte Verspinnen von Streckenbändern zu Garn, also das Spinnen unter Ausschaltung der Flyerpassage.)

6.10 Die Ringbänke

Sie waren früher grundsätzlich aus Gußeisen; heute werden sie rationeller
meist aus Stahlblech gestanzt. Zum besseren Sitz schraubt man diese leichtere
Ausführung häufig an den Hubstangen bzw. Ringbankhaltern fest. Saco-Lowell
fertigt die Ringbänke zum Teil aus Aluminium-Spritzguß.

6.10.1 Befestigung der Spinnringe

Bei den Ringbänken aus Gußeisen werden die Spinnringe mit Madenschrauben
arretiert, bei den Ringbänken aus Stahlblech durch Sprengringe (Abb. 143)
gehalten; der Ringfuß ist dafür mit einer Nut versehen.
Die doppelseitigen Spinnringe werden in besonderen
Haltern festgeklemmt und so in die Ringbänke ein-
gesetzt. Bei großen Formaten ist wegen der großen
Nettospinndauer die Gefahr der Kopsverschmutzung
wesentlich größer geworden. Man ersetzt deshalb die
Ringbänke gelegentlich durch einzelne, von einer
Stange geführte Ringhalter (Abb. 139); zwischen

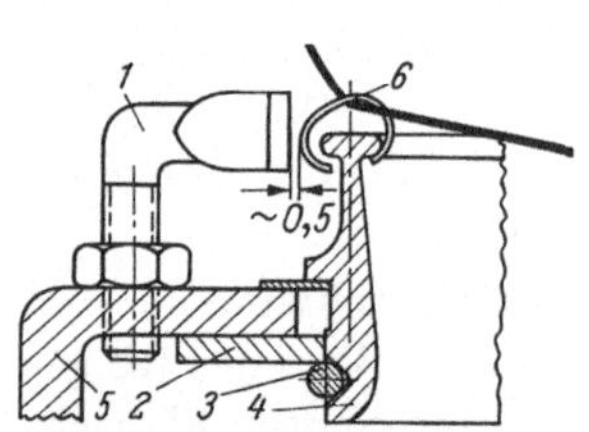

Abb. 143. Läuferreiniger *1*. Der
einseitige Spinnring *4* wird durch
Sprengring *3* gehalten und ist
auf der Ringbank aus Stahlblech *5* mit seiner Führung *2*
zentrierbar. *6* Läufer

diesen befinden sich über die ganze Hülsenlänge rei-
chende Trennbleche (Schutz vor Anflug und Verschmutzung).

Häufig sind jetzt die Ringe auf den Ringbänken
freier beweglich als früher. Man kann dann beim Zen-
trieren den Ring zur Spindel einstellen. Das ist wesentlich einfacher als die übliche
Art der Zentrierung der Spindel zum Ring und braucht im allgemeinen — nach
vorgenommener Einstellung — nicht mehr wiederholt zu werden, weil die
Spindeln praktisch unverrückbar montiert sind. Die Gefahren, wie sie aus schlechter Zentrierung resultieren, treten nicht in Erscheinung.

6.11 Zusammenspiel von Ring und Läufer

Das gute Zusammenspiel von Ring und Läufer ist für die Spinnleistung von
größter Bedeutung. Besonders wichtig ist das richtige Einfahren neuer Spinnringe.
Diese sollen vor dem Einsetzen nicht mit Petroleum oder einem ähnlichen Reini-
gungsmittel behandelt werden; dagegen soll man sie mit einem weichen Lappen,
besonders an den Laufflächen, gut abreiben. Die Maschine sollte gleich vom
Anfang an möglichst mit der für später vorgesehenen Geschwindigkeit gefahren
werden, weil sich der Läufer bei jeder Geschwindigkeitsänderung eine neue Bahn
suchen muß. Hinsichtlich der Einfahrdrehzahl gehen die Meinungen zum Teil aber
weit auseinander. Von einem Schmieren der Ringe zur Verminderung der Reibung
sollte man Abstand nehmen; Läuferabrieb und Flugfasern bleiben sonst auf der
Läuferbahn hängen. Die Folge wäre eine beträchtliche Erhöhung der Fadenbruchzahlen. Es ist vielmehr empfehlenswert, in kürzeren Intervallen — zumindest bei

jedem Läuferwechsel während der Einfahrzeit — den Ring immer wieder mit einem trockenen, sauberen Lappen abzureiben. Das sollte man wiederholen bis der Lappen schmutzfrei bleibt, Abrieb und Flug also nicht mehr am Ring hängenbleiben. Für die Häufigkeit des Läuferwechsels beim Einfahren findet man die verschiedensten Empfehlungen. Für eine lange Lebensdauer der Ringe und hohe Läufergeschwindigkeiten ist es jedoch abträglich, grundsätzlich erst bei Verschleiß oder Anlaufen (durch Erhitzung) des Läufers zu wechseln; Ringschäden sind dann meist bereits eingetreten. Wenn man hohe Läufergeschwindigkeiten anstrebt, ist, besonders am Anfang der Einlaufperiode, ein häufiger Läuferwechsel empfehlenswert. Der Austauschinterval wird, z. B., von anfangs einer halben Stunde im Laufe mehrerer Tage bis auf den Normalsaustausch nach 120...360 Stunden verlängert (abhängig von Läufergeschwindigkeit, Rohstoff und Ringart).

Für hohe Läufergeschwindigkeiten ist die Hochglanzpolitur sicher von Vorteil; für das Einfahren und die Lebensdauer sind die Gleiteigenschaften schon beim ersten Anlaufen von großer Wichtigkeit. Aus diesem Grunde versehen die Ringhersteller ihre Ringe vielfach mit einer besonderen Oberflächenvergütung (durch Behandlung mit Phosphaten oder Sulfiden). Saco-Lowell überzieht den Speed-Tex-Ring mit einer dünnen Kupferschicht. Durch diese Maßnahme kann das „Anfressen" des Ringes (bei Erhitzung des Läufers auf über 300 °C), wie es bei ungünstigen Verhältnissen zu beobachten ist, vermieden werden. Auf die Dauer gesehen, lassen sich so höhere Läufergeschwindigkeiten erzielen. Diese Sonderbehandlung führt gleichzeitig zu einer weiteren Verbesserung der Rostbeständigkeit und einer Verkürzung der Einfahrzeit.

Die Läufernummer wird in der Einlaufzeit jedoch leichter genommen werden müssen; es gilt hier aber das gleiche wie bei den Spindeldrehzahlen (Einlaufbahn).

Wie schon weiter oben angeführt (vgl. 6.8), versucht man durch die Weiterentwicklung der Ringe und Läufer (z. B. auch durch Vernickeln), höhere Geschwindigkeiten (= Produktionssteigerung) zu erzielen.

6.12 Die Spindeln

Die Entwicklung der Spindeln zu ihrer jetzigen Form sei übergangen. Auch auf eine Beschreibung der in modernen Betrieben nicht mehr eingesetzten Gleitlagerspindel wird verzichtet.

Seit ihrem Aufkommen im Jahre 1921 hat sich die Rollenlagerspindel fast überall durchgesetzt. Ihre Hauptvorteile sind: verminderter Kraftbedarf, ruhiger Lauf, beste Schwingungsdämpfung, zentrischer Lauf auch bei Unwuchten (wie sie durch Faden und Läufer immer auftreten), einfache Wartung.

6.12.1 Spindelarten

Zwei Spindelarten wurden vorzugsweise eingeführt:

1. die Spindel mit Schlepprohrhülse (Abb. 144c; 145c),
2. die Spindel mit Bremsringhülse (Abb. 144b; 145b).

Die *Schlepprohrhülse* sitzt beweglich im Spindelgehäuse. Eine Kragenfeder schützt sie gegen Verdrehung. Überschreiten auftretende Unwuchten ein bestimmtes Maß, pendelt die Hülse aus ihrer Ruhelage heraus und folgt der Schwerachse der umlaufenden Masse. Dabei reibt sich die Hülse an der fast spielfrei im Gehäusefuß sitzenden Schleppbüchse und die Schwingung wird gedämpft. Geeignet ist diese Spindel zum Spinnen und Feinzwirnen mit guten Hülsen bis zu einer Maximallänge von 240 mm.

Die *Bremsringhülse* wurde für schwere Belastung und hohe Drehzahlen entwickelt. Sie weist ein besonders großes Dämpfungsvermögen auf. Die Dämpfung geschieht durch Umwandlung von Schwingungsenergie in Reibungsarbeit, die bei der Reibung des Kugelkopfes der Lagerhülse in der Kugelpfanne des Spindel-

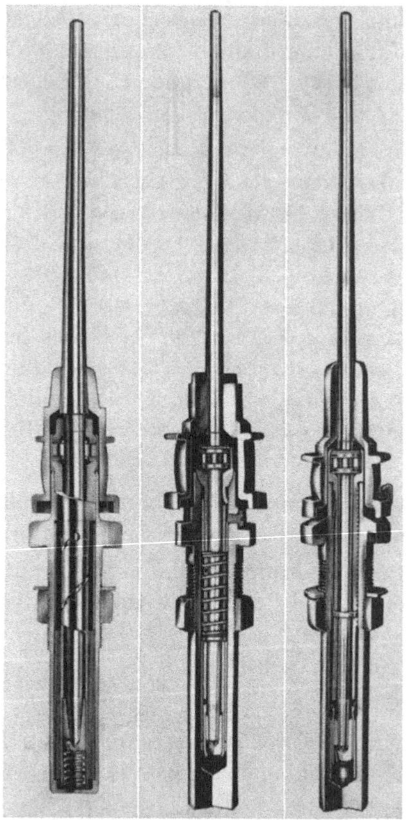

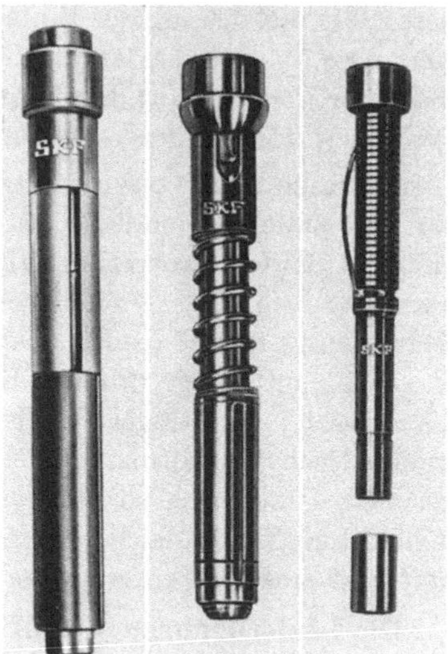

Abb. 145. Spindellager (SKF)
a) Zentrierrohrhülse; b) Bremsringhülse;
c) Schlepprohrhülse mit Schlepprohr

Abb. 144. Die Spindellager der Abb. 145 im Schnitt
(mit Spindeln) (SKF)

gehäuses entsteht (verursacht durch die Schwingung der Hülse). Unterstützt wird die Bremsung von einem Ölpolster. Die Spindel ist zum Spinnen und Zwirnen aller Art auch bei sehr hohen und ganz niedrigen Spindeldrehzahlen geeignet.

Wichtig ist die Beachtung der kritischen Spindeldrehzahlen. Für die beiden Typen liegen sie im unteren Bereich bei 3000 U/min, im oberen bei 12000...14000 U/min. Besonders der erste kritische Drehzahlbereich muß ohne Störung durchfahrbar sein, da die Arbeitsgeschwindigkeit immer höher als dieser liegt.

Das Streben nach höheren Spindeldrehzahlen brachte markante Weiterentwicklungen hervor:

a) die Centerspindeln SB und SX von Süssen und (Abb. 147a; b)
b) die Zentrierrohrspindel HF der SKF (Abb. 144a; 145a).

Beide Typen sind einsetzbar für Spindeldrehzahlen bis 15000 U/min in günstigen Fällen noch weit darüber. Durch die bei diesen Typen gegebene Möglichkeit, kleine Wirteldurchmesser wählen zu können, lassen sich bei kleinen Antriebsscheibendurchmessern und nicht zu hohen Wellendrehzahlen (z. B. DD-Antrieb von Süssen) immer noch hohe Spindeldrehzahlen erreichen. Die Schmierung dieser Spindeln kann auf über 10000 Betriebsstunden (5...6 Schichtjahre) hinausgeschoben werden.

Im Gegensatz zu den Typen 1 und 2 lassen sich hier die Spindelhülsen nicht aus dem Gehäuse herausnehmen. Zur Schmierung verwendet man deshalb besondere Spindelpflegegeräte (Abb. 146). Absaugen des verbrauchten Öles, Spülen der Büchse, genau dosierte Füllung mit Frischöl erfolgen dabei automatisch. Auch bei normalen Rollenlagerspindeln (Schmierung alle 8000...10000 Betriebsstunden) kann man diese Geräte einsetzen.

Zu a) Bei der *Centerspindel SB* (Abb. 147a) wird die durch Unwuchten auftretende Schwingungsenergie teils durch innere Reibung des Schmieröls, teils durch mechanische Reibung in der Zentriereinrichtung des Fußlagers ausgeglichen. Bei Schwingungsausschlägen wird die Zentrierbüchse gegen den Druck einer Feder im Zentrierkegel verschoben. Dieser setzt der Bewegung einen sehr großen Widerstand entgegen und dämpft so sehr wirksam. Nach dem Abklingen der Schwingungen drückt die Feder die Führungsbüchse wieder in den Zentrierkegel zurück. Bei der *Type SX* (Abb. 147b) befindet sich zwischen Dämpfungsbüchse und Spindelgehäuse zusätzlich noch eine „Ölspule", dafür entfällt die Druckfeder. In Verbindung mit den übrigen Dämpfungsorganen erreicht man hier eine progressive Steigerung der Dämpfungskapazität. Die Zentrierwirkung steigert sich mit wachsendem Kops.

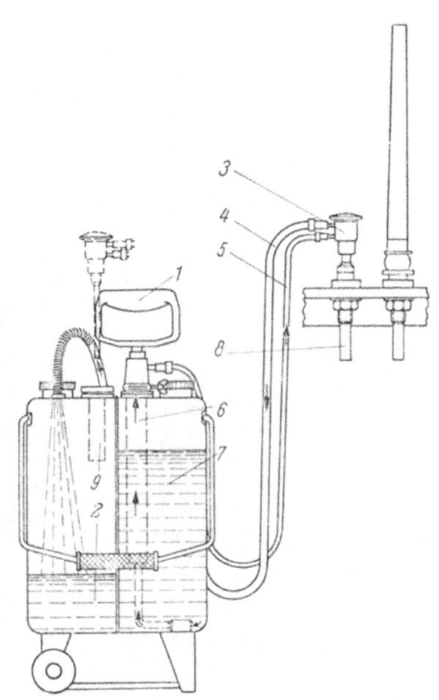

Abb. 146. Spindelpflegegerät (SKF)
1 Pumpengriff; *2* Altöltank; *3* Schmierkopf mit Fülleinsatz; *4* Altölschlauch (dick); *5* Frischölschlauch (dünn); *6* Füllpumpe mit Filter; *7* Frischöltank; *8* Spindelunterteil; das jeweils freie Oberteil kann in *9*, Aufnahme für Schmierkopf, abgelegt werden

Zu b) Das stählerne Zentrierrohr der *Zentrierrohrspindel* (Abb. 144a; 145a) hat eine schraubenförmige Nut, die ihm seine Elastizität verleiht. Auftretende Schwingungen werden durch das Lageröl — in Verbindung mit der Dämpfungsspirale (60 mm hoch, 8 Windungen = 7 Kapillarspalten) — aufgefangen und geglättet. Eine in das Zentrierrohr eingelassene Schraubenfeder schützt das System gegen Beschädigungen, wie sie beim Einsetzen der Spindeloberteile gerne auftreten.

Interessant ist auch die Mantelrohrspindel von Rieter. Ein flexibles Mantelrohr teilt hier das Innere des Spindelunterteiles in zwei Räume. Der äußere, hermetisch abgeschlossen, ist zur besseren Schwingungsdämpfung mit einem alterungsbeständigem Öl bestimmter Viskosität gefüllt. Im inneren Raum, mit der Spindellagerung, befindet sich das Schmieröl für das Fußlager.

Diese Typen können den ersten kritischen Drehzahlbereich ohne Schwierigkeiten durchlaufen. Der zweite liegt bei 15-18000 U/min, also weit außerhalb der normalen Betriebsdrehzahlen.

In Amerika ist die „New-Era"-Spindel stark verbreitet. Bei dieser Form rotiert der Hülsenträger um eine stationäre Spindel. Die Führung des sich drehen-

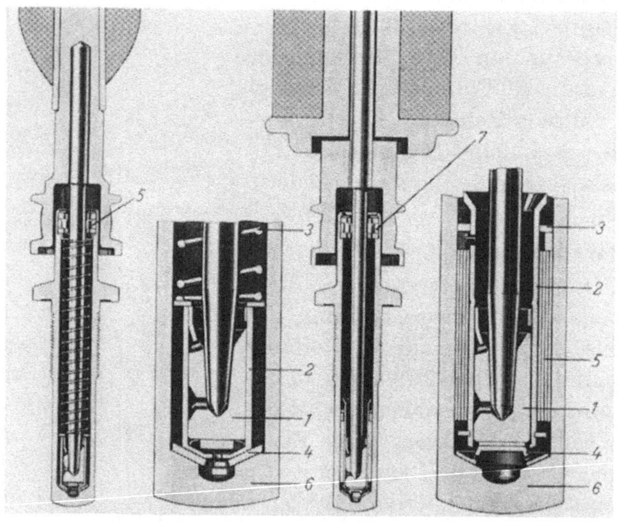

Abb. 147a u. b. Spindellager (Süssen)
a) Lagerhülse, Modell SB
1 Fußlager; *2* Büchse mit konischem Boden; *3* Druckfeder; *4* Konusring (Zentrierkegel); *5* Halslager;
6 Spindelgehäuse
b) Lagerhülse, Modell SX
1 Fußlager; *2* Dämpfungsbüchse; *3* Zentrierring; *4* Amboß; *5* Ölspule; *6* Spindelgehäuse; *7* Halslager

den Teiles erfolgt durch zwei Kugellager: eines in der Spindelspitze, das andere in Höhe des Wirtels. Diese große Basis gibt der Spindel einen sehr ruhigen Lauf. Die Dämpfung auftretender Schwingungen erfolgt durch zwei an der Spindelbank anliegende Gummipuffer oder, bei der schwereren Type, durch ein Ölpolster. Die Kugellager sind abgedichtet. Zur Nachschmierung (Fettfüllung) müssen die Spindeln etwa alle 10 Schichtjahre demontiert werden (vergl. Abb. 139).

6.12.2 Spindeloberteile

Für die Spindeloberteile verwendet man heute fast ausschließlich Leichtmetall; Holz kommt kaum mehr zum Einsatz, da es temperaturempfindlich und für mechanische Beschädigungen anfällig ist.

Im oberen Teil des Hülsenträgers sind als *Hülsenkupplung* 3 oder 4 Federknöpfe montiert. Dadurch wird an dieser Stelle der gewünschte feste Sitz der Hülse erreicht (günstiger Rundlauf) (Abb. 133).

Die *Spindelgehäuse* sind häufig nicht mehr gegossen, sondern aus Stahlblech gezogen. Ein Abreißen durch zu starkes Anschrauben bei der Montage wird so vermieden.

Damit das Spindeloberteil beim Abziehen des Kopses nicht mit herausgezogen wird, hält man es durch einen Haken zurück. An diesem außen am Gehäuse angebrachten Haken sammelt sich gerne Flug, der entweder die Spindel abbremst oder den Haken zurückdrängt und die Arretierung unwirksam macht. Zur Vermeidung dieses Übels hat man bei verschiedenen Konstruktionen die *Halterung des Spindeloberteiles* in das Innere des Wirtel verlegt.

6.12.3 Garnhülsen

Die Garnträger werden als leichte Hülsen (normalerweise nur einmalige Verwendung), auch Versandhülsen genannt, und als „Ketthülsen" (das sind harte oder Dauerhülsen aus steiferem, imprägniertem Papier hergestellt) bezeichnet. In ihren Längen entsprechen sie in der Regel den Spindeloberteilen. Für die Ringspinnmaschine sind die Hülsen nicht wie am Flyer zylindrisch, sondern kegelig. Bei den leichten Hülsen nimmt man dafür den gleichen Kegel wie er für die Spindeloberteile üblich ist (1 : 40), so daß die Hülse praktisch auf ganzer Länge fest auf der Spindel sitzt; bei harten Hülsen ist der Kegel 1 : 38 (hier liegt die Hülse nur in ihrem oberen Teil fest an, unten kann sie sich frei zentrieren). Gelegentlich eingesetzte Leichtmetallhülsen haben Kegel bis 1 : 100. Manchmal verwendet man Hülsen mit durch Metallringen verstärkten Rändern. Der Einsatz von Autodoffern macht vielfach besondere Anpassungen nötig.

6.13 Kopsformat

Auch an der Ringspinnmaschine ist man um eine Verminderung der Stillstandszeiten und (bzw. durch) eine Vergrößerung der Lauflängen bemüht. Das ausgesprochene Großformat mit hohem Nettogarngewicht (z. B. 75 mm Ring-$\varnothing$ und 305 mm Hub) ist aber nur für grobe Garnnummern empfehlenswert. Der Fadenballon der großen Kopse bringt eine beträchtliche Steigerung des Kraftbedarfes, der in Europa als Kostenfaktor eine erhebliche Rolle spielt. Große Ringdurchmesser führen zu einer Verminderung der Produktion, wenn die beim kleineren Format mögliche Spindeldrehzahl (Läufergeschwindigkeit, Drehung) nicht aufrecht erhalten werden kann. Dieser Ausgleich ist aber kaum möglich. Der Platzbedarf für eine bestimmte Spindelzahl oder Produktion steigt ebenfalls an. Automatisches Abziehen und automatische Spulmaschinen lassen darüber hinaus erwarten, daß die Nachteile der kleineren Formate an Bedeutung verlieren.

Eine Vergrößerung der Lauflängen ohne Formatänderung und eine Entlastung des Fadenballons und des Läufers strebt man mit Spindelaufsätzen an. Diese Vorrichtungen unterdrücken den Fadenballon entweder ganz oder teilweise. Die Entlastung des Läufers soll dabei eine wesentliche Steigerung der Läufergeschwindigkeit zulassen. Diese Aufsätze, die entweder in der Spindel drehbar (Houget) oder als Verlängerung auf das Spindeloberteil aufgesetzt sind und die Hülse überragen (z. B. Sika, Spinnbaukrone u. a.), haben wohl in der Streichgarnspinnerei und in der Zwirnerei Eingang gefunden und Erfolge gebracht, in der Baumwollspinnerei macht ihr Einsatz noch zu große Schwierigkeiten.

6.14 Automatisch arbeitende Kopsabziehmaschinen (Autodoffer)

Viele international bekannte Maschinenfabriken haben sich in jüngster Zeit mit den Problemen des automatischen Abziehens befaßt. Die dabei bekannt gewordenen Systeme lassen sich einteilen in

I. stationäre Kopsabziehgeräte, die an der Ringspinnmaschine fest angebaut sind und

II. frei bewegliche Aggregate (als Boden- oder als Deckengeräte).

Weiter läßt sich unterscheiden zwischen Autodoffern, die gleichzeitig auf beiden Maschinenseiten abziehen und anschließend zum gemeinsamen Führungskopf zurückkehren und solchen, die die Maschinenseiten unabhängig voneinander

Abb. 148. Autodoffer (Ingolstadt)
Die Kopse haben Oberwindung zur Beschickung von automatischen Spulmaschinen

abziehen. Bodengeräte lassen sich manuell oder maschinell, Deckengeräte mit Laufkatzen fortbewegen. Die beweglichen Bodengeräte werden in der Regel nach dem Heranfahren an die Maschine vorübergehend fest mit dieser verbunden und an Zahnschinen vorgeschoben.

Nach der Wirkungsweise unterscheidet man

a) Autodoffer, die alle Kopse einer Ringspinnmaschine auf einmal abziehen (z. B. Whitin — beweglich — und Jakobi und Zinser — stationär),

b) Autodoffer, die taktweise bewegt werden und dabei jeweils 6...8 Kopse auf jeder Seite abziehen (z. B. Howa/Saco-Lowell, Nuova San Giorgo) und teilungsabhängig sind,

c) Autodoffer, die gleichfalls wandern, jeweils aber nur einen Kops abziehen (Ingolstadt, Maier) und auch teilungsunabhängig sein können (z. B. Willcox & Gibbs, Draper) (Abb.).

Je nach Modell werden die Kopse an Kopf, Garnkörper oder Spulenfuß erfaßt und mittels Manschette, Backenzangen, Schwenkarm mit Greifer oder federgespannter Abstoßvorrichtung abgenommen. Die genannten Abziehzeiten liegen zwischen weniger als einer und vier Minuten. Zum Teil erfolgt die Ablage der Kopse bereits so geordnet, daß die entsprechenden Behälter abgenommen und der Spulmaschine direkt vorgelegt werden können. Es wurde auch bereits daran gearbeitet, die Spulköpfe direkt der Ringspinnmaschine anzuschließen; der Aufwand ist aber sehr groß.

Die Entwicklung ist noch in vollem Fluß. Automation und flyerlose Spinnverfahren (wo z. B. das Audomac-Deckengerät von Whitin nicht nur zum Kopsabtransport sondern auch zum Heranschaffen der Streckenkannen zum Gatter, der Ringspinnmaschine einsetzbar ist), werden die Einführung fördern. Für bestehende Spinnereien können Säulenteilung, Gangbreiten, Maschinenaufstellung, unterschiedliche Kopsformate, Teilungen und Spindelzahlen unüberwindliche Hindernisse darstellen.

6.15 Spindelantrieb

Der Antrieb der Spindeln erfolgt meist mittels Bänder. Am weitesten verbreitet ist der Vierspindel-Bandantrieb (Abb. 149), bei dem je zwei auf beiden Maschinenseiten gegenüberliegende Spindeln durch ein gemeinsames, endlos gemachtes Band angetrieben werden. In den Bandlauf von Spindel zu Spindel eingeschaltet ist eine durch Belastungsgewicht oder Federzug wirkende Spannrolle. Sie gewährleistet eine sichere Mitnahme des Bandes und gleicht die unvermeidlichen Bandlängungen aus. Bei den „normalen", rund 900 mm breiten Maschinen hat die Spannrolle ihren Sitz meist neben der Trommel. Im höchsten Punkt soll die Spannrolle auf halber Wirtelhöhe stehen, damit das flach aufliegende Band sich beim Ablauf zum Wirtel aufstellen und die Spindel störungsfrei drehen kann. Bei dieser Anordnung müssen bei Umstellung der Drehung von Z auf S (oder umgekehrt) die Bänder umgelegt und die Spannrollen verschoben werden.

Bei den schmalen Maschinen hat man die Spannrolle unter die Trommel verlegt (Abb. 183). Bei Änderung der Drehungsrichtung muß dann nur das Getriebe umgestellt werden (Ingolstadt, Zinser). Platt (Superspinner) und Saco-Lowell (Spinomatic) erreichen das gleiche durch den Einsatz von zwei Spannrollen.

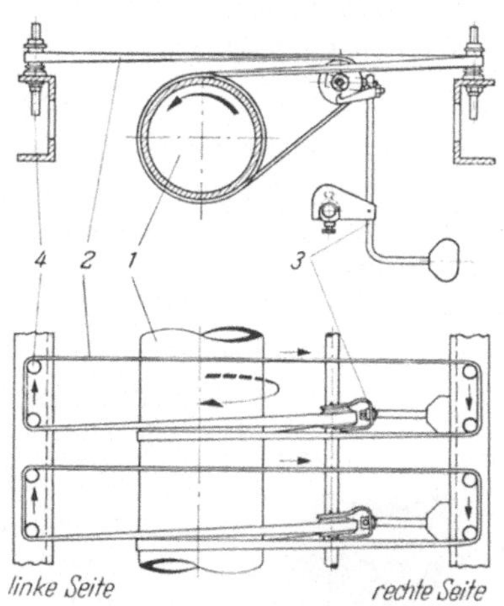

Abb. 149. Vierspindel-Bandantrieb für Z-Drehung
1 Antriebstrommel; 2 Spindelband; 3 Spannrolle; 4 Spindeln

Einzelantrieb der Spindeln (s. 6.15.4) und Antrieb durch endlosen, alle Spindeln antreibenden Flachriemen (Spintex) kommen ebenfalls zum Einsatz.

6.15.1 Spindelbänder

Für die Bänder werden meist Zwirne aus gekämmten Baumwollgarnen verwendet. Manchmal sind sie noch durch Fäden aus synthetischem Material verstärkt. Die ungleiche Längung beider Rohstoffe läßt dies aber nicht unbedingt vorteilhaft erscheinen. Auch reine Synthetikbänder aus endlosen oder gesponnenen Garnen finden Anwendung. Die Bänder von Kenyon (gesponnene Synthetikgarne) sind sehr weich gewebt, nehmen die Spindel einwandfrei mit und verursachen beim Abbremsen einer Spindel einer Vierergruppe keine nachteilige Drehzahlverminderung der drei weiterlaufenden Spindeln (Drehungsgleichmäßigkeit). Ausgedehnte Betriebsversuche sollen darüber hinaus ein beträchtliches Absinken des Kraftbedarfs (bis 10%) gezeigt haben. Das geeignetste Band stellt man am besten im Betriebsversuch fest. Beim Arbeiten mit synthetischen Bändern kann es vorteilhaft sein, den Wirtel zu verchromen, da sich normale Wirtel häufig stark abnützen.

Die Bänder müssen offen eingelegt werden. Geschlossen werden sie mit einer Naht (die Schmiegsamkeit des Bandes darf dabei nicht verloren gehen) oder, besonders Synthetikbänder, durch „Verschweißen". Bei Kenyon wird z. B. eine 60 mm lange und nur 0,13 mm dicke Nylonfolie zwischen die Enden gelegt, die Verbindungsstelle zwischen die Backen eines mit einem Thermostaten ausgerüsteten, handlichen Gerätes geklemmt und zum Schmelzen gebracht. Diese dauerhafte Verbindung ist in rund einer Minute hergestellt. Die Nahtstelle muß fest aber geschmeidig sein. Die Auflaufrichtung des Bandes auf den Wirtel ist beim Überlappen der Enden zu beachten (Stoß, Beanspruchung). Die Bänder lassen sich auch kleben.

6.15.2 Antriebstrommel

Die Antriebstrommel ist meist aus verzinktem Stahlblech. Sie wird entweder aus nahtlos gezogenen Trommelschüssen zusammengesetzt (Ingolstadt) oder besteht aus verlöteten Rohren. Die Trommeln laufen in Rollenlagern. Für einen störungsfreien Lauf müssen sie genau ausgewuchtet sein. Ihr Durchmesser beträgt meist 254 mm (10″). Manche Firmen ziehen jedoch einen Durchmesser von 305 mm (12″) vor, weil das bei gleicher Umfangsgeschwindigkeit niedrigere Drehzahlen zuläßt und bei Großformat mit größeren Wirteldurchmessern bessere Spinnverhältnisse bringt.

Bei neueren Modellen schmaler Bauart werden die Trommeln häufig durch Einzelscheiben (eine für je 4 Spindeln) ersetzt. Das erfordert aber eine größere Anzahl Stützlager für die Tambourwelle. Nimmt man Bakelitscheiben, sollten diese austauschbar sein (Beschädigung).

6.15.3 Spannrollen (Abb. 150)

Die für den Bandantrieb benötigten Spannrollen sind entweder schwenkbar montiert und gewichtsbelastet oder wirken durch Federzug. Der auf die Bänder ausgeübte Zug soll rund 600 g betragen. Die Spannrollen sind kugelgelagert und flugsicher gebaut. Sie bedürfen nur geringer Wartung. Eine Fettfüllung reicht für etwa 30 000 Betriebsstunden.

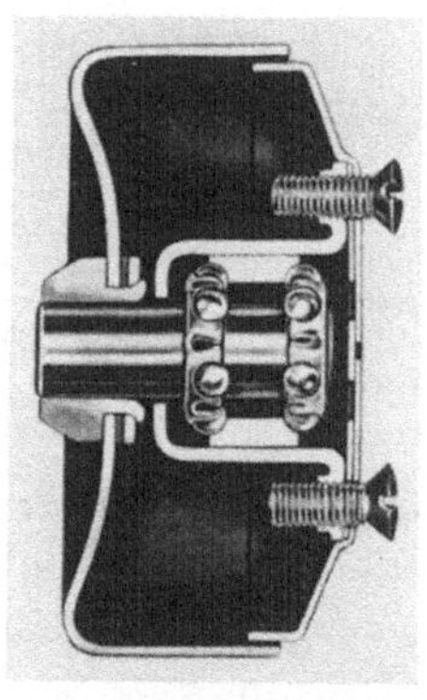

Abb. 150. Bandspannrolle im Schnitt (SKF)

6.15.4 Direktantrieb

Der Direktantrieb von Spindeln wurde zuerst mit der Perfekt-Spindel (Spinn-bau) in die Praxis eingeführt. In der Baumwoll-Spinnerei, die höhere als die damit erzielbaren Drehzahlen verlangt, hat die Spindel von Hispano-Suiza Eingang ge-funden. Sie wird formschlüssig über Längswellen mit Schraubenrädern angetrieben.

Abb. 151. Einzelspindelantrieb (Süssen)

In die Spindelkonstruktion einbezogen ist eine Kupplung, damit bei Faden-brüchen ein Anhalten möglich ist. Mehrere Spindeln, z. B. 16, sind zusammen mit dem zugehörigen Wellenstück in einem geschlossenen Gehäuse montiert (Schmierung durch Ölbad). Bei dieser Konstruktion entfällt der Tambour voll-

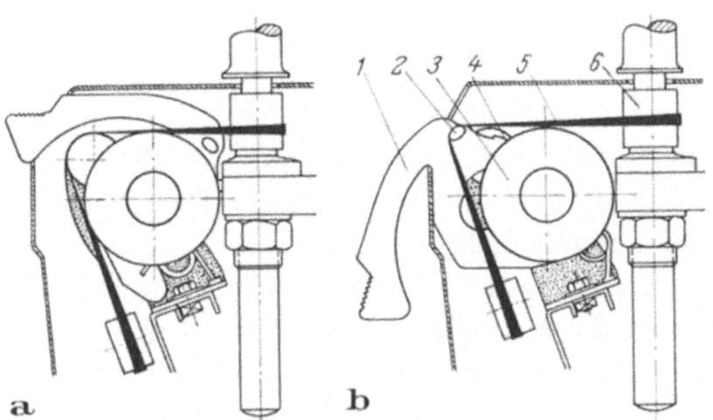

a   b

Abb. 152a und b. Einspindelantrieb von Süssen (Schema) mit gebremster Spindel (rechts) und in Arbeits-stellung (links)

1 Bremshebel; *2* Abhebeflügel; *3* Treibscheibe; *4* Band; *5* Spannrolle; *6* Umlenkrolle

ständig. Das, in Verbindung mit der jetzt möglichen steilen Streckwerksneigung, gestattet den Bau extrem schmaler Maschinen (500 mm Breite).

Einen weiteren Einspindelantrieb ohne zentralen Tambour liefert Süssen (Abb. 151). Bei diesem „DD-Antrieb" (DD = direct drive) hat — wie bei His-pano — jede Maschinenseite eine eigene Antriebswelle. Die Spindel wird hier

aber durch ein kurzes, schmales Bändchen angetrieben. Jede Spindel hat eigene
Treibscheibe, Spannrolle und Umlenkrolle. Zur Behebung eines Fadenbruches
drückt man an der betreffenden Spindel einen Hebel nieder (Abb. 152). Dadurch
wird das Treibbändchen von der Antriebsscheibe abgehoben, die Spindel bleibt
stehen. Das Abheben verringert den Riemchenverschleiß beträchtlich. Die An-
triebsorgane sind abgekapselt. Störende Luftströmungen (verstärkte Flugbildung,
Anflug von Fremdfasern) können also nicht auftreten.

Auch Ingolstadt hat einen Einzelspindelantrieb entwickelt. Er ist im Aufbau sehr ähnlich. Die Treibwelle liegt allerdings hinter den Spindeln.

Bei Maschinen mit Großformat, aber auch bei kleineren Formaten, findet man
häufig Spindelbremsen (Abb. 139). Sie werden entweder mit dem Knie oder mit
der Hand (Feststellbremsen) betätigt. Die Abbremsung geschieht entweder durch
Klemmung oder über Bremsbacken. Spindelbremsen verhüten Verletzungen an
an den Händen (hoher Bandzug läßt Spindel durch die Hand rutschen) und Beschädigungen der empfindlichen Spindeln (Verbiegung beim Anhalten) und ermöglicht eine schonendere Behandlung des Kopses und das Arbeiten mit zwei
Händen beim Beheben eines Fadenbruches.

6.16 Zylinderkupplung

Bei manchen Spindelantriebsarten und auch bei hartgedrehten Garnen
kommt es im Fadenstück zwischen Streckwerk und Spindel leicht zu Kringel-
bildungen (insbesondere beim Anspinnen); dabei kann der Faden leicht aus dem
Läufer ausgehängt werden. Durch Einbau einer Zylinderkupplung kann man diese
Fehler vermeiden. Die Vorrichtung wird von Hand aus betätigt und unterbricht
die Lieferung des Ausgangszylinders für die Dauer des Ausrückens oder, automatisch, für eine Zylinderumdrehung. Dadurch laufen die Spindeln vor dem Streckwerk an und die beim Abstellen der Maschine durch das Absinken der Fadenspannung entstandenen Schlaufen werden ausgezogen.

6.17 Hauptantrieb (Abb. 129)

Die Feinspinnerei wurde in den meisten Betrieben als erste Abteilung auf
Einzelbetrieb umgestellt. In der Regel setzte man den Motor auf den Getriebebock
und trieb die Maschine über Stufenscheiben an. Der hierfür verwendete Kurzschlußläufermotor ist wesentlich billiger und auch einfacher in der Wartung als
ein Regelmotor (= Kommutator-, Kollektor-, Drehstrom-Nebenschlußmotor).
Aus diesen Gründen wird diese Antriebsart auch heute noch häufig in den Betrieben
eingesetzt, besonders an Maschinen, auf denen größere Partien verarbeitet werden.
Erforderliche Drehzahländerungen erreicht man durch Austausch der Stufenscheiben. Eine Spannrolle hält den Riemen straff.

Die einfachere Änderung der Drehzahl bietet der Regelmotor (durch Bürsten-
verschiebung). Er ist über eine elastische Kupplung direkt mit der Antriebswelle
der Maschine verbunden.

Zur Verminderung und zum Ausgleich der Fadenspannung kann man zusätzliche Fadenzugregler anbauen. Dabei werden durch Exzenter die Bürsten des
Motors verschoben und so die Drehzahl beeinflußt. Die Exzenterdrehungen sind
einerseits von der Wagenbewegung (Lagenregulierung), andererseits von der

Höherschaltung der Ringbank abhängig. Die effektiven Vorteile dieser Regler sind in der Baumwollspinnerei jedoch gering, so daß sie hier kaum mehr eingesetzt werden.

Weit verbreitet ist der Flach- oder Keilriemenantrieb durch einen auf der Grundplatte der Maschine montierten Kurzschlußläufermotor. Eine Spannung des Riemens erreicht man mittels Spannrolle oder Motorwippe. Gestatten es die baulichen Gegebenheiten, arbeitet man auch mit Unterflurantrieb. Die entstehende Motorwärme braucht dann nicht erst aus dem Saal abgeführt zu werden (Klimatisierung).

Sehr gut bewährt hat sich auch der Doppelwicklungsmotor (AEG). Es ist dies ein Käfigläufermotor mit einer besonderen Anlaufwicklung, über die er bis zur Betriebsdrehzahl hochläuft. Danach wird automatisch — durch Zeitrelais gesteuert — eine zweite für Dauerbetrieb bemessene Wicklung parallel zugeschaltet. Diese Schaltung gewährleistet einen besonders sanften Anlauf der Ringspinnmaschine.

Für alle Fälle häufig wechselnder Arbeitsbedingungen (z. B. bei kleinen Partiegrößen und stark wechselnden Nummern), wo eine Regelung des Antriebes der Ringspinnmaschine verlangt wird, geht man jetzt oft auf den Gleichstrom-Nebenschluß-Motor mit direkter Speisung (über Drehstromstelltransformator und Siliziumgleichrichter) aus dem Drehstromnetz über. Beim Kommando „Ein" läuft der Motor automatisch von Null zu einer niedrigen Dauerdrehzahl hoch, die durch Einstellung eines Endschalters festgelegt wird. Dann wird, durch Kommando „Schneller", auf Betriebsdrehzahl hochgefahren. Diese kann durch Kommando „Langsamer" wieder verringert werden. Als Vorteile dieses Motors gibt die AEG an, daß aufgrund der Außenkühlung keine Luftkanäle erforderlich werden (kompensiert den höheren Preis), daß der Wirkungsgrad höher liegt und die Wartung einfacher ist, weil weniger und nur feststehende Bürsten vorhanden sind.

Bei Maschinen mit direkt angetriebenen Spindeln, bei denen Tamboure und Bänder entfallen, kann der Antriebsmotor innerhalb der Maschine untergebracht werden. Er ist dann von der Stirnseite der Maschine her zugänglich (z. B. auf Schienen herausziehbar). Das vermindert den Platzbedarf der Maschine. Verschiedene Firmen (z. B. Whitin, Saco-Lowell) verwenden die Rückluft der Fadenabsaugung gleichzeitig zur Kühlung des Motors. Der Motor ist hier, wie bei praktisch allen englischen und amerikanischen Ringspinnmaschinen am Endgestell (off-end-drive) untergebracht. Der Getriebekopf ist so zugänglicher, der Kraftweg sollte aber ungünstiger sein.

Als Umbauelement für stufenlose Drehzahlregulierung hat sich in vielen Betrieben das PIV.-Getriebe bewährt. Die richtige Auslegung dieses Aggregates ist jedoch für einen störungsfreien Lauf (Heißlaufen) von großer Bedeutung.

6.17.1 Trommelbremse

Durch die weitgehende Kugellagerung der Maschinen besteht die Gefahr, daß die Maschine beim Abstellen nicht schnell genug zum Stillstand kommt. Der Läufer überläuft dann beim Absinken der Fadenspannung die Spindel und windet Garn vom Kops ab. Es bilden sich Schlingen und der Faden hängt aus dem Läufer aus. Der Einbau einer Trommelbremse kann in solchen Fällen Abhilfe verschaffen.

Bei neuen Modellen bauen die Maschinenfabriken Trommelbremsen serienmäßig ein. Das Bremsgehäuse ist mit den Bremsbacken auf der Hauptwelle montiert.

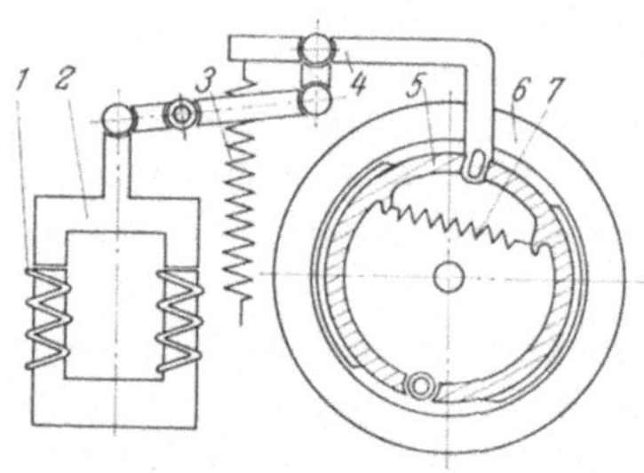

Abb. 153. Elektro-magnetische Trommelbremse (Rieter)
1 Elektromagnet; *2* Anker; *3* Feder; *4* Bremshebel; *5* Bremsbacken; *6* Antriebstrommel; *7* Bremsbackenfeder

Das gesamte Aggregat ist in Abbildung 153 dargestellt. Es wirkt folgendermaßen: Beim Einschalten des Motors erhält der Hubmagnet Strom. Sein Anker ist mit dem unter Federzug und Gewichtsbelastung stehenden Bremshebel fest verbunden, der also mit angezogen wird und somit die Bremse frei gibt. Beim Abstellen wird der Magnet stromlos. Gewicht oder Federzug wirken auf den Bremshebel, der jetzt die Bremsbacken an die Bremstrommel drückt, die Maschine kommt zum schnellen Stillstand.

6.18 Spulengatter

Die Gatter müssen für die Aufsteckung der im Betrieb üblichen Flyerspulen geeignet sein. Teilung, Zugänglichkeit für die Bedienung beim Aufstecken und ein sicherer Fadenlauf mit möglichst wenigen Umlenkungen sind zu berücksichtigen.

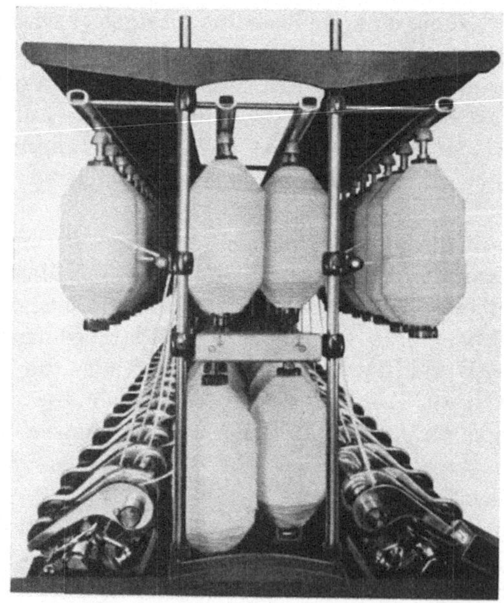

Abb. 154. Doppelsäulengatter zur Aufnahme schwerer Spulen (Rieter)

Das Aufsteckgatter, bei dem die Spulen durch Holzspindeln gehalten werden, ist jetzt häufig mit einer spindellosen Aufsteckung kombiniert. Die Holzspindeln werden durch Latten oder Profilschienen gehalten, in die zur Führung Porzellannäpfchen eingelassen sind. Die obere Spitze der Spindel wählt man vorzugsweise elastisch, damit sie bei unvorsichtigem Herausnehmen der Spulen nicht abbricht.

Bei schmalen Maschinen und großen Spulenformaten würde diese Gatterart die Spulen sehr weit nach oben bringen. Dem begegnet man durch sogenannte offene oder „Schirm"-Gatter (Abb. 154). Ein Teil der Spulen wird dabei schirmartig über das Streckwerk herausgezogen; die Zugänglichkeit ist durch das hier mögliche Tiefersetzen der Spulenhalter sehr günstig. Anstelle der Holzspindeln verwendet man Hängeschalter (z. B. Casablancas, Novibra). Die Pendelneigung der Spulen stört kaum; dem Voreilen der sich sehr leicht drehenden Spulen wirkt man durch einen mit dem Halter verbundenen Bremsbügel entgegen.

Da durch Maschinenschwingungen jeder Art der Garnausfall ungünstig beeinflußt wird, werden die Gatter jetzt sehr stabil ausgeführt (Doppelsäulen mit Verstrebungen und Profilschienen aus Stahlblech — statt Holzlatten — für die Spulenaufhänger).

Von der früher üblichen Spulenablage auf dem Gatter macht man heute kaum mehr Gebrauch, weil das Gatter zum einen höher geworden ist und zum andern nach oben frei sein soll, damit die Luft der Abbläser ungehindert nach unten strömen kann. (Z.B. kann man die Spulen bereits am Flyer in leicht zugängliche Transportwagen legen, aus denen sie zum Aufstecken an der Ringspinnmaschine direkt entnommen werden. Die Wagenböden stehen unter Federdruck und gehen mit leichter werdender Einlage nach oben. Die Aufsteckerin braucht sich beim Entnehmen der Spulen nicht in den Wagen hineinzubeugen.)

6.19 Fadenabsaugung

Anstelle der früher üblichen Unterputzwalzen verwendet man zur Fadenbeseitigung jetzt Rohre mit Öffnungen für jede Spindel. Durch diese Löcher saugt ein Ventilator Luft an. Der Sog erfaßt Flugfasern und aus dem Streckwerk austretende Faserbändchen gerissener Fäden und führt diesen Faserstoff durch einen Zentralkanal zu einem Filterkasten am Ende der Maschine. Die Luft wird abgeführt, das Fasergut bleibt in aufgelöstem Zustand am Sieb des Filters hängen. Von dort kann es leicht abgenommen werden.

Die Fadenabsaugung bringt für den Betrieb mehrere Vorteile:

1. Durch die sofortige Absaugung eines gerissenen Fadens werden die sonst sehr zahlreich auftretenden Nachbarfadenbrüche weitgehend vermieden.

2. Der beim Fadenlauf am Streckwerk entstehende Flug wird mit abgesaugt, Fadenbrüche sind schneller zu beheben (es entstehen keine Wickel an Unterputzwalzen), die Sauberhaltung des Streckwerkes ist wesentlich einfacher.

3. Bei Vorhandensein einer Klimaanlage wird die klimatisierte Luft gezwungen, den Weg am Gatter, also am Rohstoff, vorbei zu nehmen.

Diese Punkte zusammengefaßt ergeben eine beträchtliche Entlastung der Spinnerin. Die Spindelzahl für eine Spinnerin läßt sich so wesentlich steigern. Die Befürchtung, daß die Spinnerin durch eine solche Anlage verleitet werden könnte, ihre Überwachungsarbeit zu vernachlässigen, hat sich als unbegründet erwiesen. Im Gegenteil, die Qualität des Garnes wurde besser.

Für die Einrichtung einer Fadenabsaugung sind drei Möglichkeiten gegeben:

a) Absauganlage mit Ventilator an jeder einzelnen Maschine (= Einzelabsaugung) und Luftrückführung direkt in den Arbeitssaal.

b) Einzelabsaugung und zentrale Luftrückführung.

c) Zentralabsaugung (= ein gemeinsamer Ventilator für eine ganze Maschinengruppe) und zentrale Luftrückführung.

In allen drei Fällen hat jede Maschine ihren eigenen Filterkasten.

Die Ausführung a) wird man nur dort verwenden, wo auf Grund der Baulichkeiten keine andere Lösung möglich ist.

Viele Betriebe wählen Ausführung b). Man möchte damit einem Ausfall der ganzen Anlage bei Ausfall des Gruppenmotors entgegenwirken. Es hat sich aber gezeigt, daß dieser Gefahr — wenn sie überhaupt ernsthaft in Betracht zu ziehen ist — durch Zusammenschalten mehrerer Gruppen wirksam begegnet werden kann.

Die Ausführung c) stellt wohl das Optimum dar. Die Einzelmotoren entfallen (weniger Wartung) und der Kraftbedarf eines Gruppenmotors (z. B. 22 kW bei 10 000 Spindeln) ist geringer als der, der sonst benötigten 20...25 Einzelmotoren von je 1,5 kW (= 30...37,5 kW).

Bei b) und c) kann die Fadenabsaugung mit der Klimaanlage zusammengeschaltet werden. Das ist für die Betriebsklimatisierung von großem Vorteil. Untersuchungen haben ergeben, daß ungefähr $1/3$ der von der Klimaanlage eingeblasenen Luft über die Fadenabsaugung zurückgeführt wird.

Durch eine Klappe im Filterkasten kann im Bedarfsfalle jede einzelne Maschine von der Absaugung getrennt werden.

Abb.155.Wanderreiniger (Einschienenbahn) an Ringspinnmaschine mit Deckengebläse. (Die dunklen Schläuche mit Luftaustrittsöffnungen zum Abblasen der fluggefährdeten Maschinenteile, die hellen Schläuche mit Düsen zum Aufsaugen des Bodenfluges. Getrennte Ventilatoren für Saugen und Blasen) (Jakobi)

6.20 Wanderreiniger

Wandernde Abblasevorrichtungen (Abb. 155) vermindern die Putzarbeit an Ringspinnmaschinen weiter. Die Wanderreiniger laufen auf Schienen (Ein- und Zweischienenbahnen) über einer Gruppe von meist 4 oder 6 Maschinen (entweder in einer geschlossenen Bahn oder am Ende umkehrend). Die Laufgeschwindigkeit liegt um 30 m/min, muß aber dem Fluganfall (abhängig z. B. von Nummer und Rohstoff) angepaßt sein. Verschiedenlange Stutzen führen vom Ventilator zum Gatter, zum Streckwerk und zu den Spindeln. Bei manchen Typen wird das abgeblasene Fasermaterial durch Düsen, die bis auf den Fußboden hinunterreichen, aufgesaugt und in einem Kasten gesammelt; an einer geeigneten Stelle des Reinigerweges kann eine automatische Entleerung des Sammelkastens stattfinden. Die Absaugstutzen sind elastisch. Der Kraftbedarf liegt bei 1 kW. Für Saugen und Blasen werden meist getrennte Ventilatoren verwendet. Verschiedentlich sind die Wanderreiniger mit einem Deckenbläser gekoppelt. Es ist dies ein zweites, ebenfalls auf der Schienenbahn laufendes Gerät, dessen Ventilator nach oben gerichtet ist.

Wanderreiniger finden jetzt auch am Flyer und anderen Spinnereimaschinen Anwendung.

Rieter baut an der Ringspinnmaschine eine Anlage, Hebucofil genannt, an, bei der der Luftstrom praktisch einen Kreislauf ausführt. Dabei wird die Luft durch eine erweiterte Absaugung am Streckwerk angesaugt, dann gereinigt und schließlich wieder in den Saal zurückgeblasen. Am Filterkasten, über dem Gatter montiert, laufen Düsen entlang, die den Strom der Rückluft zum Gatter und zum Streckwerk leiten.

6.21 Abgekürzte und automatisierte Spinnverfahren

6.21.1 Kurzspinnverfahren

Beim Direktverspinnen von Streckenbändern entfällt der Flyer, so daß man mit sehr hohem Verzug an der Ringspinnmaschine arbeiten muß. Das Direkt-

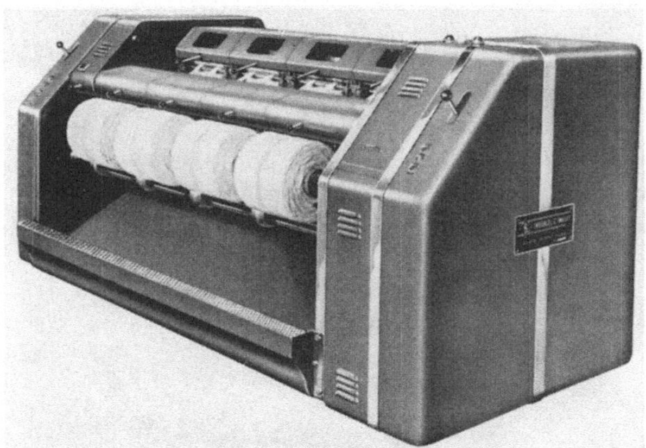

Abb. 156. Strecke zur Herstellung von Bandwickeln für Streckenband-Spinnmaschine (Tweedales & Smalley)

spinnen („sliver-to-yarn"-spinning) hat sich in Europa noch nicht in größerem Maße durchsetzen können. Dagegen laufen in Japan, Indien und Südamerika schon sehr viele Spinnmaschinen mit Streckenbandvorlage.

Beim flyerlosen Spinnen muß das Streckenband allerhöchsten Anforderungen entsprechen. An der letzten Strecke — bei verschiedenen Anlagen die dritte Passage — wird das Band entweder zu Kreuzwickeln aufgewunden (z. B. Tweedales & Smalley, Abb. 156) oder in Miniaturkannen abgelegt (O-M Ltd. Osaka, Japan). Eine Speicherung in Normalkannen umgeht man meist. Die Kannen müssen dann nämlich im Halbstock über oder unter den Maschinen aufgestellt werden, oder die Kannen stehen zu beiden Seiten der Maschinen, und die Bänder laufen als „Laubengang" zum Streckwerk (z. B. Saco-Lowell, Abb. 157). Die Bandzuführung ist also sehr umständlich.

Die oben angeführten Miniaturkannen haben einen Inhalt von 1...2 kg und werden wie Spulen im Gatter aufgestellt. (In Verbindung mit einer besonderen

Vorrichtung ist es möglich, die Kannen bereits an der Strecke auf eine große Plattform zu schieben, die dann der Ringspinnmaschine als Gatter aufgesetzt wird. NAS-System.) Kreuzwickel lassen sich an der Ringspinnmaschine aufstecken

Abb. 157. Bandspinnmaschine (Saco-Lowell, Mod. „Spinnster") mit Bandzuführung als „Laubengange"

oder auflegen (Tweedales & Smalley, Abb. 158). Bei der Wickelbildung erhalten die Bänder meist eine Festigung durch Falschdraht.

Im Gegensatz zu den früheren Modellen sind die neuen Ausführungen der

Abb. 158. Streckenband-(„Sliver-to-Yarn")-Spinnmaschine (T & S)

Ringspinnmaschinen zur Verarbeitung von Streckenband nicht mehr einseitig, sondern doppelseitig ausgeführt.

Das Problem bei dem hier anzuwendenden sehr hohen Verzug ist die einwandfreie Faserführung im Streckwerk mit ihrem großen Einfluß auf den Garnausfall und der auftretende Flug. Hartmann und Casablancas haben bereits anfangs der 30er Jahre Versuche zur Verkürzung des Spinnprozesses unternommen. Sie scheitern jedoch an den damals noch nicht zu bewältigenden Schwierigkeiten, die das erforderliche Verbundstreckwerk mit sich brachte. Die Weiterentwicklung im Streckwerksbau — in Verbindung mit besseren Reinigungssystemen — schufen später verbesserte Ausgangspositionen.

Auch die Streckwerke moderner Faserband-Ringspinnmaschinen sind Verbundsysteme, d. h. daß praktisch zwei Streckwerke hintereinandergeschaltet und so zu einem System verbunden sind. Die angegebenen Verzüge liegen dabei zwischen 100- und 600-fach (Abb. 159a u. b).

Die Wirtschaftlichkeit der Direktspinnverfahren wird von Fachleuten unterschiedlich bewertet. Die Ausgangsbasen sind in den einzelnen Ländern sehr verschieden. Man darf sich nicht dadurch täuschen lassen, daß der Wegfall des Flyers einen Arbeitsgang, der — scheinbar — sowieso unproduktiv ist, einspart. Viele ge-

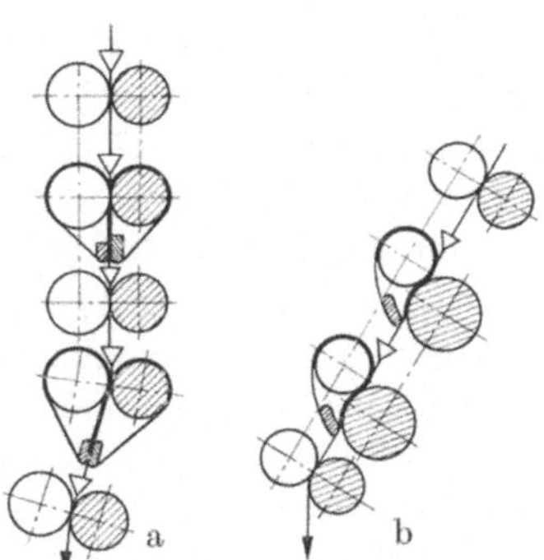

Abb.. 159a u. b. a) Höchstverzug-Verbundstreckwerk (O-M Spinning Comp.); b) Zweiriemchen-Streckwerk für Höchstverzug (Pfennigsberg)

wichtige Punkte sprechen nämlich für die Beibehaltung des Flyers (z. B. günstigere Vorgarnaufmachung, größere Packungsdichte, echte Drehung . . .); im Endeffekt ergibt sich nicht einmal ein Platzvorteil.

6.21.2 Automatisierung im Spinnprozeß

Das Streben der Spinnereien und der Maschinenfabriken zielt auf eine weitgehende Automatisierung des Arbeitsablaufes, vielfach auch Automation genannt. (Hat die Mechanisierung den Menschen frei gemacht vom Antreiben, vom Bewegen seines Arbeitsgerätes, so hat ihn die Automatisierung vom Einhalten des Arbeitstaktes der Maschine befreit. Der Begriff „Automation" dient nun häufig dazu, die Loslösung von der Bedienung einzelner Maschinen durch den Zusammenschluß mehrerer Arbeitsstufen zu einem Block — in der Spinnerei z. B „Spinnstraße" genannt — anzudeuten.)

Eine ununterbrochene Umwandlung des im Ballen gepreßten Fasergutes zum fertigen Garn ist im Großeinsatz noch nicht möglich, weil verschiedene Maschinen, z. B. der Flyer, automatisierungsfeindlich sind. Auch wirtschaftliche Bedenken müssen Berücksichtigung finden. Der Arbeitskräftemangel zwingt aber dazu, das Problem der Automatisierung des Spinnprozesses zu lösen.

Ballenzupfer (s. Abschn. 1.5.1), Direktspeisung der Karden (Abschn. 1.6) in Gruppen sind Angriffspunkte. Ihre Verbindung ergibt eine Teilautomatisierung. Sie kann auch dort angewandt werden, wo eine weitergehende Automation unwirtschaftlich sein muß. (Sortimentswechsel bedeutet bei Spinnstraßen immer einen relativ großen Produktionsausfall.)

Die Bandabgabe an der Karde kann entweder in Kannen ($\varnothing$ bis 40″ = 1020 mm) oder als Kanalbandführung mit Direktspeisung der ersten Streckenpassage erfolgen. Die Direktspeisung läßt den Einsatz von Hochleistungskarden als empfehlenswert erscheinen. Es werden dann z. B. 4 Karden — Liefergeschwindigkeit 60 m/min — zu einer Gruppe zusammengefaßt und deren Bänder einer Strecke mit nur einer Ablieferung ($D = 4$, $V = 4$) zugeführt. Die daraus resultierende Liefergeschwindigkeit der Strecke von 240 m/min entspricht dem augenblicklichen Optimum. Zur Aufrechterhaltung der erforderlichen Gleichmäßigkeit des Streckenbandes, besonders bei Bandbruch an der Karde, muß an der Strecke selbst (Regulierstrecke, s. Abschn. 4.8) oder unmittelbar davor (z. B. Platt) eine Bandkontrolle möglich sein. Eventuell wird auch der Anbau eines Bandspeichers an der Karde notwendig (Abb. 102).

Nach der Regulierstrecke folgt eine zweite Streckenpassage oder der Flyer. Bei der Festlegung der Passagenzahl sollte man die Speiserichtung der Faserhäkchen (s. Abschn. 3.2.1) beachten. Die Häkchenfasern sollten dem Streckwerk der Ringspinnmaschine möglichst schleppend angeboten werden (im Gegensatz zum Kämmprozeß werden beim Streckwerksverzug Schlepphäkchen besser ausgestreift). Da die im Kardenband vorherrschenden Schlepphäkchen ohne Bandumkehr (Kanalbandspeisung) der Strecke in günstiger Lage zugeführt werden, verzichtet Platt auf die zweite Strecke und läßt sofort den Flyer folgen, wo allerdings je Spinnstelle zwei Bänder zugeführt werden.

Als erste Firma hat die Daiwa Spinning Comp. (Japan) mit einem automatisch arbeitenden Spulendoffer und Spulenförderer den Flyer in die Automatisierung miteinbezogen. Trotzdem muß auch hier der Rohstoff zweimal manuell bewegt werden: bei der Vorlage am Flyer und beim Aufstecken an der Ringspinnmaschine. Ein günstigeres Ergebnis will Whitin durch Einschaltung des „Audomac"-Aggregates (einer Entwicklung der Deering Milliken Research Corp., USA) erzielen.

Die Krananlage (s. Abschn. 6.14) läßt sich gleichzeitig zum Transport der Reservegatter mit den dort aufgesteckten Austauschspulen zur Ringspinnmaschine bewegen, wo die Gatter mit den leeren Hülsen gegen die Reserve ausgetauscht werden.

Das automatische Abziehen der Kopse und geordneter Ablage mit sofortigem Transport zu den Spulmaschinen ermöglicht eine Verlängerung der Spinnstraße bis einschließlich Spulprozeß. Auch diese Art der Teilautomatisierung bietet möglicherweise eine wirtschaftlichere Fertigung. Bei der Anlage von Zinser, in Verbindung mit Mettler, war sogar vorgesehen, die Spuleinheiten der Ringspinnmaschine direkt anzuschließen.

Die Automation verlangt aber unbedingt eine Sortimentsbereinigung und eine genaue Abstimmung der Maschinenleistungen aufeinander.

Zur Zeit ist eine ganze Reihe automatisierter Systeme, besonders in Japan, bereits im Einsatz oder befindet sich in verschiedenen Stadien der Erprobung (z. B. Ingolstadt, Platt, Rieter, Saco-Lowell, Whitin, Zinser, sowie die in Japan entwickelten Verfahren von Daiwa (DASS), Kureha (KMSS), Nitto Boseki (NASS), Toyobo-Howa (CASS), die dort in Zusammenarbeit mit den Maschinenfabriken (z. B. O-M, Toyoda, Toyama, Nihon usw. entstehen). Beim KMSS (= Kureka's Modernized Spinning System) ist erstmals auch der Kämmprozeß einschließlich Nachstrecken vollautomatisiert. Ein genaueres Eingehen auf all diese Verfahren[1] würde den Rahmen dieses Buches sprengen, zumal die Entwicklung bei weitem noch nicht abgeschlossen ist. Erstaunlich mag vielleicht erscheinen, daß gerade Japan die ersten automatisierten Spinnereien gebaut und die

---

[1] WEGENER u. PEUKER, Verkürzte Baumwollspinnerei. Düsseldorf: Klepzig 1965.

größte Zahl von Systemen entwickelt hat. Es ist aber zu bedenken, daß in Japan ebenfalls ein großer Bedarf an Arbeitskräften besteht und die Industrie dieses Landes sehr stark exportbetont ist.

6.21.3 Spinnen ohne Ring und Läufer

Die bekannten Mängel des Arbeitens mit Ring und Läufer setzen der Leistung der Ringspinnmaschine ganz klare Grenzen. Flügel- und Glockenspinnmaschine, Topf- und Dosenspinnmaschine stehen als Ausweichmöglichkeit zwar zur Verfügung, doch treten bei diesen Systemen entweder schon bei viel niedrigeren Produktionswerten Leistungsgrenzen in Erscheinung, oder Platz- und Kraftbedarf bzw. finanzieller Aufwand machen (zumindest im Bereich der hier besprochenen Baumwollspinnerei) eine wirtschaftliche Fertigung unmöglich.

Die Realisierung hoher Leistung bei gleichzeitiger Herstellung großer Packungen und geringer bewegter Massen ist nur mit Hilfe des unterbrochenen Spinnens möglich. Die hier zur Anwendung kommenden Verfahren werden im Englischen mit „break spinning" oder „open end spinning" bezeichnet, weil zwischen Zuführung des Vorgarnes und Drehen des Fadens der Faserverband tatsächlich unterbrochen, getrennt wird. Nur so ist es möglich — im Gegensatz zu den Falchsdrahtverfahren der Synthetik-Zwirnerei, wo die Drehung durch die Hitze fixiert wird — dem Faden eine echte Drehung zu geben. Diese Verfahren arbeiten nach mechanischen (z. B. Pavek, Kyame,Meimberg), pneumatischen (z. B. Keeler, Götzfried), hydraulischen (z. B. Strang) oder elektrostatischen Prinzipien (Ogelsby). Obwohl die Patente zum Teil schon vor 30 und mehr Jahren erteilt wurden, konnten die Verfahren noch nicht auf Großfertigung umgestellt werden. Die Qualitätsansprüche, wie sie an Garne nach dem Baumwoll-Streckwerksspinnverfahren gestellt werden, konnten sie bis jetzt noch nicht erfüllen.

6.22 Fehler an der Ringspinnmaschine

Falsche Streckwerkseinstellung: (Die heute allgemein üblichen Doppelriemchenstreckwerke verlangen für einen großen Stapelbereich kaum Verstellungen im Hauptverzugsfeld. Auf die Einstellung des — riemchenlosen — Vorverzugsfeldes wurde bereits hingewiesen.) Grundsätzlich ergibt zu weite Einstellung schnittiges Garn, zu enge Einstellung führt zur Kracherbildung (dabei legen sich die mit der Geschwindigkeit des Abzugzylinders laufenden kürzeren Fasern um die mit langsamerer Geschwindigkeit zugeführten langen Fasern und ergeben ein haariges unverzogen aussehendes Fadenstück). Im übrigen wird auf Kap. 4.3.4.3 verwiesen.

Ungleichmäßiges Garn: Gleichmäßigkeit des Vorgarnes ist unzureichend; schlechte Ablaufverhältnisse im Gatter der Ringspinnmaschine; unrund laufende Streckwerkszylinder; schadhafte Getrieberäder; zu hohe Vorgarndrehung.

Hohe Fadenbruchzahlen: Sie werden hervorgerufen durch falsch gewählte Riemchenmaulweite, schlecht zentrierte Spindeln und Fadenführer, schadhafte oder schlechte Hülsen, falsch eingestellte Ballonringe, starke Verflugung, zu schwere, zu leichte oder zu enge Läufer, zu niedrige Drehung, zu hohe Läufergeschwindigkeit, fehlerhaftes Vorgarn, schlagende oder beschädigte Zylinder.

Schlingenbildung im Garn — und damit verbundenes Aushängen des Fadens aus dem Läufer — wird durch das langsame Auslaufen der Spindeln (und der ganzen Maschine) nach dem Ausrücken des Antriebes hervorgerufen. Verhütung: Verwendung von Trommelbremsen, eventuell zusätzliche Anlaufverzögerung (Ausziehen von trotzdem entstandenen Schlingen) durch Zylinderkupplung.

Grobfäden: entstehen durch Einspinnen von Flug oder aus dem Streckwerksbereich mitgenommene Faseransammlungen und durch schlechte Andreher. Zur Vermeidung von Reklamationen ist auf sorgfältige Sauberhaltung der Maschinen und auf einwandfreies Ansetzen zu achten. Der Anflug von Fremdfasern von benachbarten Maschinen versucht man durch das Einziehen von Plastikzwischenwänden zu vermeiden.

7 Planungsgrundlagen

7.1 Berechnungsformeln

7.1.1 Nummer

$$\text{metrische Nummer} \qquad Nm = \frac{L}{G} \qquad \begin{aligned} L &= \text{Länge (mm, m, km)} \\ G &= \text{Gewicht (mg, g, kg)} \end{aligned}$$

$$\text{engl. Baumwollnummer} = Ne_B = Ne = \frac{L}{G} \qquad \begin{aligned} L &= \text{hanks à 840 yds.} \\ G &= \text{engl. Pfund} \end{aligned}$$

(Nm und Ne sind Numerierungen; es wird angegeben, wieviele Längeneinheiten — z. B. Meter oder Hanks — auf *eine* Gewichtseinheit kommen.)

Eine große Zahl der international gebräuchlichen, sehr stark voneinander abweichenden Numerierungssysteme soll durch das tex-System ersetzt werden

$$tex = \frac{G}{L} \qquad \begin{aligned} G &= \text{Gewicht in g} \\ L &= \text{Länge} = 1000\ \text{m} \end{aligned}$$

$$1000\ tex = 1\ ktex$$

$$\frac{1}{1000}\ tex = 1\ mtex$$

(Das *tex*-System ist eine Titrierung; es wird angegeben, wieviele Gewichtseinheiten — z. B. Gramm — auf eine Länge von 1000 m kommen.)

7.1.2 Drehung (nach KOECHLIN)

... In Abhängigkeit von Rohstoff und Nummer:

$$T/m = \alpha_m \cdot \sqrt{Nm} \qquad\qquad \begin{aligned} \dots T/m &= \text{Drehungen pro Meter} \\ \alpha_m &= \text{metr. Drehungsbeiwert} \end{aligned}$$

$$T/'' = \alpha_e \cdot \sqrt{Ne} \qquad\qquad \begin{aligned} \dots T/'' &= \text{Drehung pro engl. Zoll} \\ \alpha_e &= \text{„engl.'' Drehungsbeiwert} \end{aligned}$$

$$T/m = \frac{\alpha_{ktex}}{\sqrt{ktex}} \qquad \dots\dots \sqrt{ktex} = \sqrt{\frac{tex}{1000}} = \frac{\sqrt{tex}}{31{,}6}$$

$$T/m = \frac{\alpha_{ktex} \cdot 31{,}6}{\sqrt{tex}} \qquad a_{ktex} \text{ ist dann } = \alpha_m$$

$$\alpha_{ktex} \cdot 31{,}6 = \alpha_t$$

Es ist empfehlenswert mit *ktex* ($= tex : 1000$) zu rechnen, da die sonst erforderlichen α_t-Werte sehr große, unhandliche Zahlen brächten.

... In Abhängigkeit von den Maschinendaten:

$$T/m = \frac{n_{Spi}}{L} \qquad\qquad \begin{aligned} n_{Spi} &= \text{Spindelumdrehungen/min} \\ L &= \text{Lieferung (m/min)} \end{aligned}$$

Für Drehung/Zoll ($T/''$) muß die Lieferung in Zoll eingesetzt werden.

7.1.3 Lieferung

... in Abhängigkeit vom Ausgangszylinder:

$$L = \frac{n_V \cdot d_V \cdot \pi}{1000} \ \text{(m/min)}$$

n_V = Drehzahl des Ausgangszylinders (U/min)

d_V = Durchmesser des Ausgangszylinders (mm)

... in Abhängigkeit von der Drehung

$$L = \frac{n_{Spi}}{T/m} \ \text{(m/min)}$$

7.1.4 Produktion

... aus der Lieferung

$$P = \eta \cdot \frac{L \cdot 60}{Nm} \ \text{(g/Spindelstunde)}$$

$$P = \eta \cdot \frac{n_{Spi} \cdot 60}{T \cdot Nm} \ \text{(g/Spi.h)}$$

η = Ausnützungsgrad (z. B. 0,9)

Zur Berechnung von kg muß durch 1000 dividiert werden.

7.1.5 Läufergeschwindigkeit

$$v_L = \frac{n_{Spi} \cdot d_R \cdot \pi}{60 \cdot 1000} \ \text{(m/sec)}$$

v_L = Läufergeschwindigkeit (m/sec)
d_R = Ringdurchmesser (mm)
n_{Spi} = Spindeldrehzahl (U/min)

7.1.6 Spindeldrehzahl (U/min)

$$n_{Spi} = T/m \cdot L \qquad \ldots \text{ausgehend von } T/m$$

$$n_{Spi} = \frac{v_L \cdot 60 \cdot 1000}{d_R \cdot \pi} \ \ldots \text{ausgehend von } v_L$$

$$n_{Spi} = \frac{P \cdot T/m \cdot Nm}{\eta \cdot 60} \ \ldots \text{ausgehend von } P.$$

7.1.7 Verzug

allgemein: $V = \dfrac{A}{Z}$ A = Abführung   in der gleichen Zeiteinheit
     Z = Zuführung

... als Verhältnis zweier Geschwindigkeiten:

$$V = \frac{L \text{ des } AZ \text{ bei 1 Umdrehung des } AZ}{L \text{ des } ZZ \text{ bei 1 Umdrehung des } AZ} \ \text{oder}$$

$$V = \frac{L \text{ des } AZ \text{ bei 1 Umdrehung des } ZZ}{L \text{ des } ZZ \text{ bei 1 Umdrehung des } ZZ}$$

L = Lieferung
AZ = Abführungszylinder
ZZ = Zuführungszylinder

Dieser Verzug wird als Maschinenverzug (V_M) bezeichnet, weil er aus dem Getriebe berechnet wird.

... unter Berücksichtigung von Nummer und Dublierung

$$V = \frac{Nm_A}{Nm_Z} \cdot D; \quad V = \frac{Ne_A}{Ne_Z} \cdot D; \quad V = \frac{tex_Z}{tex_A} \cdot D$$

... unter Berücksichtigung des Gewichtes G (z. B. Band, Wickel usw.)

$$V = \frac{G_Z}{G_A} \cdot D$$

A = Abführung
Z = Zuführung

Diese Arten der Verzugsberechnung bezeichnet man auch als die Berechnung des Sortierverzuges (V_S), weil die Berechnung auf Grund der Sortierung erfolgt.

... unter Berücksichtigung der Abfallprozente (p)

$$V_M = V_S \cdot \frac{100 - p}{100}$$

... unter Berücksichtigung der Einspinnungsprozente (E)

$$V_M = V_S \cdot \frac{100}{100 - E}$$

7.1.8 Ermittlung der Nummer dublierter Fäden

... bei Numerierungen

$$N = \frac{N_2 \cdot N_1}{N_1 + N_2} \qquad \text{... bei 2 Nummern}$$

$$N = \frac{N_3 \cdot N_2 \cdot N_1}{N_1 \cdot N_2 + N_1 \cdot N_3 + N_2 \cdot N_3} \qquad \text{... bei 3 Nummern}$$

... bei Gewichten oder Titrierungen

$$G = G_1 + G_2 + \ldots + G_n$$
$$tex = tex_1 + tex_2 + tex_3 + \ldots + tex_n.$$

7.1.9 Berechnung der Durchschnittsnummer

... bei Numerierungen

$$N_D = \frac{N_1 \cdot G_1 + N_2 \cdot G_2 + \ldots + N_n \cdot G_n}{G_1 + G_2 + \ldots + G_n} \qquad \ldots N_D = \text{Durchschnittsnummer}$$

... bei Titrierungen

$$tex_D = \frac{G_1 + G_2 + \ldots + G_n}{\dfrac{G_1}{tex_1} + \dfrac{G_2}{tex_2} + \ldots + \dfrac{G_n}{tex_n}}$$

7.2 Umrechnungszahlen

7.2.1 Längenmaße

1 yd. = 3 ft.(') = 36 in.('') = 914 mm
       1 ft.   = 12 in.   = 305 mm
             1 in.   =   25,4 mm
1 m = 39,4 in.
1 Hank (Baumwolle) = 7 Skeins = 840 yd. = 768,1 m
                      1 Skein   = 120 yd. = 109,7 m
1 Hank   = 1 Schneller   yd. = yard
1 Skein   = 1 Gebinde   ft.= foot (Fuß)
1 Mile (Meile) = 1609 m (im Gegensatz zur Seemeile — nautical mile — mit 1852 m)

7.2.2 Flächenmaße

1 ha   = 100 ar = 107,640 sq.ft. = 2,5 acres
1 acre = 405 m² = 0,405 ha
1 sq.ft = 144 sq.in. = 0,09 m²
       1 sq.in. = 6,45 cm²
1 m² = 10,8 sq.ft.   sq. = square = Quadrat.

7.2.3 Raummaße

1 m³ = 35,3 cub.ft. = 230 br. Gallons = 264 US-Gallons = 1000 l

1 cub.ft. = 0,03 m³

1 br. Gallone = 4,55 l

1 US-Gallone = 3,80 l

1 Gallone   = 4 quarts = 8 pints

cub. = cubic = Kubik.

7.2.4 Technische Maße

1 kp/cm²   = 14,2 lbs. p. sq.in.

1 lb. p. sq.in. = 0,07 kp/cm²

1 PS   = 0,99 H.P. = 0,736 kW   H.P. = horse power

1 H.P. = 1,01 PS   = 0,746 kW

1 mm Hg-Säule = 13,6 mm H_2O-Säule

1 mm H_2O-Säule = 0,0735 mm Hg-Säule

1 at = 760 mm Hg-Säule = 30 in. Hg-Säule

1 in. Hg-Säule = 0,033 at

Hg = Quecksilber H_2O = Wasser.

7.2.5 Gewichte

1 lb. = 16 oz. = 7000 gr. = 453,56 g = rd. 454 g

1 oz. =   437 gr. =   28,35 g

1 gr. = rd. $^1/_{15}$ g

1 dwt. =   24 gr. =   1,55 g

1 kg = 2,2 lbs.   lb.   = pound = Pfund engl.

oz.   = ounce = Unze

dwt. = pennyweight

gr.   = grain (aber: g = Gramm!)

g/m	gr./yd.	dwt./yd.	oz./yd.
10	141	5,9	0,32
0,705	10	0,42	0,023
17	240	10	0,544
310	4370	183	10

7.2.6 Numerierung und Titrierung

$$Nm = 1{,}69 \cdot Ne \qquad Ne = 0{,}59 \cdot Nm \qquad tex = \frac{1000}{Nm}$$

$$Nm = \frac{1000}{tex} \qquad Ne = \frac{590}{tex} \qquad tex = \frac{590}{Ne}$$

$$Ne = \text{engl. } \textit{Baumwoll}\text{nummer}$$

7.2.7 Läufergeschwindigkeit

m/sec	ft./sec	ft./min
10	32,8	1970
30,4	100	6000
5,07	16,7	1000

üblich: Kontinent m/sec
         Gr. Brit.   ft./sec
         USA   ft./min

7.3 Drehung
7.3.1 Drehungsbeiwerte (nach KOECHLIN)

a) Vorgarn

Rohstoff	Grobflyer α_m α_e	Mittelflyer α_m α_e	Feinflyer α_m α_e
ostind. Baumwolle	36—40 (1,2—1,3)	39—42 (1,3—1,4)	42—45 (1,4—1,5)
US-Baumwolle ...1″	27—30 (0,9—1,0)	27—33 (0,9—1,1)	30—36 (1,0—1,2)
US-Baumwolle ...1³/₈″	23—27 (0,75—0,9)	24—30 (0,8—1,0)	27—33 (0,9—1,1)
Sudan-Baumwolle	23—26 (0,75—0,85)	24—27 (0,8—0,9)	27—30 (0,9—1,0)
Karnak-Baumwolle	21—23 (0,7—0,75)	23—24 (0,75—0,8)	25—26 (0,85)
Zellwolle 34/1,5	21—23 (0,7—0,75)	22—24 (0,75—0,8)	24—26 (0,8—0,85)
Zellwolle 40/1,5	20—21 (0,65—0,7)	20—23 (0,65—0,75)	21—23 (0,65—0,75)
Zellwolle 40/2,75	19—23 (0,65—0,75)	21—24 (0,7—0,8)	—
Zellwolle 60/2,75	16—18 (0,55—0,6)	18—21 (0,55—0,7)	—

b) Feingarn

Rohstoff	Kettdrehung α_m	α_e	Schußdrehung α_m	α_e
Baumwolle kurz	120—150	(4,0—5,0)	100—115	(3,2—3,8)
mittel	115—135	(3,8—4,5)	90—105	(3,0—3,5)
lang	100—115	(3,4—3,8)	75—90	(2,5—3,0)
Zellwolle 40 mm	90—115	(3,0—3,8)	75—90	(2,5—3,0)
60 mm	65—100	(2,2—3,3)	60—75	(2,0—2,5)

Trikotdrehung liegt rund 15—20% niedriger als die hier angegebene Schußdrehung

Für die Drehungsberechnung nach tex sei auf Kapitel 7.1.2 verwiesen.

Als Umrechnungszahlen ergeben sich: $\alpha_m = 30,3 \cdot \alpha_e$

$$\alpha_e = 0,033 \cdot \alpha_m$$

nach LAETSCH:

Die Werte für Vorgarn und für Feingarn sind in folgender Tabelle zusammengefaßt.

Drehungsbeiwerte nach LAETSCH

Vorgarn		Rohstoff	Feingarn					
			α_{m1}			α_{e1}		
α_{e1}	α_{m1}		K	M	Sch	K	M	Sch
1,5 …1,7	42 …47,5	kurze indische B'wollen	87,5	79	74	3,2	2,9	2,7
1,3 …1,5	36,4…42	lange indische B'wollen	76,5	71	65,5	2,8	2,6	2,4
1,1 …1,3	30,8…36,4	amer. B'wolle $^7/_8{}''$ kard.	71	65,5	61,5	2,6	2,4	2,25
1,0 …1,2	28,0…33,6	amer. B'wolle $^{15}/_{16}{}''$ kard.	65,5	60	54,5	2,4	2,2	2,0
0,95…1,1	26,6…30,8	amer. B'wolle 1$''$ kard.	63	57,5	52	2,3	2,1	1,9
0,9 …1,0	25,2…28,0	amer. B'wolle $1^1/_{16}{}''$ kard.	60	54,5	49	2,2	2,0	1,8
0,8 …0,9	22,4…25,2	amer. Bw'olle $1^1/_8{}''$ kard.	54,5	49	46,5	2,0	1,8	1,7
0,75…0,85	21,0…23,8	amer. B'wolle $1^1/_8{}''$ gek.	52	46,5	43,5	1,9	1,7	1,6
0,7 …0,8	19,6…22,4	ägypt.(„Mako") B'w $^{32}/_{36}$mm	49	43,5	41	1,8	1,6	1,5
0,6 …0,7	16,8…17,6	Karnak-/Gizeh-B'wolle ⎫	39,5	37	35,5	1,45	1,35	1,3
0,6 …0,65	16,8…17,2	Peru Pima/Menoufi-B'w ⎭						
0,4 …0,5	11,2…14,0	Zellwolle 1,2…1,5 den 40 mm	45	42,5	39,5	1,65	1,55	1,45
0,45…0,55	12,6…15,4	Z'wolle 2,75 den 40 mm	54,5	50,5	48	2,0	1,85	1,75
0,35…0,4	9,8…11,2	Z'wolle 60 mm	42	39	36	1,55	1,45	1,30

Vorgarn:

$$\alpha_{m1} = 28,0 \cdot \alpha_{e1}$$
$$\alpha_{e1} = 0,0354 \cdot \alpha_{m1}$$
$$\alpha_{tex} = \alpha_{m1}$$

$$T/m = \alpha_{m1} \cdot Nm^x$$
$$T/m = \alpha_{e1} \cdot Ne^x$$

Vorgarn: $x = 0,65$

Feingarn: $x = 0,7$

Feingarn:

$$\alpha_{m1} = 27,3 \cdot \alpha_{e1}$$
$$\alpha_{e1} = 0,0366 \cdot \alpha_{m1}$$
$$\alpha_{tex1} = \alpha_{m1}$$

7.3.2 Potenzwerte für $N^{0,7}$ und $N^{0,65}$

(zur Berechnung der Drehung nach LAETSCH)

N	$N^{0,7}$	N	$N^{0,7}$	N	$N^{0,7}$	N	$N^{0,7}$
6	3,50	12,5	5,86	35	12 0	70	19,5
6,6	3,75	14	6,35	40	13,2	72	20,0
6,8	3,83	16	6,95	42	13,7	80	21,6
7	3,91	17	7,25	47	14,8	84	22,3
7,6	4,13	18	7,60	50	15,5	85	22,5
8	4,28	20	8,15	53	16,1	90	23,4
8,4	4,44	24	9,25	56	16,8	100	25,2
9,2	4,74	25	9,50	60	17,6	110	27,0
10	5,02	28	10,3	64	18,4	120	28,6
11	5,36	30	10,8	65	18,6	135	31,0
12	5,70	34	11,8	66	18,8	150	33,5

Die Nummern dieser Tabelle basieren auf der genormten Nm-Reihe. Zwischenwerte für N ergeben sich aus der Umrechnung in *Ne* und *tex*.

N	$N^{0,65}$	N	$N^{0,65}$	N	$N^{0,65}$	N	$N^{0,65}$
0,17	0,316	0,6	0,717	1,1	1,065	2,4	1,620
0,185	0,333	0,65	0,756	1,2	1,125	2,5	1,815
0,2	0,351	0,68	0,778	1,25	1,155	2,75	1,930
0,22	0,373	0,7	0,793	1,3	1,185	3,0	2,04
0,25	0,406	0,72	0,815	1,4	1,245	3,25	2,15
0,265	0 422	0,75	0,829	1,5	1,300	3,5	2,26
0,28	0,437	0,76	0,837	1,6	1,355	3,75	2,36
0,315	0,427	0,8	0,870	1 75	1,440	4,0	2,46
0,34	0,496	0,84	0,893	1,9	1,515	4,5	2,66
0,36	0,515	0,9	0,934	2,0	1,570	5,0	2,74
0,4	0,551	0,92	0,947	2,1	1,620	5,5	3,02
0,44	0,587	1,0	1,000	2,2	1,670	6,0	3,21
0,56	0,686	1,05	1,032	2,25	1,700	7,0	3,55

Die Nummern dieser Tabelle basieren auf den für Flyer-Vorgarn üblichen Nm. Zwischenwerte ergeben sich wie oben. Anstelle der *tex*-Werte sind *ktex*-Werte berücksichtigt (s. 7.1.2)

7.3.3 Drehungstabellen

(Die angeführten α_t-Werte ergeben die Drehungen/cm, müssen also für T/m mit 100 multipliziert werden. Bei Berücksichtigung der *ktex*-Werte kommen die α_m-Werte zur Anwendung.)

Drehungstabelle für Feingarne verschiedener Rohstoffe und Nummern

		Kette			Zwirn			Schuß		
Nm	tex	T/m	α_m	α_t	T/m	α_m	α_t	T/m	α_m	α_t
Zellwolle 40 mm/1,2…1,5 den										
16	64	315	78,5	24,8	295	74	23,4	275	69	21,8
18	56	340	80,5	25,4	325	76	24	300	71	22,4
20	50	365	82	25,9	345	77,5	24,5	320	72	22,8
24	42	415	85	26,9	395	80	25,3	365	74,5	23,9
28	34	465	87,5	27,6	440	83	26,2	405	76,5	24,2
34	30	530	91	28,8	500	86	27,2	465	80	25,3
40	25	595	94	29,7	560	88,5	27,6	520	82,5	26,1
50	20	695	98,5	31,1	660	92	29,1	610	86,5	27,3
60	17	795	102,5	32,4	750	96,5	30,5	695	89,5	28,3
70	14	880	104	32,9	830	99	31,3	770	92	29,1
80	12,5	975	109	34,5	920	103	32,6	855	95,5	30,2
85	12	1015	110	34,8	955	104	32,9	890	96,5	30,5
90	11	1055	111	35,0	995	105	33,2	925	97,5	30,8
100	10	1135	113,5	35,8	1070	107	33,8	995	99,5	31,4
110	9,2	1215	116	36,7	1150	109,5	34,6	1070	102	32,3
120	8,4	1290	117,5	37,2	1215	111	35,1	1130	103	32,5
135	7,6	1395	120	37,9	1315	113,5	35,9	1225	105,5	33,4
150	6,6	1505	123	38,9	1425	116,5	36,8	1320	108	34,1

		Kette				Zwirn			Schuß		
Nm	tex	T/m	α_m	α_t	T/m	α_m	α_t	T/m	α_m	α_t

Zellwolle 40 mm/2,75 den (SBK)

Nm	tex	T/m	α_m	α_t	T/m	α_m	α_t	T/m	α_m	α_t
16	64	380	95	30,0	350	87,5	27,6	335	83,5	26,4
18	56	415	97,5	30,8	385	90,5	28,6	365	86	27,2
20	50	445	99	31,3	410	92	29,1	390	87,5	27,6
24	42	505	103	32,6	465	95	30,0	445	90,5	28,6
28	34	560	106	33,5	520	98,5	31,1	495	93,5	29,5
34	30	645	110,5	34,9	595	102	32,2	565	97	30,6
40	25	720	113,5	35,8	665	105,5	33,4	635	100	31,6
50	20	845	119,5	37,8	785	111	35,1	745	105	33,2

Baumwolle, indische (lang)

Nm	tex	T/m	α_m	α_t	T/m	α_m	α_t	T/m	α_m	α_t
16	64	530	131	41,4	495	125,5	39,6	455	113,5	35,9
18	56	580	137	43,3	540	127	40,2	500	117,5	37,1
20	50	625	139	43,9	580	129	40,8	535	119	37,6
24	42	710	144	45,5	655	134	42,3	605	123,5	39,0
28	34	790	149	47,0	730	138	43,6	675	127	40,2

Baumwolle, amerikanische, $^7/_8{}''$

Nm	tex	T/m	α_m	α_t	T/m	α_m	α_t	T/m	α_m	α_t
16	64	495	125,5	39,6	455	113,5	35,9	425	106,5	33,6
18	56	540	127	40,2	500	117,5	37,1	465	110	34,8
20	50	580	129	40,8	535	119	37,6	500	112	35,4
24	42	655	134	42,3	605	123,5	39,0	570	114	36,0

Baumwolle, amerikanische, $^{15}/_{16}{}''$

Nm	tex	T/m	α_m	α_t	T/m	α_m	α_t	T/m	α_m	α_t
16	64	455	113,5	35,9	415	104	32,9	380	95	30,0
18	56	500	117,5	37,1	455	107,5	34,0	415	97,5	30,8
20	50	535	119	37,6	490	109	34,4	445	99	31,3
24	42	605	123,5	39,0	555	113	35,7	505	103	32,6
28	34	675	127	40,2	620	117	37,0	560	106	33,5

Baumwolle, amerikanische, $1''$

Nm	tex	T/m	α_m	α_t	T/m	α_m	α_t	T/m	α_m	α_t
18	56	480	112,5	35,6	435	103	32,5	395	93	29,4
20	50	515	115	36,3	470	105	33,2	425	95	30,0
24	42	585	119	37,6	530	108,5	34,3	480	98	31,0
28	34	650	122,5	38,7	595	112	35,4	535	101	31,9
34	30	745	127,5	40,3	680	116	36,7	615	105	33,2
40	25	825	130,5	41,8	755	119,5	37,7	680	108	34,1

Baumwolle, amerikanische, $1^1/_{16}{}''$

Nm	tex	T/m	α_m	α_t	T/m	α_m	α_t	T/m	α_m	α_t
28	34	620	117	37,0	560	106	33,5	505	95	30,0
34	30	710	121,5	38,8	645	110,5	34,9	580	99,5	31,2
40	25	790	125	39,5	720	113,5	35,8	645	102	32,2
50	20	930	131,5	41,6	845	119,5	37,8	760	107,5	34,0
60	17	1055	136	43,0	960	123,5	39,0	860	111	35,1
70	14	1170	140	44,3	1065	127	40,2	955	114	36,1

		Kette				Zwirn			Schuß		
Nm	tex	T/m	α_m	α_t	T/m	α_m	α_t	T/m	α_m	α_t

Baumwolle, amerikanische, $1^1/_8''$ kard.

Nm	tex	T/m	α_m	α_t	T/m	α_m	α_t	T/m	α_m	α_t
34	30	645	110,5	34,9	580	99,5	31,5	550	93	29,4
40	25	720	113,5	35,8	645	102	32,2	615	97	30,7
50	20	845	119,5	37,8	760	107,5	34,0	720	102	32,2
60	17	960	123,5	39,0	860	111	35,1	820	106	33,5
70	14	1065	127	40,2	955	114	36,1	905	108,5	34,3

Baumwolle, amerikanische, $1^1/_8''$ gekämmt

Nm	tex	T/m	α_m	α_t	T/m	α_m	α_t	T/m	α_m	α_t
50	20	805	114	34,5	720	102	32,2	675	95,5	30,2
60	17	915	118	37,3	820	106	33,5	765	99	31,3
70	14	1015	121	38,3	905	108,5	34,3	850	101,5	32,1
80	12,5	1125	125,5	39,3	1005	112,5	35,6	940	105	33,2
85	12	1170	126,5	40,0	1045	113,5	35,8	980	106	33,5
90	11	1220	128	40,5	1090	115	36,4	1020	107,5	34,0
100	10	1310	131	41,5	1170	117	37,0	1095	109,5	34,6

Baumwolle, „Mako", 32/36 mm

Nm	tex	T/m	α_m	α_t	T/m	α_m	α_t	T/m	α_m	α_t
60	17	860	111	35,1	765	99	31,3	720	93	29,4
70	14	955	114	36,1	850	101,5	32,1	800	95,5	30,2
80	12,5	1060	118,5	37,5	940	105	33,2	885	99	31,3
85	12	1100	120	38,0	980	106	33,5	920	100	31,6
90	11	1145	121	38,3	1020	107,5	34,0	960	101	31,9
100	10	1235	123,5	39,0	1095	109,5	34,6	1035	103,5	32,8
110	9,2	1325	126,5	40,0	1175	112	35,4	1110	106	33,5
120	8,4	1400	128	40,5	1245	114	36,1	1170	107	33,9
135	7,6	1520	131	41,5	1350	116	36,7	1270	109,5	34,6
150	6,6	1640	134	42,4	1455	119	37,7	1375	112,5	35,6

Baumwolle, Karnak, Peru Pima

Nm	tex	T/m	α_m	α_t	T/m	α_m	α_t	T/m	α_m	α_t
60	17	695	89,5	28,3	650	84	26,6	625	80,5	25,4
70	14	770	92	29,1	720	86	27,2	690	82,5	26,1
80	12,5	855	95,5	30,2	800	89,5	28,3	765	86	27,2
85	12	890	96,5	30,5	830	90,5	28,6	800	86,5	27,3
90	11	925	97,5	30,8	865	91,5	28,9	830	87,5	27,6
100	10	995	99,5	31,5	930	93	29,4	895	89,5	28,3
110	9,2	1065	102	32,3	1000	95,5	30,2	960	91,5	28,9
120	8,4	1130	103	32,6	1060	97	30,7	1015	92,5	29,2
135	7,6	1225	105,5	33,4	1145	99	31,3	1100	95	30,0
150	6,6	1320	108	34,1	1240	101	31,9	1190	97	30,7

7.4 Produktion der Spinnereimaschinen

7.4.1 Putzerei

Mischballenöffner: 100…150 kg/h — 4 Mischballenöffner bringen 400…600 kg/h, das entspricht der Leistung von 2…3 Schlagmaschinen

Ballenzupfer rd. 30 kg/h (z. B. Trützschler) 60…210 kg/h bei 3…7 Zupfstellen

Stufenreiniger
Horizontalöffner
Mischautomat   Je nach Rohstoff, Verunreinigung und gewünschtem Öffnungsgrad
Sägezahnöffner   400…600 kg/h (= 2…3 Schlagmaschinen)
Vertikalöffner

Schlagmaschine   150…200…250 kg/h. Davon ist auch abhängig, wie viele Schlag-
oder Doppel-   maschinen von einem Öffnersatz beschickt werden können
schlagmaschine   Liefergeschwindigkeit: 6…8…10 m/min

7.4.2 Karde

$$P_{eff.} = \eta \cdot \frac{n_A \cdot d_A \cdot \pi \cdot V' \cdot 60}{1000 \cdot 1000 \cdot Nm} \quad \text{(kg/h)}$$

Es bedeutet: n_A = Abnehmerdrehzahl (4...6...12...16 U/min bei Normalkarden; bei Hochleistungskarden ...30 und mehr)

d_A = Abnehmerdurchmesser (meist 655 oder 680 mm über Garnitur gemessen)

V' = Verzug zwischen Drehtopfwalzen und Abnehmer (in der Regel 1,1...1,15)[1]

Nm = metr. Bandnummer (üblich *0,20...0,25...0,35*)

η = Ausnützungsgrad (0,9...0,92 bei flex. Garnitur; 0,95...0,97 bei Ganzstahlgarnitur)

Produktionswerte (in kg/h bei Nm 0,23)

Rohstoff	kg/h (100%)	n_A
Baumwolle kurz	6,0...10,0	10...16
mittel	4,5... 7,5	7...12
lang	2,5... 5,5	4... 9
Zellwolle	5,0... 9,0	8...14
Synthetiks[2]	4,5... 7,5	8...12

Diese Werte gelten für Normalkarden. Hochleistungskarden, wie sie jetzt entstehen, bringen Leistungen bis über 20 kg/h (z. B. 25 kg/h). Die Werte liegen im allgemeinen beim 3...5 fachen der Leistungen von Normalkarden bei einem bestimmten Rohstoff.

7.4.3 Kämmerei

7.4.3.1 Kämmereivorbereitung. (Bandwickler und Kehrstrecke)

$$P_{eff} = \eta \cdot \frac{L \cdot g \cdot 60}{1000 \cdot 1000} \quad \text{(kg/h)}$$

Es bedeutet: L = Liefergeschwindigkeit (40...50...60 m/min)

g = Metergewicht eines Wickels (50...60...75 g); Gewicht eines fertigen Wickels: bis zu 14 kg

η = Ausnützungsgrad: Bandwickler 0,65; Kehrstrecke 0,80

Bei verschiedenen Maschinen der Kämmereivorbereitung, z. B. bei der Super Lap Maschine von Whitin, kann das Gewicht des Wickels bis auf 15 kg und das Metergewicht bis auf 85 g gesteigert werden. Es wird den Erfordernissen der Kämmaschine angepaßt. Bei der „Lap Machine 701" (Platt) kann das Wickelgewicht bis 27 kg (!) gesteigert werden.

7.4.3.2 Kämmaschine

$$P_{eff.} = \eta \cdot \frac{n_K \cdot Sp \cdot g \cdot z \cdot 60}{1000 \cdot 1000} \cdot \frac{100 - p}{100}$$

Es bedeutet: n_K = Kammspiele/min 100...105 bei älteren Maschinentypen
120...200 bei neuen Typen, jedoch von Typ zu Typ verschieden

Sp = Speisung/Kammspiel (mm); 4...8 mm, im Mittel 5...6 mm

g = Metergewicht eines Wickels (50...60...75 g)

p = Kämmlingsprozentsatz:

erstklassige Auskämmung über 22%
sehr gute Auskämmung 18...22%
normale Auskämmung 15...18%

---

[1] Bei Hochleistungskarden häufig höher.

[2] Feinere Bandnummer

gewöhnliche Auskämmung 10...15%
Halb- oder Semikämmung unter 10%

z = Anzahl der Köpfe: meist 8, seltener 6; aber auch 2×6
η = Ausnützungsgrad ... z. B. 0,9

Bei mittleren Werten erhält man eine Produktion von 15...20 kg/h.

7.4.4 Strecke

$$P_{eff.} = \eta \cdot \frac{L \cdot 60}{Nm \cdot 1000} \text{ (kg/h und Ablieferung)}$$

Es bedeutet:

$L = \dfrac{n_{VZ} \cdot d_{VZ} \cdot \pi}{1000}$ = Vorderzylinder-Lieferung (m/min) 30...50 m bei alten Typen; 50...80 m bei neueren Modellen ohne Absaugung; 150...200...280 m bei Hochleistungsstrecken; bei gekämmten Bändern Werte 25...30% niedriger

Nm = metr. Bandnummer: üblich *0,20...0,25...0,35*

η = Ausnützungsgrad: 0,8...0,9 (abhängig von der Anzahl der Ablieferungen, Kannenformat und Nm)
Anzahl der Ablieferungen: bei modernen Modellen meist noch 2, seltener 4, bei älteren Modellen häufig 4 oder 5

P = Produktion (kg/h und Abl.):
 bei alten Typen   5...12 kg
 bei Schnelläuferstrecken 8...16 kg
 bei Hochleistungsstrecken ...70 kg

d_{VZ} = Vorderzylinder-$\varnothing$, abhängig von Rohstoff und Streckwerkstyp (25... bis 60 mm)

n_{VZ} = Drehzahl des Vorderzylinders (ergibt sich aus dem $\varnothing$ und der eingestellten Lieferung).

7.4.5 Flyer

$$P_{eff.} = \eta \cdot \frac{60 \cdot g}{x \cdot \dfrac{Nm \cdot g}{L} + ta} \text{ (g/Spi.-h)}$$

Es bedeutet: η = Ausnützungsgrad; kann generell mit 0,97 eingesetzt werden. Er beinhaltet die Stillstände für Schmieren und Putzen

Nm = metr. Nummer; heute meist zwischen 1,0 und 6,0 (s. auch Tabelle 7.7.15)

L = Lieferung des Ausgangszylinders:
 12...16 m/min bei feiner Luntenstärke
 16...25 m/min bei mittlerer Luntenstärke
 20...30 m/min und höher bei gröberen Lunten

x = Störungsfaktor (zur Berücksichtigung der Stillstände bei Luntenbruch) liegt bei 1,05...1,20

ta = Stillstandszeit beim Abziehen; abhängig von Spindelzahl, Spulenformat und Verflugung; 6...10...12 min/Abzug

n_{Spi} = Spindeldrehzahl 600... 1100 U/min im groben Nummernbereich
         700... 1200 U/min im mittleren Nummernbereich
       1100... 1400 U/min im feinen Nummernbereich

Das Bestreben geht dahin, auch bei groben Nummern und großem Format hohe Drehzahlen zu erreichen, weil damit eine Produktionssteigerung verbunden ist. Allerdings wird dabei eine höhere Drehung erforderlich.

Die mögliche Ausgangszylinderlieferung L ergibt sich am Flyer meist zwangsläufig aus erforderlicher Drehung und der im einzelnen Falle brauchbaren Spindeldrehzal

g = Nettogewicht der Spule (s. Tabelle 7.6.4)

In der allgemeinen Formel $P_{eff.} = \eta \cdot \dfrac{L \cdot 60}{Nm}$ (g/Spi.-h) ist η sehr stark veränderlich, da

Spulengröße, Nummer und Fadenbruchzahlen die Stillstandszeiten wesentlich beeinflussen. Diese Werte treten in der oben angeführten Formel getrennt in Erscheinung, so daß dort η praktisch konstant eingesetzt werden kann.

7.4.6 Ringspinnmaschine

Auch hier kann die Produktion nach der aufgegliederten Formel berechnet werden. Der Störungsfaktor entfällt jedoch, weil die Ringspinnmaschine beim Auftreten von Fadenbrüchen weiterläuft

$$P_{eff.} = \eta \cdot \frac{60 \cdot g}{\dfrac{Nm \cdot g}{L} + ta} \quad \text{(g/Spi.-h)}$$

Es bedeutet: $\quad g$ = Nettokopsgewicht (s. Tab. 7.6.5)

$\qquad\qquad Nm$ = metr. Garnnummer (s. Tab. 7.7.16)

$\qquad\qquad ta$ = Abziehzeit (4...6 min)

$\qquad\qquad \eta$ bleibt auch hier praktisch konstant, z. B. 0,97

Berechnet man die Leistung nach der Formel

$$P_{eff.} = \eta \cdot \frac{n_{VZ} \cdot d_{VZ} \cdot \pi \cdot 60}{Nm \cdot 1000} \quad \text{(g/Spi.-h)},$$

dann muß η mit der Nummer geändert werden:

tex	36	30	25	20	17	14	12,5	12	11 7,2
Nm	28	34	40	50	60	70	80	85	90 ...140
η	0,90	0,905	0,915	0,92	0,925	...		0,93	0,935...0,935

L = Lieferung des Ausgangszylinders (m/min)

$$L = \frac{n_{VZ} \cdot d_{VZ} \cdot \pi}{1000}$$

Es bedeutet: n_{VZ} = Vorderzylinder-U/min

$\qquad\qquad d_{VZ}$ = Vorderzylinder-$\varnothing$ (25...30 mm)

Die erreichbare Lieferung ist abhängig von der für das zu spinnende Garn höchstzulässigen Läufergeschwindigkeit und der erforderlichen Garndrehung:

$$L = \frac{n_{Spi}}{T/m} \text{ (m/min)} \ldots n_{Spi} = \frac{v_L \cdot 60 \cdot 1000}{\varnothing_R \cdot \pi} \text{ (U/min)}$$

$\qquad v_L$ = Läufergeschwindigkeit (m/sec)

$\qquad \varnothing_R$ = Ringdurchmesser (mm)

Die obere Grenze der Liefergeschwindigkeit liegt im Normalfalle bei 16...20 m/min, kann aber unter günstigen Bedingungen noch weiter gesteigert werden.

Zur Berechnung der Produktion lassen sich folgende 3 Tabellen mit Vorteil anwenden:

196

Tabelle 1: Bestimmungen der möglichen n_{Spi} bei gegebenem Ring- $\varnothing$ (unter Berücksichtigung der zulässigen Läufergeschwindigkeit).

USA	ft/min	3 350	3 740	3 940	4 140	4 330	4 530	4 720	49 20	5 150	5 320	5 510	5 700	5 900	6 100	6 500	6 890
Gr. Br.	ft/sec	55,8	62,3	65,7	69,0	72,2	75,5	78,8	82,1	85,4	88,6	92,0	95,3	98,5	102,0	108,2	115,0
	m/sec	17	19	20	21	22	23	24	25	26	27	28	29	30	31	33	35
Ringdurchmesser																	
Zoll	mm																
$1\frac{9}{16}$	40	8 100	9 550	10 100	10 500	11 150	11 500	12 050	12 500	13 000							
$1\frac{1}{16}$	43	7 550	8 500	8 950	9 350	9 900	10 200	10 700	11 100	11 550	12 000	12 450	12 850				
$1\frac{3}{4}$	45	7 200	8 100	8 550	8 900	9 450	9 750	10 200	10 600	11 050	11 450	11 900	12 300	12 700	13 100		
$1\frac{7}{8}$	48	6 750	7 550	7 950	8 350	8 750	9 150	9 550	9 950	10 350	10 750	11 150	11 550	11 950	12 350	12 950	
2	50	6 500	7 250	7 650	8 000	8 400	8 800	9 150	9 550	9 950	10 300	10 700	11 100	11 450	11 850	12 600	
$2\frac{1}{16}$	55	5 900	6 600	6 950	7 300	7 650	8 000	8 350	8 700	9 050	9 400	9 700	10 100	10 350	10 750	11 450	12 150
$2\frac{3}{16}$	60	5 400	6 500	6 350	6 700	7 000	7 300	7 650	7 950	8 300	8 600	8 900	9 250	9 550	9 850	10 800	11 500
$2\frac{3}{4}$	70	4 650	5 200	5 450	5 700	6 000	6 300	6 550	6 800	7 100	7 350	7 650	7 900	8 200	8 450	9 000	9 550
3	75	4 350	4 850	5 100	5 350	5 600	5 850	6 100	6 400	6 650	6 900	7 150	7 400	7 650	7 900	8 400	8 900

Tab. 2 s. S. 198/199

Tabelle 3: Ermittlung der Produktion bei gegebener Nummer (Nm, tex) und Lieferung (m/min) ($\eta = 1,0$)

Nm	16	20	24	28	34	40	50	60	70	80	85	90	100	110	120	135
tex	60	50	42	34	30	25	20	17	14	12,5	12	11	10	9,2	8,4	7,6
Liefg. m/min																
6,5															2,75	2,45
6,0															3,00	2,65
6,5														3,55	3,25	2,90
7,0					12,4	10,5	8,4	7,0	6,0	5,25	4,95	4,65	4,20	3,80	3,50	3,10
7,5					13,2	11,2	9,0	7,5	6,45	5,60	5,30	5,00	4,50	4,10	3,75	3,35
8,0					14,1	12,0	9,6	8,0	6,85	6,00	5,65	5,35	4,80	4,35	4,00	
8,5		25,5	21,3	18,2	15,0	12,7	10,2	8,5	7,30	6,40	6,00	5,70	5,10	4,65	4,25	
9,0		27,0	22,5	19,3	15,9	13,5	10,8	9,0	7,70	6,75	6,35	6,00	5,40	4,90		
9,5	35,6	28,5	23,8	20,4	16,8	14,3	11,4	9,5	8,15	7,14	6,70	6,35	5,70	5,20		
10,0	37,5	30,0	25,0	21,4	17,7	15,0	12,0	10,0	8,60	7,50	7,05	6,70	6,00			
10,5	39,4	31,5	26,3	22,5	18,5	15,8	12,6	10,5	9,00	7,90	7,40	7,00				
11,0	42,3	33,0	27,5	23,6	19,4	16,5	13,2	11,0	9,45	8,25						
11,5	43,1	34,5	28,7	24,6	20,3	17,2	13,8	11,5	9,85							
12,0	45,0	36,0	30,0	25,7	21,2	18,0	14,4	12,0								
12,5	46,9	37,5	31,3	26,8	22,1	18,8	15,0	12,5								
13,0	48,7	39,0	32,5	27,9	22,9	19,5	15,6									
13,5	50,1	40,5	33,7	29,0	23,8	20,3	16,2									
14,0	52,5	42,0	35,0	30,0	24,7	21,0	16,8									
14,5	54,3	43,5	36,3	31,1	25,6	21,8										
15,0	56,2	45,0	37,5	32,2	26,5	22,5										
15,5	58,0	46,5	38,7	33,2	27,4											
16,0	60,0	48,0	40,0	34,3	28,3											

Tabelle 2: Die Lieferung als Resultierende aus n_{Spi}

T/m	5,0	5,5	6,0	6,5	7,0	7,5	8,0	8,5	9,0	9,5	10,0
425											
450											4500
475										4500	4750
500									4500	4750	5000
525								4450	4750	5000	5250
550							4400	4700	4950	5200	5500
575						4300	4600	4900	5200	5450	5750
600						4500	4800	5100	5400	5700	6000
625					4400	4700	5000	5300	5600	5950	6250
650					4550	4900	5200	5550	5850	6200	6500
675				4400	4700	5050	5400	5740	6100	6400	6750
700				4550	4900	5250	5600	6050	6400	6750	7000
725			4350	4700	5100	5450	5800	6150	6550	6900	7250
750			4500	4900	5250	5600	6000	6400	6750	7150	7500
775			4650	5050	5400	5800	6200	6600	7000	7350	7750
800		4400	4800	5200	5600	6000	6400	6800	7200	7600	8000
825		4550	4950	5350	5750	6200	6600	7000	7400	7850	8250
850		4650	5100	5500	5950	6400	6800	7250	7650	8100	8500
875	4400	4800	5250	5700	6100	6550	7000	7450	7900	8300	8750
900	4500	4950	5400	5850	6300	6750	7200	7650	8100	8550	9000
925	4650	5100	5550	6000	6500	6950	7400	7850	8350	8800	9250
950	4750	5200	5700	6200	6650	7150	7600	8100	8550	9000	9500
975	4900	5350	5850	6350	6850	7300	7800	8300	8800	9250	9750
1000	5000	5500	6000	6500	7000	7500	8000	8500	9000	9500	10000
1050	5250	5750	6300	6800	7350	7850	8400	8900	9450	9950	10500
1100	5500	6050	6600	7150	7700	8250	8800	9350	9900	10450	11000
1150	5750	6300	6900	7450	8050	8600	9200	9750	10350	10900	11500
1200	6000	6600	9200	7800	8400	9000	9600	10200	10800	11400	12000
1250	6250	6850	7500	8100	8750	9350	10000	10600	11250	11850	12500
1300	6500	7150	7800	8450	9100	9750	10400	11050	11700	12350	13000
1350	6750	7450	8100	8800	9450	10150	10800	11450	12150	12850	
1400	7000	7700	8400	9100	9800	10500	11200	11900	12600		

und der für das zu spinnende Garn erforderlichen Drehung

10,5	11,0	11,5	12,0	12,5	13,0	13,5	14,0	14,5	15,0	15,5	16,0
4450	4700	4900	5100	5300	5550	5750	5950	6150	6400	6600	6800
4750	4950	5200	5400	5650	5800	6100	6300	6550	6750	7000	7200
5000	5200	5450	5700	5950	6200	6450	6650	6900	7100	7350	7600
5250	5500	5750	6000	6250	6500	6850	7050	7250	7400	7750	8000
5500	5800	6050	6300	6550	6800	7100	7350	7600	7900	8150	8400
5750	6050	6350	6600	6900	7150	7450	7700	8000	8250	8550	8800
6050	6300	6600	6900	7200	7450	7750	8050	8350	8600	8900	9200
6300	6600	6900	7200	7500	7800	8100	8450	8700	9000	9300	9600
6550	6900	7200	7500	7800	8100	8450	8750	9050	9350	9700	10000
6800	7150	7500	7800	8150	8540	8800	9100	9450	9750	10100	10400
7100	7400	7750	8100	8450	8750	9100	9450	9800	10100	10450	10800
7350	7700	8050	8400	8750	9100	9450	9800	10150	10500	10850	11200
7600	8000	8350	8700	9100	9400	9800	10100	10500	10900	11250	11600
7850	8250	8650	9000	9450	9750	10150	10500	10850	11250	11650	12000
8150	8550	8900	9300	9700	10100	10450	10850	11250	11650	12000	12400
8400	8800	9200	9600	10000	10400	10800	11200	11600	12000	12400	12800
8650	9050	9500	9900	10300	10700	11150	11550	11950	12350	12800	
8900	9350	9800	10200	10650	11050	11500	11900	12350	12750		
9200	9650	10050	10500	10950	11250	11800	12250	12700			
9450	9900	10350	10800	11250	11700	12150	12600				
9700	10200	10650	11100	11650	12000	12500	12950				
9950	10450	10950	11300	11850	12350	12850					
10250	10700	11200	11700	12200	12700						
10500	11000	11500	12000	12500	13000						
11000	11500	12050	12600								
11550	12100	12650									
12100	12600										
12600											

7.5 Platzbedarf der Spinnereimaschinen

7.5.1 Putzerei

Maschine	Länge (m)	Breite (m)
Lattentuch	2...5	1
Ballenzupfer (Mehrballenz. mit 3...7 Zupfstellen)	3,6 (7,4...15,0)	1,4 (1,5)
Mischballenöffner	2,5...3	1,3...1,5
Monowalzenreiniger	1,1	1,8
Axi-Flo	1,6 u. 1,8	1,4 u. 1,7
Mischautomat	14	2
Horizontalöffner o. Siebtr.	1,3	1,7
Horizontalöffner mit Kastenspeiser	5	1,75
Stufenreiniger	2,1	1,3
einf. Schlagmaschine mit Kastensp. u. Wickelapparat	5,9	1,95
Doppelschlagmaschine mit Kastensp. u. Wickelapparat	8,5...9	2,2

7.5.2 Karde

Normalkarde

Arbeitsbreite $A = 37''$ $40''$ $45''$

                  940   950   1020   1145 mm

je nach Fabrikat $B = A + 600...850$ mm

abhängig vom Kannenformat ($225...500$ mm $\varnothing$):

Maschinenlge. $L = 3100...3500$ mm ohne, u.
    mit Kannenwechs. $L_K = L + $ rd. 300 mm

Carminati-Kleinkarde

        $A = 38'' = 965$ mm

        $B = $ bis 1540 mm (bei $18''$-Kanne)

        $L = 2530$

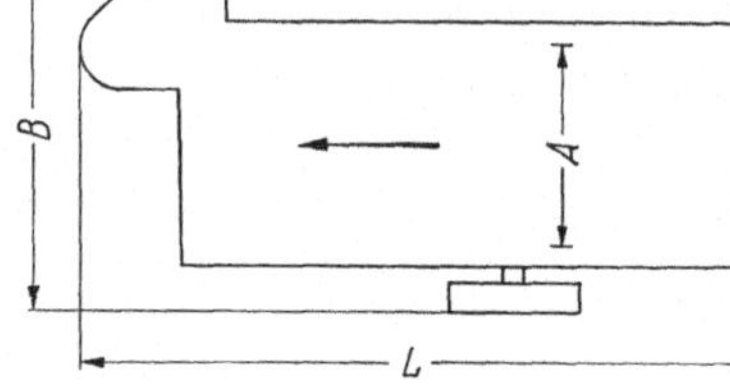

Abb. 160

Hochleistungskarde (z. B. KB 8)

        $A = 950$ u. 1200 mm

        $B = 1580$ u. 1650 mm

        $L = 3480$ mm bzw. 4035 mm mit Kannenwechsler

Maschinenaufstellung:

   a) Karden arbeiten gegeneinander
      Kannen- und Wickelgang wechseln einander ab

   b) Karden arbeiten in einer Richtung
      in jedem Gang Kannen- und Wickeltransport

Gangbreiten: Wickelgang   1,3 m
             Kannengang   1,1 m
             seitl. Maschinenabst. 0,4...0,5 m

7.5.3 Kämmerei

7.5.3.1 Kämmereivorbereitung

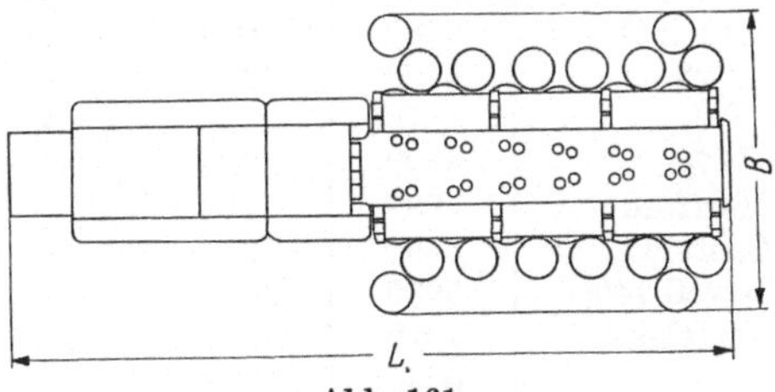

Abb. 161

Bandwickler:

Kannen-∅		Anzahl d. Bänder			Breite B
		16	20	24	
mm	Zoll	Masch.-Länge L			mm
225	9				1340
300	12	3520	3840	4160	1440
350	14				1540
400	16				2000
450	18	3780	4190	4600	2150

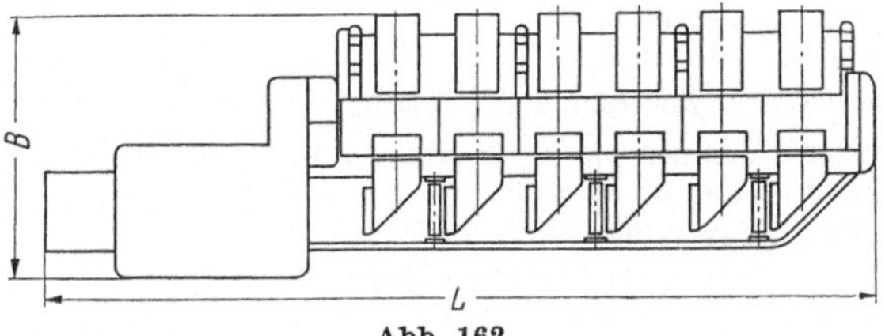

Abb. 162

Kehrstrecke: Maschinenlänge $L = 5100$ mm
Maschinenbreite $B = 1650$ mm

Super Lap Maschine:

Kannen-∅		Maschinen-	
mm	Zoll	Länge L	Breite B
300	12	5360	3610
350	14	5540	4000
400	16	5720	4370

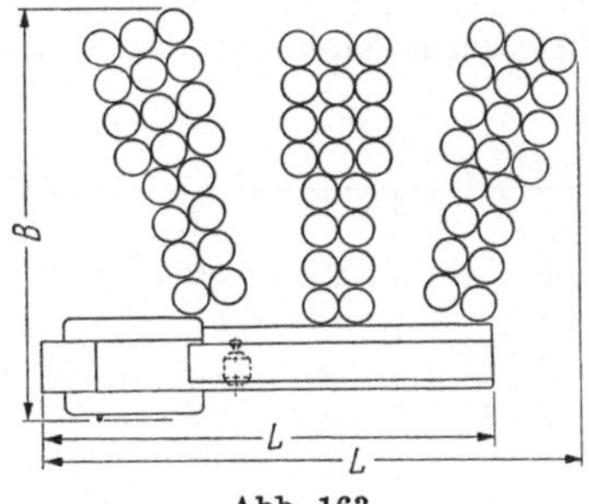

Abb. 163

7.5.3.2 Kämmaschine

Type	L	B	Köpfe
Ingolstadt KM	6380	1200	8
Nasmith 28	4700	1450	6
Rieter E 6	4870	1150	6
Rieter E 7	4900	1220	8
Platt Hartford	4880	1100	6
Platt Century	6690	1220	8
Saco-Lowell 140	5080	1445	2×6
SACM Duplex	1910	1900	2
Whitin J 7	5540	1270	8

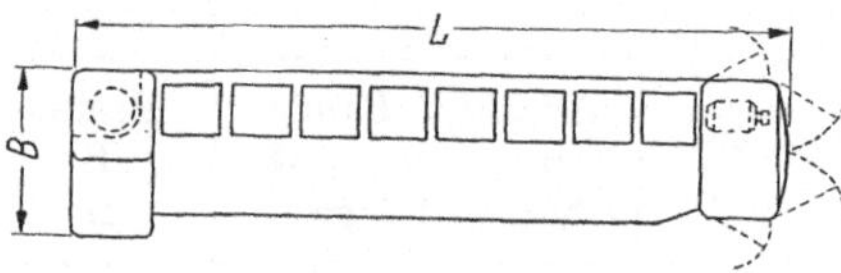

Abb. 164

7.5.4 Strecke

Maschinenbreite $B = n \cdot t + K$

Es bedeutet:

n = Anzahl der Ablieferungen
t = Teilung
K = konstanter Zuschlag 450...700 mm

Für t üblich: 450 mm bei Kannen bis 16″ ⌀ oder bis 18″ ⌀ bei Bandteilung
500 mm bei Kannen über 16″ ⌀
mittlere Werte für B: 1600 mm bei 2 Ablieferungen
2400 mm bei 4 Ablieferungen
Maschinentiefe T ohne Kannen: 900...1200 mm

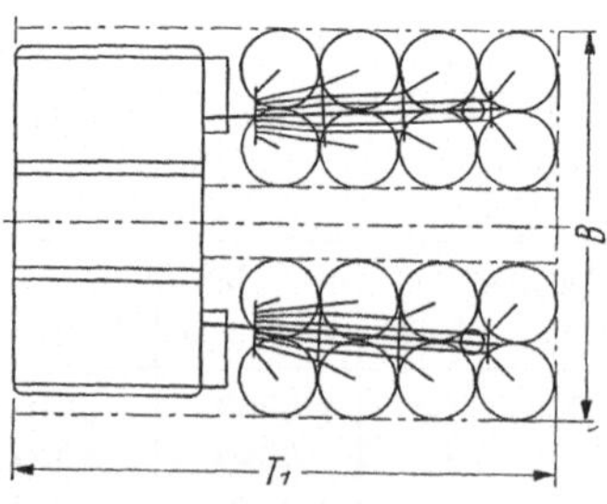

Abb. 165

(Bei Strecken mit nur 2 Ablieferungen kann man den Kannenabstand praktisch nicht als Teilung bezeichnen.)

Platzbedarf der Kannen:

Kannenvorlage mit Bandtisch	Kannen-Durchmesser				
	12″	14″	16″	18″	20″
Dublierung 2×3	945	1095	1245	1395	1545
2×4	1260	1450	1660	1850	2060
1×6	1890	2190	2490	2790	3090
1×8	2520	2900	3320	3700	4120

Kannenvorlage geschlossen	Kannen-Durchm.		
	9″	10″	12″
Dublierung 6	590	655	790
8	425	910	1260

7.5.5 Flyer

Länge der Maschine $\quad L = n \cdot \dfrac{t}{2} + K = L_A + L_S + L_E$

n = Spindelzahl

mittlere Werte für K . . . 750...1100 mm ohne pneum. Abstellung
900...1450 mm mit pneum. Abstellung

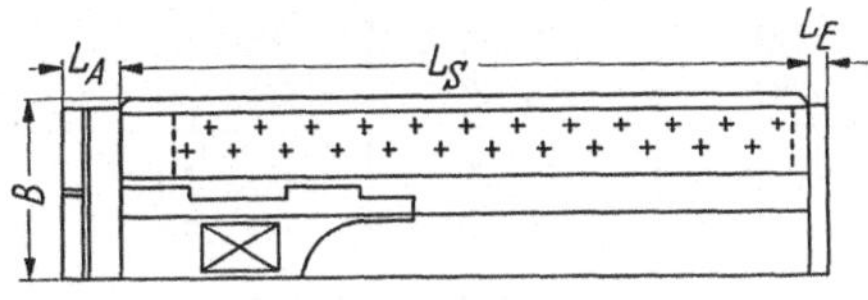

Abb. 166

Teilung mm (t)	160	170		220		260			244
Hub mm	250	250	300	250	300	250	300	355	355
Hub Zoll	10	10	12	10	12	10	12	14	14
Spulen-⌀ mm	115	125		140		155	175	165	175
Spulen-⌀ Zoll	4½	5		5½		6	7	6½	7
max. Spindelzahl	152	144		110...108		96...94		96	80

Maschinenbreite $B = 920...1050$ mm

Platz für Kannen:

3 Reihen 9″-Kannen 700 mm	4 Reihen 10″-Kannen 950 mm
3 Reihen 10″-Kannen 750 mm	4 Reihen 12″-Kannen 1200 mm
3 Reihen 12″-Kannen 900 mm	4 Reihen 14″-Kannen 1350 mm
3 Reihen 14″-Kannen 1050 mm	4 Reihen 16″-Kannen 1510 mm
	4 Reihen 18″-Kannen 1850 mm

Bei 4 Reihen häufig zwischen 2. und 3. Reihe 500 mm breiter Gang

7.5.6 Ringspinnmaschine

Länge der Spindelbank $\quad L_S = \dfrac{n}{2} \cdot t + K_S$

mittlere Werte für	Breite B	K_S	K_G mm)
breite Maschinen	920	350	400
schmale Maschinen	z. B. 650	120	1000

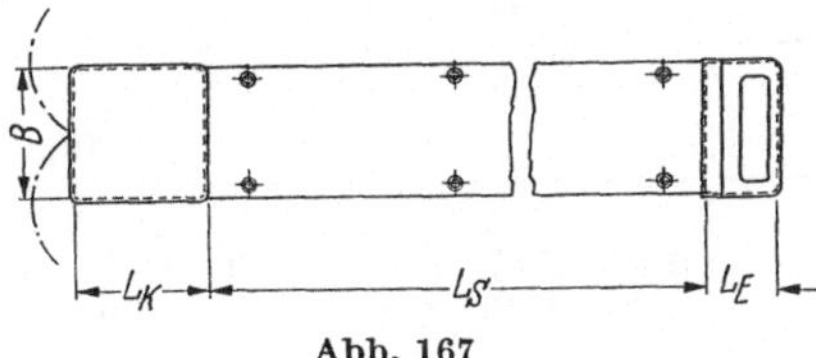

Abb. 167

Antrieb: aufgesetzter Motor mit Stufenscheibe $L_{A1} = 370$ mm
　　　　direkt gekuppelter Motor $L_{A2} = 900 \ldots 950$ mm

Maschinenlänge: $L_M = L_S + K_G + L_A \ldots K_G = L_K + L_E$

Die Länge der Spindelbank beträgt maximal 18 m. Kürzere Längen, z. B. 15 m, werden vorgezogen.

Für die Maschinenberechnung können folgende Faustformeln Verwendung finden:

Ring- $\varnothing = 2/3$ Teilung (t)　mit Scheibenseparatoren
　　　　$= t - (20 \ldots 25$ mm$)$　mit Ballonringen

Hülsenlänge normal H $= 4 \ldots 5$ mal Ring- $\varnothing$

Große Längen bringen zu langen Ballon. Aus räumlichen und Kraftgründen geht man auch bei absenkbarer Spindelbank nicht über diese Werte hinaus.

Ring- $\varnothing$ und Teilungen sind genormt.

Ring- $\varnothing$　$40 \ldots 42 \ldots 45 \ldots 48 \ldots 50 \ldots 55 \ldots 60 \ldots 70 \ldots 75 \ldots 90$ mm
Teilungen $60 \ldots 63{,}5 \ldots 67 \ldots 70 \ldots 75 \ldots 82{,}5 \ldots 90 \ldots 100 \ldots 110 \ldots 120$ mm

Nm	<20	$20 \ldots 34$	$28 \ldots 50$	$40 \ldots 70$	<70
tex	>50	$50 \ldots 30$	$34 \ldots 20$	$25 \ldots 14$	>14
Ring- $\varnothing$	$90 \ldots 60$	$75 \ldots 50$	$60 \ldots 50$	$55 \ldots 45$	$50 \ldots 42$
Teilung	$120 \ldots 82{,}5$	$110 \ldots 70$	$90 \ldots 70$	$82{,}5 \ldots 70$	$75 \ldots 63{,}5$

Die größeren Formate sind für die feineren Nummern nur dann empfehlenswert, wenn hohe Läufergeschwindigkeiten erreicht werden können. In Ländern mit hohen Kraftkosten verwendet man eher mittlere als große Formate.

7.6 Packungsgrößen

7.6.1 Ballenformate

Baumwolle

Herkunftsland	Abmessungen (m)	m³	ungef. Gew. (kg) Brutto	Netto	Dichte kg/m³
Ägypten	$1{,}3 \times 0{,}75 \times 0{,}6$	0,58	340	332	565
Brasilien (N)	$1{,}2 \times 0{,}45 \times 0{,}5$	0,27	185	182	675
Brasilien (S)	$1{,}1 \times 0{,}5 \times 0{,}75$	0,41	175	172	420
Mexiko	$0{,}7 \times 1{,}1 \times 1{,}4$	1,08			208
	$0{,}7 \times 0{,}7 \times 1{,}4$	0,69	227	225	327
	$0{,}55 \times 0{,}55 \times 1{,}4$	0,42			536
Peru	$1{,}4 \times 0{,}7 \times 1{,}1$	1,08	240	230	210
Türkei	$1{,}0 \times 1{,}0 \times 1{,}0$	1,00	200	196	196
USA	$0{,}7 \times 0{,}5 \times 1{,}5$	0,52	232	222	426
UdSSR	$0{,}6 \times 0{,}7 \times 1{,}0$	0,42	180	177	421

7.6.2 Kanneninhalte (kg)

(Angenähertes Füllgewicht. Wird durch Rohstoff, Komprimierungsgrad, Arbeitsstufe und Nummer stark beeinflußt.)

Kannen- $\varnothing$ mm		225	250	300	350	400	450	500	550	810	915
Zoll		9	10	12	14	16	18	20	22	32	36
Kannenhöhe mm	Zoll						kg				
914	36	3,00	3,80	5,55	7,75	10,5	13,5	16,5			
1070	42	3,50	4,30	6,30	8,80	12,0	16,0	20,0	24,5	52,0	65,0
1220	48						18,0	23,0	28,0	59,0	74,0

7.6.3 Flyerspulen

Spulen-∅ mm		90	100	115	125	140	150	165	175
	Zoll	3½	4	4½	5	5½	6	6½	7
Spulenhub									
mm	Zoll				Gewicht in Gramm				
175	7	250							
		360							
200	8	280							
		430							
225	9	350	350	400					
		480	750	850					
250	10			450	550		850		1000
				950	900		1300		1600
275	11			500		750			
				1000		1200			
300	12			550	700	650	1000	1100	1200
				1050	1100	1300	1500	1700	2000
350	14							1200	2000
								2200	2700

Das Spulengewicht wird von Rohstoff, Drehungsgrad, Aufwickelspannung (Führung des Fadens am Flyerflügel und Preßfingertyp) sowie von der Nummer beeinflußt. Bei groben Nummern beträgt die Wicklungsdichte z. B. 0,25 gegenüber 0,5 bei feinen Nummern.

7.6.4 Kopsgewichte (für Kettgarn)-Gramm (Rieter)

Hülsen-längen (mm)	Hülsen-∅ mm unten	Ring-∅ (mm)											
		40	42	45	48	50	55	60	65	70	75	80	85
200	20	51	59	70	84	96							
210	20	55	63	75	89	102							
210	22			70	84	97	115	140	165				
220	22			77	91	105	125	151	175				
230	22			81	97	111	133	162	190				
240	22			85	102	115	142	174	200				
240	24			80	95	111	137	168	195				
250	22			90	108	121	144	178					
250	24				103	116	144	180	214	250	283		
270	24					130	161	200	231	279			
270	27						151	189	221	273	315	360	
270	30									260	290	345	395
280	27						160	195	230	285			
300	30									305	345	400	455

Durch die geringere Wicklungsdichte (Kettgarn etwa 0,5) ist das Kopsgewicht bei Schußgarn 10% geringer, bei Trikotgarn 20% geringer.

Die hier angegebenen Kopsgewichte beziehen sich auf Baumwollgarn; Zellwollgarn ergibt im Durchschnitt 10% höhere Werte.

7.7 Spinnplan

Hierunter versteht man die Abstimmung der Verzüge an den Maschinen der einzelnen Passagen, so daß an der Ringspinnmaschine die verlangte Garnnummer erreicht werden kann. Dabei sind maschinentechnische und rohstoffgebundene Gegebenheiten zu berücksichtigen.

7.7.1 Die üblichen Nummern

Putzerei:

Wickelgewicht 300...*360*...*400*...*450*...500 g/m
(entspricht Nm 0,0033...0,002; $ktex = $ g/m)
für Baumwolle und Zellwolle im allgemeinen schwerer als für Synthetiks

Karde:

Bandnummer *0,20*...*0,25*...0,35 (Metergewicht rd. 5...3 g)
Für Baumwolle und Zellwolle jetzt häufig Nm 0,23 und gröber

Kämmerei:

Bandwickler
Kehrstrecke } Wickelgewicht 40...50...70...80 g/m
Super Lap M.
Kämmaschine $Nm = $ 0,20...0,25...0,30 (5...3.3 *ktex*)
kein Unterschied ob Einzel- oder Teilbandablage.

Strecke:

Die Nummern entsprechen den an der Karde üblichen Werten. Bei Doppelbandablage kann die Nummer normal bis etwa doppelt so fein sein.

Flyer:

Grobflyer Nm 0,8...1,5 (1250...670 *tex*)
Mittelflyer Nm 1,8...2,0...3,0...3,5 (650...290 *tex*)
Feinflyer Nm 4,0...5,0...6,0 (und feiner (250...165 *tex* und feiner)

Ringspinnmaschine:

Nm	*tex*	Ne	Nm	*tex*	Ne
10	100	6	60	17	35
12	84	7	70	14	40
14	72	8	80	12,5	47
16	64	10	85	12	50
18	56	11	90	11	53
20	50	12	100	10	60
24	42	14	110	9,2	65
28	34	16	120	8,4	70
34	30	20	135	7,6	80
40	25	24	150	6,6	90
50	20	30	170	6	100

7.7.2 Die gebräuchlichen Verzüge

Schlagmaschine:

Das Wickelgewicht (g/m) ist etwa ½ bis ¼ des vor dem Schläger auf 1 Meter Lattentuch aufgelegten Rohstoffes. Der Verzug ist also $V = 2...4$.

Karde:

$V = 80...100...120$ (jetzt eher niedriger als höher)

Kämmerei:

Bandwickler $V = 1,0...1,5...2,0...2,5$
Kehrstrecke $V = 5,5...6,0...6,5$
Super Lap M. $V = 3,0...4,0...5,0$
Kämmaschine $V = 30...50...80$

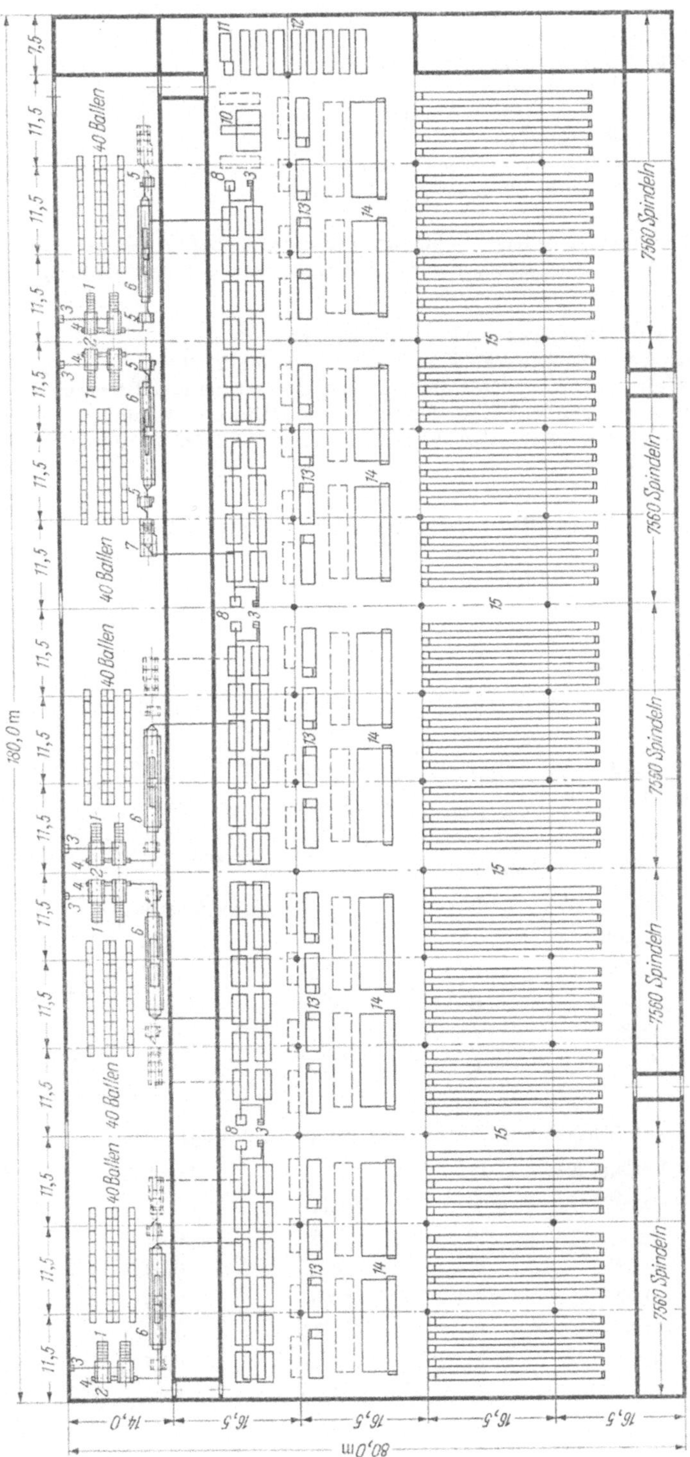

Abb. 168. Plan einer modernen Spinnerei mit 37 800 Spindeln (automatische, wickellose Kardenspeisung) (Rieter)

1 10 Zuführlattentücher; *2* 10 Mischballenöffner; *3* 10 Ventilatoren; *4* 5 Transportbänder; *5* 4 Monowalzenreiniger; *6* 5 Mischautomaten; *7* 1 Kastenspeiser/Horizontalöffner; *8* 5 Flockenspeiser; *9* 56 Karden Mod. C1/1 (24" Kannen); *10* 1 Wattenmaschine E 2/4; *11* 1 Kehrstrecke E 4/1; *12* 8 Kämmaschinen E 7/2; *13* 20 Strecken D O/2B, 20"-Kannen; *14* 10 Flyer GS, 96 Spindeln; *15* 75 Ringspinnmaschinen G O, 504 Spindeln, 82,55 mm Teilung

Flyer:

Normalverzug $V = 3 \ldots 5 \ldots 7$
Hochverzug   (4-Zyl.-Klemmstreckwerk)
                $V = 8 \ldots 10 \ldots 12$
             (3-Zyl.-Doppelriemchenstr.)
                $V = 12 \ldots 16$
             (4-Zyl.-Doppelriemchenstr.)
                $V = 16 \ldots 20 \ldots 30$

Strecke:

Verzug meist etwa gleich der Dublierung (also $V = 6$ oder 8). Jetzt aber auch davon abweichend (z. B. bei Bandteilung und Abgabe normalstarker Bänder).

Ringspinnmaschine:

Einriemchen-Streckwerk $V = 16 \ldots 20 \ldots 25$
Doppelriemchen-Streckwerk $V = 20 \ldots 30 \ldots 40$ und darüber
(Maximalhöhe abhängig von Rohstoff, Streckwerkstype und Belastungsdruck)
Bei Mehrzonen- und bei Verbund-Streckwerken (Direktverspinnung von Streckenband) werden noch wesentlich höhere Werte erreicht (z. B. $100 \ldots 300$ und noch höher).

7.7.3 Ausführungsbeispiele von Spinnplänen

a) Baumwollgarn, Nm 34 (30 tex) kardiert

Maschine	Vorlage-Nm	D	V	Abgabe-Nm	*(tex)*
Batteur				0,0025	(400 *ktex*)
Karde	0,0025	1	88,0	0,22	(4500)
Strecke I	0,22	6	6,28	0,23	(4400)
Strecke II	0,23	6	6,0	0,23	(4400)
Flyer	0,23	1	4,35	1,0	(1000)
Ringspinnmaschine	1,0	1	34,0	34	(30)

b) Baumwollgarn, Nm 60 (17 tex) kardiert

Maschine	Vorlage-Nm	D	V	Abgabe-Nm	*(tex)*
Karde	0,0025	1	92,0	0,23	(4400)
Strecke I	0,23	6	6,0	0,23	(4400)
Strecke II	0,23	6	6,0	0,23	(4400)
Flyer	0,23	1	8,7	2,0	(500)
Ringspinnmaschine	2,0	1	30,0	60	(17)

c) Baumwollgarn, Nm 150 gekämmt (6,6 tex) (normale Vorbereitung)

Maschine	Vorlage-Nm	D	V	Abgabe-Nm	*(tex)*
Karde	0,0025	1	100,0	0,25	(4000)
Bandwickler	0,25	20	1,6	0,02	(50 *ktex*)
Kehrstrecke	0,02	6	6,0	0,02	(50 *ktex*)
Kämmaschine	0,02	2×4	50,0	0,25	(4000)
Strecke I	0,25	8	8,33	0,26	(3800)
Strecke II	0,26	8	8,31	0,27	(3800)
Flyer I	0,27	1	4,45	1,2	(840)
Flyer II	1,2	2	13,35	8,0	(125)
Ringspinnmaschine	8,0	2	37,5	150	(6,8)

d) Baumwollgarn, Nm 150 (6,6 tex) gekämmt (Whitin-Vorbereitung)

Maschine	Vorlage-*Nm*	D	V	Abgabe-*Nm*	*(tex)*
Karde	0,0025	1	100,0	0,25	(4000)
Strecke I	0,25	8	6,4	0,20	(5000)
Super Lap Maschine	0,20	60	4,6	0,0154	(65 *ktex*)
Kämmaschine	0,0154	2×4	65,0	0,25	(4000)
Strecke II	0,25	6	6,0	0,25	(4000)
Strecke III	0,25	6	6,48	0,27	(3800)
Flyer	0,27	1	12,95	3,5	(280)
Ringspinnmaschine	3,5	1	42,9	150	(6,6

e) Baumwollgarn, Nm 150 (6,6 tex) gekämmt (Platt-Vorbereitung)

Maschine	Vorlage-*Nm*	D	V	Abgabe-*Nm*	*(tex)*
Karde	0,0025	1	100,0	0,25	(4000)
Strecke I	0,25	6	6,0	0,25	(4000)
Strecke II	0,25	6	6,0	0,25	(4000)
Strecke III	0,25	6	6,0	0,25	(4000)
Wickelmaschine	0,25	16	1,0	0,0156	(64 *ktex*)
Kämmaschine	0,0156	2×4	64,0	0,25	(4000)
Strecke IV	0,25	6	6,24	0,26	(3800)
Strecke V	0,26	6	6,46	0,28	(3600)
Flyer	0,28	1	17,9	5,0	(200)
Ringspinnmaschine	5,0	1	30,0	150	(6,6)

f) Zellwollgarn 40 mm, 1,5 den; Nm 80 (12,5 tex)

Maschine	Vorlage-*Nm*	D	V	Abgabe-*Nm*	*(tex)*
Batteur				0,0026	(380 *ktex*)
Karde	0,0026	1	77,0	0,20	(5000)
Strecke I	0,20	6	6,6	0,22	(4600)
Strecke II	0,23	6	6,28	0,23	(4400)
Flyer	0,23	1	8,7	2,0	(500)
Ringspinnmaschine	2,0	1	40,0	80	(12,5)

g) Garn aus Diolen bzw. Trevira, Nm 50 (20 tex)

Maschine	Vorlage-*Nm*	D	V	Abgabe-*Nm*	*(tex)*
Batteur				0,0033	(300 *ktex*)
Karde	0,0033	1	106,0	0,35	(2800)
Strecke I	0,35	6	6,0	0,35	(2800)
Strecke II	0,35	6	6,0	0,35	(2800)
Flyer	0,35	1	5,72	2,0	(500)
Ringspinnmaschine	2,0	1	25,0	50	(20)

An den *Ringspinnmaschinen* sollen durchweg Doppelriemchen-Streckwerke Verwendung finden. Im Beispiel c) wird doppelte Aufsteckung angewandt. Aus diesem Grunde sind auch zwei Flyerpassagen berücksichtigt worden.

Am *Flyer* dürfte in den Fällen c) und d) ein 3-Zyl.-, im Falle e) ein 4-Zyl.-Doppelriemchen-Streckwerk angebracht sein. In den Fällen b) g) und f) sollte ein normales Zwei-Zonen-Streckwerk ausreichen. Im Falle a) genügt ein einfaches 3-Zylinder-Streckwerk [eventuell auch im Falle g)]

Im Falle g) muß das Wickelgewicht sehr stark herabgesetzt werden, weil dieses Fasermaterial sehr bauschig ist und bei stärkeren Bändern Schwierigkeiten bereitet.

Die Verzugsaufteilung ist abhängig vom Maschinenpark, den Streckwerken, dem Rohstoff und von Erfahrungswerten sowie von der Betriebsleitung.

Doppelte Aufsteckung an der Ringspinnmaschine wird auch bei gekämmten Garnen nur noch selten angewandt. Dadurch wird bei feinen Garnen die zweite Flyerpassage fast in allen Fällen überflüssig.

Für eine bestimmte Garnnummer ist eine grobe Flyerlunte (= hohe Verzüge an der Ringspinnmaschine) meist wirtschaftlicher als eine feine, da im ersten Falle die Produktion je Flyerspindel größer ist und für eine verlangte Garnmenge weniger Flyerspindeln erforderlich sind.

Sollen von einer Qualität mehrere Garnnummern ausgesponnen werden, versucht man mit möglichst wenigen Vorgarnnummern auszukommen.

7.8 Kraftbedarf der Spinnereimaschinen (kW)

Mischballenöffner	1,0…2,2	Normalkarde	1,1
Kastenspeiser	2,2	Hochleistungskarde	2,8…3,5
			(f. Antrieb)
Ballenzupfer	1,3		1,5 (f. Absaug.)
Stufenreiniger	2,2	Hochleistungsstrecke	
Stufenreiniger	2,2	2 Ablieferungen	1,5
Crighton-Öffner	3…5	4 Ablieferungen	2,9
Mischautomat	5	(mit Absaugung)	
6-Fachöffner	10		
Sägezahnöffner		Super Lap. Masch.	
-Reiniger	8	Bandwickler	1,1
Horizontalöffner	3,2…4,5	Kehrstrecke	1,5
Doppelöffner	8,5	Kämmaschine	3
Kondenser	4	Flyer (1)	3…6
Saugventilator	3		
Siebtrommelfilter	0,1	Ringspinnmaschine (2)	6…11
Schlagmaschine bzw.	10		
Doppelschlagmaschine	14		
(jeweils mit Kondenser, Kastenspeiser und Wickelapparat)			

Die kW-Angaben beziehen sich auf die installierte Leistung; sie ist bei verschiedenen Maschinen (z. B. Schlagmaschine) auf mehrere Motore verteilt.

(1) Der genaue Wert ist abhängig von Spulenformat und Spindeldrehzahl.

(2) Die Motorauslegung richtet sich bei der Ringspinnmaschine nach Kopsformat (Ring- $\varnothing$, Hub), Garnnummer, Läufergewicht, Spindeldrehzahl und Spindelzahl sowie nach dem Streckwerk. Eingeschlossen sind in diese Faktoren Luftreibung an Ballon und Spule und die Läuferreibung.

Eine brauchbare Formel für die Berechnung des Kraftbedarfes wurde von Catling und de Barr im Journal of the Textile Institute (Nr. 11/57, S. 440…465) veröffentlicht und in einer Umrechnung von Walz (Die moderne Baumwollspinnerei, S. 274) wiedergegeben. Es gilt:

$$N = 2,5 \left(\frac{1,65\, n^{2,5} \cdot D^{2,75} \cdot H}{10^{10}} + \frac{2,74 \cdot n^{2,5} \cdot D \cdot H^2}{10^8 \cdot Nm} \right) + \frac{0,156 \cdot n}{\sqrt{Nm}} \text{ (PS/100 Spindeln)}$$

Es bedeutet:

n = Spindeldrehzahl/min : 1000

D = Ringdurchmesser (mm)

H = Hub (mm)

Nm = metrische Garnnummer

Zur Umrechnung in kW multipliziert man N mit 0,736

7.9 Allgemeine Tabellen

7.9.1 Stapellängen von Baumwollsorten und Ausspringgrenzen

Verschiedene Handelstypen von Baumwollen[1]

Land	Provenienzen	Stapel in Zoll	Land	Provenienzen	Stapel in Zoll
Ägypten	Uppers u. Ashmouni	$1^1/_{32}-1^1/_8$	Mexiko	Matamoros	$^{15}/_{16}-1^1/_{16}$
				Laguna/Torreon	$1-1^3/_{32}$
	Karnak	$1^1/_2-1^9/_{16}$		Mexicali	$^{31}/_{32}-1^1/_8$
	Menoufi (Giza 36)	$1^7/_{16}-1^1/_2$		Juarez	$1^1/_{16}-1^3/_{16}$
				Ciudad Delicias	$1-1^3/_{32}$
	Giza 30	ca. $1^3/_8$		Anahuac	$^{31}/_{32}-1^1/_{16}$
	Giza 51	$1^9/_{16}-1^5/_8$			
			Nicaragua	Handelstypen	$1^1/_{32}-1^1/_8$
Nordamerika	Orleans	$^7/_8-1^1/_8$			
	Georgia	$^9/_{16}-1$	Peru	Tanguis	$1^1/_4-1^1/_2$
	Louisiana	$^7/_8-1^3/_{16}$		Pima	$1^3/_8-1^3/_4$
	Alabama	$^7/_8-1^1/_{t6}$			
	Texas	$^3/_4-1^3/_{16}$	Indische	Oomra Dessi	$^{23}/_{32}-^{25}/_{32}$
	Oklahoma	$^7/_8-1^1/_{16}$	Union (zum	Mathia	$^{17}/_{32}$
	Arkansas	$1-1^3/_{16}$	Export	Dholleri	$^3/_4$
	California	$1^1/_{16}-1^5/_{32}$	zugelassene	Bengal Dessi (Smooth)	$^7/_{16}$
	Arizona	$^{15}/_{16}-1^1/_8$	Provenien-		
	New Mexiko	$^{31}/_{32}-1^3/_{16}$	zen)	Bengal Dessi (Rough)	$^1/_2$
Argentinien	Chaco	$^{29}/_{32}-1^1/_{16}$			
			Pakistan	Sind	$^1/_2$
Brasilien	Massa	$^{29}/_{32}-1^1/_{16}$		Comilla	$^{13}/_{32}$
	Sertao	$1^1/_{16}-1^1/_4$		Handelstype 289 F	$1-1^1/_{32}$
	Serido	$1^1/_8-1^5/_{16}$			
	Pernambuco	$1^3/_{16}-1^5/_{16}$		Handelstype NT	$^{31}/_{32}-1^1/_{32}$
	Natal	$1-1^1/_{16}$		Handelstype 4 F	$^{13}/_{16}-^7/_8$
	Mossoro	$^{29}/_{32}-1^1/_{t2}$			
	Sao Paulo	$^{29}/_{32}-1^1/_{32}$	Türkei	Izmir Akala	$1^1/_{32}-1^1/_8$
				Adana Akala	$^{31}/_{32}/1^1/_{16}$
				Antalia	$1^1/_{32}-1^3/_{32}$

Spinngrenzen für Baumwolle[2]

Faserfeinheit Nm	Stapellänge		ungefähre Spinngrenze	
	mm	Zoll	Nm	Ne
2 200	18	$^3/_4$	24	14
2 400	20		30	18
2 600	22	$^7/_8$	36	22
3 000	24		44	26
3 400	26	1	56	32
3 800	28		74	44
4 200	30	$1^1/_8$	100	60
4 600	32	$1^1/_4$	128	76
5 000	34		160	94
5 500	36	$1^3/_8$	200	120
6 000	38		250	150
8 000	40	$1^1/_2$	340	200

[1] Einem Verzeichnis der Firma J. H. Bachmann, Bremen, entnommen.
[2] nach SKF-Handbuch.

14*

7.9.2 Baumwollklassierung

Die Standards[1]

„Nur die US-Standards sind offiziell und international anerkannt. Die an der Börse vorliegenden ostindischen, Sao Paulo, peruanischen, argentinischen und syrischen Standards sind
original und von den betreffenden Ländern aufgemacht. Bei Arbitragen von Partien dieser
Provenienzen werden die vorhandenen Standards zum Vergleich herangezogen. Dasselbe trifft
zu für die türkischen und iranischen Standards, doch diese wurden von der Bremer Baumwoll-
börse aufgemacht. Die bei den Standards dieser beiden Provenienzen angegebenen Bezeichnungen ($a +$, a, b, c sowie I, II, III usw.) sind intern.

1. US Standards (bis auf „middling fair" bei der B.B.B. vorhanden mit den gebräuchlichen
Abkürzungen).

1. middling fair	6. strictlowmiddling (strlm.)
2. strictgoodmiddling (strgm.)	7. lowmiddling (lm.)
3. goodmiddling (gm.)	8. strictgoodordinary (strgord.)
4. strictmiddling (strm.)	9. goodordinary (gord.)
5. middling (m.)	

Zwischenstufen: barely und full

Beispiele: barelystrictm. } keine Standards für
strictm.
fullstrictm. Zwischenstufen
barelygoodm.
gm.

2. Ägyptische Klassenbezeichnungen

extra
fully good to extra
fully good } = obere
good to fully good
good

fully good fair to good
fully good fair
good fair to fully good fair } = untere
good fair
fully fair
fair

Inoffizieller Vergleich ägyptischer Klassenbezeichnungen mit USA-Klassenstandards

Ägyptische Bezeichnung   Amerikanische Bezeichnung

Obere Klassen:

extra	= goodmiddling-strictgoodmiddling
fully good to extra	= barelygoodmiddling-goodmiddling
fully good	= strictmiddling bis voll strictmiddling
good to fully good	= voll middling-barelystrictmiddling
good	= ca. middling

Untere Klassen:

fully good fair to good	= barelymiddling
fully good fair	= strictlowmiddling
good fair to fully good fair	= lowmiddling
good fair	= strictgoodordinary-lowmiddling
fully fair	= strictgoodordinary
fair	= goodordinary.

Ägyptische Baumwolle wird aber grundsätzlich mit ägyptischen Klassenbezeichnungen
gehandhabt.

---

[1] Entnommen: Naumann, Baumwoll-Informationen, Bremen 1956.

3. Ostindische Klassenbezeichnungen

superchoice (oberste Klasse)	fully good
choice	good
superfine	fully good fair
fine	good fair

4. Diverse Exoten-Standards

Die bei der Börse vorliegenden Standards wurden von mir wie folgt nach USA-Standard-begriffen einklassiert:

a) *Sao Paulo*

Nr. 3	ca. goodmiddling, weißgelb, unerheblich fleckig
3/4	gutes strictmiddling bis vollstrictmiddling, weißgelb, unerheblich fleckig
4	strictmiddling, weißgelb, unerheblich fleckig bis teils very light spotted
4/5	barelystrictmiddling, weißgelb, unerheblich fleckig bis very light spotted
5	middling, weißlichgelb, unerheblich fleckig bis very light spotted
5/6	barely middling, very light spotted
6	strictlowm., bis barelymiddling, weißlichgelb, very light spotted bis light spotted
6/7	strictlowmiddling, very light spotted bis light spotted
7	barely-strictlowmiddling, light spotted
8	lowm.-barelystrictlowmiddling, light spotted bis spotted
9	lowmiddling, spotted

Die Zwischenstandards 3/4, 4/5 usw. liegen an der Börse nicht vor.

b) *Peru-Tanguis*

Nr. 1	strictgoodmiddling, weißlich
2	ca. goodmiddling, weißgelb
3	barelygoodmiddling, weißgelb
3½	voll strictmiddling, weißgelb
4	barelystrictmiddling bis strictmiddling, very light spotted
5	barelystrictmiddling, very light spotted
6	middling, light spotted
7	barelymiddling, spotted
8	voll lowmiddling, light spotted, very light grey

c) *Peru-Pima*

Nr. 1	Blanco — barelygoodmiddling, very light spotted
1½	Blanco — barelystrictmiddling, light spotted
1	Crema — vollstrictmiddling, light spotted
1½	Crema — etwa barelystrictmiddling, spotted
2	Crema — barelystrictmiddling, spotted
3	General — ca. middling, unreif, spotted bis light tinged
5	General — barelymiddling, unreif, tinged

d) *Argentinien*

A	goodmiddling
B	ca. strictmiddling
C	middling bis vollmiddling, teils very light spotted
D	strictlowmiddling bis voll strictlowmiddling, teils light spotted und spotted
E	barelystrictlowmiddling, leicht grau, teils spotted
F	lowmiddling spotted, leicht grau

e) *Türkei*

Izmir-Akala

a +	vollstrictmiddling, weißgelb, unerheblich fleckig
a	barelystrictmiddling bis strictmiddling, unerheblich fleckig bis very light spotted (etwas mattfarbig)
b	vollmiddling, unerheblich fleckig bis very light spotted, etwas matt
c	strictlowmiddling, mattfarbig, very light spotted, unreife und tote Stellen

Adana Akala

a + barelystrictmiddling bis strictmiddling, weißgelb, unerheblich fleckig bis very light spotted

a middling bis barelystrictmiddling, weißgelb, very light spotted

b vollstrictlowmiddling bis barelymiddling, teils mattfarbig, very light spotted bis light spotted

c barelystrictlowmiddling, mattfarbig, light spotted.

Hatay Akala

a barelystrictmiddling, weißgelb, unerheblich fleckig bis very light spotted

b barelymiddling bis middling, weißlich, very light spotted bis light spotted

f) *Syrien*

rollerginned

Extra barelygoodmiddling bis goodmiddling, unerheblich fleckig

0. etwa strictmiddling, unerheblich fleckig bis very light spotted

I. barelystrictmiddling, very light spotted

II. middling, etwa light spotted

III. middling, spotted

sawginned

Extra goodmiddling, gutfarbig

0. barelystrictmiddling, hell weißgelb

I. ca. vollmiddling, hell weißlich

II. barelymiddling, very light spotted, etwas matt

III. ca. middling, light spotted

Für jeden Grad gibt es drei Unterabteilungen:

1. gute Faser mit $1^1/_{16}''$ und darüber
2. mittlere Faser mit $1^1/_{32}''$
3. kurze Faser mit $1''$ und darunter

Die Mittelqualität ist Klasse I und $1^1/_{32}''$

g) *Iran*

Filistani

I. voll strictmiddling, weißgelb, unerheblich fleckig

II. voll middling, weißgelb, unerheblich fleckig bis very light spotted

III. strictlowmiddling Laub, aber gutfarbig

IV. etwa strictlowmiddling Laub, aber bessere Farbe, zum Teil very light spotted

Americai

I. barelystrictmiddling, hell weißlichgelb

II. knappes middling, etwas matt

III. strictlowmiddling bis vollstrictlowmiddling, weißlich matt, zum Teil very light spotted

IV. barelystrictlowmiddling, weißlich bis weißgrau, teils very light spotted.

Cookers

I. strictmiddling, weißgelb

II. gutes bis volles middling, weißlich gelb

III. strictlowmiddling bis barelymiddling, mehr weißlich

IV. barelystrictmiddling, weißlich bis weißgrau, teils leicht fleckig

IV.·/. ca. middling, light spotted bis etwa spotted

V. barelymiddling, spotted."

7.9.3 Micronaire- und Pressley-Werte [1]

Faserfeinheit (Micronaire)		Faserreißfestigkeit (Pressley)	
In Microgramm/inch		In 1 000 lbs per inch	
unter 3,0	= sehr fein	93 und höher	= vorzüglich
3,0—3,9	= fein	87—92	= sehr kräftig
4,0—4,9	= durchschnittlich	81—86	= kräftig
5,0—5,9	= leicht grob	75—80	= durchschnittlich
6,0 und höher	= grob	70—74	= leidlich
		unter 70	= schwach

Micronaire	Feinheit µg/inch		Pressley	1 000 lbs/inch²	
El Paso	3,0		San Salvador	70,2	leidlich
Peru-Acala	3,4		Nicaragua	73,4	
Peru-Karnak	3,4		Brasil-Süd	74,5	
Uganda	3,6		Laguna	75,6	durchschnittlich
Argentinien	3,6		Torreon	75,6	
Kongo	3,7		Argentinien	77,7	
Sudan	3,7	fein	Iran-American	77,7	
Irak	3,7		Kongo	78,8	
California	3,8		Türkei	79,9	
Paraguay	3,8		Iran-Coukers	82,0	
Brasil-Süd	3,9		Rußland	83,1	
Brasil-Nord	3,9		Brasil-Nord	83,1	
Nicaragua	3,9		Texas	83,1	
Türkei	3,9		Sinaloa-Sonora	83,1	
Griechenland	4,0		Memphis	84,2	
Laguna	4,1		Memph./Orl./Texas	84,2	kräftig
Torreon	4,1		Orleans/Texas	84,2	
Karnak (ägypt.)	4,1		El Paso	84,2	
Iran-Coukers	4,1		Matamoros	84,2	
Tanganjika	4,1		Syrien	84,2	
Arizona	4,2		Uganda	85,3	
San Salvador	4,2		California	85,3	
Memph./Orl./Texas	4,3	durch-	Irak	86,4	
Orleans/Texas	4,4	schnittlich	Arizona	87,5	
Matamoros	4,4		Peru-Tanguis	87,5	sehr
Mexicali	4,4		Mexicali	89,6	kräftig
Giza 30 (ägypt.)	4,4		Ashmouni (ägypt.)	89,6	
Syrien	4,4		Pakistan	90,7	
Memphis	4,5		Giza 30 (ägypt.)	93,9	
Sonora-Sinaloa	4,5		Sudan	100,4	vorzüglich
Peru-Tanguis	4,6		Peru-Karnak	101,5	
Texas	4,8		Karnak (ägypt.)	103,7	
Pakistan	4,9				
Rußland	5,0	leicht			
Ashmouni (ägypt.)	5,1	grob			

[1] Diese Werte werden für jedes Jahr neu aufgemacht, können aber allgemein als Vergleichsbeispiel dienen.

7.9.4 Uster-Gleichmäßigkeitswerte 57 [1]

a) Standardwerte der mittleren Ungleichmäßigkeit $U\%$ und ($CV\%$)					
Prüfgut			Kardierte Baumwolle		
Ne	Nm	tex	gleichmäßig	mittel	ungleichmäßig
			%	%	%
Kardenband					
0,14—0,18	0,24—0,3	4200—3300	2,5—2,8	4 — 4,5	5 — 5,6
			(3,1—3,5)	(5 — 5,6)	(6,2— 7)
Streckenband 1. Pass.					
0,11—0,18	0,2 —0,3	5300—3300	2,6—3,4	4 — 5	6,1— 7,8
			(3,3—4,2)	(5 — 6,3)	(7,6— 9,8)
Streckenband 2. Pass.					
0,18—0,28	0,3 —0,5	3300—2100	2,8—3,5	4,5— 5,6	6,7— 8,2
			(3,5—4,4)	(5,6— 7)	(8,4—10,4)
Grobflyer					
0,6 —1,2	1,0 —2,0	1000— 500	4,1—5,8	5,6— 8	7,6—10,8
			(5,1—7,2)	(7,7—10)	(9,6—13,6)
Hochverzugsflyer					
1,2 —2,4	2 —4	500— 250	4,4—6,1	5,8— 8,2	8 —11,2
			(5,5—7,6)	(7,2—10,2)	(10 —14)
Garne					
6	10	100	9	12	15,5
			(11,3)	(15)	(19,5)
8	14	74	10,2	13,1	17
			(12,7)	(16,3)	(21)
12	20	50	11,4	15,2	19,7
			(14,3)	(19)	(24,6)
16	28	37	12,2	15,3	20
			(15,2)	(19)	(25)
20	34	30	13	16,5	20
			(16,2)	(20,6)	(25)
24	40	25	13,5	17,3	(20,6
			(17,0)	(21,7)	(25,8)
30	50	20	14,4	18,1	21,8
			(18)	(22,6)	(27,2)
36	60	17	15	18,7	22,3
			(18,8)	(23,3)	(27,8)
40	70	14	15	18,8	22,5
			(18,8)	(23,5)	(28,2)

---

[1] USTER-Handbuch d. Fa. Zellweger

b) Standardwerte für den Ungleichmäßigkeitsindex I					
Prüfgut			Kardierte Baumwolle		
Ne	Nm	tex	gleichmäßig	mittel	ungleichmäßig
Kardenband					
0,14—0,18	0,24—0,3	4200—3300	5	8	10
Streckenband 1. Pass.					
0,11—0,18	0,2 —0,3	5300—3300	6	9	14
Streckenband 2. Pass.					
0,18—0,28	0,3 —0,5	3300—2100	5	8	12
Grobflyer					
0,6 —1,2	1,0 —2,0	1000— 500	4	5,5	7,5
Hochverzugsflyer					
1,2 —2,4	2 —4	500— 250	3	4	5,5
Garne					
6	10	100	2,8	3,7	4,8
8	14	74	2,7	3,5	4,5
12	20	50	2,5	3,3	4,3
16	28	37	2,3	2,9	3,8
20	34	30	2,2	2,8	3,4
24	40	25	2,1	2,7	3,2
30	50	20	2	2,5	3
36	60	17	1,9	2,35	2,8
40	70	14	1,8	2,25	2,7

c) Standardwerte der mittleren linearen Ungleichmäßigkeit $U^0/_0$

| gekämmte Baumwolle | | | Faserfeinheit | | | | | |
| Prüfgut | | | Nm 7000 1,3 den | | | Nm 5500 1,6 den | | |
Ne	Nm	tex	gleichmäßig	mittel	ungleichmäßig	gleichmäßig	mittel	ungleichmäßig
			%	%	%	%	%	%
Kardenband								
0,14—0,24	0,24—0,40	4200—2500	2,5	4	5	2,8	4,5	5,6
Kammzug								
0,14—0,18	0,24—0,30	4200—3300	2,5	5	10	3	6	11,3
Streckenband 1. Pass.								
0,12—0,19	0,20—0,32	5000—3100	2,4	3,8	5,7	2,6	4,2	6,3
Streckenband 2. Pass.								
0,16—0,34	0,27—0,58	3700—1720	2,2	3,4	4,9	2,5	3,8	5,5
Grobflyer								
0,8	1,35	740	2,8	3,8	6	3,1	4,3	6,7
1,2	2,0	500	3,4	4,7	7,4	3,7	5,2	8,2
Hochverzugsflyer								
1,5	2,5	400	2,7	3,9	5,7	3,0	4,4	6,4
1,8	3,0	330	3	4,3	6,2	3,3	4,8	7
2	3,5	295	3,1	4,5	6,6	3,5	5	7,3
3	5,0	197	3,8	5,5	8,1	4,2	6,1	9
4	6,8 7,0	147	4,4	6,4	9,3	4,9	7	10,3
5	8,4 8,5	119	5	7,2	10,5	5,5	7,9	11,6
Feinflyer								
6	10	98	4,8	6	8,4	5,3	6,6	9,4
7	12	85	5,2	6,5	9,1	5,7	7,2	10
9	15	66	5,9	7,4	10,3	6,5	8,2	11,4
12	20	50	6,8	8,5	12	7,6	9,4	13,2
Garne								
20	34	30	9,4	12,2	15,5	10,3	13,4	17,1
24	40	25	9,9	12,7	16,3	11	14	17.6
30	50	20	10,8	13,5	17	12	15	18,7
36	60	17	11,5	14,5	17,8	12,7	16	19,7
40	70	14	11,7	14,8	18	12,9	16,4	19,8
46	80	12,5	12,5	15,1	18,1	13,8	17	20,3
50	85	12	12,8	15,4	18,3	14,2	17,1	20,3
60	100	10	13,8	16,2	19	15,3	18	21,1
70	120	8,4	14,4	17	20,1	16	18,8	22,2
75	125	8	14,7	17,4	21,6	16,2	19,2	22,8
80	135	7,6	14,9	17,7	21	16,5	19,7	23,3
85	145	6,8	15,2	18	20,9			
90	150	6,8	15,2	18,1	20,5			
100	170	6	15,3	18,5	21			
120	200	5	16,2	18,9	21,6			

d) Standardwerte der Variationskoeffizienten CV%								
gekämmte Baumwolle			Faserfeinheit					
			Nm 7000 1,3 den			Nm 5500 1,6 den		
Prüfgut								
Ne	Nm	tex	gleich-mäßig	mittel	un-gleich-mäßig	gleich-mäßig	mittel	un-gleich-mäßig
			%	%	%	%	%	%
Kardenband								
0,14—0,24	0,24—0,40	4200—2500	3	5	6,2	3,4	5,6	7
Kammzug								
0,14—0,18	0,24—0,30	4200—3300	3,1	6,3	12,5	3,7	7,5	14,1
Streckenband 1. Pass.								
0,12—0,19	0,20—0,32	5000—3100	3	4,8	7,2	3,3	5,3	7,9
Streckenband 2. Pass.								
0,16—0,34	0,27—0,58	3700—1720	2,8	4,2	6,1	3,1	4,7	6,8
Grobflyer								
0,8	1,35	740	3,4	4,8	7,6	3,8	5,3	8,4
1,2	2,0	500	4,2	5,9	9,3	4,7	6,5	10,2
Hochverzugsflyer								
1,5	2,5	400	3,4	4,9	7,1	3,8	5,5	8,0
1,8	3,0	330	3,7	5,4	7,8	4,1	5,9	8,7
2	3,5	295	3,9	5,7	8,3	4,3	6,2	9,2
3	5,0	197	4,8	6,9	10,2	5,3	7,6	11,2
4	7,0	147	5,5	8,0	11,7	6,1	8,8	12,9
5	8,5	119	6,2	9,0	13,0	6,8	9,9	14,5
Feinflyer								
6	10	98	6	7,5	10,5	6,7	8,3	11,7
7	12	85	6,5	8,1	11,4	7,2	9	12,6
9	15	66	7,4	9,2	12,9	8,2	10,2	14,5
12	20	50	8,5	10,7	15	9,4	11,8	16,5
Garne								
20	34	30	11,7	15,2	19,3	13	16,8	21,4
24	40	25	12,4	15,8	20,4	13,8	17.5	22
30	50	20	13,5	16,9	21,2	15	18,7	23,4
36	60	17	14,3	18	22,2	15,8	20	24,6
40	70	14	14,6	18,5	22,4	16,2	20,5	24,8
46	80	12,5	15,7	19,5	23	17,3	21,3	25,4
50	85	12	16	19,3	23,3	17,8	21,3	25,4
60	100	10	17,3	20,3	23,8	19,1	22,5	26,4
70	120	8,4	18	21,3	25,1	20	23,5	27,8
75	125	8	18,3	21,7	25,8	20,3	24	28,5
80	135	7,6	18,6	22,1	26,2	20,7	24,5	29,1
85	145	6,8	18,9	22,4	26,3			
90	150	6,8	19	22,6	26,4			
100	170	6	19,1	23,0	26,4			
120	200	5	20,2	23,6	27,0			

e) Standardwerte für den Ungleichmäßigkeitsindex I					
Prüfgut			Gekämmte Baumwolle		
Ne	Nm	tex	gleichmäßig	mittel	ungleichmäßig
Kardenband					
0,14—0,24	0,24—0,40	4200—2500	5	8	10
Kämmband					
0,14—0,18	0,24—0,30	4200—3300	5	10	20
Streckenband 1. Pass.					
0,12—0,19	0,20—0,32	5000—3100	5	8	12
Streckenband 2. Pass.					
0,16—0,34	0,27—0,58	3700—1720	3,6	5,5	8
Grobflyer					
0,8 —1,2	1,35—2,0	740— 500	2,5	3,5	5,5
Hochverzugsflyer					
1,5 —5,0	2,5 —8,5	400— 119	1,8	2,6	3,8
Feinflyer					
6 —12	10 —20	98— 50	1,6	2,0	2,8
Garne					
20	34	30	1,7	2,2	2,8
30	50	20	1,6	2.0	2,5
40	70	14	1,5	1,9	2,3
50	85	12	1,5	1,8	2,1
60	100	10	1,45	1,7	2,0
80	135	7,6	1,35	1,6	1,9
100	170	6,0	1,25	1,5	1,7
120	200	5,0	1,2	1,4	1,6

7.9.5 Nm-tex

Nm und tex

Auszug aus DIN 60910 $\quad$ tex $= \dfrac{G \text{ in g}}{L \text{ in km}}$ (wieviel Gramm wiegt 1 km Garn)

Nm	tex genau	tex rund	Nm	tex genau	tex rund	Nm	tex genau	tex rund	Nm	tex genau	tex rund
0,5	2000	2000	6,2	161,3	160	32	31,25	32	115	8,698	8,8
0,6	1667	1700	6,4	156,3	160	33	30,30	30	120	8,333	8,4
0,7	1429	1400	6,6	151,5	150	34	29,41	30	125	8,000	8,0
0,8	1250	1250	6,8	147,1	150	35	28,57	28	130	7,692	7,6
0,9	1111	1100	7,0	142,9	140	36	27,78	28	135	7,407	7,6
1,0	1000	1000	7,2	138,9	140	37	27,03	28	140	7,143	7,2
1,1	909.1	920	7,4	135,1	140	38	26,32	26	145	6,897	6,8
1,2	833,3	840	7,6	131,6	130	39	25,64	26	150	6,667	6,8
1,3	769,2	760	7,8	128,2	130	40	25,00	25	155	6,452	6,4
1,4	714,3	720	8,0	125,0	125	41	24,39	24	160	6,250	6,4
1,5	666,7	680	8,2	122,0	120	42	23,81	24	165	6,061	6,0
1,6	625,0	640	8,4	119,0	120	43	23,26	23	170	5,882	6,0
1,7	588,2	600	8,6	116,3	115	44	22,73	23	175	5,714	5,6
1,8	555,6	560	8,8	113,6	115	45	22,22	22	180	5,556	5,6
1,9	526,3	520	9,0	111,1	110	46	21,74	22	185	5,405	5,6
2,0	500,0	500	9,2	108,7	110	47	21,28	21	190	5,263	5,2
2,1	476,2	480	9,4	106,4	105	48	20,83	21	195	5,128	5,2
2,2	454,5	460	9,6	104,2	105	49	20,41	20	200	5,000	5,0
2,3	434,8	440	9,8	102,0	100	50	20,00	20	205	4,878	4,8
2,4	416,7	420	10,0	100,0	100	52	19,23	19	210	4,762	4,8
2,5	400,0	400	10,5	95,24	96	54	18,52	19	215	4,651	4,6
2,6	384,6	380	11,0	90,91	92	56	17,86	18	220	4,545	4,6
2,7	370,4	380	11,5	87,03	88	58	17,24	17	225	4,444	4,4
2,8	357,1	360	12,0	83,33	84	60	16,67	17	230	4,348	4,4
2,9	344,8	340	12,5	80,00	80	62	16,13	16	235	4,255	4,2
3,0	333,3	340	13,0	76,92	76	64	15,62	16	240	4,167	4,2
3,1	322,6	320	13,5	74,07	76	66	15,15	15	245	4,082	4,0
3,2	312,5	320	14,0	71,43	72	68	14,71	15	250	4,000	4,0
3,3	303,0	300	14,5	68,97	68	70	14,29	14	255	3,922	4,0
3,4	294,1	300	15	66,67	68	72	13,89	14	260	3,846	3,8
3,5	285,7	280	16	62,50	64	74	13,51	14	265	3,774	3,8
3,6	277,8	280	17	58,82	60	76	13,16	13	270	3,704	3,8
3,7	270,3	280	18	55,56	56	78	12,82	13	275	3,636	3,6
3,8	263,2	260	19	52,63	52	80	12,50	12,5	280	3,571	3,6
3,9	256,4	260	20	50,00	50	82	12,20	12	290	3,448	3,4
4,0	250,0	250	21	47,62	48	84	11,90	12	300	3,333	3,4
4,2	238,1	240	22	45,45	46	86	11,63	11,5	320	3,125	3,2
4,4	227,3	230	23	43,48	44	88	11,36	11,5	340	2,941	3,0
4,6	217,4	220	24	41,67	42	90	11,11	11	360	2,778	2,8
4,8	208,3	210	25	40,00	40	92	10,87	11	380	2,632	2,6
5,0	200,0	200	26	38,46	38	94	10,64	10,5	400	2,500	2,5
5,2	192,3	190	27	37,04	38	96	10,42	10,5	450	2,222	2,2
5,4	185,2	190	28	35,71	36	98	10,20	10	500	2,000	2,0
5,6	178,6	180	29	34,48	34	100	10,00	10	600	1,667	1,7
5,8	172,4	170	30	33,33	34	105	9,525	9,6	800	1,250	1,25
6,0	166,7	170	31	32,26	32	110	9,091	9,2	1000	1,000	1,0

(Dem SKF-Handbuch entnommen)

7.9.6 Reißfestigkeit der einfachen Baumwollgarne

Festigkeitseigenschaften einiger Textilfaserstoffe

	Gütezahl g/den	Reißlänge km	Spez. Festigkeit kg/mm²	Bruch- dehnung %	rel. Naß- festigkeit %
Wolle	1,1— 2	10— 18	13— 23	35—50	80— 90
Baumwolle	2,2— 5	20— 45	30— 68	8—10	110—120
Hanf, Flachs	4 — 9	35— 80	53—120	2— 4	130—140
Jute	3,3— 5	30— 45	45— 68	2— 5	110—130
Seide	4 — 4,5	36— 40	47— 53	15—25	75— 85
Viskose KS					
gewöhnlich	1,5— 2,5	14— 22	20— 25	10—30	45— 55
hochfest	2,8— 3,2	25— 29	38— 44	10—20	60— 70
Azetat KS					
gewöhnlich	1,3— 1,8	12— 16	15— 21	20—30	60— 70
verseift	4,8— 7	43— 63	65— 95	5—10	70— 90
Kupfer-KS	1,2— 2	11— 18	16— 28	8—16	50— 60
Nylon, fest	4,5— 5,5	40— 50	46— 56	20—25	85— 90
hochfest	6 — 6,5	54— 58	61— 67	15—20	85— 90
Perlon, Grilon	5 — 6	45— 54	51— 61	15—25	85— 90
Vinyon					
verstreckt	2 — 3	18— 27	24— 36	15—35	100
hochverstreckt	3,5— 4	32— 36	42— 49	15—20	100
Terylene	4,5— 7	40— 63	55— 87	5—25	100
Glasfasern	4,5—11	40—120	100—200	2— 4	90—100

Reißfestigkeit der einfachen Baumwollgarne

Nm	Schwach g	Mittel g	Stark g	Sehr stark g	Nm	Schwach g	Mittel g	Stark g	Sehr stark g
7	880	1000	1250	—	54	125	170	200	250
10	670	920	1080	1340	57	120	160	190	220
14	500	690	810	1000	60	110	150	180	210
17	400	550	650	800	65	105	140	170	200
20	330	460	540	660	70	100	135	160	190
24	285	390	460	570	75	90	125	145	170
28	250	340	400	500	85	—	110	130	140
30	220	300	360	440	100	—	90	110	125
34	200	280	320	400	120	—	80	90	105
37	180	250	290	360	135	—	70	80	95
40	170	230	270	330	150	—	60	70	85
44	150	210	250	310	170	—	55	65	80
47	140	200	230	290	185	—	50	60	70
50	130	180	215	260	200	—	45	55	60

7.9.7 Gegenüberstellung °F — °C

Umwandlung von Fahrenheit in Celsius

°F	°C	°F	°C	°F	°C	°F	°C	°F	°C	°F	°C
−60	−51	45	+ 7	150	66	255	124	360	124	465	240
−55	−48	50	+10	155	68	260	127	365	185	470	243
−50	−46	55	+13	160	71	265	129	370	188	475	246
−45	−43	60	+16	165	74	270	132	375	191	480	249
−40	−40	65	+18	170	77	275	135	360	193	485	251
−35	−37	70	+21	175	79	280	138	385	196	490	254
−30	−34	75	+24	180	82	285	141	390	199	495	257
−25	−32	80	+27	185	85	290	143	396	202	500	260
−20	−29	85	+29	190	88	296	146	400	204	572	300
−15	−26	90	+32	195	91	300	149	406	207	662	350
−10	−23	95	+35	200	93	305	152	410	210	752	400
− 5	−21	100	+38	206	96	310	154	415	212	842	450
0	−18	105	41	212	100	315	157	420	215	932	500
5	−15	110	43	215	102	320	160	425	218	1112	600
10	−12	115	46	220	104	325	163	430	221	1292	700
15	− 9	120	49	225	107	330	166	435	223	1472	800
20	− 7	125	52	230	110	335	168	440	227	1652	900
25	− 4	130	54	235	113	340	171	445	229	1832	1000
30	− 1	135	57	240	116	345	174	450	232	2732	1500
32	0	140	60	245	118	350	177	455	234	3632	2000
35	+ 2	145	63	250	121	355	179	460	237	4532	2500
40	+ 4										

Wassergehalt von Garnen bei verschiedenen relativen Luftfeuchtigkeiten

(in % vom Naßgewicht)

Rel. L.-F. %	Baumwolle	Flachs	Jute	Kupfer-Viskose KS	Azetat KS	Wolle	Seide	Nylon
30	5,0	6,5	6,6	5,6	2,0	8,8	6,2	2,3
40	5,5	7,1	7,8	6,9	2,5	9,7	7,5	2,9
50	6,0	7,5	8,9	9,1	3,3	10,4	8,2	3,4
60	6,5	8,2	9,8	10,2	4,0	11,0	9,3	4,0
65	6,8	8,6	10,4	11,2	4,5	11,4	10,0	4,4
70	7,1	8,8	11,0	12,5	4,9	11,6	10,5	4,7
80	8,2	10,0	13,0	15,0	6,0	12,5	12,0	5,7
90	10,0	12,0	15,8	18,2	7,7	14,7	14,2	6,9
100	14,2	18,0	25,4	26,2	10,7	23,4	19,3	10,0

8 Berechnungsbeispiele von Spinnereimaschinen

8.1 Schlagmaschinen

8.1.1 Rieter-Schlagmaschine, Modell G.BA 25 (Abb. 169)

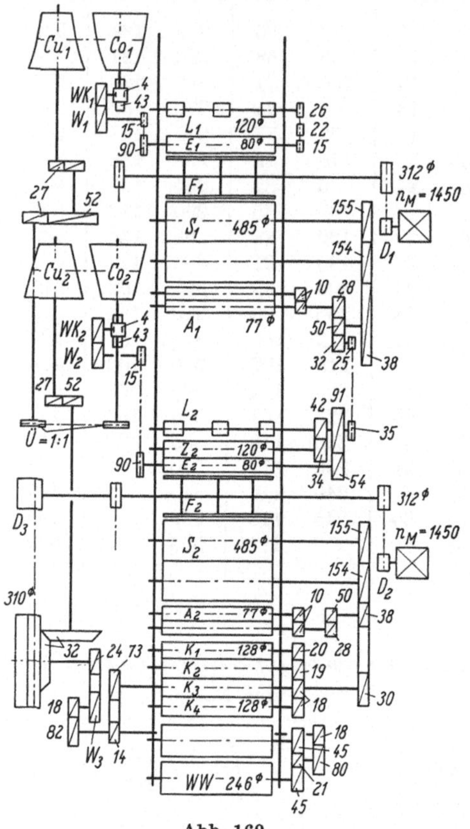

Abb. 169

Allgemeine Angaben

		$\varnothing$ (mm)
L	= Lattentuchwalze	120
E	= Einzugszylinder	80
S	= Siebtrommel	485
A	= Abzugswalze	77
K	= Kalanderwalze	128
WW	= Wickelwalze	246
F_1	= 3-Schienenschläger	
F_2	= Kirschnerflügel	
Z	= Zuführwalze	
Co	= oberer Konus (bzw. dessen $\varnothing$)	
Cu	= unterer Konus (bzw. dessen $\varnothing$)	

Wechselstellen

W_1 = 48...72 Zähne
W_2 = 48...72 Zähne
W_3 = 24...62 Zähne
W_4 = 24...62 Zähne
WK_1 = 24...36 Zähne
WK_2 = 24...36 Zähne

Das mittlere Übersetzungsverhältnis $Co : Cu = 222 : 222 (= 1 : 1)$. Es wird geändert, wenn die Wattenstärke im Einlauf schwankt.

Index 1 bezieht sich auf die erste,
Index 2 auf die zweite Schlagstelle (z. B. S_1, Co_2...)

Scheiben-$\varnothing$: $D_1 = 183; 266 ...$
(mm!) $D_2 = 160; 173; 183...$
            $D_3 = 235; 220; 205$

$n_{F1} = 850; 1200$ U/min
$n_{F2} = 750; 800; 850$ U/min

1. Berechnung der Verzüge

zw. S_1 u. E_1
$$V_1 = 1 \cdot \frac{90}{15} \cdot \frac{W_1}{WK_1} \cdot \frac{43}{4} \cdot \frac{Co_1}{Cu_1} \cdot \frac{27}{52} \cdot \frac{52}{27} \cdot \frac{1}{1} \cdot \frac{4}{43} \cdot \frac{WK_2}{W_2} \cdot \frac{15}{90} \cdot \frac{54}{91} \cdot$$
$$\cdot \frac{35}{25} \cdot \frac{32}{50} \cdot \frac{38}{154} \cdot \frac{485 \cdot \pi}{80 \cdot \pi}$$
$$= 0{,}795 \cdot \frac{Co_1}{Cu_1} \cdot \frac{W_1}{WK_1} \cdot \frac{WK_2}{W_2}$$

zw. A_1 u. S_1
$$V_2 = 1 \cdot \frac{154}{38} \cdot \frac{50}{28} \cdot \frac{77 \cdot \pi}{485 \cdot \pi} = 1{,}15$$

zw. Z_2 u. A_1
$$V_3 = 1 \cdot \frac{28}{32} \cdot \frac{25}{35} \cdot \frac{42}{34} \cdot \frac{120 \cdot \pi}{77 \cdot \pi} = 1{,}20$$

zw. E_2 u. Z_2
$$V_4 = 1 \cdot \frac{34}{32} \cdot \frac{91}{54} \cdot \frac{80 \cdot \pi}{120 \cdot \pi} = 0{,}91$$

zw. S_2 u. E_2
$$V_5 = 1 \cdot \frac{90}{15} \cdot \frac{W_2}{WK_2} \cdot \frac{43}{4} \cdot \frac{Co_2}{Cu_2} \cdot \frac{27}{52} \cdot \frac{32}{32} \cdot \frac{24}{W_3} \cdot \frac{18}{82} \cdot \frac{14}{73} \cdot \frac{30}{154} \cdot \frac{485 \cdot \pi}{80 \cdot \pi}$$
$$= 40{,}0 \cdot \frac{Co_2}{Cu_2} \cdot \frac{W_2}{WK_2} \cdot \frac{1}{W_3}$$

zw. A_2 u. S_2
$$V_6 = 1 \cdot \frac{154}{38} \cdot \frac{50}{28} \cdot \frac{77 \cdot \pi}{485 \cdot \pi} = 1{,}15$$

zw. K_1 u. A_2
$$V_7 = 1 \cdot \frac{28}{50} \cdot \frac{38}{30} \cdot \frac{18}{20} \cdot \frac{128 \cdot \pi}{77 \cdot \pi} = 1{,}06$$

zw. K_2 u. K_1
$$V_8 = 1 \cdot \frac{20}{19} \cdot \frac{128 \cdot \pi}{128 \cdot \pi} = 1{,}05$$

zw. K_3 u. K_2
$$V_9 = 1 \cdot \frac{19}{18} \cdot \frac{128 \cdot \pi}{128 \cdot \pi} = 1{,}06$$

zw. K_4 u. K_3
$$V_{10} = 1 \cdot \frac{18}{18} \cdot \frac{128 \cdot \pi}{128 \cdot \pi} = 1{,}00$$

zw. WW u. K_4
$$V_{11} = 1 \cdot \frac{18}{18} \cdot \frac{73}{14} \cdot \frac{18}{80} \cdot \frac{21}{45} \cdot \frac{246 \cdot \pi}{128 \cdot \pi} = 1{,}05$$

zw. E_2 u. E_1
$$V_I = 1 \cdot \frac{90}{15} \cdot \frac{W_1}{WK_1} \cdot \frac{43}{4} \cdot \frac{Co_1}{Cu_1} \cdot \frac{27}{52} \cdot \frac{1}{1} \cdot \frac{4}{43} \cdot \frac{WK_2}{W_2} \cdot \frac{15}{90} \cdot \frac{80 \cdot \pi}{80 \cdot \pi}$$
$$= 1{,}0 \cdot \frac{Co_1}{Cu_1} \cdot \frac{W_1}{WK_1} \cdot \frac{WK_2}{W_2}$$

zw. WW u. E_2
$$V_{II} = 1 \cdot \frac{90}{15} \cdot \frac{W_2}{WK_2} \cdot \frac{43}{4} \cdot \frac{Co_2}{Cu_2} \cdot \frac{27}{52} \cdot \frac{32}{32} \cdot \frac{24}{W_3} \cdot \frac{18}{82} \cdot \frac{18}{80} \cdot \frac{21}{45} \cdot \frac{246 \cdot \pi}{80 \cdot \pi}$$
$$= 57{,}0 \cdot \frac{Co_2}{Cu_2} \cdot \frac{W_2}{WK_2} \cdot \frac{1}{W_3}$$

Der Gesamtverzug (direkt aus dem Getriebe)

$$V_M = 1 \cdot \frac{90}{15} \cdot \frac{W_1}{WK_1} \cdot \frac{43}{4} \cdot \frac{Co_1}{Cu_1} \cdot \frac{27}{52} \cdot \frac{52}{27} \cdot \frac{1}{1} \cdot \frac{Co_2}{Cu_2} \cdot \frac{27}{52} \cdot \frac{32}{32} \cdot \frac{24}{W_3} \cdot$$
$$\cdot \frac{18}{82} \cdot \frac{18}{80} \cdot \frac{21}{45} \cdot \frac{246 \cdot \pi}{80 \cdot \pi}$$
$$= 57{,}0 \cdot \frac{Co_1}{Cu_1} \cdot \frac{Co_2}{Cu_2} \cdot \frac{W_1}{W_3} \cdot \frac{1}{WK_1}$$

(Das gleiche Ergebnis muß man als Produkt der Teilverzüge $V_1 \ldots V_{11}$ erhalten.)

2. Für die Schlägerdrehzahlen sollen gewählt werden:

$$n_{F1} = 1450 \cdot \frac{183}{312} = 850 \text{ U/min}$$

$$n_{F2} = 1450 \cdot \frac{172}{312} = 800 \text{ U/min}$$

D_3 ist in diesem Falle mit 220 mm $\varnothing$ einzusetzen.

3. Lieferung der Wickelwalzen (L_{WW})

$$L_{WW} = 800 \cdot \frac{220}{310} \cdot \frac{24}{W_3} \cdot \frac{18}{82} \cdot \frac{18}{80} \cdot \frac{21}{45} \cdot \frac{246 \cdot \pi}{1000} = \frac{243}{W_3} \text{ (m/min)}$$

4. Produktion (100%)

$$P = \frac{L_{WW} \cdot 60 \cdot G}{1000} \text{ (kg/h)} \dots G = \text{Wickelgewicht (g/m)}$$

$$P = \frac{243 \cdot 60 \cdot G}{W_3 \cdot 1000} = 14{,}6 \cdot \frac{G}{W_3} \text{ (kg/h)}$$

8.1.2 Schlagmaschine, Modell SMSA (Trützschler) (Abb. 170)

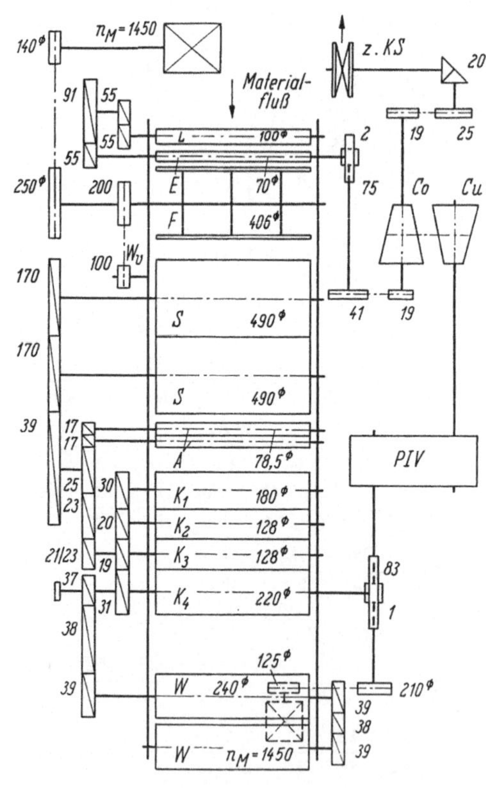

Abb. 170

<table>
<tr><td>*Allgemeine Angaben*</td><td>$\ddot{U}$ = Übersetzung im PIV-Getriebe;</td><td>n_P = Drehzahl der PIV-</td></tr>
<tr><td></td><td>Co = oberer Konus bzw. dessen $\varnothing$</td><td>Antriebswelle</td></tr>
<tr><td></td><td>Cu = unterer Konus bzw. dessen $\varnothing$</td><td></td></tr>
</table>

1. Drehzahlen n (U/min), *Liefergeschwindigkeiten v* (m/min) *und Verzüge V*

$$\text{U/min}$$

Zuführwalze $L \qquad n_L = 855 \cdot \ddot{U} \cdot \dfrac{Cu}{Co} \cdot \dfrac{19}{41} \cdot \dfrac{2}{75} \cdot \dfrac{55}{91} \cdot \dfrac{55}{55} = 6{,}4 \cdot \ddot{U} \cdot \dfrac{Cu}{Co}$$

Einzugszylinder $E \qquad n_E = n_L \cdot \dfrac{55}{55} \cdot \dfrac{91}{55} \qquad\qquad\qquad = 10{,}6 \cdot \ddot{U} \cdot \dfrac{Cu}{Co}$

Schlagflügel $F \qquad n_F = 1450 \cdot \dfrac{140}{250} \qquad\qquad\qquad\qquad = 812$

Siebtrommel $S \qquad n_S = 855 \cdot \dfrac{1}{83} \cdot \dfrac{31}{19} \cdot \dfrac{(21\ldots 23)}{25} \cdot \dfrac{39}{170} = 3{,}24\ldots(3{,}55)$

Abzugswalzen $A \qquad n_A = n_S \cdot \dfrac{170}{39} \cdot \dfrac{25}{17} \qquad\qquad\qquad = 20{,}8$

Kalanderwalzen $K_4 \quad n_4 = 855 \cdot \dfrac{1}{83} \qquad\qquad\qquad\qquad = 10{,}3$

$\qquad\qquad\quad K_3 \quad n_3 = n_4 \cdot \dfrac{31}{19} \qquad\qquad\qquad\qquad = 16{,}8$

$\qquad\qquad\quad K_2 \quad n_2 = n_4 \cdot \dfrac{31}{20} \qquad\qquad\qquad\qquad = 16{,}0$

$\qquad\qquad\quad K_1 \quad n_1 = n_4 \cdot \dfrac{31}{30} \qquad\qquad\qquad\qquad = 10{,}65$

Wickelwalze $W \qquad n_W = 855 \cdot \dfrac{1}{83} \cdot \dfrac{37}{39} \qquad\qquad\qquad = 9{,}8$

$$\text{m/min} \qquad\qquad \text{Verzug}$$

$$v_L = n_L \cdot \dfrac{100 \cdot \pi}{1000} = 2{,}00 \cdot \ddot{U} \cdot \dfrac{Cu}{Co} \qquad V_1 = 1{,}16$$

$$v_E = n_E \cdot \dfrac{70 \cdot \pi}{1000} = 2{,}33 \cdot \ddot{U} \cdot \dfrac{Cu}{Co} \qquad V_2 = 2{,}14 \, \dfrac{Co}{Cu} \cdot \dfrac{1}{\ddot{U}}$$

$$v_S = n_S \cdot \dfrac{490 \cdot \pi}{1000} = 5{,}00\ldots(5{,}47) \qquad V_3 = 1{,}025$$

$$v_A = n_A \cdot \dfrac{78{,}5 \cdot \pi}{1000} = 5{,}12 \qquad\qquad V_4 = 1{,}18 \left(= \dfrac{v_1}{v_A} \, ! \right)$$

$$v_4 = n_4 \cdot \dfrac{220 \cdot \pi}{1000} = 7{,}10$$

$$v_3 = n_3 \cdot \dfrac{128 \cdot \pi}{1000} = 6{,}75$$

$$v_2 = n_2 \cdot \dfrac{128 \cdot \pi}{1000} = 6{,}42 \qquad\qquad V_5 = 1{,}18$$

$$v_1 = n_1 \cdot \dfrac{180 \cdot \pi}{1000} = 6{,}02$$

$$V_6 = 1{,}035$$

$$v_W = n_W \cdot \dfrac{240 \cdot \pi}{1000} = 7{,}37$$

Gesamtverzug $V_G = \dfrac{v_W}{v_L} = \dfrac{7{,}37}{2{,}00} \cdots \qquad\qquad V_G = 3{,}67 \cdot \dfrac{Co}{Cu} \cdot \dfrac{1}{\ddot{U}}$

... oder aus dem Getriebe $V_G = 1 \cdot \dfrac{55}{55} \cdot \dfrac{91}{55} \cdot \dfrac{75}{2} \cdot \dfrac{41}{19} \cdot \dfrac{Co}{Cu} \cdot \dfrac{1}{\ddot{U}} \cdot \dfrac{1}{83} \cdot \dfrac{37}{39} \cdot \dfrac{240 \cdot \pi}{100 \cdot \pi} = 3{,}67 \cdot \dfrac{Co}{Cu} \cdot \dfrac{1}{\ddot{U}}$

Im Normalfall $\qquad \ddot{U} = 1{,}0$

In Ausgangsstellung $\dfrac{Co}{Cu} = 1{,}0$.

8.2 Karden

8.2.1 Ingolstadt-Karde, Modell KB 8 (Abb. 171)

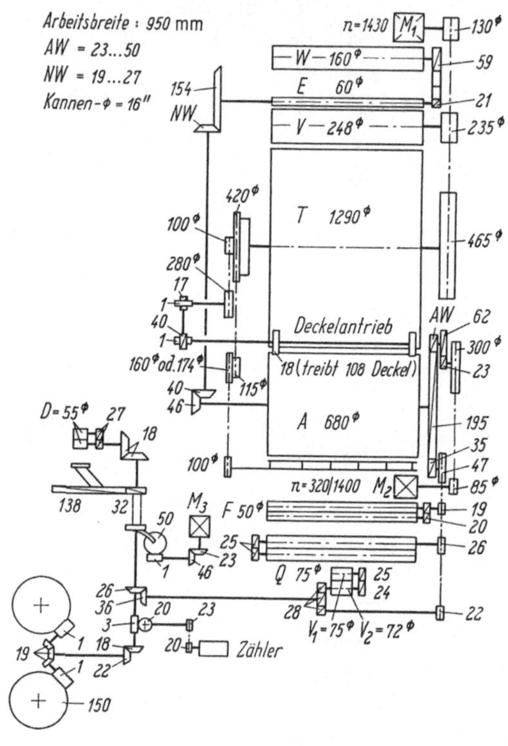

Abb. 171

W = Wickelwalze	$\varnothing$: 160 mm	AW = Abnehmerwechsel 23...50 Zähne; z. B. 33
E = Einzugswalze	60 mm	NW = Nummerwechsel 19...27 Zähne; z.B. 22
V = Vorreißer	248 mm	M_1; M_2; M_3 = Motore
T = Tambour	1290 mm	n_1; n_2; n_3 = Drehzahl dieser Motore
A = Abnehmer	680 mm	n_1 = 1430 U/min
F = Abnahmewalze	50 mm	n_2 = 1400 U/min im Schnellgang bzw.
Q = Quetschwalze	75 mm	n_2' = 320 U/min — durch Polumschaltung —
V_2 = Kalanderwalze	72 mm	im Langsamlauf
D = Drehtopfwalze	55 mm	M_3 = Motor für den Schwenkkopf

1. Drehzahl der Arbeitsorgane (n = U/min)

$$n_A = n_2 \cdot \frac{85}{300} \cdot \frac{23}{62} \cdot \frac{AW}{195} = 0{,}754 \cdot AW$$

im Schnellgang 17,1...37,6 U/min, z. B. 25 U/min

$$n_W = n_A \cdot \frac{46}{40} \cdot \frac{NW}{154} \cdot \frac{21}{59} = 0{,}00200 \cdot AW \cdot NW \; \ldots \; \text{z. B. } 1{,}22 \; \text{U/min}$$

$$n_E = n_W \cdot \frac{59}{21} = 0{,}00563 \cdot AW \cdot NW \; \ldots \; \text{z. B. } 4{,}10 \; \text{U/min}$$

$$n_V = n_1 \cdot \frac{130}{235} = 792 \; \text{U/min}$$

$$n_T = n_1 \cdot \frac{130}{468} = 400 \; \text{U/min}$$

$$n_F = n_A \cdot \frac{195}{35} \cdot \frac{47}{19} = 10{,}4 \cdot AW \quad \ldots \; \text{z. B. } 343 \; \text{U/min}$$

$$n_Q = n_A \cdot \frac{195}{35} \cdot \frac{47}{26} = 7{,}59 \cdot AW \quad \ldots \; \text{z. B. } 250 \; \text{U/min}$$

$$n_K = n_A \cdot \frac{195}{35} \cdot \frac{47}{22} \cdot \frac{28}{28} = 8{,}98 \cdot AW \quad \ldots \; \text{z. B. } 295 \; \text{U/min}$$

$$n_D = n_K \cdot \frac{28}{28} \cdot \frac{36}{26} \cdot \frac{18}{18} = 12{,}43 \cdot AW \quad \ldots \; \text{z. B. } 410 \; \text{U/min}$$

2. Geschwindigkeiten [$v = $ m/sec] und Verzüge [V]

$$v_W = n_W \cdot \frac{160 \cdot \pi}{1000 \cdot 60} = 0{,}00001675 \cdot AW \cdot NW \qquad \text{zw.} E \text{ und } W \ldots V_1 = 1{,}053$$

$$v_E = n_E \cdot \frac{60 \cdot \pi}{1000 \cdot 60} = 0{,}00001765 \cdot AW \cdot NW \qquad \text{zw.} V \text{ und } E \ldots V_2 = \frac{5{,}84 \cdot 10^5}{AW \cdot NW} \ldots \text{z.B.} 805$$

$$v_V = n_V \cdot \frac{248 \cdot \pi}{1000 \cdot 60} = 10{,}3 \qquad \text{zw.} T \text{ und } V \ldots V_3 = 2{,}52$$

$$v_T = n_T \cdot \frac{1290 \cdot \pi}{1000 \cdot 60} = 26{,}0 \qquad \text{zw.} A \text{ und } T \ldots V_4 = 0{,}001035 \cdot AW$$
$$\ldots \text{z. B. } 0{,}0341$$

$$v_A = n_A \cdot \frac{680 \cdot \pi}{1000 \cdot 60} = 0{,}02685 \cdot AW \qquad \text{das entspr. 29 facher Verdichtung}$$

$$[\text{oder } 1{,}611 \cdot AW \; \text{m/min}]$$

$$v_F = n_F \cdot \frac{50 \cdot \pi}{1000 \cdot 60} = 0{,}0272 \cdot AW \qquad \text{zw.} F \text{ und } A \ldots V_5 = 1{,}013$$

$$v_Q = n_Q \cdot \frac{75 \cdot \pi}{1000 \cdot 60} = 0{,}0298 \cdot AW \qquad \text{zw.} Q \text{ und } A \ldots V_6 = 1{,}095$$

$$v_K = n_K \cdot \frac{72 \cdot \pi}{1000 \cdot 60} = 0{,}0339 \cdot AW \qquad \text{zw.} K \text{ und } Q \ldots V_7 = 1{,}137$$

$$v_D = n_D \cdot \frac{55 \cdot \pi}{1000 \cdot 60} = 0{,}0358 \cdot AW \qquad \text{zw.} D \text{ und } K \ldots V_8 = 1{,}057$$

$$\text{oder } 2{,}15 \cdot AW \; [\text{m/min}] \ldots \text{z. B.} \approx 71 \; \text{m/min}$$

Der Gesamtverzug V_M (Maschinenverzug)
$$V_M = 1 \cdot \frac{59}{21} \cdot \frac{154}{NW} \cdot \frac{40}{46} \cdot \frac{195}{35} \cdot \frac{47}{22} \cdot \frac{28}{28} \cdot \frac{36}{26} \cdot \frac{18}{18} \cdot \frac{55 \cdot \pi}{1 \cdot 160 \cdot \pi} = \frac{2130}{NW}$$

3. Lieferung der Drehtopfwalzen
$$L_D = v_D = 2{,}15 \cdot AW \; [\text{m/min}]$$

4. Produktion

Als Bezugsgröße wird bei der Karde meist die Abnehmerdrehzahl angegeben. Die Lieferung des Abnehmers ist aber nur bedingt brauchbar, weil das Band z. B. erst nach Ablage in die Kanne sortiert wird und zwischen Drehtopfwalzen und Abnehmer noch ein effektiver Verzug stattfindet. Bei Hochleistungskarden ist man deshalb bereits meist auf die direkte Benennung der Lieferung übergegangen. Somit

$$P = \eta \cdot \frac{L_D \cdot 60}{1000 \cdot Nm} \ [\text{kg/h}]$$

$$P = \eta \cdot 0{,}129 \cdot \frac{AW}{Nm} \ [\text{kg/h}]\ldots\text{z. B. } P = 0{,}95 \cdot 0{,}129 \cdot \frac{33}{0{,}23} = 17{,}6 \text{ kg/h}.$$

5. Intensität der Kardierung

Das gebräuchlichste Maß dafür sind die „Kämmungen" [pro cm oder pro Zoll]. Sie geben an, wieviele Tambourumdrehungen auf 1 cm oder 1 Zoll gespeiste Wickelwatte kommen. Trotz der an anderer Stelle dieses Buches vorgebrachten Bedenken, soll die Berechnung nach dieser Formel vorgenommen werden. Man sollte jedoch unbedingt berücksichtigen, daß eine effektive Beeinflussung der Kardierung nur über den AW [sprich: Abnehmerdrehzahl!] erzielbar ist.

$$K/\text{cm} = \frac{n_T}{l_E} = \frac{400}{0{,}1059 \cdot AE \cdot NW} = \frac{3780}{AW \cdot NW} \quad (l_E \text{ in cm/min})$$

(Die direkte Berechnung aus dem Getriebe ist hier nicht möglich, da Tambour und Speisewalze ohne Getriebeverbindung sind.)

6. Hackerspiele

$$n_H = 400 \cdot \frac{420}{115} \cdot \frac{160}{100} = 2330 \text{ Schwingungen/min.}$$

7. Bandablage

Drehung des Kopftellers $\quad n_{KT} = n_D \cdot \dfrac{18}{18} \cdot \dfrac{32}{138} = 2{,}88 \cdot AW \ [\text{U/min}]$ z. B. 95

Drehung des Fußtellers $\quad n_{FT} = n_D \cdot \dfrac{18}{18} \cdot \dfrac{18}{22} \cdot \dfrac{19}{19} \cdot \dfrac{1}{150} = 0{,}068 \ [\text{U/min}]$

Anzahl der Kopftellerdrehungen je Fußtellerdrehung (q)

$$q = 1 \cdot \frac{150}{1} \cdot \frac{19}{19} \cdot \frac{22}{18} \cdot \frac{32}{138} = 42{,}5.$$

8. Bewegung der Deckel

Deckelgeschwindigkeit (v_{Dl})

$$v_{Dl} = n_{18} \cdot 18 \cdot 38 \ [\text{mm/min}] \qquad n_{18} = \text{Drehzahl des Deckelantriebsrades}$$
$$[\text{U/min}]$$
$$38 = \text{Teilung der Deckelkette [mm]}$$

$$v_{Dl} = 400 \cdot \frac{100}{280} \cdot \frac{1}{17} \cdot \frac{1}{40} \cdot 18 \cdot 38 = 143{,}5 \text{ mm/min}$$

Umlaufzeit des Gesamtdeckels (t_{Dl})

$$t_{Dl} = \frac{108 \cdot 38}{v_{Dl}} = 28{,}6 \text{ min.}$$

8.2.2 Rieter-Karde, Modell C 1 (Abb. 172)

Allgemeine Angaben		*Wechselstellen*
	$\varnothing$ (mm)	
W = Wickelwalze	162	NW = Nummerwechsel
S = Speisewalze	80	AW = Abnehmerwechsel
V = Vorreißer	253 ü. G.	VW = Vliesabzugswechsel *(32; 31; 30)*
T = Tambour	1290 ü. G.	SW = Kalanderwechsel *(30; 29; 28)*
A = Abnehmer	680 ü. G.	HW = Hilfswechsel (23; 34; 46)
Ku = untere Kalanderw.	68	
D = Drehtopfwalze	60	
	ü. G. = über Garnitur	

1. Verzüge

zw. S u. W $\quad V_1 = 1 \cdot \dfrac{69}{2} \cdot \dfrac{3}{49} \cdot \dfrac{80 \cdot \pi}{162 \cdot \pi} = 1{,}045$

zw. V u. S Der Vorreißer wird vom Tambour aus durch Keilriemen und Spannrolle angetrieben.

$$V_2 = 1 \cdot \frac{49}{3} \cdot \frac{29}{10} \cdot \frac{50}{51} \cdot \frac{NW}{AW} \cdot \frac{96}{HW} \cdot \frac{73}{23} \cdot \frac{230}{210} \cdot \frac{253 \cdot \pi}{80 \cdot \pi} = 49\,000 \cdot \frac{NW}{AW \cdot HW}$$

zw. T u. V $\quad V_3 = 1 \cdot \dfrac{210}{550} \cdot \dfrac{1290 \cdot \pi}{253 \cdot \pi} = 1{,}95$

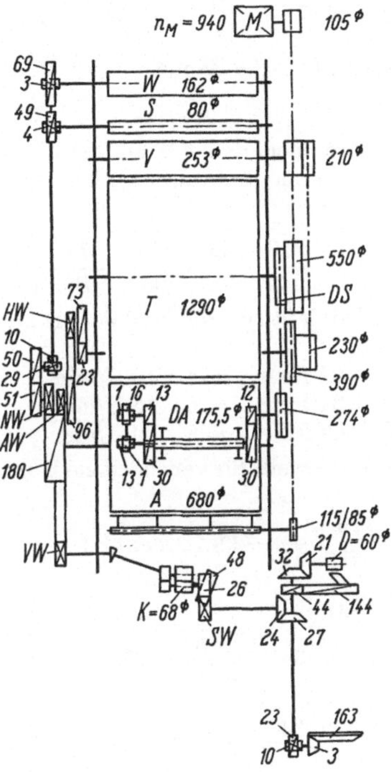

Abb. 172

zw. A u. T $\quad V_4 = 1 \cdot \dfrac{550}{210} \cdot \dfrac{210}{230} \cdot \dfrac{23}{73} \cdot \dfrac{HW}{96} \cdot \dfrac{AW}{180} \cdot \dfrac{680 \cdot \pi}{1290 \cdot \pi} = 0{,}000023 \cdot HW \cdot AW$

$\qquad$ wenn $HW = 34$ und $AW = 34$ $V_4 = 0{,}0266$

$\qquad\qquad\qquad\qquad\qquad\qquad\qquad$ $= 37{,}6$ fache Verdichtung

zw. K u. A $\quad V_5 = 1 \cdot \dfrac{180}{VW} \cdot \dfrac{48}{26} \cdot \dfrac{68 \cdot \pi}{680 \cdot \pi} = \dfrac{33{,}4}{VW} \ldots = 1{,}04$

zw. D u. A $\quad V_6 = 1 \cdot \dfrac{26}{SW} \cdot \dfrac{24}{27} \cdot \dfrac{32}{21} \cdot \dfrac{60 \cdot \pi}{68 \cdot \pi} = \dfrac{31{,}1}{SW} \ldots = 1{,}035$

Berechnung des Gesamtverzuges V_G (= Maschinenverzug V_M)

$$V_G = 1 \cdot \frac{69}{2} \cdot \frac{29}{10} \cdot \frac{50}{51} \cdot \frac{NW}{VW} \cdot \frac{48}{SW} \cdot \frac{24}{27} \cdot \frac{32}{21} \cdot \frac{60 \cdot \pi}{162 \cdot \pi}$$

$\qquad = 2360 \cdot \dfrac{NW}{VW \cdot SW} \qquad$ VW und SW werden kaum gewechselt.

$\qquad\qquad\qquad\qquad\qquad\qquad$ Man kann sie deshalb konstant wählen.

$V_G = 2{,}46 \cdot NW \qquad \ldots 2{,}46$ bezeichnet man als Verzugskonstante VK.

Daraus wird deutlich, daß auf den Verzug nur der NW Einfluß hat. Der Maschinenverzug V_M $(= V_G)$ ist jedoch nicht gleich dem Sortierverzug V_S; da durch den Abfall tatsächlich nicht das festgestellte Metergewicht des Wickels auf die Bandstärke verzogen werden muß, wird doch — unabhängig vom Getriebe — eine Verfeinerung erreicht.

Zur Berechnung von NW muß dem Rechnung getragen werden.

Beispiel: Wickel 400 g/m

         gewünschte Bandnummer: Nm 0,23

         zu erwartende Abfallmenge: 6% des Wickelgewichtes.

$$\text{Daraus:} \qquad V_M = 400 \cdot 0,23 \cdot \frac{100\text{-}6}{100} = 86,5.$$

$$\text{Somit ergibt sich: } NW = \frac{V_M}{2,46} = \frac{86,5}{2,46} = 35,2$$

$$\text{gewählt } NW = 35 \text{ Zähne.}$$

2.1 Ermittlung von AW

Aus dem Getriebe ist zu entnehmen, daß AW auf die Liefergeschwindigkeit einwirkt. AW läßt sich aus der geforderten Abnehmerdrehzahl (n_A) berechnen.

Beispiel: $n_A = 9$ U/min.

$$[n_A] = 9 = \left[180 \cdot \frac{550}{210} \cdot \frac{210}{230} \cdot \frac{23}{73} \cdot \frac{HW}{96} \cdot \frac{AW}{180} \right] = 0,00785 \cdot AW \cdot HW.$$

Durch günstige Wahl von HW läßt sich die Zahl der erforderlichen Abnehmerwechsel AW einschränken. Rieter empfiehlt:

$$HW = 23 \text{ für } n_A = 4\ldots10 \text{ U/min}$$
$$HW = 34 \text{ für } n_A = 6\ldots15 \text{ U/min}$$
$$HW = 46 \text{ für } n_A = 8\ldots20 \text{ U/min}$$

Diese Werte von n_A umfassen jeweils für verschiedene Rohstoffgruppen die üblichen Drehzahlen.

$$AW = \frac{9}{0,00785 \cdot 34} = 33,7\ldots\text{gewählt } AW = 34 \text{ Zähne}$$

2.2 Lieferung des Abnehmers (L_A)

$$L_A = 9 \cdot \frac{680 \cdot \pi}{1000} = 19,2 \text{ m/min}$$

$$\left[\text{Da aber } AW = 34\ldots n_A = 9 \cdot \frac{34}{33,7} = 9,08\ldots L_A \approx 19,4 \right]$$

2.3 Die Produktion beträgt dann ($\ldots \eta = 0,9$)

$$P_{eff} = \eta \cdot \frac{L_A \cdot V_5 \cdot V_6 \cdot 60}{Nm_{Band} \cdot 1000} = 0,9 \cdot \frac{19,4 \cdot 1,04 \cdot 1,035 \cdot 60}{0,23 \cdot 1000} = 4,9 \text{ kg/h.}$$

3. Deckelbewegung

Drehzahl des Deckelantriebsrades (n_{DA} — U/min)

$$n_{DA} = 180 \cdot \frac{DS}{274} \cdot \frac{12}{30} \cdot \frac{1}{13} \cdot \frac{1}{16} \cdot \frac{13}{30} = 0,00055 \cdot DS \text{ (U/min)}$$

Bei einer Umdrehung von DA werden die Deckel um $175,5 \cdot \pi$ (mm) (= Umfang von DA) vorgeschoben. Die Deckelgeschwindigkeit ist somit:

$v_D = n_{DA} \cdot$ Umfang $DA = 0,302 \cdot DS$ (mm/min)

lt. Skizze: $DS = 210\ldots510$ mm

                $v_D = 64\ldots154$ mm/min.

Legt man eine Kettenteilung von $t = 38$ mm zu Grunde und nimmt man 108 Deckel an, dann errrechnet sich daraus eine Deckelumlaufzeit $[t_D]$ von

$$t_D = \frac{108 \cdot 38}{0,302 \cdot DS} \ldots \text{ bei } DS = 210 \ldots t_D \sim 64,5 \text{ min.}$$

8.3 Kämmereimaschinen

8.3.1 Kämmereivorbereitung

8.3.1.1 Whitin, Super Lap Machine (Abb. 173)

$\varnothing$ (Zoll)

Speisezylinder	E	$=$	$1^3/_{16}$
Eingangszylinder	d_3	$=$	$1^3/_8$
Mittelzylinder	d_2	$=$	$1^1/_8$
Ausgangszylinder	d_1	$=$	$1^1/_2$
Abzugswalze	A	$=$	$2^{15}/_{16}$
Kalanderwalzen	K	$=$	5
Wickelwalzen	W	$=$	$18^{11}/_{16}$ (... Scheiben-$\varnothing = 20''$)

NW = Nummerwechsel 20...70 Zähne z. B 54

G = Eberhardt-Getriebe $\ddot{U} = 1 : 1$

M = Motor mit Flüssigkeitskupplung

n_M = 1500 U/min

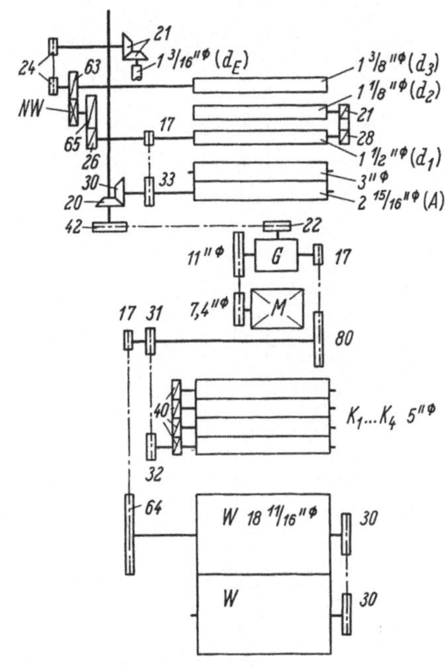

Abb. 173

1. Verzüge

$$\text{zw. } E \text{ und } d_3 \qquad V_1 = 1 \cdot \frac{21}{21} \cdot \frac{24}{24} \cdot \frac{22 \cdot \pi}{19 \cdot \pi} = 1{,}16$$

$$\text{zw. } d_2 \text{ und } d_3 \qquad V_2 = 1 \cdot \frac{63}{NW} \cdot \frac{65}{26} \cdot \frac{28}{21} \cdot \frac{9 \cdot \pi}{11 \cdot \pi} = \frac{172}{NW}$$

$$\text{zw. } A \text{ und } d_1 \qquad V_3 = 1 \cdot \frac{21}{28} \cdot \frac{12 \cdot \pi}{9 \cdot \pi} = 1{,}00$$

Im Streckwerk $\quad V = \dfrac{199}{NW}$ ... z. B. = 3,68

$$\text{zw. } d_1 \text{ und } d_2 \qquad V_4 = 1 \cdot \frac{17}{33} \cdot \frac{6 \cdot \pi}{3 \cdot \pi} = 1{,}03$$

$$\text{zw. } K_1 \text{ und } A \qquad V_5 = 1 \cdot \frac{30}{20} \cdot \frac{42}{22} \cdot \frac{1}{1} \cdot \frac{17}{80} \cdot \frac{31}{32} \cdot \frac{80 \cdot \pi}{47 \cdot \pi} = 1{,}00$$

$$\text{im Kalanderteil} \qquad V_6 = 1{,}00$$

$$\text{zw. } W \text{ und } K_4 \qquad V_7 = 1 \cdot \frac{32}{31} \cdot \frac{17}{64} \cdot \frac{299 \cdot \pi}{80 \cdot \pi} = 1{,}025$$

2. Lieferung

$$L = 1500 \cdot \frac{7{,}4}{11} \cdot \frac{17}{80} \cdot \frac{17}{64} \cdot \frac{299 \cdot 25{,}4 \cdot \pi}{16 \cdot 1000} = 85 \text{ m/min}$$

3. Produktion (100%)

$$P = \frac{L \cdot 60 \cdot g}{1000} \text{ (kg/h)} \ldots g = \text{Wickelgewicht g/m; angenommen } g = 70\,\text{g/m}$$

$$P = \frac{85 \cdot 60 \cdot 70}{1000} = 357 \text{ kg/h.}$$

8.3.1.2 Rieter-Banddubler, Modell E 2/4 (Abb. 174)

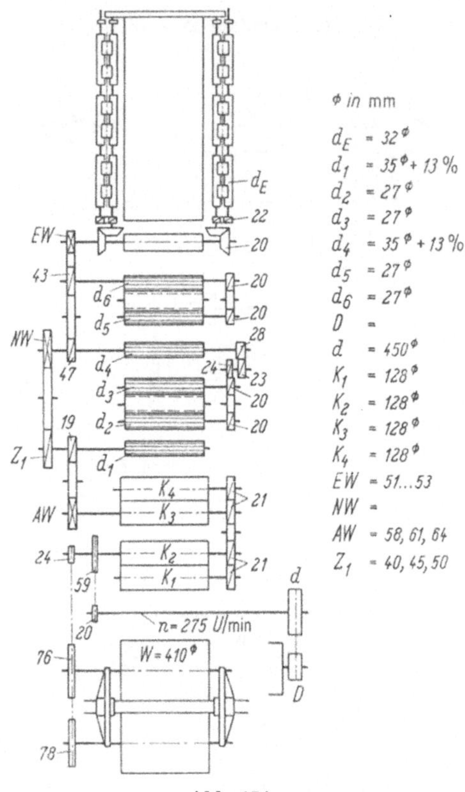

Abb. 174

Allgemeine Angaben	⌀ mm	Wechselräder	(Zähne)	z. B.
W = Wickelwalze	410	EW = Einzugswechsel	(51...53)	52
K = Kalanderwalze 1...4	128	NW = Nummerwechsel		
d = Streckwerkszylinder		ZW = Hilfswechsel	(40; 45; 50)	50
$\quad d_1 = d_4 =$	35 + 13%	AW = Abzugswechsel	(58...64)	61
$\quad d_2 = d_3 = d_5 = d_6$	27			
E = Einzugszylinder	32			

1. Verzüge

zw. d_6 u. E

$$V_1 = 1 \cdot \frac{EW}{43} \cdot \frac{27 \cdot \pi}{32 \cdot \pi} = 0{,}0196 \cdot EW$$

zw. d_5 u. d_6

$$V_2 = 1 \cdot \frac{20}{20} \cdot \frac{27 \cdot \pi}{27 \cdot \pi} = 1{,}00$$

zw. d_4 u. d_5 $\qquad V_3 = 1 \cdot \dfrac{20}{20} \cdot \dfrac{43}{47} \cdot \dfrac{35 \cdot \pi \cdot 1{,}13}{27 \cdot \pi} = 1{,}34$

zw. d_3 u. d_4 $\qquad V_4 = 1 \cdot \dfrac{28}{23} \cdot \dfrac{24}{20} \cdot \dfrac{27 \cdot \pi}{35 \cdot \pi \cdot 1{,}13} = 1{,}00$

zw. d_2 u. d_3 $\qquad V_5 = 1 \cdot \dfrac{20}{20} \cdot \dfrac{27 \cdot \pi}{27 \cdot \pi} = 1{,}00$

zw. d_1 u. d_2 $\qquad V_6 = 1 \cdot \dfrac{20}{24} \cdot \dfrac{23}{28} \cdot \dfrac{NW}{ZW} \cdot \dfrac{35 \cdot \pi \cdot 1{,}13}{27 \cdot \pi} = 1{,}0 \cdot \dfrac{NW}{ZW}$

zw. K u. d_1 $\qquad V_7 = 1 \cdot \dfrac{19}{AW} \cdot \dfrac{128 \cdot \pi}{35 \cdot \pi \cdot 1{,}13} = \dfrac{61{,}5}{AW}$

Die Kalanderwalzen K liegen paarweise hintereinander. Gleiche Durchmesser und Übersetzung $1:1$

ergeben $\qquad V_8 = 1{,}00$

zw. W u. K $\qquad V_9 = 1 \cdot \dfrac{24}{76} \cdot \dfrac{410 \cdot \pi}{128 \cdot \pi} = 1{,}01.$

Aus dem Getriebe ergibt sich der Gesamtverzug mit

$$V_G = 1 \cdot \frac{EW}{47} \cdot \frac{NW}{ZW} \cdot \frac{19}{AW} \cdot \frac{21}{21} \cdot \frac{24}{76} \cdot \frac{410 \cdot \pi}{32 \cdot \pi}$$

$$= 1{,}64 \cdot \frac{EW \cdot NW}{ZW \cdot AW} \qquad \text{...z. B. } V_G = 0{,}028 \cdot NW.$$

2. Lieferung L_W der Wickelwalzen

$$L_W = 275 \cdot \frac{20}{59} \cdot \frac{24}{76} \cdot \frac{410 \cdot \pi}{1000} = 38{,}0 \text{ m/min}$$

3. Produktion

$$P = \eta \cdot \frac{L_W \cdot g \cdot 60}{1000} \text{ (kg/h) } ...g = \text{Wickelgewicht (g/m)}$$

$$= \eta \cdot 2{,}28 \cdot g \text{ (kg/h)}$$

4. Berechnungsbeispiel

Aus 20 Bändern der Nm 0,25 (4000 *tex*) sollen Wickel mit 65 g/m hergestellt werden.

4.1 Wie lange läuft ein Wickel, wenn sein Gesamtgewicht 12 kg sein soll?

$$\text{Laufzeit } t_W = \frac{12 \cdot 1000}{65 \cdot 38} = 4{,}85 \text{ min}$$

4.2 Wie viele Wickel können je Stunde erzeugt werden? ($\eta = 0{,}65$)

$$\text{Wickelzahl } z = 0{,}65 \cdot \frac{60}{4{,}85} \approx 8 \text{ Wickel}$$

4.3 Welcher NW ist einzusetzen?

$$NW = \frac{V_G}{VK} \qquad ...V_G = \frac{4 \cdot 20}{65} = 1{,}23$$

$$NW = \frac{1{,}23}{0{,}028} = 43{,}9 \qquad \text{gewählt } NW = 44 \text{ Zähne}$$

8.3.1.3 Rieter-Kehrstrecke, Modell E 4 (Abb. 175)

Allgemeine Angaben $\qquad\qquad$ ⌀ mm $\qquad$ *Wechselräder* (Zähnezahl)

d_W = Abrollwalze f. Dublerwickel   70 EW = Einzugswechsel (60...64), z. B. 62
d_E = Speisewalze   42 NW = Nummerwechsel (58...62)

$$\left.\begin{array}{l} d_4 \\ d_3 \\ d_2 \\ d_1 \end{array}\right\} = \text{Streckwerkszylinder} \quad \left\{\begin{array}{l} 32 \\ 25 \\ 25 \\ 32 \end{array}\right.$$

W_A = Vliesabzugswalze   70

$K_1 \ldots K_4$ = Kalanderwalzen $1 \ldots 4$ · 128

W_W = Wickelwalze für
      Kehrstreckenwickel   410

AW = Vliesspannungswechsel (74...78),
     z. B. 76

TW = Tischspannungswechsel (75...79),
     z. B. 77

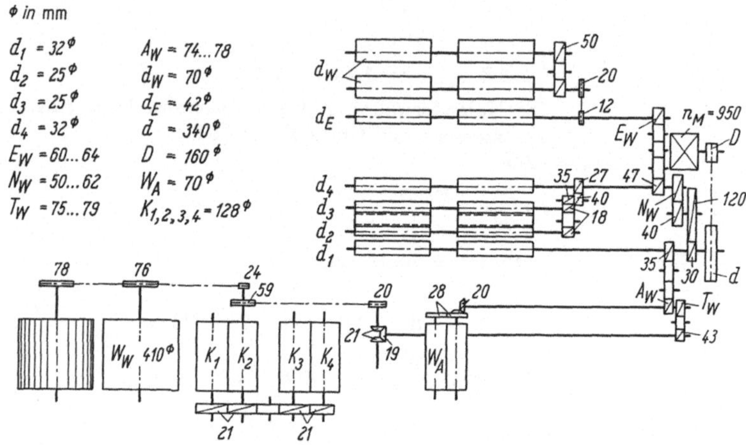

Abb. 175

1. Verzüge

zw. d_E u. d_W $V_1 = 1 \cdot \dfrac{20}{12} \cdot \dfrac{42 \cdot \pi}{70 \cdot \pi} = 1{,}00$

zw. d_4 u. d_E $V_2 = 1 \cdot \dfrac{EW}{47} \cdot \dfrac{32 \cdot \pi}{42 \cdot \pi} = 0{,}0162 \cdot EW \text{; z. B.} = 1{,}00$

zw. d_3 u. d_4 $V_3 = 1 \cdot \dfrac{27}{40} \cdot \dfrac{35}{18} \cdot \dfrac{25 \cdot \pi}{32 \cdot \pi} = 1{,}025$

zw. d_2 u. d_3 $V_4 = 1 \cdot \dfrac{18}{18} \cdot \dfrac{25 \cdot \pi}{25 \cdot \pi} = 1{,}00$

zw. d_1 u. d_2 $V_5 = 1 \cdot \dfrac{18}{35} \cdot \dfrac{40}{27} \cdot \dfrac{NW}{40} \cdot \dfrac{120}{30} \cdot \dfrac{32 \cdot \pi}{25 \cdot \pi} = 0{,}0975 \cdot NW$

Bei diesem Steckwerk ist V_3 der Vorverzug
V_5 der Hauptverzug

zw. W_A u. d_1 $V_6 = 1 \cdot \dfrac{35}{AW} \cdot \dfrac{20}{20} \cdot \dfrac{70 \cdot \pi}{32 \cdot \pi} = \dfrac{76{,}5}{AW} \text{; z. B.} = 1{,}01$

zw. K u. W_A $V_7 = 1 \cdot \dfrac{20}{20} \cdot \dfrac{TW}{43} \cdot \dfrac{19}{21} \cdot \dfrac{20}{59} \cdot \dfrac{128 \cdot \pi}{70 \cdot \pi} = 0{,}0131 \cdot TW \text{;} \quad \text{z. B.} = 1{,}01$

zw. Ww u. K $V_8 = 1 \cdot \dfrac{24}{76} \cdot \dfrac{410 \cdot \pi}{128 \cdot \pi} = 1{,}01$

Der Gesamtverzug (V_G) aus dem Getriebe

$$V_G = 1 \cdot \frac{20}{12} \cdot \frac{EW}{47} \cdot \frac{NW}{40} \cdot \frac{120}{30} \cdot \frac{35}{AW} \cdot \frac{TW}{43} \cdot \frac{19}{21} \cdot \frac{20}{59} \cdot \frac{24}{76} \cdot \frac{410 \cdot \pi}{70 \cdot \pi}$$

$$= 0{,}00164 \cdot \frac{EW \cdot NW \cdot TW}{AW} \ldots V_G = 0{,}103 \cdot NW$$

2. Lieferung L_W der Wickelwalze Ww

$$L_W = 950 \cdot \frac{160}{340} \cdot \frac{35}{AW} \cdot \frac{TW}{43} \cdot \frac{19}{21} \cdot \frac{20}{59} \cdot \frac{24}{76} \cdot \frac{410 \cdot \pi}{1000} = 45{,}5 \cdot \frac{TW}{AW} \text{ (m/min)}$$

...z. B. 46 m/min

3. Produktion

$$P = \eta \cdot \frac{L_W \cdot g \cdot 60}{1000} \text{ (kg/h)}$$

$$P_{eff} = \eta \cdot \frac{45{,}5 \cdot TW \cdot g \cdot 60}{AW \cdot 1000}$$

$$= \eta \cdot 2{,}76 \cdot g \cdot \frac{TW}{AW}$$

L_W in m/min

g = Wickelgewicht in g/m

$\eta = 0{,}8$

4. Berechnungsbeispiel

Zur Vorlage an der Kämmaschine sollen Wickel mit 70 *g/m* und einem Gesamtgewicht von 12 kg hergestellt werden. Zur Vorlage kommen Dublerwickel von ebenfalls 70 g/m und 12 kg/ Wickel.

4.1 Wie lange läuft ein Wickel?

$$t_W = \frac{12\,000}{70 \cdot 46} = 3{,}7 \text{ min/Wickel}$$

4.2 Wieviele Wickel können in einer Stunde erzeugt werden?

$$z = \eta \cdot \frac{60}{t_W} \approx 13 \text{ Wickel/h}$$

4.3 Welcher NW ist einzusetzen?

$$NW = \frac{V_G}{VK} \dots V_G = \frac{70 \cdot 6}{70} = 6{,}00$$

$$= \frac{6{,}00}{0{,}103} = 58{,}2 \text{ Zähne} \dots \text{gewählt 58 Zähne.}$$

8.3.2 Eigentliche Kämmaschinen

8.3.2.1 Rieter-Kämmaschine, Modell E 7 (Abb. 176)

Allgemeine Angaben

Ww = Wickelwalze
Wb = Bürstenwelle
B = Bürste
Wkk = Kreiskammwelle
KK = Kreiskamm
Ws = Speisezylinder
Wa = Abreißzylinder
Wv = Vliesabzugswalze
Wk = Kalanderwalze
Wd = Drehtopfwalze
Wz = Zangenschwingwelle

Wechselräder

TW = 45...49 (Tischabzugswechsel)
VW = 47...49 (Vliesspannungswechsel)
NW = 43...90 (Nummerwechsel) (s. u.)
AW = 70 und 55 (Hilfswechsel)
LW = 60...80 (Ablaufwechsel)
SW = 12...16 (Speisungswechsel) $LW : SW = 5 : 1$

KS = Kammspiel

1. Speisung l der Wickelwalze Ww

$$l_{Ww} = \eta_K \cdot \frac{25}{81} \cdot \frac{31}{94} \cdot \frac{39}{100} \cdot \frac{38}{LW} \cdot 70 \cdot \pi = n_K \cdot \frac{332}{LW} \text{ (mm/min)}$$

2. Speisung Sp des Speisezylinders Ws

$$Sp = n_K \cdot \frac{1}{SW} \cdot 25 \cdot \pi \triangleq \frac{78,6}{SW} \ (mm/KS)\ldots \text{Schaltung} = 1\ \text{Zahn}/KS$$

LW	60	65	70	75	80	(Zähne)
SW	12	13	14	15	16	(Zähne)
Sp	6,5	6,0	5,6	5,2	4,9	(mm/KS)

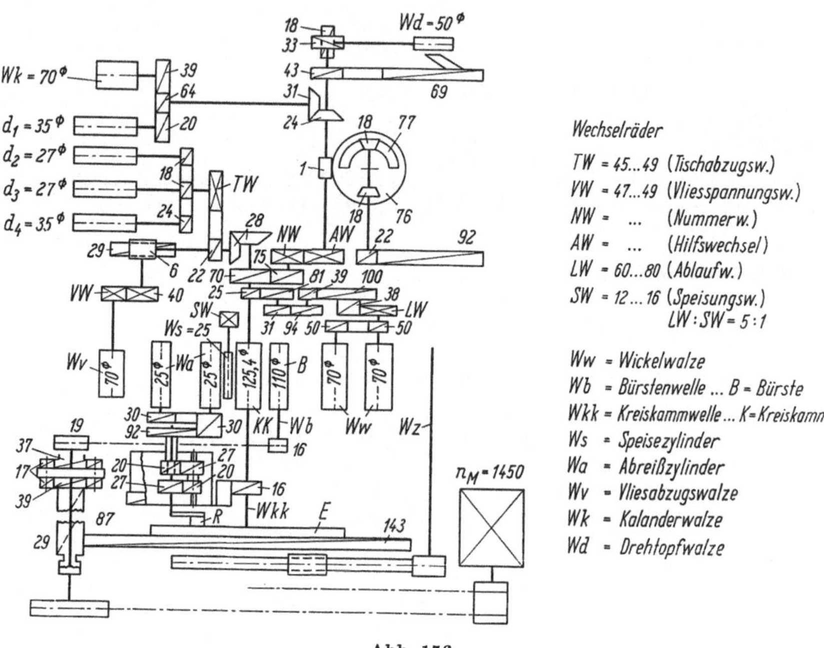

Abb. 176

3. Berechnung von Abreißlänge und Rückspeisung
(über das Umlaufgetriebe)

$$n_{87} = n_K \cdot \frac{16}{87} = 0{,}184 \cdot n_K$$

für $n_K = 1 \ldots n_{87} = 0{,}184$

1 Umdrehung von $Ws = 1$ Kammspiel

R schwingt auf und ab ($\alpha = 44°$). Dadurch erfolgt positive und negative Überlagerung der Gehäusedrehzahl ($= n_{87}$) des Umlaufgetriebes. Für die Drehung n_{92} des *Rades* 92 ergibt sich somit:

$$n_1 = n_{87}$$
$$n_2 = n_{87} \cdot \ddot{U}$$
$$n_3 = \frac{44}{360} \cdot \ddot{U}$$

$$\ddot{U} = \frac{27}{20} \cdot \frac{27}{20} = 1{,}823 \qquad = -$$
$$a = \frac{44}{360} = 0{,}122 \qquad = +$$

$$n_{92} = n_{87} \cdot \ddot{U} - n_{87} \pm a \cdot \ddot{U}$$
$$= n_{87} (\ddot{U} - 1) \pm a \cdot \ddot{U}$$
$$= 0{,}184 \cdot 0{,}823 \pm 0{,}122 \cdot 1{,}823$$
$$n_{92} = 0{,}152 \pm 0{,}233$$

Die Lieferung des Abreißzylinders $l_{Wa} = n_{92} \cdot \dfrac{92}{30} \cdot 25 \cdot \pi = 241 \cdot n_{92} \ (mm/KS)$

Aus dieser Berechnung ergibt sich:
der konstante Abzug $l_k = 0{,}151 \cdot 241 = 36\ mm/KS$ und für die Vor- und Rückspeisung durch die Schwingbewegung von $R\ l_r = \pm\ 0{,}233 \cdot 241 = 54\ mm/KS$

Als „innere Dublierung" bezeichnet man das Verhältnis aus maximaler Vorlieferung und konstantem Abzug $D_i = (36 + 54) : 36 = 2{,}5$

4. Die Verzüge

zw. Ws u. Ww $\qquad V_1 = \dfrac{78{,}6 \cdot LW}{SW \cdot 332} = 0{,}237 \cdot \dfrac{LW}{SW}$

zw. Wa u. Ws $\qquad V_2 = \dfrac{36 \cdot SW}{78{,}6} = 0{,}458 \cdot SW$

zw. Wv u. Wa $\qquad V_3 = 1 \cdot \dfrac{28}{28} \cdot \dfrac{6}{29} \cdot \dfrac{40}{VW} \cdot \dfrac{70 \cdot \pi}{36} = \dfrac{50{,}5}{VW}$

Der Wickelverzug $V_W = V_1 \cdot V_2 \cdot V_3 \dots$ z. B. $V_W = 8{,}17$

Tischverzug $V_4 = V_T = 1 \cdot \dfrac{VW}{40} \cdot \dfrac{29}{6} \cdot \dfrac{22}{TW} \cdot \dfrac{18}{24} \cdot \dfrac{35 \cdot \pi}{70 \cdot \pi} = 1{,}00$ (für $TW = VW = 47$)
(zw. d_4 u. Wv)

zw. d_3 u. d_4 $\qquad V_5 = 1 \cdot \dfrac{24}{18} \cdot \dfrac{27 \cdot \pi}{35 \cdot \pi} = 1{,}03$

zw. d_2 u. d_3 $\qquad V_6 = 1 \cdot \dfrac{18}{18} \cdot \dfrac{27 \cdot \pi}{27 \cdot \pi} = 1{,}00$

zw. d_1 u. d_2 $\qquad V_7 = 1 \cdot \dfrac{18}{18} \cdot \dfrac{TW}{22} \cdot \dfrac{28}{28} \cdot \dfrac{70}{75} \cdot \dfrac{NW}{AW} \cdot \dfrac{24}{31} \cdot \dfrac{64}{20} \cdot \dfrac{35 \cdot \pi}{27 \cdot \pi} = 6{,}41 \cdot \dfrac{NW}{AW}$

Gesamtverzug $\qquad V_G = 1 \cdot \dfrac{LW}{38} \cdot \dfrac{100}{39} \cdot \dfrac{94}{31} \cdot \dfrac{81}{25} \cdot \dfrac{70}{75} \cdot \dfrac{NW}{AW} \cdot \dfrac{33}{18} \cdot \dfrac{50 \cdot \pi}{70 \cdot \pi} = 0{,}81 \cdot \dfrac{LW \cdot NW}{AW}$

Berechnung von NW

(unter Berücksichtigung des Kämmlingsprozentsatzes p)

I. $V_M = V_S \cdot \dfrac{100 - p}{100}$; $\qquad\qquad$ II. $V_M = 0{,}81 \cdot \dfrac{LW \cdot NW}{AW}$

$\qquad V_S = Nm_A \cdot Gv \dots Gv = g \cdot D$ $\qquad\qquad g\ =$ Wickelgewicht (g/m)

$\qquad V_M = 4 \cdot g \cdot \dfrac{100 - p}{100} \cdot Nm$ $\qquad\qquad D =$ Dublierung (hier $D = 4$)

II. in I. eingesetzt und nach NW aufgelöst:

$$NW = \dfrac{4 \cdot g \cdot \dfrac{100 - p}{100} \cdot Nm \cdot AW}{0{,}81 \cdot LW}$$

Somit gilt:

$$NW = K \cdot \dfrac{g \cdot \dfrac{100 - p}{100} \cdot Nm}{LW} \qquad\qquad \begin{array}{l} \text{für } AW = 70 \dots K = 346 \\ \text{für } AW = 55 \dots K = 272 \end{array}$$

5. Kopftellerdrehzahl (n_{KT})

$$n_{KT} = 160 \cdot \dfrac{70}{75} \cdot \dfrac{56}{55} \cdot \dfrac{43}{62} = 105{,}5\ \text{U/min (bei } n_K = 160\ \text{U/min)}$$

Über 1 Kanne laufen 2 Kopfteller (Doppelbandablage!). Bei jeder Umdrehung des Schneckenrades 60 führt die Kanne eine Hin- und Herbewegung aus (= 1 Kannenspiel = = 1 KaS).

a) Kannenspiele/min

$$KaS/\text{min} = n_{FT} = 160 \cdot \dfrac{70}{75} \cdot \dfrac{56}{55} \cdot \dfrac{1}{60} = 1{,}58$$

Die Anzahl der Kopftellerdrehungen je ½ Kannespiel gibt Auskunft über die Schleifenablage in der Kanne

b) $\dfrac{1}{2} \cdot \dfrac{n_{KT}}{n_{FT}} = \dfrac{105,5}{2 \cdot 1,58} = 33,4$ bzw. 66,8, da 2 Kopfteller gemeinsam ablegen!

c) Die Länge einer Bandschleife (l_{BS})

$$l_{BS} = 1 \cdot \frac{62}{43} \cdot \frac{33}{18} \cdot \frac{50 \cdot \pi}{1000} = 0,46 \text{ m}$$

6. Lieferung

$$L = n_K \cdot \frac{70}{75} \cdot \frac{NW}{AW} \cdot \frac{33}{18} \cdot \frac{50 \cdot \pi}{1000} = 0,269 \cdot n_K \cdot \frac{NW}{AW} \text{ (m/min)}$$

7. Produktion

$$P_{eff} = \eta \cdot \frac{Sp \cdot g \cdot \dfrac{100 - p}{100} \cdot n_K \cdot 60 \cdot D}{1000 \cdot 1000}$$

$$= \eta \cdot \frac{332 \cdot g \cdot \dfrac{100 - p}{100} \cdot n_K \cdot 60 \cdot 8}{z \cdot 1000 \cdot 1000}$$

$$P_{eff} = \eta \cdot \frac{g \cdot \dfrac{100 - p}{100} \cdot n_K}{6,28 \cdot LW} \text{ (kg/h und Maschine)}$$

8. Drehzahl der Bürste

$$n_B = 1430 \cdot \frac{152}{272} \cdot \frac{19}{16} = 940 \text{ U/min}$$

9. Ventilatordrehzahl

$$n_V = 1430 \cdot \frac{145}{145} = 1430 \text{ U/min}$$

10. Drehzahl des Kreiskammes bei Langsamgang

Es findet hier eine Umstellung auf das Umlaufgetriebe auf der Hauptwelle statt.

$$\ldots\ldots n_K' = n_{29}' \cdot \frac{29}{143}$$

$$\begin{aligned}
n_1 &= n_H \quad (+) \\
n_2 &= n_H \cdot \ddot{U} \quad (-) \\
n_3 &= 0 \text{ da Rad 37 stillsteht!}
\end{aligned}
\qquad
\ddot{U} = \frac{37}{17} \cdot \frac{17}{39} = 0.95$$

$$\begin{aligned}
n_{29}' &= n_1 + n_2 \\
&= n_H - n_H \cdot \ddot{U}
\end{aligned}
\qquad n_{29}' = \text{Drehzahl des Rades 29 bei Langsamgang}$$

$n_{29}' = 0,05 \cdot n_H$ gegenüber

$n_{29} = 1,00 \cdot n_H$ bei Normalgang

Die Drehzahl des Kreiskammes im Langsamgang beträgt deshalb

$$\frac{0,05}{1,00} = \frac{1}{20} \text{ des Normalganges}$$

8.3.2.2 Whitin-Kämmaschine, Modell J 7 (Abb. 177)

Allgemeine Angaben	∅ (mm)	*Wechselräder*		z. B.
W_W = Wickelwalze	70	für Wickelabrollung	$LW = 42\ldots51$	48
W_s = Speisezylinder	25,4	Wickelspeisung	$SW = 13\ldots16$	15
W_b = Bürstenwelle		Tischspannung	$TW = 46\ldots48$	47
W_{kk} = Kreiskamm		Bandstärke		
W_a = Abreißzylinder	25,4	(= Verzug)	$NW = 29\ldots60$	(54)
W_v = Vliesabzugswalze	70	Vorverzug	$VvW = 45\ldots49$	47

W_k	= Kalanderwalze	70	Streckwerksabzug $KW = 66\ldots68$ 67
W_d	= Drehtopfwalze	50,8	Anzahl der
E	= Exzenter		Kammspiele/min $= KS/\text{min} = n_K$
R	= Rolle an Kurbel K		z. B. $n_K = 165$

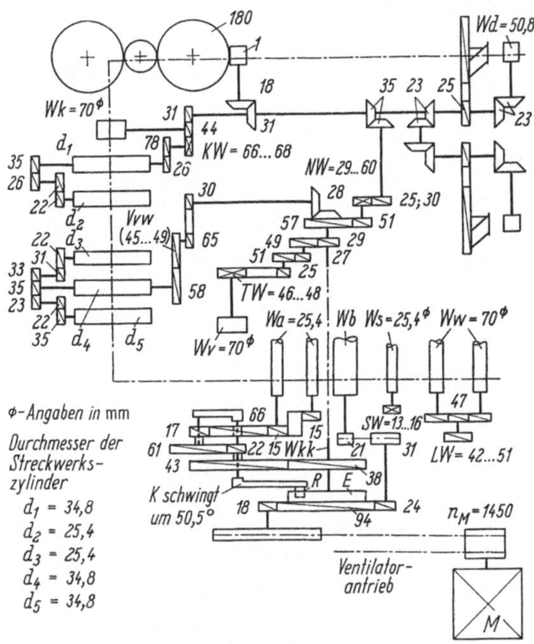

Abb. 177

1. Speisung

Durch Klinken werden LW und SW bei jedem Kammspiel um 1 Zahn geschaltet. Als Regel gilt: $LW = 3 \cdot SW + 3$

Die Speisung Sp ist nur in engen Grenzen veränderlich und von verschiedenen Faktoren abhängig (s. Hauptteil 3).

$$l_{Sp} = \frac{1}{SW} \cdot 25,4 \cdot \pi \ (\text{mm}) \left[= \frac{80}{SW} \right]$$

SW	13	14	15	16	Zähne
Sp	6,14	5,70	5,32	4,98	mm/KS

2. Abzug des gekämmten Bandes (l_v)

$$l_v = n_K \cdot \frac{29}{49} \cdot \frac{27}{51} \cdot \frac{25}{TW} \cdot \frac{70 \cdot \pi}{1000} = \frac{284}{TW} \ (\text{m/min}) = \text{mm}/KS$$

z. B.: für $TW = 47 \ldots l_v = 36,6$ mm/KS
Dieser Abzug erfolgt kontinuierlich.

3. Die Vor- und Rückspeisung im Ablauf eines Kammspieles wird durch das Umlaufgetriebe gesteuert. Ausführende Organe sind die Abreißzylinder.

Die genaue Berechnung für ein Modell dieser Kämmaschine ist im Kapitel 3.3.5.3.3 durchgeführt.

4. Einzug ins Streckwerk (l_{ds})

$$l_{ds} = n_K \cdot \frac{28}{28} \cdot \frac{30}{65} \cdot \frac{VvW}{58} \cdot \frac{35}{23} \cdot \frac{22}{35} \cdot \frac{34,8 \cdot \pi}{1000} = 0,137 \cdot VVW \ (\text{m/min})$$

z. B.: für $VVW = 47 \ldots l_{ds} = 39$ mm/KS

5. Streckwerksabzug

$$l_a = n_K \cdot \frac{57}{51} \cdot \frac{NW}{30} \cdot \frac{35}{35} \cdot \frac{31}{44} \cdot \frac{70 \cdot \pi}{1000} = 0{,}953 \cdot NW \ (\text{m/min})$$

6. Lieferung der Drehtopfwalzen (l_d)

$$l_d = n_K \cdot \frac{57}{51} \cdot \frac{NW}{30} \cdot \frac{35}{35} \cdot \frac{23}{23} \cdot \frac{50{,}8 \cdot \pi}{1000} = 0{,}981 \cdot NW \ (\text{m/min}) \triangleq 5{,}94 \cdot NW \ (\text{mm}/KS)$$

$$\text{z. B. } NW = 54 \ldots l_d = 320 \ \text{mm}/KS$$

7. Die wichtigsten Verzüge

7.1 ... in der Kämmvorrichtung $\quad V_K = \dfrac{l_v}{l_{sp}} = 21{,}50 \cdot \dfrac{SW}{TW} \ldots$ z. B. $= 6{,}9$

7.2 ... auf dem Bandtisch $\quad V_T = \dfrac{l_{d5}}{l_v} = 0{,}000484 \cdot VvW \cdot TW \ldots$ z. B. $= 1{,}07$

7.3 ... im Streckwerk $\quad V_{St} = \dfrac{l_a}{l_{d5}} = 6{,}95 \cdot \dfrac{NW}{VvW} \ldots$ z. B. $= 8{,}0$

7.4 ... durch Bandspannung $\quad V_B = \dfrac{l_d}{l_a} = 1{,}03$

7.5 ... der Gesamtverzug $\quad V_G = \dfrac{l_d}{l_{sp}} = 0{,}0745 \cdot NW \cdot SW \ldots$ z. B. $= 60$

Der Effektivverzug an der Kämmaschine, insbesondere in der Kämmeinrichtung, wird wesentlich vom Kämmlings-Prozentsatz p beeinflußt.

7.6 ... der Maschinenverzug V_M errechnet sich somit aus

$$V_M = V_S \cdot \frac{100 - p}{100}$$

8. Als Produktion ergibt sich

$$P_{pr} = \eta \cdot \frac{Sp \cdot g \cdot \dfrac{100 - p}{100} \cdot n_K \cdot 60 \cdot D}{1000 \cdot 1000} = \eta \cdot \frac{25{,}4 \cdot \pi \cdot 60 \cdot 8 \cdot g \cdot n_K}{SW \cdot 1000 \cdot 1000} \cdot \frac{100 - p}{100}$$

$$P_{pr} = \eta \cdot \frac{g \cdot \dfrac{100 - p}{100} \cdot n_K}{26{,}1 \cdot SW} \ldots g = \text{Wickelgewicht (g/m)}$$

8.4 Strecken

8.4.1 Ingolstadt-Strecke, Modell SB 62 (s. Abb. 178)

Zylinder-$\varnothing$			*Wechselräder*		Zähne	z. B.
Ausgangszyl.	d_1	$= 27$ mm	HZ	$=$ Hinterzylinderrad	133	133
Schleppzyl.	d_2	$= 19$ mm	NW	$=$ Nummerwechsel	38...42	
Zwischenzyl.	d_3	$= 32$ mm	VvW	$=$ Vorverzugswechsel	26, 34	34
Eingangzyl.	d_4	$= 32$ mm	EW	$=$ Einzugswechsel	43, 44, 45	44
Speisezyl.	W_s	$= 28$ mm	DTw	$=$ Kopftellerwechsel	68, 70, 72	70
			KW	$=$ Fußtellerwechsel	25, 26, 27	26
			W	$=$ Hilfswechsel f. I. Passage 65		
				f. II. Passage 48		

Übersetzungsräder

$a : b = 104 : 91$ und $103 : 92$

$c \quad = \quad 84 \ldots 92 \qquad$ z. B. 90

1. Verzüge

zw. d_4 u. W_s $V_1 = 1 \cdot \dfrac{18}{28} \cdot \dfrac{EW}{32} \cdot \dfrac{32 \cdot \pi}{28 \cdot \pi} = 0{,}023\ EW \ \ldots\ $ z. B. $= 1{,}01$

zw. d_3 u. d_4 $V_2 = 1 \cdot \dfrac{37}{50} \cdot \dfrac{W}{VvW} \cdot \dfrac{32 \cdot \pi}{32 \cdot \pi} = 0{,}74 \cdot \dfrac{W}{VvW} \quad \begin{array}{l}\ldots\ \text{I. Passage } V_2 = 1{,}42 \\ \text{II. Passage } V_2 = 1{,}04\end{array}$

zw. d_2 u. d_3 $V_3 = 1{,}00$, da d_2 als Schleppzylinder keinen eigenen Antrieb hat und nur durch Reibung (Antrieb III/2) mitgenommen wird.

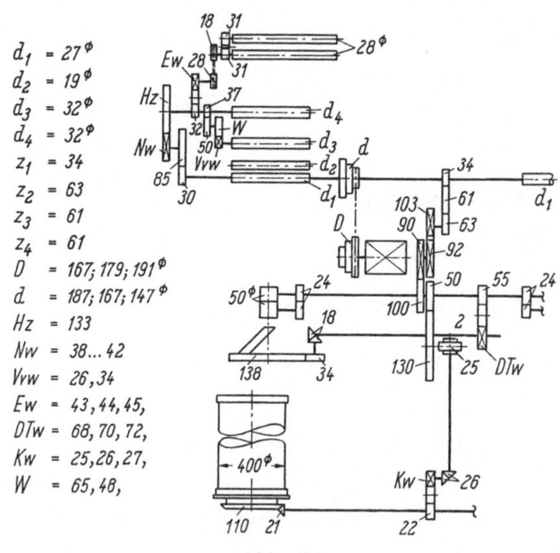

Abb. 178

zw. d_1 u. d_3 $V_4 = 1 \cdot \dfrac{VvW}{W} \cdot \dfrac{50}{37} \cdot \dfrac{HZ}{NW} \cdot \dfrac{85}{30} \cdot \dfrac{27 \cdot \pi}{32 \cdot \pi} = 3{,}23 \cdot \dfrac{VvW}{W} \cdot \dfrac{HZ}{NW}$

I. Passage $V_4 = 226/NW$
II. Passage $V_4 = 306/NW$

Gesamtverzug $V_G\ (= V_m)$ aus dem Getriebe

$$V_G = 1 \cdot \frac{HZ}{NW} \cdot \frac{85}{30} \cdot \frac{27 \cdot \pi}{32 \cdot \pi} = \frac{239}{NW} \ \ldots\ 239 = \text{Verzugskonstante } VK$$

(V_E u. V_A sind nicht enthalten!)
V_E z. B. $= 1{,}01\ (= V_1)$
V_A z. B. $= 1{,}05$ (zw. W_k u. d_4).

2. Lieferung (Lvz)

Die 3fache Keilriemenscheibe ermöglicht 3 Liefergeschwindigkeiten — z. B. 100—130— —160 m/min; angenommen $\qquad L_{VZ} = 160$ m/min
Die Liefergeschwindigkeit kann $\qquad VZ = $ Vorder- bzw. Ausgangszylinder
bis auf über 240 m/min gesteigert werden.

3. Vorderzylinderdrehzahl

$$n_{VZ} = \frac{160 \cdot 1000}{27 \cdot \pi} = 1880\ \text{U/min}$$

4. Drehzahl des Kopftellers

$$n_{KT} = 1880 \cdot \frac{34}{63} \cdot \frac{103}{92} \cdot \frac{90}{100} \cdot \frac{55}{DTw} \cdot \frac{18}{18} \cdot \frac{34}{138} = \frac{13850}{DTw}\ \text{z. B. } n_{KT} = 198\ \text{U/min}$$

5. Drehzahl des Fußtellers

$$n_{FT} = 1880 \cdot \frac{34}{63} \cdot \frac{103}{92} \cdot \frac{90}{100} \cdot \frac{50}{130} \cdot \frac{2}{25} \cdot \frac{26}{26} \cdot \frac{KW}{22} \cdot \frac{21}{110} = 0{,}273 \cdot KW$$

z. B. $= 7{,}1$ U/min

6. Kopftellerdrehungen je Fußtellerdrehung (aus dem Getriebe)

$$\frac{n_{KT}}{n_{FT}} = n_q = 1 \cdot \frac{110}{21} \cdot \frac{22}{KW} \cdot \frac{25}{2} \cdot \frac{130}{50} \cdot \frac{55}{DTw} \cdot \frac{18}{18} \cdot \frac{34}{138} = \frac{50750}{DTw \cdot KW}$$

z. B. ≈ 28 Umdrehungen

7. Lieferung je Kopftellerumdrehung (= Länge einer Bandschleife)

$$l_{KT} = 1 \cdot \frac{138}{34} \cdot \frac{18}{18} \cdot \frac{DTw}{55} \cdot \frac{100}{90} \cdot \frac{92}{103} \cdot \frac{63}{34} \cdot \frac{27 \cdot \pi}{1000} = 0{,}0115 \cdot DTw \ (\text{m})$$

z. B. $= 0{,}805$ m

8. Bandablage

Durchmesser einer Bandschleife ($= d_{BS}$)

$$d_{BS} = \frac{l_{KT}}{\pi} = \frac{0{,}805}{\pi} = 0{,}255 \ \text{m}$$

Bei dem gegebenen Kannendurchmesser von 400 mm ($\triangleq 16''$) erfolgt also die Ablage über die Mitte.

Legt man eine Bandbreite von 20 mm zu Grunde und berücksichtigt man die Exzentrizität $E \sim 60$ mm, dann ergibt sich eine ...
Größe des Mittenloches ($= d_{ML}$) von

$$d_{ML} = (255 - 10) \cdot 2 - 400 = 90 \ \text{mm. (Das Band wird bis dicht an den Kannenrand verlegt!)}$$

8.4.2 SACM-Strecke, Modell ER (Abb. 179)

Allgemeine Angaben

	$\varnothing$ (mm)	*Wechselräder*	
Tischwalze	$d_T = 51$	TW = Tischverzugswechsel	$= 40 \cdots 42$
Speisewalze	$d_E = 50$	EW = Einzugswechsel	$= 59 \cdots 63$
Streckwerkszylinder	$d_4 = 35$	HZ = Eingangszylinderrad	$= 31 \ldots 62$
	$d_3 = 35$	$\left.\begin{array}{l} NW_1 \\ NW_2 \end{array}\right\}$ = Nummerwechsel	$= 44 \ldots 61$
	$d_2 = 20$		
	$d_1 = 60$	$NW_1 + NW_2 = 105 =$ konstant	
Kalanderwalze	$W_d = 70$	AW = Vliesabzugswechsel	$= 97 \cdots 101$
Motorenscheibe	$D = (225)$	KW = Kopftellerwechsel	$= 76 \ldots 84$
		FW = Fußtellerwechsel	$= 28; 32; 36$

1. Verzüge

zw. d_E u. d_T
$$V_1 = 1 \cdot \frac{TW}{38} \cdot \frac{50 \cdot \pi}{51 \cdot \pi} = 0{,}0258 \cdot TW$$

zw. d_4 u. d_E
$$V_2 = 1 \cdot \frac{25}{47} \cdot \frac{EW}{23} \cdot \frac{35 \cdot \pi}{50 \cdot \pi} = 0{,}0162 \cdot EW$$

zw. d_3 u. d_4
$$V_3 = 1 \cdot \frac{HZ}{31} \cdot \frac{35 \cdot \pi}{35 \cdot \pi} = 0{,}0323 \cdot HZ$$

zw. d_2 u. d_3
$$V_4 = 1 \cdot \frac{28}{16} \cdot \frac{20 \cdot \pi}{35 \cdot \pi} = 1{,}0$$

zw. d_1 u. d_2
$$V_5 = 1 \cdot \frac{NW_1}{NW_2} \cdot \frac{48}{27} \cdot \frac{60 \cdot \pi}{20 \cdot \pi} = 5{,}33 \cdot \frac{NW_1}{NW_2}$$

zw. Wd u. d_1
$$V_6 = 1 \cdot \frac{85}{AW} \cdot \frac{70 \cdot \pi}{60 \cdot \pi} = \frac{99{,}2}{AW}$$

Gesamtverzug aus dem Getriebe:

$$V_G = 1 \cdot \frac{TW}{38} \cdot \frac{25}{47} \cdot \frac{EW}{23} \cdot \frac{HZ}{31} \cdot \frac{28}{16} \cdot \frac{NW_1}{NW_2} \cdot \frac{48}{27} \cdot \frac{85}{AW} \cdot \frac{70 \cdot \pi}{51 \cdot \pi}$$

$$V_G = 0{,}00714 \cdot \frac{TW \cdot EW \cdot HZ}{AW} \cdot \frac{NW_1}{NW_2}$$

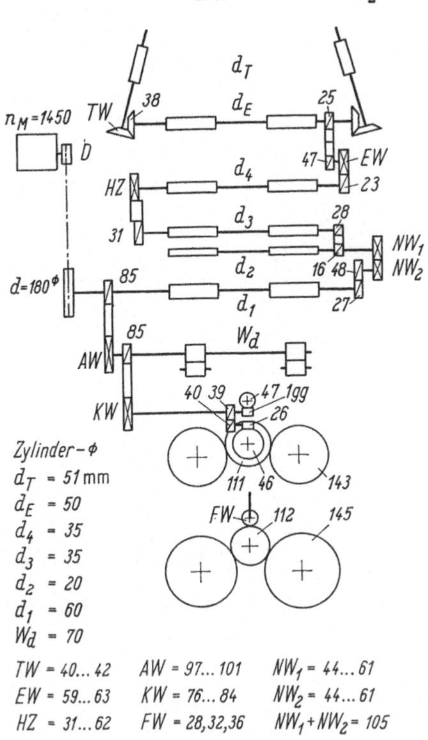

Abb. 179

2. Lieferung (Lvz)

$$L_{VZ} = 1450 \cdot \frac{D}{d} \ldots \text{angenommen } L_{VZ} = 180 \text{ m/min}$$

$$\text{dann ist } D = \frac{180 \cdot 180}{1450} \approx 225 \text{ mm } \varnothing$$

8.5 Flyer

8.5.1 Zinser-Flyer, Modell 3 MF (Abb. 180)

Allgemeine Angaben	mm	*Wechselräder*	
Motorenscheiben-$\varnothing$	$d = 85 \ldots 172$	Drahtwechsel	$DW = 25 \ldots 80$
Hauptwellensch.-$\varnothing$	$D = 285; 360$	Konuswechsel	$KW = 30 \ldots 60$
großer Konus-$\varnothing$ $Co_A = Cu_E = 168{,}4$		Wagenwechsel	$WW = 25 \ldots 80$
kleiner Konus-$\varnothing$ $Co_E = Cu_A = 77{,}6$		Schaltwechsel	$SW = 22 \ldots 52$

T = Teleskopwelle
RSS = Riemenschaltspindel
HK = Handkurbel
K = Kupplung
WH = Wagenhubwelle
H = Wagenhub

1. *Verzug*

Heute werden am Flyer sehr verschiedenartige Streckwerke verwendet. Aus diesem Grunde soll hier kein bestimmtes berechnet werden; vielmehr wird auf die gesonderten Streckwerksberechnungen dieses Kapitels verwiesen.

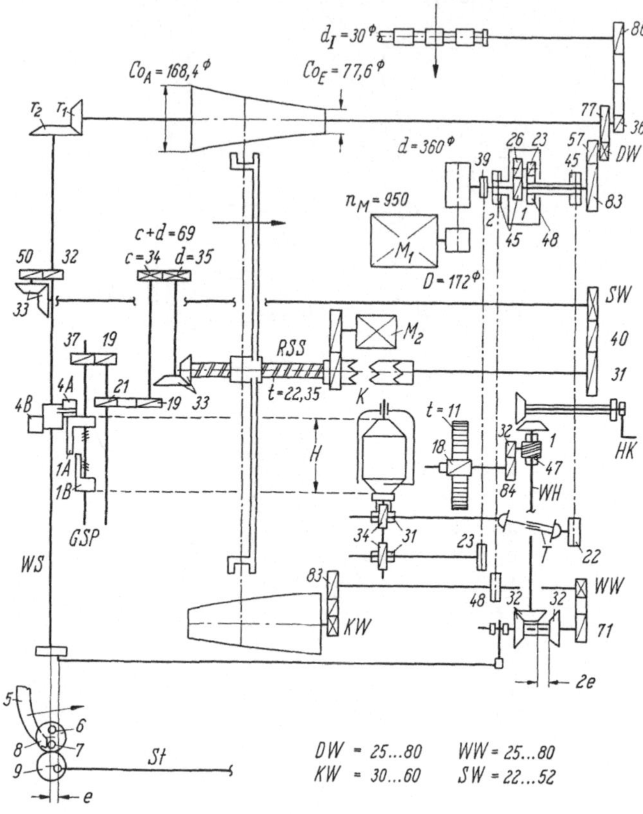

Abb. 180

2. *Hauptwellendrehzahl (n_H)*

$$n_H = n_M \cdot \frac{d}{D} = 950 \cdot \frac{172}{360} \ldots n_H = 454 \text{ U/min}$$

3. *Spindeldrehzahl (n_{spi})*

$$n_{spi} = 454 \cdot \frac{39}{23} \cdot \frac{34}{31} \ldots \qquad n_{spi} = 845 \text{ U/min}$$

4. *Lieferung (L)*

$$L = 454 \cdot \frac{83}{57} \cdot \frac{DW}{77} \cdot \frac{36}{86} \cdot \frac{30 \cdot \pi}{1000} = 0,338 \cdot DW \text{ (m/min)}$$

5. *Drehung (T)*

$$\ldots \text{ aus } n_{spi} \text{ und } L \quad T/m = \frac{845}{0,338 \cdot DW} = \frac{2500}{DW}$$

$$\ldots \text{ aus dem Getriebe } T/m = \frac{1000}{30 \cdot \pi} \cdot \frac{86}{36} \cdot \frac{77}{DW} \cdot \frac{57}{83} \cdot \frac{39}{23} \cdot \frac{34}{31} = \frac{2500}{DW}$$

6. Produktion

$$P_{eff} = \eta \cdot \frac{L \cdot 60}{Nm} = \eta \cdot \frac{0,338 \cdot DW \cdot 60}{Nm}$$

$$= \eta \cdot \frac{20,3 \cdot DW}{Nm} \ (g/\text{Spi.-h})$$

7. Umlaufgetriebe

Rad 45_1 = fest auf Hauptwelle

        45_2 = Konusrad

   26/23 = dreht sich mit Gehäuse und Konusrad

      48 = Spulenrad (seine Drehzahl geht durch Übersetzung an die Spulen)

Übersetzung $\ddot{U} = \dfrac{45}{26} \cdot \dfrac{23}{48} = 0,83$

Die Berechnung ist in 5.8.1 durchgeführt worden. Im vorliegenden Falle ergibt sich als Drehzahl des Spulenrades $S \ (= 45_3)$

$$n_S = 0,83 \cdot n_H + 0,17 \cdot n_K$$

8. Spulendrehzahl (n_{Spu})

aus (7) $n_{Spu} = n_S \cdot \dfrac{45}{22} \cdot \dfrac{34}{31} = 2,24 \cdot n_S$

$$n_S = 0,83 \cdot n_H + 0,17 \cdot n_H \cdot \frac{83}{57} \cdot \frac{DW}{77} \cdot \frac{Co}{Cu} \cdot \frac{KW}{83} \cdot \frac{48}{45}$$

$$= 0,83 \cdot n_H + 0,0000413 \cdot n_H \cdot DW \cdot KW \cdot \frac{Co}{Cu} \ \ldots \ n_H = 454$$

I. $n_{Spu} = 845 + 0,042 \cdot DW \cdot KW \cdot \dfrac{Co}{Cu}$

Über das Windungsgesetz:

$$n_{Spu} = n_{Spi} + \frac{L}{\pi \cdot d} \qquad L \text{ und } d \text{ müssen in der gleichen Dimension eingesetzt werden!}$$

$$= 845 + \frac{0,338 \cdot DW \cdot 1000}{\pi \cdot d}$$

II. $n_{Spu} = 845 + \dfrac{107,6 \cdot DW}{d}$

Beim Vergleich von (I) mit (II) wird deutlich, daß die *konstante* Drehzahl des Umlaufgetriebes gleich der Spindeldrehzahl ist.

Die durch die Konusübersetzung (Riemenverschiebung!) veränderliche Komponente entspricht dann der für die Aufwindung erforderlichen Drehzahl $\dfrac{L}{\pi \cdot d}$.

Daraus läßt sich das für einen bestimmten Spulendurchmesser erforderliche Übersetzungsverhältnis $Co : Cu$ ermitteln:

$$0,042 \cdot DW \cdot KW \cdot \frac{Co}{Cu} = \frac{107,6 \cdot DW}{d} \ (d \text{ in mm!})$$

$$\frac{Co}{Cu} = \frac{107,6}{0,042 \cdot d \cdot KW}$$

KW wird praktisch kaum geändert, soll also auch hier konstant mit 35 Zähnen eingesetzt werden.

Somit $\dfrac{Co}{Cu} = \dfrac{73}{d}$

9. Wagenbewegung (v_W in mm/min)

$$v_W = 454 \cdot \frac{83}{57} \cdot \frac{DW}{77} \cdot \frac{Co}{Cu} \cdot \frac{35}{83} \cdot \frac{WW}{71} \cdot \frac{32}{32} \cdot \frac{1}{47} \cdot \frac{32}{84} \cdot 18 \cdot 11$$

$$v_W = 0{,}082 \cdot DW \cdot WW \cdot \frac{Co}{Cu} \text{ (mm/min)}.$$

Diese Steiggeschwindigkeit muß der Luntenstärke angepaßt sein. Das geschieht durch entsprechende Wahl des WW. Je mehr Zähne dieser hat, um so schneller hebt und senkt sich der Wagen. Unabhängig davon wird aber — durch die Riemenverschiebung — den Erfordernissen des wachsenden Spulen-$\varnothing$ Rechnung getragen: im Laufe des Abzuges nimmt die Wagengeschwindigkeit ab!

10. Riemenverschiebung

Bei jeder Wagenumkehr dreht das Kegelrad r_1 (auf der OKW) das Kegelrad r_2 um ½ Drehung. (Ein Weiterdrehen wird durch einander gegenüberstehende Zahnlücken in r_2 und die Schaltarme 4A/4B verhindert.)

Die Riemenverschiebung (s_S) $r_1 = 19$

$$s_S = \frac{1}{2} \cdot \frac{32}{50} \cdot \frac{33}{33} \cdot \frac{SW}{31} \cdot 22{,}35 \qquad r_2 = 62$$

$$= 0{,}231 \cdot SW \text{ (mm/Schaltung)}$$

11. Verkürzung des Hubes je Schaltung (s_H)

$$s_H = \frac{1}{2} \cdot \frac{32}{50} \cdot \frac{33}{33} \cdot \frac{SW}{31} \cdot \frac{33}{33} \cdot \frac{35}{34} \cdot \frac{19}{21} \cdot \frac{19}{37} \cdot 2 \cdot 8$$

$$= 0{,}079 \cdot SW \text{ (mm/Schaltung)}$$

8.5.2 Ingolstadt-Flyer, Modell F 6 (Abb. 181)

Allgemeine Angaben   *Wechselräder*

U = Umlaufgetriebe	DW = Drahtwechsel	28…70
T = Teleskopwelle	KW = Konuswechsel	37…39
Co = oberer Konus bzw. dessen $\varnothing$	WW = Wagenwechsel	18…42
Cu = unterer Konus bzw. dessen $\varnothing$	SWI	28; 36
D = Motorscheibe z. B. 105 mm $\varnothing$	$SWII$ } = Schalträder am Schaltapparat	35…73

d = Scheibe auf Hauptwelle z. B. 295 mm $\varnothing$ SK = Zahnkolben zur Beeinflussung 17…27 des Spulenk. kämmt mit Zahnst. ZS

G = Gewicht, dreht RS bei Schaltung SR = konstantes (Klinken-) Schaltrad mit 24 Zähnen

n_M = Motordrehzahl; z. B. 950 U/min

1. Hauptwellendrehzahl

$$n_H = 950 \cdot \frac{105}{295} = 340 \text{ U/min}$$

2. Spindeldrehzahl

$$n_{Spi} = n_H \cdot \frac{28}{17} \cdot \frac{35}{28} = 700 \text{ U/min}$$

3. Lieferung des Vorderzylinders (L_V)

$$L_V = n_H \cdot \frac{45}{30} \cdot \frac{DW}{(45)} \cdot \frac{35}{84} \cdot \frac{30 \cdot \pi}{1000} = 0{,}445 \cdot DW \text{ (m/min)}$$

Durch Austausch des Rades (45) kann die Drahtkonstante verändert werden.

4. Drehung (T/m)

$$\dots \text{ aus } T/m = \frac{n_{Spi}}{L} = \frac{700}{0{,}445 \cdot DW} = \frac{1570}{DW} \dots 1570 = DK = \text{Drahtkonstante}$$

$\dots$ aus dem Getriebe direkt

$$T/m = \frac{1000}{30 \cdot \pi} \cdot \frac{84}{35} \cdot \frac{45}{DW} \cdot \frac{30}{45} \cdot \frac{28}{17} \cdot \frac{35}{28} = \frac{1570}{DW}$$

5. Produktion

$$P_{eff} = \eta \cdot \frac{L \cdot 60}{Nm} \ (g/\text{Spi.,-h})$$

$$P = \eta \cdot \frac{26{,}7 \cdot DW}{Nm} \ (g/\text{Spi.-h})$$

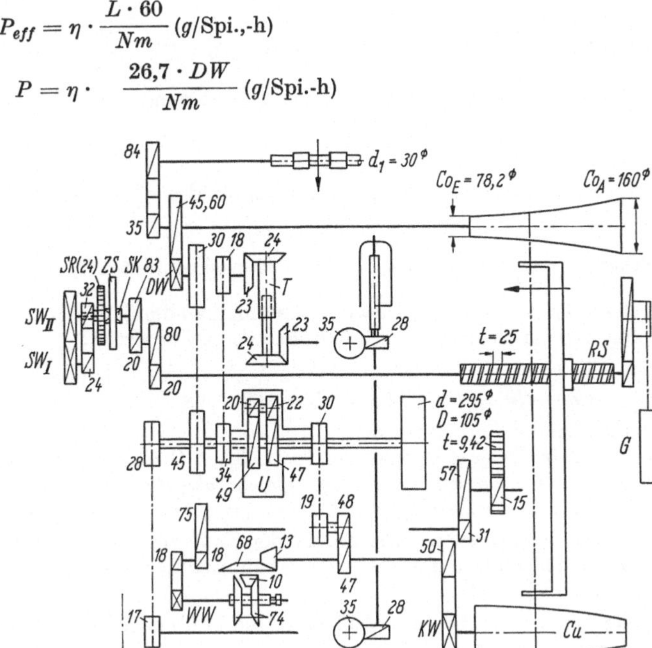

Abb. 181

6. Berechnung des Umlaufgetriebes

Das Umlaufgetriebe dieses Flyers wurde in 5.8.1 ausführlich berechnet. Es ergab sich:

$$(n_{34} =) \ n_S = 0{,}872 \cdot n_H + 0{,}128 \cdot n_K$$

7. Die Spulendrehzahl

7.1 ... ist abhängig von Lieferung und dem jeweiligen Spulendurchmesser d.

$$\text{Es gilt hier} \quad n_{Spu} = n_{Spi} + \frac{L}{\pi \cdot d} \ (\text{U/min})$$

$$n_{Spu} = 700 + \frac{0{,}445 \cdot DW \cdot 1000}{\pi \cdot d}$$

L und d müssen gleiche Dimensionen haben!

$$n_{Spu} = 700 + \frac{141{,}7 \cdot DW}{d} \ (\text{U/min})$$

7.2 ... ergibt sich aus dem Getriebe

$$n_{Spu} = n_S \cdot \ddot{U} \ ... \ \ddot{U} = \frac{34}{18} \cdot \frac{23}{24} \cdot \frac{24}{23} \cdot \frac{35}{28} = 2{,}36$$

$$n_{Spu} = 2{,}36 \ (0{,}872 \cdot n_H + 0{,}128 \cdot n_K)$$

$$n_K = n_H \cdot \frac{45}{30} \cdot \frac{DW}{45} \cdot \frac{Co}{Cu} \cdot \frac{KW}{50} \cdot \frac{47}{48} \cdot \frac{19}{30}$$

$$= 0{,}1405 \cdot DW \cdot KW \cdot \frac{Co}{Cu}$$

$$n_{Spu} = 700 + 0{,}0424 \cdot DW \cdot KW \cdot \frac{Co}{Cu}$$

Jeweils der 1. Summand sowohl in 7.1 als auch in 7.2 ist 700. Daraus ergibt sich, daß bei Entlastung des unteren Konus (z. B. zum Abziehen) $n_{Spu} = n_{Spi}$, weil dann n_{Cu} (und somit n_K) = 0.

8. Die Gegenüberstellung von 7.1 und 7.2 gibt Auskunft über die Zusammenhänge zwischen Spulen-$\varnothing$ und Konusübersetzung

$$700 + \frac{141,7 \cdot DW}{d} = 700 + 0,0424 \cdot DW \cdot KW \cdot \frac{Co}{Cu}$$

Für den jeweiligen Windungs-$\varnothing$ d ergibt sich die Übersetzung

$$\frac{Co}{Cu} = \frac{3342}{d \cdot KW}$$

Der KW wird praktisch kaum verändert. Man kann ihn deshalb konstant einsetzen, z. B. $KW = 38$.

Daraus resultiert: $\qquad \dfrac{Co}{Cu} = \dfrac{88}{d} = m \ldots 88 = $ Konuskonstante KK $\qquad\qquad$ (1)

9. Daraus läßt sich die Form der Konen entwickeln, wenn man durch Einsetzen verschiedener Werte für d die zugehörigen Übersetzungsverhältnisse $Co : Cu$ ermittelt.

Für die Konen gilt ferner

$$Co + Cu = k = 238,2 \ldots k = 160 + 78,2 \qquad\qquad (2)$$

Bedingungen sind bei diesem Flyermodell:

a) Der Riemen wird bei jeder Schaltung um den gleichen Betrag verschoben.

b) Gleiche Zunahmen des Spulen-$\varnothing$ verlangen gleichgroße Riemenverschiebungen.

c) Die mögliche Riemenverschiebung soll 1020 mm (= gesamte Konuslänge) betragen.

Mit x soll die Länge bezeichnet werden, um die der Konusriemen gegenüber dem Konusanfang verschoben werden muß, damit das zum Windungsdurchmesser gehörige Verhältnis $Co : Cu$ erreicht wird.

Zur Berechnung der $\varnothing$ soll (1) nach Co aufgelöst und in (2) eingesetzt werden

aus (1) $\qquad\qquad\qquad Co = m \cdot Cu$

in (2) eingesetzt:

$$m \cdot Cu + Cu = k$$
$$Cu \, (m + 1) = k$$

$$Cu = \frac{k}{m + 1} \ldots m = \frac{88}{d} \; ; \; k = 238.$$

Die Rundwerte für m und k genügen für diese Berechnung vollkommen, da die praktisch gewählte Konusform sich von der hier theoretisch errechenbaren sowieso leicht unterscheidet. Als Hauptgrund hierfür kann angeführt werden, daß es sich bei dem aufzuwindenden Vorgarn um elastisches Material handelt. Als Berechnungsgrundlage nimmt man dagegen ein gleichmäßiges Verhalten bei der Aufwindung vom Anfang bis zum Ende an.

$d - d_{\min}$ (mm)	d (mm)	$\dfrac{Co}{Cu} = \dfrac{88}{d} = m$	$Cu = \dfrac{k}{m+1}$ (mm)	$Co = k - Cu$ (mm)	x (mm)	$x_1 - x$ (mm)
0	$d_{\min} = 43$	2,05	78	160,0	0	
1	$d_A \ = 44$	2,00	79	159	7,5	
7	$d_1 \ = 50$	1,76	86	152	52	
32	$d_2 \ = 75$	1,17	110	128	237	185
57	$d_3 \ = 100$	0,88	127	111	421	184
82	$d_4 \ = 125$	0,70	140	98	606	185
107	$d_5 \ = 150$	0,59	150	88	790	184
132	$d_6 \ = 175$	0,50	158	80	975	185
135	$d_E \ = 178$	0,494	159	79	1000	
138	$d_{\max} = 181$	0,487	160	78	1020	

$$\frac{x}{1020} = \frac{d - d_{\min}}{d_{\max} - d_{\min}} \ldots x = \frac{1020 \, (d - d_{\min})}{138}$$

Die Werte dieser Tabelle sind gerundet.

Die theoretisch bestimmte Konusform muß für den praktischen Einsatz sowieso korrigiert werden.

Daraus *(x₁−x)* wird auch ersichtlich, daß für gleiche Zunahmen der Spulen-⌀ der Riemen um einen konstanten Betrag verschoben werden muß.

10. Berechnung des Wagenwechsels

Dafür ist die Steiggeschwindigkeit sowohl in Abhängigkeit von der Nummer als auch vom Wagenwechsel zu berechnen.

10.1 Die Ermittlung der Steiggeschwindigkeit W (mm/min) in Abhängigkeit von der Nm.

Wenn w = Windungszahl aus Lieferung und Windungs-⌀ ... $w = \dfrac{L}{\pi \cdot d}$

und $\quad h$ = Steigung je Windung, abhängig von Nm ... $\qquad h = \dfrac{kh}{\sqrt{Nm}}$

dann gilt: $\qquad W = (w \cdot h) = \dfrac{L}{\pi \cdot d} \cdot \dfrac{kh}{\sqrt{Nm}}$

$$(1)\quad W = n_H \cdot \frac{45}{30} \cdot \frac{DW}{45} \cdot \frac{35}{84} \cdot \frac{30 \cdot \pi}{\pi \cdot d} \cdot \frac{kh}{\sqrt{Nm}}$$

10.2 ... in Abhängigkeit vom Wagenwechsel WW

$$(2)\quad W = n_H \cdot \frac{45}{30} \cdot \frac{DW}{45} \cdot \frac{Co}{Cu} \cdot \frac{38}{50} \cdot \frac{13}{68} \cdot \frac{10}{74} \cdot \frac{WW}{18} \cdot \frac{18}{57} \cdot \frac{31}{57} \cdot 15 \cdot 9{,}42$$

Der WW muß so gewählt werden, daß auf der Hülse Windung neben Windung kommt. Zur Bestimmung des richtigen WW muß also eine Beziehung zur Nummer hergestellt werden. Das geschieht durch Gleichsetzung von (1) und (2);
gekürzt ergibt sich:

$$\frac{35}{84} \cdot \frac{30 \cdot \pi}{\pi \cdot d} \cdot \frac{kh}{\sqrt{Nm}} = \frac{Co}{Cu} \cdot \frac{38}{50} \cdot \frac{13}{68} \cdot \frac{10}{74} \cdot \frac{WW}{18} \cdot \frac{18}{75} \cdot \frac{31}{57} \cdot 15 \cdot 9{,}42$$

nach WW aufgelöst und berechnet:

$$WW = 622 \cdot \frac{1}{d} \cdot \frac{Cu}{Co} \cdot \frac{kh}{\sqrt{Nm}}$$

$\dfrac{Co}{Cu} \cdot d$ = konstant = 88; für $\dfrac{Cu}{Co} \cdot \dfrac{1}{d}$ kann man deshalb $\dfrac{1}{88}$ setzen.

Somit $\qquad WW = 7{,}06 \cdot \dfrac{kh}{\sqrt{Nm}}$

Die kh-Werte ändern sich mit der Nummer — aber auch mit Drehungsgrad, Fadenführung am Flügel und Rohstoff. Richtwerte für Normalflügel sind in Kapitel 5.2.11 angegeben!

Beispiel: $\quad Nm$ = 1,0
$\qquad\qquad kh$ = 3,90
dann $\qquad WW$ = 27,6 ... gewählt 28 Zähne

11. Berechnung des Schaltwechsels $SW\,II$

Der einzusetzende SW_{II} ist abhängig von der zu spinnenden Nummer und dem damit zusammenhängenden Lagenzuwachs d'.

11.1 Die Lagenzahl z einer vollen Spule, errechnet aus dem Gesamtzuwachs $(d_E - d_A)$ und der Stärke d' einer Lage:

$$Z = \frac{d_E - d_A}{2} : d' \ldots \text{Lagenstärke } d' = \frac{kd}{\sqrt{Nm}}$$

$$= \frac{(d_E - d_A) \cdot \sqrt{Nm}}{2 \cdot kd} \;;\; Z = \frac{178 - 44}{2} \cdot \frac{\sqrt{Nm}}{kd}$$

$$(1)\quad Z = 67{,}0 \cdot \frac{\sqrt{Nm}}{kd}$$

11.2 Die Lagenzahl z, errechnet aus dem Getriebe
wenn $l =$ gesamter Riemenschaltweg für Spulendurchmesserzunahme $(d_E - d_A)$
und $x' =$ Riemenschaltweg je Schaltung

dann ist
$$z = \frac{l}{x'}$$

$$l = 992 \text{ mm (s. unter 10.)}$$

$$x' = \frac{1}{2 \cdot SR} \cdot \frac{32}{24} \cdot \frac{SW_\mathrm{I}}{SW_\mathrm{II}} \cdot \frac{83}{20} \cdot \frac{80}{20} \cdot 25$$

für $SR = 24$ (konstant!)

$$x' = 11{,}4 \cdot \frac{SW_\mathrm{I}}{SW_\mathrm{II}} \ \ldots \ \text{angenommen: } SW_\mathrm{I} = 36$$

$$(2)\ z = \frac{992}{11{,}4} \cdot \frac{SW_\mathrm{II}}{36} = 2{,}42 \cdot SW_\mathrm{II}$$

SW_II ist das eigentliche Schaltrad.

Auch hier ergibt sich der Zusammenhang zwischen Wechsel und Nummer wieder durch Gleichsetzung von (1) und (2):

$$67{,}0 \cdot \frac{\sqrt{Nm}}{kd} = 2{,}42 \cdot SW_\mathrm{II}$$

für $SW_\mathrm{I} = 36 \ \ldots \ SW_\mathrm{II} = 27{,}7 \cdot \dfrac{\sqrt{Nm}}{kd}$

für $SW_\mathrm{I} = 28 \ \ldots \ SW_\mathrm{II} = 21{,}5 \cdot \dfrac{\sqrt{Nm}}{kd}$

Mit SW_I läßt sich die Schaltkonstante ändern. Die vorrätigen Wechsel SW_II können so einem größeren Wechselbereich angepaßt werden.

(kd-Werte s. Abschn. 5.2.11)

8.6 Ringspinnmaschinen

8.6.1 Ingolstadt-Ringspinnmaschine RB 13 S (Abb. 182)

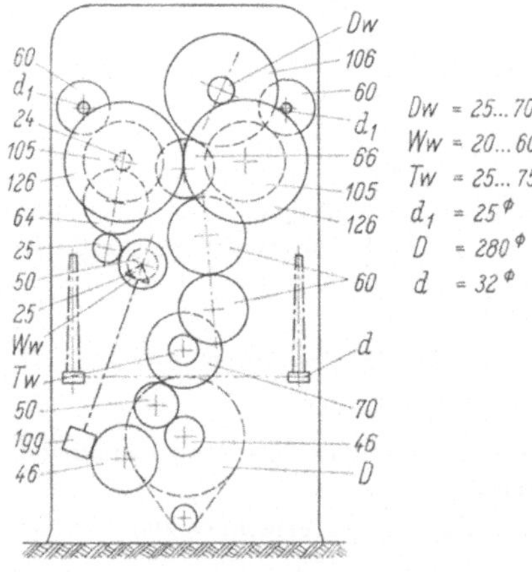

Abb. 182

Allgemeine Angaben			*Wechselräder*		
Ausgangszylinder-⌀	d_1	$= 25$ mm	Trommelwechsel	TW	$= 70/25$
Treibscheibe			Drahtwechsel	DW	$= 25\ldots70$
für Spindelantrieb ⌀	D	$= 280$ mm	Wagenwechsel	WW	$= 20\ldots60$
Spindelwirtel-⌀	d	$= 32$ mm			

1. Lieferung des Ausgangszylinders (L_{VZ})

$$L_{VZ} = n_H \cdot \frac{46}{70} \cdot \frac{TW}{106} \cdot \frac{DW}{126} \cdot \frac{105}{60} \cdot \frac{25 \cdot \pi}{1000} = 0{,}00000677 \cdot n_H \cdot TW \cdot DW$$

bei $TW = 70 \dots$ Lieferungskonstante $LK_1 = 0{,}000474$
$TW = 25 \dots LK_2 = 0{,}000161$

oder von einer gegebenen Spindeldrehzahl (n_{Spi}) ausgehend:

$$n_H = n_{Spi} \cdot \frac{d}{D} = 0{,}1145 \cdot n_{Spi} \dots \text{bei } TW = 70 \dots L_{VZ} = 0{,}0000542 \cdot n_{Spi} \cdot DW$$

$$TW = 25 \dots L_{VZ} = 0{,}0000184 \cdot n_{Spi} \cdot DW$$

2. Spindeldrehzahl (n_{Spi})

$$n_{Spi} = n_H \cdot \frac{D}{d} = n_H \cdot \frac{280}{32} = 8{,}75 \cdot n_H$$

Häufig wird sowohl zum Trommel- als auch zum Wirtel-$\varnothing$, manchmal auch nur zum Wirtel-$\varnothing$, die Stärke des Spindelbandes (z. B. 1,5 mm) zugeschlagen. Damit soll der Bandschlupf Berücksichtigung finden. Es erscheint aber empfehlenswert, sowohl Bandschlupf als auch Einspinnung getrennt zu berücksichtigen. Der Zuschlag bleibt deshalb hier weg.

3. Drehung (T/m)

Sie ist gleichbedeutend mit der Anzahl der Spindelumdrehungen je Meter Lieferung des Ausgangszylinders.

$$T/m = \frac{1000}{25 \cdot \pi} \cdot \frac{60}{105} \cdot \frac{126}{DW} \cdot \frac{106}{TW} \cdot \frac{70}{46} \cdot \frac{280}{32} = \frac{1\,295\,000}{DW \cdot TW}$$

b. $TW = 70 \dots$ Drehungskonstante $DK_1 = 18500 \dots T/m = \dfrac{18500}{DW}$

b. $TW = 25 \dots DK_2 = 51800 \dots T/m = \dfrac{51800}{DW}$

Der Trommelwechsel TW ist ein Doppelrad (hier 70/25). Durch günstige Wahl der Zähnezahlen läßt sich mit einem relativ kleinen Satz Wechselräder ein großer Drehungsbereich erfassen.

4. Lieferung je Wagenspiel (l_W)

Das ist die Lieferung des Ausgangszylinders bei 1 Umdrehung des Ringbankexzenters (bzw. des Rades 46).

$$l_W = 1 \cdot \frac{46}{1} \cdot \frac{25}{50} \cdot \frac{WW}{24} \cdot \frac{105}{60} \cdot \frac{25 \cdot \pi}{1000} = 0{,}132 \cdot WW$$

Unter Berücksichtigung der möglichen WW sind das 2,7 ... 7,9 m/Wagenspiel.

Je geringer l_W, um so steiler die Fadenkreuzung beim Kopsaufbau. Bei Änderung des WW muß die Schaltung ($= SW$) ausgeglichen werden, weil dabei auch die Kopsdicke beeinflußt wird.

Bei Berechnung von l_W ist die Exzenterform zu berücksichtigen (1-, 2- oder 3-Spitz-Exzenter).

5. Berechnungsbeispiel

Es soll ein Garn der Nm 50 mit $\alpha_m = 125$ gesponnen werden.
Die Ringe haben einen $\varnothing$ von 55 mm. Netto-Kopsgewicht $= 120$ g.
Zulässig ist eine Läufergeschwindigkeit von 28 m/sec.
Je Wagenspiel sollen 4,3 m aufgewunden werden.

5.1 Wie groß ist die theoret. Produktion je Spindelstunde?

5.2 Wie lange läuft ein Abzug?

5.3 Welcher WW ist einzusetzen?

zu 5.1: $T/m = 125 \sqrt{Nm} = 885$

$$n_{Spi} = \frac{28 \cdot 60 \cdot 1000}{55 \cdot \pi} = 9700 \ \text{U/min}$$

$$L = \frac{9700}{885} = 10,95 \ \text{m/min}$$

$$P = \frac{10,95 \cdot 60}{50} = 13,15 \ \text{g/Spi.-h}$$

zu 5.2 $t = \dfrac{120}{13,15} \approx 9,2 \ \text{h}$

zu 5.3 $l_W = 0,132 \cdot WW$

$$WW = \frac{4,3}{0,132} = 32,6 \sim 33 \ \text{Zähne}$$

Die genaue Länge ist dann

$$l_W = 0,132 \cdot 33 = 4,35 \ \text{m}.$$

8.6.2 Zinser-Ringspinnmaschine, Modell RM 13-1 (Abb. 183)

Allgemeine Angaben   *Wechselräder*

Ausgangszylinder-$\varnothing$ $d_1 =$ 25 mm	Drehsinnwechsel	$DSW = 67/100$
Treibscheibe für	Drahtwechsel	$DW = 20\ldots80$
Spindelantrieb $\varnothing$ $\quad D =$ 250 mm	Schnecke	$S = 1$- od. 2 gängig
Wirtel-$\varnothing$ $\qquad\quad d =$ 23 mm	Wagenwechsel $WW_{I} = WW_{II} = 23\ldots100$	

$$WW_{I} + WW_{II} = 123 = \text{konstant!}$$

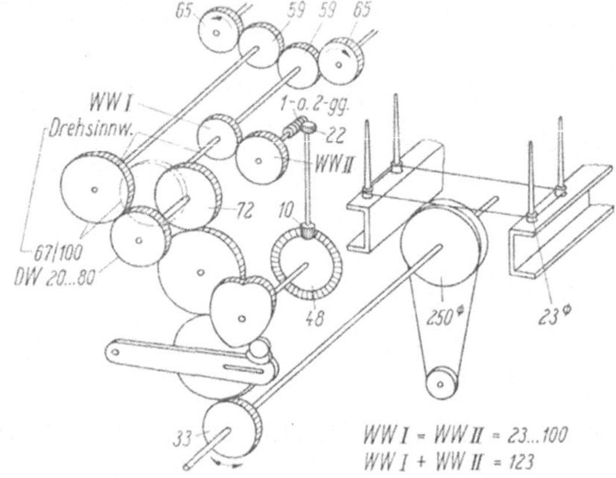

Abb. 183

1. Spindeldrehzahl (n_{Spi})

$$n_{Spi} = n_H \cdot \frac{D}{d} = n_H \cdot \frac{250}{23} = 10,87 \cdot n_H$$

Bei den Maschinenberechnungen geht man meist von n_{Spi} aus; n_H wäre also rückwärts gehend zu berechnen:

$$n_H = n_{Spi} \cdot \frac{d}{D} = 0,092 \cdot n_{Spi}$$

2. Lieferung des Ausgangszylinders (L_{VZ})

$$L_{VZ} = n_{Spi} \cdot \frac{23}{250} \cdot \frac{33}{72} \cdot \frac{DW}{DSW} \cdot \frac{59}{65} \cdot \frac{25 \cdot \pi}{1000} = 0,003 \cdot n_{Spi} \cdot \frac{DW}{DSW}$$

Der DSW spielt hier die gleiche Rolle wie in S. 8.6.1 der TW.

3. Drehung (T/m)

$$T/m = \frac{n_{Spi}}{L_{VZ}} = 306 \cdot \frac{DSW}{DW}$$

$$= \frac{21000}{DW}\left(\text{bzw. } \frac{30600}{DW}\right)$$

$$\text{für } DSW = 67\ldots DK = 21000$$
$$(DSW = 100\ldots DK = 30600)$$

4. Lieferung je Wagenspiel (l_{WS})

$$l_{WS} = 1 \cdot \frac{48}{10} \cdot \frac{22}{S} \cdot \frac{WW_I}{WW_{II}} \cdot \frac{59}{65} \cdot \frac{25 \cdot \pi}{1000} = \frac{7,5}{S} \cdot \frac{WW_I}{WW_{II}}$$

unter Berücksichtigung der möglichen WW, ergeben sich für $l_W = 0,86\ldots31,6$ m/WS.
Die praktischen Werte liegen zwischen 2,5 und 8 m/WS $WS = $ Wagenspiel.

8.7 Streckwerke

8.7.1 Ingolstadt-Streckwerk für Ringspinnmaschine (Abb. 184)

Zylinder-$\varnothing$ (mm)		*Wechselräder*	
Ausgangszylinder	$d_1 = 25$	Nummernwechsel	$NW = 22\ldots42$
Zwischenzylinder	$d_2 = 25 + 0,8$	Eingangszylinderrad	$HZ = 28\ldots74$
Eingangszylinder	$d_3 = 25$	Vorverzugswechsel	$Vvw = 27\ldots35$

(beim Zwischenzylinder 0,8 mm Zuschlag als Berücksichtigung der Riemchenstärke)

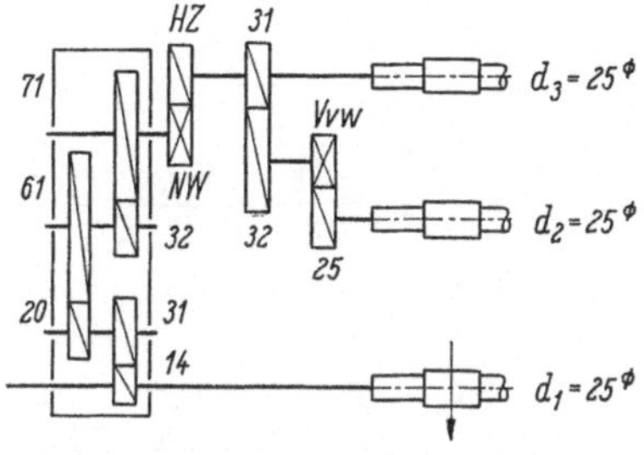

Abb. 184

1. Vorverzug

$$V_1 = 1 \cdot \frac{31}{32} \cdot \frac{Vvw}{25} \cdot \frac{25,8 \cdot \pi}{25 \cdot \pi} = 0,04 \cdot Vvw$$

$$V_1 = 1,08\ldots1,4$$

Durch Änderung des Rades 25 auf dem Zwischenzylinder läßt sich die Konstante für den Vorverzug ändern.

2. Hauptverzug

$$V_2 = 1 \cdot \frac{25}{Vvw} \cdot \frac{32}{31} \cdot \frac{HZ}{NW} \cdot \frac{1}{\ddot{U}} \cdot \frac{25 \cdot \pi}{25,8 \cdot \pi} = 311 \cdot \frac{HZ}{Vvw \cdot NW}$$

$$\ddot{U} = \frac{14}{31} \cdot \frac{20}{61} \cdot \frac{32}{71} = \frac{1}{12,45}$$

Diese Räder sind in einer gemeinsam um d_1 schwenkbaren Schere untergebracht.

3. Gesamtverzug

$$\ldots\text{aus dem Getriebe} \quad V_G = 1 \cdot \frac{HZ}{NW} \cdot \frac{1}{\ddot{U}} \cdot \frac{25 \cdot \pi}{25 \cdot \pi} = 12,45 \cdot \frac{HZ}{NW}$$

Im Normalfalle liegen die Werte für V_G zwischen 10 und 45.

8.7.2 Süssen-Streckwerk für Ringspinnmaschine (Abb. 185)

Zylinder-⌀ (mm)			*Wechselräder*		
Ausgangszylinder	d_1	$= 25$	Nummerwechsel	NW	$= 29\ldots39$
Zwischenzylinder	d_2	$= 25{,}3$	Eingangszylinderrad	HZ	$= 40;\,55;\,75$
Eingangszylinder	d_3	$= 25$	Vorverzugswechsel	Vvw	$= 19\ldots54$

(bei d_2 ist die Riemchenstärke bereits berücksichtigt)

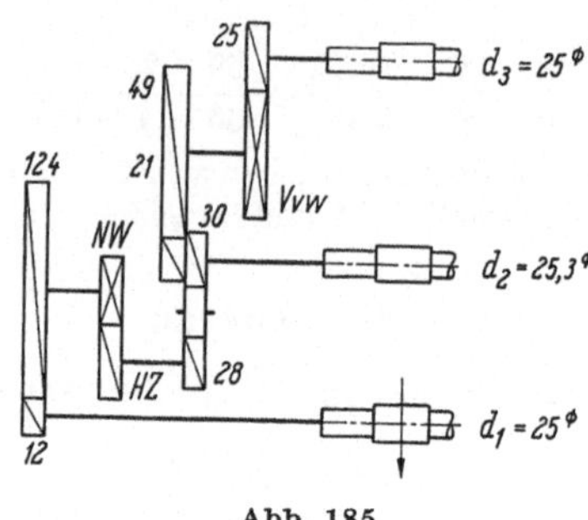

Abb. 185

1. Vorverzug

$$V_1 = \frac{25}{Vvw} \cdot \frac{49}{21} \cdot \frac{25{,}3 \cdot \pi}{25 \cdot \pi} = \frac{59{,}0}{Vvw}$$

$$V_1 = 1{,}09\ldots3{,}11$$

2. Hauptverzug

$$V_2 = 1 \cdot \frac{30}{28} \cdot \frac{HZ}{NW} \cdot \frac{124}{12} \cdot \frac{25 \cdot \pi}{25{,}3 \cdot \pi} = 10{,}95 \cdot \frac{HZ}{NW}$$

$$V_2 = 11{,}2\ldots28{,}3$$

3. Gesamtverzug

$$\ldots\text{aus dem Getriebe}\quad V_G = 1 \cdot \frac{25}{Vvw} \cdot \frac{49}{21} \cdot \frac{30}{28} \cdot \frac{HZ}{NW} \cdot \frac{124}{12} \cdot \frac{25 \cdot \pi}{25 \cdot \pi} = 646 \cdot \frac{HZ}{Vvw \cdot NW}$$

$$V_G = 12{,}25\ldots88{,}0$$

Der Vorverzug V_1 wird bei diesem Streckwerk unabhängig vom Hauptverzug V_2 geändert, da der Vvw auf den Eingangs- und nicht auf den Zwischenzylinder wirkt.

Eine Änderung des Vvw bewirkt also immer eine Änderung des Gesamtverzuges.

Für ein Streckwerk ist nicht in erster Linie maßgebend welcher Verzug mechanisch (d. h. durch Einsetzen der möglichen Wechselräder) erreichbar ist, sondern wie hoch ein bestimmter Rohstoff verzogen werden kann.

8.7.3 Zinser-Streckwerk für Ringspinnmaschine (Abb. 168)

Zylinder-⌀ (mm)			*Wechselräder*		
Ausgangszylinder	d_1	$= 25$	Nummernwechsel	NW	$= 20\ldots64$
Zwischenzylinder	d_2	$= 25{,}6 + 1{,}0$	Eingangszylinderrad	HZ	$= 48\ldots92^*)$
Eingangszylinder	d_3	$= 25$	Übersetzungsrad		$a = b = 27;\,32;\,35;\,40$
					$a + b = 67 = $ konstant
			Vorverzugswechsel		$Vvw = 41\ldots51$
					$^*)$ Hauptbereich $80\ldots92$

Bei diesem Streckwerk wird für beide Maschinenseiten ein gemeinsamer Nummernwechsel eingesetzt.

1. Vorverzug

$$V_1 = 1 \cdot \frac{6}{a} \cdot \frac{Vvw}{27} \cdot \frac{26,6 \cdot \pi}{25 \cdot \pi}$$

$$V_1 = 1,08 \ldots 2,98$$

2. Hauptverzug

$$V_2 = 1 \cdot \frac{27}{Vvw} \cdot \frac{b}{a} \cdot \frac{60}{60} \cdot \frac{HZ}{NW} \cdot \frac{100}{10} \cdot \frac{25 \cdot \pi}{26,6 \cdot \pi}$$

$$V_2 = 2,52 \ldots 42,3$$

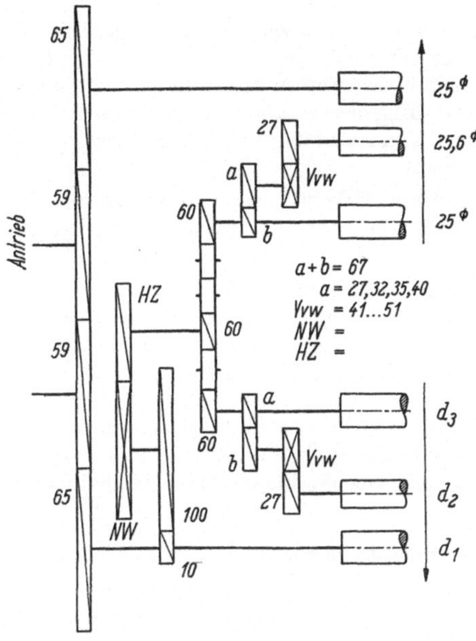

Abb. 186

3. Gesamtverzug

$$\ldots \text{aus dem Getriebe} \quad V_G = 1 \cdot \frac{60}{60} \cdot \frac{HZ}{NW} \cdot \frac{100}{10} \cdot \frac{25 \cdot \pi}{25 \cdot \pi} = 10,0 \cdot \frac{HZ}{NW}$$

$$V_G = 7,5 \ldots 46,0$$

Zu beachten ist, daß der größte Hauptverzug den kleinsten Vorverzug und umgekehrt zur Folge hat, da der *Vvw* auf den Zwischenzylinder und damit — im umgekehrten Verhältnis — auf beide Teilverzüge wirkt.

Literaturverzeichnis

Im Rahmen dieses Buches wurden — seinem Verwendungszweck entsprechend — Literaturangaben nur in dem Umfange gebracht, wie sie zum direkten Quellennachweis erforderlich sind. Der Leser, der sich noch ausführlicher zu informieren wünscht, wird auf die Dokumentationsstelle des Vereins Deutscher Ingenieure, Düsseldorf, Prinz-Georg-Str. 77—79, hingewiesen. Die Abteilung Textiltechnik kann umfangreiche Literaturangaben über Veröffentlichungen des In- und Auslandes machen.

Die neuesten Entwicklungen und Erkenntnisse werden von den Fachzeitschriften veröffentlicht. Das Baumwollspinnverfahren behandeln im deutschen Sprachraum folgende Publikationen:

chemiefasern. Frankfurt: Deutscher Verlag GmbH.
Deutsche Textiltechnik. Herausgeber: Kammer der Technik, Dresden.
Faserforschung und Textiltechnik. Berlin: Akademie-Verlag.
Internationales Textil Bulletin, Zürich, Schweiz.
Melliand Textilberichte, Heidelberg.
Spinner, Weber, Textilveredelung. Würzburg: Vogel-Verlag.
Textil Praxis. Stuttgart: Konradin-Verlag.
Zeitschrift für die gesamte Textilindustrie. Mönchengladbach/Düsseldorf: Verlage Lapp/ Klepzig.

Darüber hinaus wird auf die nachstehenden Fachbücher verwiesen:

BECK, A.: Leitfaden für den Spinnereipraktiker. Reutlingen: Gryphius-Verlag 1947.

BLASCHKE, K.: Aus der Praxis der Baumwoll- und Zellwollspinnerei und -Zwirnerei. Stuttgart: Konradin-Verlag, 1953.

FAHRBACH, R.: Getriebeberechnungen in der Baumwollspinnerei. Stuttgart: C. E. Poeschel-Verlag, 1956.

JOHANNSEN, O.: Handbuch der Baumwollspinnerei. Hamburg—Berlin: B. F. Voigt, Verlag Handwerk und Technik, 1965.

OESER, W.: Baumwoll- und Zellwollspinnerei sowie Zwirnerei, Stuttgart: Konradin-Verlag, 1950.

WEGENER und PEUKER: Verkürzte Baumwollspinnverfahren, Z. f. d. ges. Textilindustrie, Mönchengladbach 1964.

WEGENER, W.: Die Streckwerke der Spinnereimaschinen. Berlin/Heidelberg/New York. Springer 1965..

Verzeichnis der Hersteller von Maschinen und maschinellen Einrichtungen

Aus Gründen der Vereinfachung und besseren Übersicht sind die Firmennamen im Text nur in einer Kurzform angeführt worden. Es bedeuten:

Bräcker	Bräcker AG, Pfäffikon-Zürich, Schweiz
Carding Specialists	Carding Specialists Co. Ltd., Halifax/Yorkshire, Großbritannien
Gmöhling	W. Gmöhling & Co., Stadeln b. Fürth/Bay.
Graf	Graf & Cie. AG, Rapperswil, Schweiz
Hergeth	Hergeth KG, Maschinenfabrik, Dülmen i. Westf.
Hispano Suiza	Hispano Suiza S. A., Genf, Schweiz
Honegger	Honegger & Co., Mech. Kratzenfabrik, Rüti, Schweiz
INA	Industriewerk Schaeffler, Herzogenaurach
Ingolstadt	Deutscher Spinnereimaschinenbau, Ingolstadt/Donau
Jacobi	Ernst Jacobi & Co., KG., Augsburg
Marzoli	Fratelli Marzoli & C., S. p. A., Mailand, Italien
Platt	Platt Bros. (Sales) Ltd., Oldham, Großbritannien
Reiners + Fürst	Reiners + Fürst, Mönchengladbach
Rieter	Maschinenfabrik Rieter AG, Winterthur, Schweiz
Roberts	Roberts Company, Sanford, N. C., USA
SACM	Société Alsacienne, Mulhouse (Ht. Rhin), Frankreich
Saco-Lowell	Saco-Lowell Shops, Greenville, S. C., USA
SKF	SKF Kugellagerfabriken, Stuttgart—Bad Cannstatt
Spintex	Spintex Spinnereimaschinenbau, Murrhardt/Württ.
Süssen	Spindelfabrik Süssen, Süssen/Württ.
Trützschler	Trützschler & Co., Rheydt-Odenkirchen
Whitin	Whitin Machine Works, Whitinsville, Mass., USA
Wolters	Maschinenfabrik Peter Wolters, Mettmann
Zarges	Zarges Leichtmetallbau, Weilheim/Obb.
Zellweger (Uster)	Zellweger AG, Uster, Schweiz
Zinser	Zinser Textilmaschinen GmbH, Ebersbach/Fils

Sachverzeichnis

Abarbeiten der Ballen 6
— des Rohstoffes 17, 19
Abbremsung 110
Abfall 75, 84
—, zu viel 73
Abfallausscheidung 7, 10, 11, 15
Abfallkammer, tote 8
Ablieferung 95
Abnahmestellung 41
Abreißabstand = Ecartement
Abreißabstand 83, 85
—, Einstellung 91
Abreißzylinder, Antrieb 90
—, Bewegung 90
Abrollung des Wickels 71
Absaugung 68, 80, 106, 149
Abschlageinrichtung 28
Abstellung bei Bandbruch 97
—, elektrische 108
—, elektro-mechanische 108
—, mechanische 108
Abstellvorrichtung 107
Abziehen 151
—, automatisch 170
—, Kops 182
Abzug, assymetrisch 91
„Aerofeed"-Kardenspeisung 35
„Air-Stream"-Cleaner = Luftstromreiniger
Akklimatisation 2
Amerika-Garnitur 48
Antrieb, Flyer 119
—, Karde 67
—, Ringspinnmaschine 174
—, Streckwerke 149
—, Strecke 96
Anspinnstellung 152
Antriebstrommel 172
Arbeitsablauf, Rationalisierung 12
Arbeitselemente, Flyer 119
—, Kämmaschine 81, 87
—, Einstellung (Karde) 62
Arbeitsweise, Kämmaschine 82
—, Karde 38

Aufbau der Garnituren 45
Aufgaben der Kämmerei-Vorbereitung 75
— — Kämmaschine 74
— — Karde 37
— — Putzerei 1
— — Ringspinnmaschine 139
— — Strecke 94
— — Streckwerke 98
— des Flyers 118
Auflösungsmaschinen 9
Aufsteckspindel 176
Aufsteckung 122, 176
Aufwindegeschwindigkeit 119, 123
Aufwindung 120
— des Garnes 151
— der Lunte 122
Aufwindungsvorrichtung 150
Aufziehapparat für Bänder 49
Aufziehen der flex. Garnituren 48
— — Ganzstahlgarnituren 53
— — Vorreißer 57
Ausbreitungsgrad 84
Ausspinngrenzen f. Baumwollen 211
Ausstoßen 56, 65
Ausstoßanlagen 65
Ausstoßhäufigkeit 66
Ausstoßzwischenzeiten 66
Automation 181
Automatisierung 114, 153
— im Spinnprozeß 181
— in der Kämmerei 182
Autodoffer 170, 182
Axi-Flo 8, 16

Ballen, Abarbeitung 3, 5, 6
—, Auflage 3
—, Vorsortierung 1, 3
Ballenformate 204
Ballenlager 1
Ballenöffner, Beschickung 3
Ballenvorwärmung 2
Ballenzupfer 4
Batteur = Schlagmaschine
Balloneinengungsringe 157
Band: s. auch Lunte!

Band, Führung 93
—, Überwachung 93
—, ungleichmäßiges 73
Bandablage 111, 112
Bandabzug, positiver 113
Bandantrieb (Spindel) 171
Bandbruch, Abstellung 97
Banddubler 77
— (Rieter), Berechnung 234
Bandführung 97
Bandkanal 111
Bandkehrstrecke 77
Bandkontrolle 48
Bandnaht 172
Bandqualität 115
Bandregulierung 70
Bandschleife 112
Bandspannung 172
Bandspeicherung 179
Bandtisch 97
Bandtrichter 111
Bandwickel 75, 179
Bandwickler 77
Bandzuführung (Strecke) 97
Baumwollgarn, Reißfestikeit 222
Baumwollklassierung 212
Baumwollsorten, Stapell. 211
Baumwollstandards 212
Bearbeitung des Rohstoffes 39
Befestigung der Deckelblätter 52
— — Spinnringe 164
Belastung 78, 80, 98, 105
—, Korrektur 29
—, hydraulische 29
—, pneumatische 29, 145
— der Streckwerke 144
— — Wickel 28
Belastungsarme 144
Belastungsarten 144
Belastungsdruck 145
— der Kalanderwalzen 28
Belastungselemente 106
Benadelung 87
Beruhigungszone 99
Beschlag = Garnitur
— des Vorreißers 48

Betriebsschliff 60
Bettoni-Kardengruppe 70
Bezüge, elastische 105
Berechnung, Abreißzylinder-
 bewegung 90
—, Banddubler (Rieter) 234
—, Drehung 184
—, Durchschnittsnummer
 186
—, Lieferung 185
—, Flyer (Ingolstadt) 248
—, — (Zinser) 245
—, Kämmling 84
—, Kämmaschine (Rieter)
 237
—, — (Whitin) 241
—, Karde (Ingolstadt) 228
—, — (Rieter) 231
—, Kehrstrecke (Rieter) 235
—, Läufer 161
—, Läufergeschwindigkeit
 185
—, Produktion 192
—, Ringspinnm. (Ingol-
 stadt) 252
—, — (Zinser) 254
—, Schlagmaschine (Rieter)
 224
—, — (Trützschler) 226
—, Spindeldrehzahl 185
—, Spinnereimaschinen 224
—, Strecke (Ingolstadt) 242
—, — (SACM) 244
—, Streckwerk (Ingolst.) 255
—, — (Süssen) 256
—, — (Zinser) 256
—, Super Lap (Whitin) 233
—, Verzug 185
—, Wechselräder 141, 121
Berechnungsformeln 184
Bisingerwalze 9
break spinning 183
Bremse, Spindel 173
—, Trommel 175
Bremsringhülse 166
Bruchsicherung 69
Bürste 83

Carminati-Karde 67
Casablancas-Streckwerk 143
Center-Spindel 166
Constant Card 66
Crighton-Öffner 19
Crosrol-Varga-Apparat 69

Dauerausstoßen 66
Deckelantrieb 43

Deckelblätter 52
—, Befestigung 52
Deckeleinstellvorrichtung 64
Deckelgarnituren 52
Deckelgeschwindigkeit 40
Deckelkette 44
Deckellaufrichtung 43
Deckelputz 41, 70
Deckelregulierung 63
Deckelschleifmaschine 61
Deckelschleifen 61
Deckelschleifvorrichtung 61
Deckelstab, Form 43
Deckenbläser 178
Diagonalstich 46
Differentialriffelung 103
Direktantrieb 67, 167, 173
Direktspeisung 34
Direktspinnverfahren 113,
 118
—, Wirtschaftlichkeit 181
Direktverspinnung,
 Streckenbänder 179
Doppelband 93
Doppelkarde 69
Doppelklemmpunkt 78, 80
— -Streckwerk 99
Doppelriemchenführung 143
Doppelriemchen-Streckwerk
 122
Doppelrollenlager 103
Doppelschlagmaschine 12
Doppelwicklungsmotor 175
Drahtkonstante 141
Drahtstärke 46, 88
Drahtwechsel 120, 140
Drehrichtungsänderung 141
Drehung 120, 188
—, falsche 138
Drehungsbeiwerte, Koechlin
 188
—, Laetsch 189
Drehungsberechnung 184
Drehungserteilung 150
Drehungsrichtung, Umkehr
 171
Drehungstabellen 190
Drehungswechsel = Draht-
 wechsel
Drehzahländerung 96
Druckwalzen 103
—, Stahl 78
Druckwalzenführung 144
Druckroller = Druckwalze
Dublierung 75, 78, 79, 80, 95
Durchgangsprozeß 7
Durchmischung 117

Durchmesser, Wickel 29
Durchschnittsnummer 186
Durchzug 100

Ecartement = Abreißab-
 stand
Einfahren, Ring und Läufer
 164
Einsetzen der Läufer 162
Einprozeß 7
Einstellehre 64, 102
Einstellpunkte 63
Einstellung, Streckwerk 145,
 148
—, Kämmaschine 93
Einzelantrieb 171
Effektivverzug 98
Elementenspinnen 183
Eldro-Gerät 33
elektro-pneumat. Steuerung
 32
Entkräuselung 101
Entstaubung 22
Expansionsdruck 29
Exzenterformen 155

Fachmischer 17
Falschdraht 180
Falschdrahteinrichtung 113
Falschdrahtverfahren 183
Fadenabsaugung 177
Fadenballon, Entlastung 157,
 169
Fadenbruchzahlen 138, 161
—, hohe 183
Fadenführer 158
Fadenverlegung 123, 141, 156
Fadenzug 137, 156
Fadenzugregler 174
Fasern, Parallelisierung 75,
 94
—, schwimmende 101
Faserführung im Streckwerk
 180
Faserhäkchen 75
—, Auflösung 182
—, Speiserichtung 182
Faserparallelisierung 58, 75,
 94
Faserstreckung 38, 95
Faserstoffe, Festigkeit 222
Faserübertragung 42
Federbelastung 106
Federeinsatz 113
Fehler, Flyer 137
—, Karde 73
—, Putzerei 36
—, Ringspinnmasch. 183

Festigkeitseigenschaften 222
Filterkasten 177
Filterschlauch 23
Fixkamm = Vorstechkamm
Fixkamm 83, 85, 86, 88, 90
—, Einstellung 89
Flächenmaße 186
Flachdrahtgarnitur: s. auch
    halbstarre Garnitur
Flachdrahthäkchen 47
Flanschbreite 163
Flanschform 163
Fliehkraftregler 26
Flockfang 149
Flockmeter 5, 35
Flockenspeisung 34
Flocomat 5, 34
Flug 106, 113, 177, 178
Flugglätter 149
Flügelkrone 128
Flyer 118
—, Arbeitselemente 119
—, Aufgaben 118
— (Ingolstadt), Berechnung
    248
— (Zinser), — 245
—, Fehler 137
—, Getriebe 119
—, Platzbedarf 203
—, Produktion 194
—, Spulendoffer 182
—, Wechselstellen 119
Flyerflügel 128
Formen der Spinnringe 163
Franzbach-Flügel 129
Füllungskontrolle 15
Füllschacht 12, 24, 36
—, erhöhter 12
Füllschachtspeisung 34
Führung der Druckwalzen
    144
Führungsdruckarme 144
„95%-Wert" 101

Garn, Aufwindung 150
—, ungleichmäßiges 183
Garnausfall 180
Garniturbänder, Aufbau 45
—, Aufziehen 48
Garnituren 44
—, Aufziehen 48
—, Ausstoßen 65
— für Deckel 52
—, halbstarre 45
—, Schleifen 57
Garniturfüllung 65
Garniturnummer 46, 56

Garniturlänge, benötigte 53
Garniturspannung 50
Garniturspitze 50
Ganzstahlgarnitur 48, 54
—, Aufziehen 53
—, Ausstoßen 66
—, Schleifen 61
—, Vorteile 56
Gassenbreite 46
Gatter 176
—, offenes 177
—, Reserve 182
Geschwindigkeit der Deckel
    40
Geschwindigkeitsregulierung
    96
—, stufenlos 14
Getriebe, Flyer 119
—, Ringspinnmasch. 140
Gewichte 187
Gewindespindel 127
Gleichmäßigkeitsschwankung
    94
Gleichmäßigkeitsprüfung 74
Gleichmäßigkeitswerte 217
Gleichmäßigkeit, Wickel-
    watte 25, 28
Gleichstrommotor 175
Granular-Karde 70
Grobfäden 184
Grunddrehung 55
Gruppenabsaugung 178
Gruppenantrieb 67
Gummihülse 105

Hacker 39
Hacker, rotierender 69
Häkchen, Einbettung 46
—, Setzarten 46
—, Setzdichte 46
—, Setzen 47
—, Schleifen 47
Häkchenfasern 75
Häkchenstellung 41
Hängependel 81
Handmischung 2
Härte 105
—, Druckrollerbezüge 148
—, Läufer 162
Härtung der Zylinder 103
Hauptantrieb 174
Hebucofil 179
Hochleistungskarden 67, 181
Hochleistungsstrecken 95
Hochverzug 113, 121
Horizontalreiniger 15
Horizontalöffner 18

„Horsfall"-Walze 58
Hubverkürzung 127
Hülsen 169
Hülsenkupplung 168

Indexrad 90, 93
Intensität d. Kardierung 39

Käfig 47
Kalanderteil 12, 28
—, Hochdruck 12
Kalanderwalzen, Anordnung
    28
—, Belastungsdruck 28
Kämmaschine 80
—, Arbeitselemente 81
—, Arbeitsweise 82
—, Automatisierung 182
—, Berechnung (Rieter) 237
—, — (Whitin) 141
—, Einstellung 93
—, Produktion 86, 193
Kämmband = Kammzug
Kämmling 84, 75
—, Berechnung 84
Kämmlingswaage 85
Kämmerei-Vorbereitung 75
Kammzug = Kämmband
Kämmung 40
Kammsegment 87
Kammspiel 82
Kanalbandführung 35, 116
Kannenautomatik 110
Kannenbewegung 112
Kannenfüllung 74
Kannenwechsel 114
—, automatisch 108
Kannenwechsler 72
„Karousel"-Öffner 5
Karde, Antrieb 67
—, Aufgaben 37
—, besondere Modelle 67
—, Berechnung (Ingolstadt)
    228
—, — (Rieter) 231
—, Fehler 73
—, Hochleistung 67, 181
—, Kontrolleinrichtung 73
—, Materialübertragung 68
—, Platzbedarf 67, 200
—, Produktion 69, 193
Kardenabsaugung 68
Kardeneinstellung 73
Kardengruppe 70, 116
Kardenrost 65
Kardierarbeit 43
Kardierung, Güte 47
—, Intensität 39

Kardierschläger 9
Kardierstellung 41
Kardierwalze 67
Kastenspeiser 15
Keilriemenantrieb 175
Kehrblech 76, 78
Kehrgetriebe 93
Kehrräder 127
Kehrstrecke 76, 78
—, Berechnung (Rieter) 235
Kettendrücker 152
Kirschnerflügel 9
Klassierung, Baumwolle 212
Klemmlinienabstand 102
Klemmpunkt 26
Klemmpunktabstand 101
Klimaanlage 178
Klinkenschaltung 154
Kniebremse 174
Kombinationswindung 155
Kolonnenstich = Rippen-
   stich
Kondenser 22
Kontrolleinrichtungen,
   Karde 73
—, Putzerei 31
—, Strecke 107
—, Wickelwatte 25
Konen 126
Konusergänzung 130
Konusgetriebe 26, 117, 130
Konusriemen-Rückführung
   131
—, Verschiebung 126
Konuswechsel 120
Kopfteller 111
Kops, Abziehen 151
—, — (automat.) 182
Kopsabziehmaschine 170, 182
Kopsaufbau 155
—, Mechanismen 151
Kopsdicke 141
Kopsgewicht 205
Kopsformat 169
Kopswicklung 155
Kreismischer 34
Kracherbildung 183
Kraftbedarf, Ausstoßanlage
   65
—, Fadenabsaugung 178
—, Spinnereimasch. 210
Kratzengarnitur = Garnitur
Kreiskamm 81, 87
Kreuzwickel 180
Kronenaufsatz 128
Kruse-Verfahren 113

Kurz-Langriemchen-Streck-
   werk 143
Kurzspinnverfahren 179
Kupplung, Zylinder 103
Kurvenscheibe 126

Lagenhub 155
Lagerung, Riffelzylinder 148
—, Rohstoff 1
Längenmaße 186
Langsamschliff 60
Langsamgang 94
Lap Former 77, 80
Lattentuch 14
—, benadeltes 14
—, Geschwindigkeit 14
Laubengang 179
Läufer, Berechnung 161
—, Einsetzen 161
—, Entlastung 157, 169
—, Formen 160, 162
—, Geschwindigkeit 150, 159,
   169, 188
—, — Berechnung 185
—, — zulässige 196
—, Härte 162
—, Laufeigenschaften 161,
   165
—, Numerierung 160
—, Oberflächenvergütung
   162, 165
Läuferwechsel 164
Läufer-Schleifwalze 58
Lauflänge 71
Laufriemchen 149
Le Blan-Roth-Streckwerk
   142
Leithäkchen 182
Liefergeschwindigkeit 150
Lieferung 79, 120
—, Berechnung 185, 198
Lötung 81, 83, 85, 94
Luftführung 8, 16, 18, 21, 27,
   178
Luftstrom 10, 18, 21
Luftstromreiniger 12, 20
Luftumwälzung 23
Lunte: s. auch Band
—, Aufwindung 122
—, Drehung 122
—, Regulierung 70
—, Verspinnung 139

MagneDraft 146
Magnetbelastung 146
Mantelhülse 104
Mantelrohrspindel 167

Maschinengruppe 181
Maße 186
Material: s. auch Rohstoff
Materialbewegung 7
Materialförderung 10
Materialdurchlauf, Karde 38
—, Ein- und Ausschaltung 31
—, Strecke 96
—, Ringspinnmaschine 139
Materialtransport, Steuerung
   31
Materialübertragung, Karde
   68
Maulweite 143
Mäusezahngarnitur 48
Mechanisierung 181
Mehrballenzupfer 5, 6
Melangen, Herstellung 19
Mercury-Strecke 114, 116
Micronaire-Werte 215
Miniaturkannen 179
Mischautomat 7, 16
Mischballenöffner 14
Mischfächer 2
Mischgespinste 117
Mischung, Auflegen und
   Abarbeiten 2
— des Rohstoffes 2, 16
—, Zellwolle 13
—, Prozentsätze 117
—, Verhältnis 7
Mischwagen 16
Mittenführung 104
Monowalzenreiniger 16
Muldenhebel 25

Nadellattentuch 14
Nadelleiste = Nadelstab
Nadelstab 83, 85
Nadelstärke 88
Nasentrommel 9
„New-Era"-Spindel 168
Nissenbildung 14
Nissex-Garnitur 46
Nissigkeit 8
Nm-tex 221
Nummer dublierter Fäden
   186
— englisch 184
— metrisch 184
Numerierung, Läufer 160
— und Titrierung 187
Nummern, übliche 206
Nummernkontrolle 115
Nummernschwankung 66
Nummernwechsel 39, 119,
   140

Oberflächenvergütung 162, 165
Oberwindung 153
Oberzylinder = Druckwalze
„off-end" Antrieb 175
Öffnen und Reinigen 7, 9
Öffner 9
Öffnerwalze 19
open end spinning 183

Packungsgrößen 204
Parallelisierung 38, 94, 75
Parallelwicklung 156
Passage 95
Passagenzahl 115, 121
Pedalmuldenregulierung 25
Pilgerschrittbewegung 89
PIV-Getriebe 175
Planungsgrundlagen 184
Platzbedarf, Kämmerei 201
—, Karde 67, 200
—, Flyer 203
—, Putzerei 200
—, Spinnereimasch. 200
—, Strecke 202
—, Ringspinnmasch. 203
Polar-Streckwerk 99
Prallblech 16
Preßköpfe 28
Preßfinger 123
Preßfingerumwicklung 128
Pressley-Werte 215
Preßwalzen 28
Produktion, Begrenzung 159
—, Berechnung 185, 197
—, Kämmaschine 86
—, Kämmerei 193
—, Karde 69, 193
—, Flyer 194
—, Mischballenöffner 14
—, Putzerei 192
—, Strecke 114, 194
—, Spinnereimaschinen 192
—, Ringspinnmaschine 159, 195
Produktionstabellen 196
Provenienzen = Baumwoll-
sorten
Putzarbeit 178
Putzereianlagen, Baum-
wolle 11
—, Zellwolle 13
—, Zusammenstellung 8, 11
Putzerei, Fehler 36
—, Maschinen 14
—, Maschinenzahl 7
—, Platzbedarf 200

Putzerei
—, Produktion 192
Putztücher 106
Putzwalzen 149

Quadrant 152

Räderknie 133
Randdraht 55
Raummaße 185
Rechenverteiler 133
Regelgetriebe 26, 115
Regelmotor 174
Regulierdeckel 64
Regulierstrecke 35, 115, 182
Regulierung (Deckel) 63
—, Methoden 116
Reibrad-Antrieb 67
Reiniger und Öffner 9
Reinigungsmaschine, Ein-
schaltung in Putzerei 11
Reinigung der Streckwerke 149
Reißfestigkeit 222
Reservegatter 182
Riemchen 149
Riemchenführung 142
Riemchenkäfig 147
Riemenantrieb 67
Riemenverschiebung 126
Riffelzylinder = Unter-
walzen 103
Ringbank 164
—, Bewegung 151, 157
—, Exzenter 155
—, Schaltung 157
Ring = Spinnring
Ringe, Vergütung 162, 165
Ringformen 163
Ringläufer = Läufer 160
Ringspinnmaschine 139
—, Aufgaben 139
Ringspinnmaschine, Berech-
nung (Ingolst.) 252
—, — (Zinser) 254
—, Fehler 183
—, Getriebe 140
—, Kopsgewicht 205
—, Platzbedarf 203
—, Produktion 159, 195
—, Wechselräder 140
Rippenstich 46
Rohrleitung 10
Rohstoff, Abarbeitung 17, 19
—, Akklimatisation 2
—, Bearbeitung (Karde) 39
—, Führung 8

Rohstoff
—, Lagerung 1
—, Mischung 2, 16
—, Öffnen und Reinigen 7
—, Schlagen 7
—, Vorauflösung 11
—, Durchlaufüberwachung 31
Rost 65
—, Einstellung 18, 20
Roststäbe 10, 18
Rollenzüge 153
Rovematic-Flyer 134
Rücklaufspeisung 83
Rücklaufzähler 108
Rückluft 107
Rückspeisung, Fasern 42
Rückstreifwalze 14
Rüttelvorrichtung 23, 25
RWN-Karde 68

Sägezahnformen 55
Sägezahntrommel 18, 19
Sägezahnwalzen 10
Schälen der Wickel 28, 75
Schaltapparat 124, 151, 154
—, Allgemeines 127
—, Arbeitsweise 125
Schaltrad, konstantes 154
Schaltschrank 31
Schaltwechsel 121, 141
Scheibenseparatoren 157
Schienenbahn für
Wanderreiniger 178
Schienenschläger 9
Schirmblech 22
Schirmgatter 177
Schlagen des Rohstoffes 7
Schlaghaspel 9, 15
Schlagkreis 10
Schlagmaschine 10, 24
—, Berechnung (Rieter) 224
—, — (Trützschler) 226
Schlagnasen 9
Schlagorgane 9
Schlagpunkte 12
Schlagraum 10
Schlagscheiben 19
Schlauchfilter 23
Schlepphäkchen 182
Schleifen 56
—, Garnituren 57
—, Häkchen 47
Schleifarten 59
Schleifgeräte 57
Schleifgeschwindigkeit 60
Schleifmittel 58
Schleprohrhülse 165

„Schmieren" (Garnituren) 47
Schmierintervall 104
Schmierung, Spindeln 167
Schnellschliff 60
Schrägreiniger 15
Schußgarn 163
Schwingungsdämpfung 166, 167
Seitenführung 104
Seitenschliff 47
Separationsblech 18
Setzarten (Häkchen) 46
Setzdichte (Häkchen) 46
Setzen der Häkchen 47
Shaw-Streckwerk 100, 144
Shirley-Öffner 10, 18
Siebtrommel 18, 22, 28
Simplabelt-Getriebe 96
Sortierung 115
Sortimentswechsel 181
Spannrolle 172
Spannungsverhältnis 156
Speisegeschwindigkeit, Regulierung 26
Speisekontrolle 35
Speisemulde, Form 26
Speiseregulierung 25
—, Doppelschlagmasch. 27
Speisetisch 64
Speisesysteme 27
Speisezylinder 64
Spindeln 165
—, Antrieb 171, 172
—, Aufsätze 169
Spindelband 172
Spindelband, Anordnung 153
—, bewegliche 173
Spindeldrehzahl 150, 165, 167
—, Berechnung 185
Spindeloberteil 168
—, Halterung 169
Spindelpflegegerät 167
Spindelschmierung 167
Spinnbedingungen 159
Spinnen, flyerloses 179
— ohne Ring und Läufer 183
Spinnereimaschinen, Berechnungen 224
—, Kraftbedarf 210
—, Platzbedarf 200
—, Produktion 192
Spinnkanne = Kanne
Spinnpartie 1
Spinnpläne 206, 208
Spinnprozeß, Automatisierung 181

Spinnring: s. auch Ring
—, Befestigung 164
—, Lebensdauer 43
Spinnstraße 110
Spiralriffelung 103
Spule, nacheilende 123
—, voreilende 123
Spulenablage 177
Spulenantrieb 133
Spulenaufbau 124, 137
Spulenbewicklung 138
Spulendrehzahl 130
Spulendoffer (Flyer) 182
Spulenform 128
Spulengatter 176
Spulengewicht (Flyer) 205
Spulenhalter 177
Spulenwagen 133
SRRL-Öffner/Reiniger 19
Stabrost 65
Standards, Baumwolle 212
Standpendel 80
Stanzen 102, 103
Stapeldiagramm 84
Stapellängen 118, 211
Staub, Absaugung 14, 63, 68
Staubabführung 18, 23
Staubkeller 12, 23
Steuernocken 127
Steuerung, Material- transport 31
Stiftwalze 9, 16
Strecke 94
—, Antrieb 96
—, Aufgaben 94
—, Bauweise 95
—, Berechnung (Ingolstadt) 242
—, — (SACM) 244
—, Kontrollstellen 107
—, Leistung 114
—, Materiallauf 94
—, Platzbedarf 202
—, Produktion 194
Streckenbandverspinnung 179
Streckendurchgang = Passage
Streckung der Fasern 38
Streckwerk 98, 121, 141
—, Anlauf 174
—, Antrieb 149
—, Arten 142
—, Aufgabe 98
—, Belastung 144
—, Berechnung (Ingolst.) 255
—, — (Süssen) 256

Streckwerk
—, — (Zinser) 256
—, Einstellung 145, 148
—, — falsche 183
—, Faserführung 180
—, Neigung 146
—, Reinigung 149
—, Sauberhaltung 106
—, Verbund- 181
Stufenreiniger 8, 15
Super Lap Maschine 80
—, Berechnung 233

Tambour 38, 172
Tandem-Umlaufgetriebe 135
techniche Maße 187
Teilautomatisierung 181
Teilbandverfahren 112
Teleskopwelle 133
Temperaturen °F — °C 223
tex — Nm 221
Titrierung, Numerierung 187
Transport, Rohstoff 1, 7
Transportwagen 177
Trennbleche 157
Trichterrad 111
Trommelbremse 175
Trommelkolben 141

Überdruck 23
Überlaufkontrolle 33
Umgehungsleitung 8
Umlaufgetriebe 131
—, Berechnung 131, 136
—, Tandem 135
Umlenkschiene 143
Umrechnungszahlen 186
Umschlingungswinkel 147
Unterlagsdraht = Grund- draht
Unterputzwalze 177
Unterwalze = Riffelzylinder 103
Unterwindung 151
—, automatische 153, 158
Uster-Werte 217

Vakuum 65
Ventilator 12, 21, 177
Verbundstreckwerk 181
Vergütung, Ring 162, 165
Vertikal-Öffner 19
Verzopfung 20
Verzug 29, 75, 95, 122, 147, 180
—, abgestufter 98
—, gebräuchlicher 206
Verzugsaufteilung 101

Verzugsabstufung 149
Verzugsberechnung 185
Verzugsauswirkung 78
Verzugshöhe 142
Verzugsvorgang 98
Verzugswechsel = Nummern-
  wechsel
Verzugszonen 98
Vlies, Abnahme 68
—, Abzug 91
—, Qualität 40
—, unreines 74
—, Verdichtung 70, 91
—, wolkiges 73
Vliesquetsche 69, 70
Vliesteilung 113
Vollschleifwalze 58
Vorbereitungsverfahren 75
Vorgarn, schnittiges 138
Vorlaufspeisung 83
Voröffner 18
Vorreißer, Aufziehen 57
—, Beschlag 48, 55
Vorstechkamm = Fixkamm
Vorteile der Ganzstahlg. 56
Vorverzug 147
Vorverzugswechsel 120, 140
Vorsortierung (Ballen) 1, 3

Walkarbeit 29
Wagenantrieb 133

Wagenbewegung 124
Wagenwechsel 120, 141
Walzenabzug 68
Walzenkarde 73
Wanderdeckel 43
Wanderreiniger 149, 178
Wassergehalt, Garn 223
Wattenmaschine 77
Wattenspeisung 75, 83, 85, 89
Wattenstärke, Ausgleich 25
Wechselräder, Berechnung
  121, 141
Wechselstellen, Flyer 119
—, Karde 39
—, Ringspinnmaschine 140
—, Strecke 96
Wechselstich 46
Weco-Flügel 66
Wickel 23
—, Ablauf 71
—, Apparat 28, 78
—, Belastung 28
Wickelbildung 24, 28, 149
—, Zylinder 105
Wickel, Breite 78, 80
—, Dublierung 77
—, Durchmesser 29
—, Gewicht 28, 29, 79, 87
—, Regulierung 12
—, Schälen 28, 75
Wickelstreckverfahren 77

Wickelwatte, Breiten-
  schwankung 27
—, Gleichmäßigkeit 25, 28
—, Kontrolle 25
Wickelwechsel, automat. 30
Wickelwechsler, Arbeits-
  weise 30
Wicklungsdichte 121
Wiegeeinrichtung 7
Windungsdurchmesser 124
Wolters-Walze 66

Zangenapparat 82, 89
Zahnform 54
Zahnradriffelung 78
Zangenschwingpunkt 81
Zeigerrad = Indexrad 90, 93
Zellwolle, Mischung 13
Zentralabsaugung 177
Zentrierrohrspindel 166
Zonen-Streckwerk 122
Zupfvorrichtung 5
Zusatzspeisung 83
Zweiweg-Verteilung 33
Zwillingsband 112
Zwischengestell 153
Zylinderabstand 102
Zylinderbezüge 105
Zylinderkupplung 103, 174
Zylinderlager 102, 103
Zylinder, Numerierung 99

Industrie-Anzeigen

Rieter

Maschinenfabrik
Rieter A.G.
Winterthur / Schweiz

gegründet 1795,
baut leistungsfähige
Spinnereimaschinen
von hoher Qualität
für Baumwolle, Wolle
und Chemiefasern

SPRINGER-VERLAG
BERLIN · HEIDELBERG · NEW YORK

Die Streckwerke
der Spinnereimaschinen

Von Dr.-Ing.
Walther Wegener
o. Professor, Direktor des
Institutes für Textiltechnik
der Rheinisch-Westfälischen
Technischen Hochschule Aachen

701 Abbildungen
mit 916 Einzeldarstellungen
VIII, 565 Seiten Gr.-8°. 1965
Ganzleinen DM 98,—

■ **Bitte Prospekt anfordern!**

Dieses Handbuch entstand auf Anregung der Textilmaschinen-industrie und der Spinnereien. Es vermittelt dem Konstrukteur, dem Fertigungsingenieur sowie den Studierenden der Hoch- und Fachschulen eine genaue Kenntnis über den Stand der in den Spinnereimaschinen verwendeten Streckwerke. Neben kurzen chronologischen Überblicken unterrichtet der Verfasser den Fachmann vor allem ausführlich über den neuesten Entwicklungsstand der Streckwerke. Die umfassende Behandlung dieser wichtigen Aggregate ist geeignet, sowohl dem Konstrukteur als auch dem Spinner Anregungen für eine Weiterentwicklung auf diesem Gebiet zu geben. Das Buch vermittelt eine lückenlose Darstellung aller verwendeten Konstruktionen nicht nur der auf dem Kontinent benutzten Streckwerke, sondern darüber hinaus auch der Entwicklungen aus Übersee. Die zahlreichen Abbildungen tragen wesentlich zum Verständnis bei. Eine umfangreiche Patent- und Literaturübersicht ermöglicht ein eingehendes Studium spezieller Fragen.

Inhaltsübersicht

Theoretische Betrachtungen. Die Baumwoll-Streckwerke. Die Streckwerke in der Wollspinnerei. Die Streckwerke für die Verarbeitung von Flachs und Jute. Die Streckwerke für die Kurzspinnverfahren. Die Regulierstrecken. Die Belastungsvorrichtungen für die Streckwerke. Der Antrieb, die Walzen und die Riemchen der Streckwerke. Literaturübersicht. Namenverzeichnis. Patentverzeichnis. Sachverzeichnis.

In der ganzen Welt

haben sich viele Spinnerei-Fachleute für „Zinser" entschieden, weil unsere fortschrittlichen Konstruktionen, die Zuverlässigkeit und absolute Betriebssicherheit unserer Maschinen ein Höchstmaß an Wirtschaftlichkeit sichern. Mit unserem großen Stab von Beratungsingenieuren, Spinntechnikern, Montageinspektoren und Spezialmonteuren sind wir in der Lage, bei der Verwirklichung von Rationalisierungsmaßnahmen die erforderlichen Dienste zu leisten.

Wir bauen Karden, Strecken, Flyer zur Verarbeitung von Baumwolle oder Kammgarn, Ringspinnmaschinen zur Verarbeitung von Baumwolle oder Kammgarn, Streckzwirnmaschinen, Spindeln, Streckwerke und Riffelwalzen. Ob es sich um komplette Anlagen, einzelne Maschinen oder Modernisierung älterer Typen handelt, unsere Konstruktionen bieten die Gewähr für hohe Leistung in allen Stufen der Garnproduktion,

Zinser Textilmaschinen GmbH
7333 Ebersbach/Fils

GRAF Hochleistungs-Ganzstahlgarnituren
für alle Arten von Fasern

Spezialdeckelgarnituren für die Zusammenarbeit mit Ganzstahl
Spezial-Briseur-Drähte für sämtliche Fasern

Flexible Kratzengarnituren
GRAF-OPTIMA Luntenregulierapparate
SECUROSTOP® Karden-Überwachungsanlagen
GRAF-Orion Messgeräte
Montageapparate
Schleifmaschinen
Karderiezubehör
Technische Beratung
Kardenmodernisierungen

GRAF & CIE AG   Kratzen- & Maschinenfabrik
8640 Rapperswil Schweiz

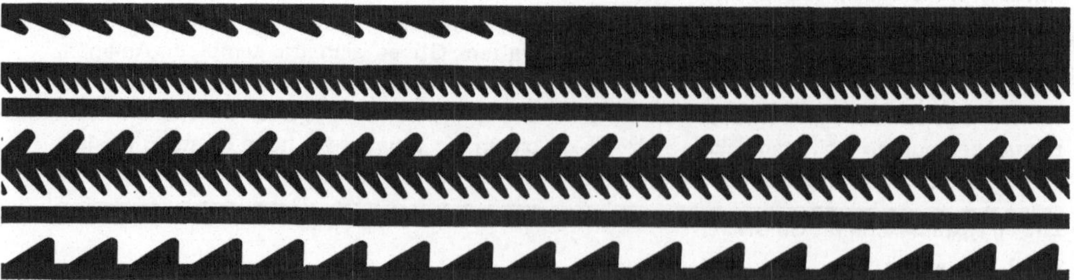

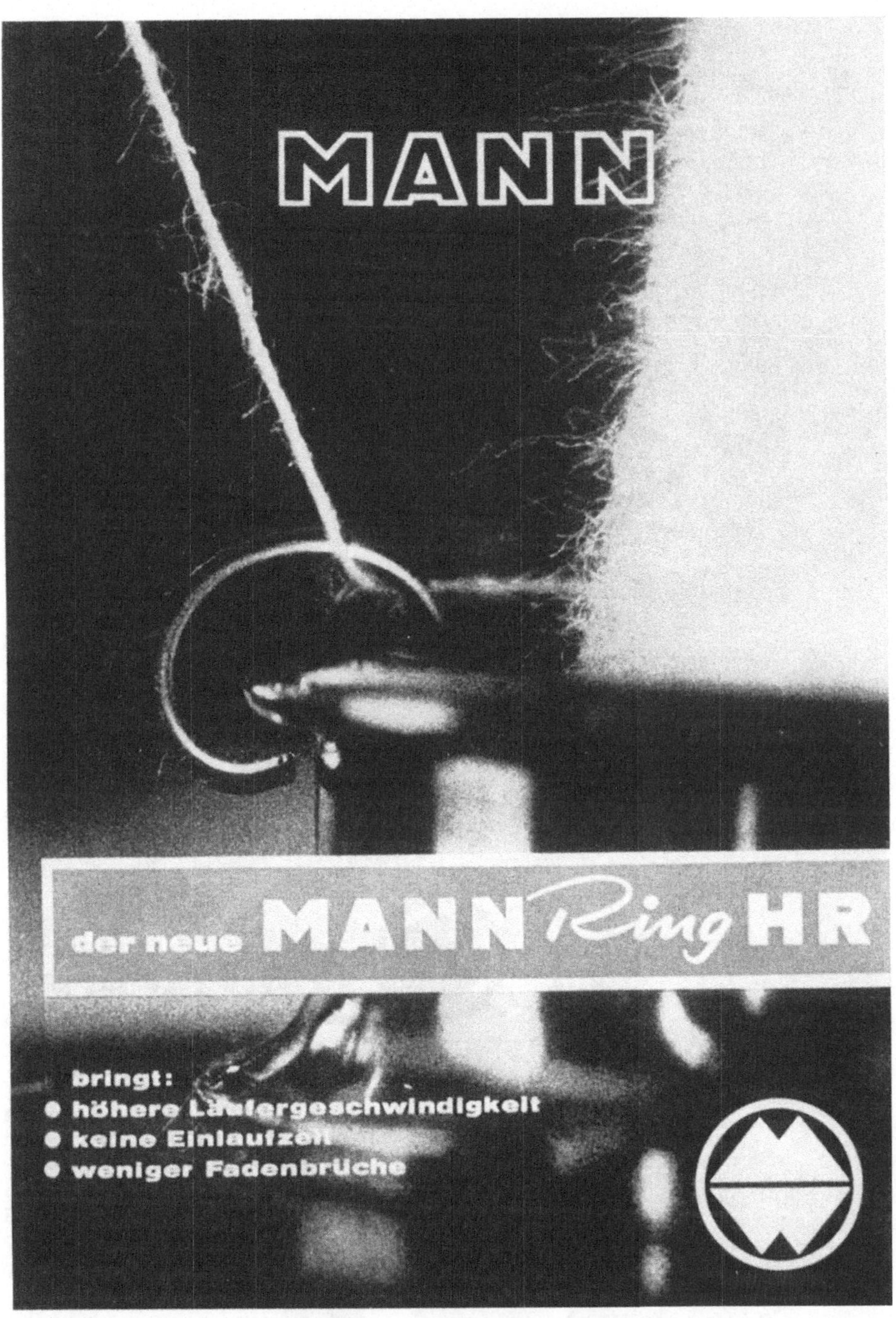

CHR. MANN · Maschinenfabrik · 7890 Waldshut/Baden

TRÜTZSCHLER

Multi-Ballenzupfer

Zupfen ist das faserschonendste Verfahren zum Auflösen selbst hart gepreßter Ballen. Trützschler-Ballenzupfer® liefern kleine gezogene Flocken als Voraussetzung für sauberes, gleichmäßiges, nissenarmes Garn.

DBP und Auslandspatente

TRÜTZSCHLER & CO · TEXTILMASCHINENFABRIK
4070 RHEYDT-ODENKIRCHEN B. R. DEUTSCHLAND
Telefon 6 91 44 Fernschr. 085 2734 Telegr. Trützschler Rheydt

**Verwerten Sie unsere in Jahrzehnten gesammelten Erfahrungen.
Unsere Fachleute beraten Sie gerne bei der Planung und
Modernisierung kompletter Spinnereianlagen für die Verarbeitung
von Baumwolle, Wolle, Zellwolle und Chemiefasern.**

DEUTSCHER SPINNEREIMASCHINENBAU INGOLSTADT

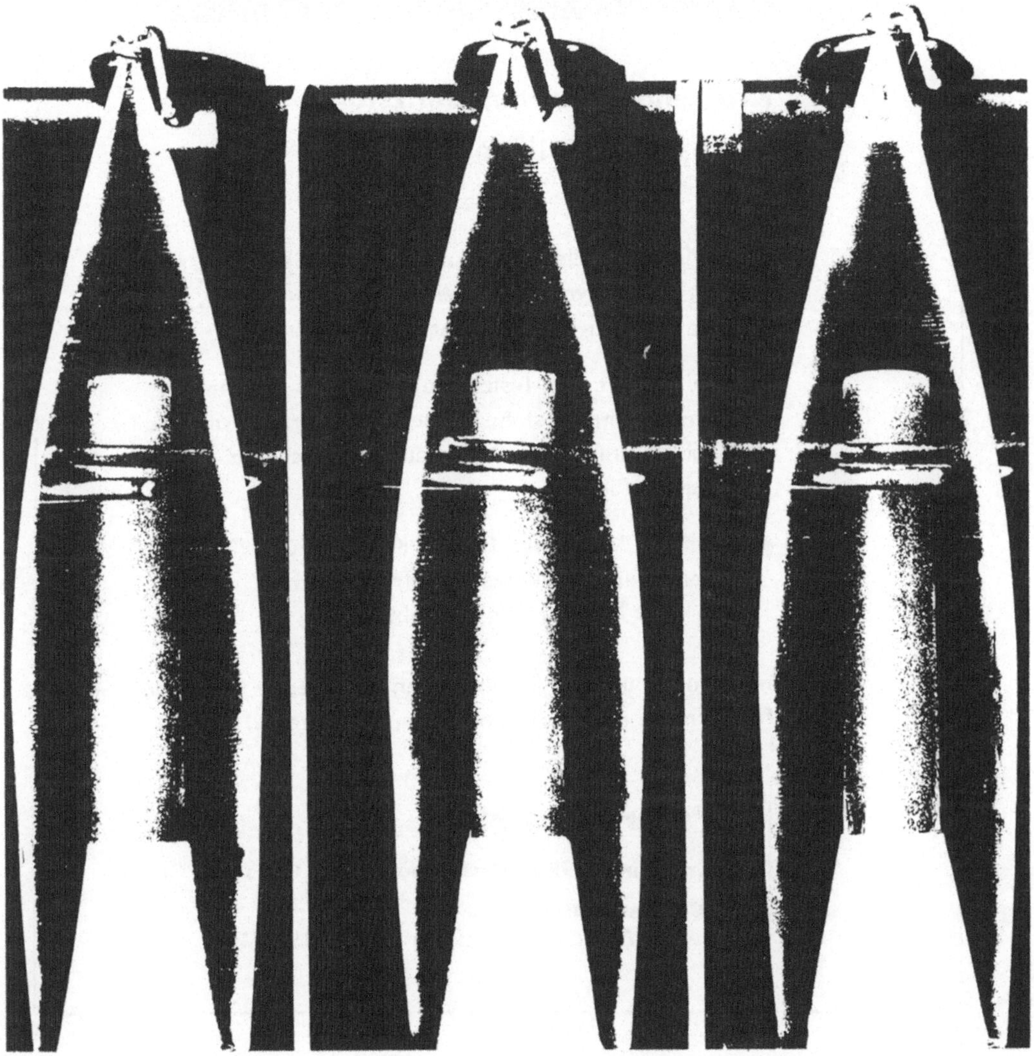

Allen Anforderungen gewachsen!

Kratzengarnituren, Ganzstahlgarnituren und Spinnereihilfsmaschinen

- Wir liefern flexible Ganzstahl- und Spezialgarnituren für alle Verarbeitungsbereiche in Baumwoll-, Kammgarn- und Streichgarnspinnereien.

- Zur Pflege und Instandhaltung Ihrer Karden und Krempeln stehen unsere bewährten Aufzieh-, Schleif- und Deckelbearbeitungsmaschinen zur Verfügung.

- Unsere Maschinen für die Karderie und für die Spinnzylinder-Werkstatt erfreuen sich in aller Welt größter Beliebtheit.

Nutzen Sie unsere Erfahrungen auf diesen Gebieten und fordern Sie Angebote und Prospektmaterial an

Peter Wolters

Kratzenfabrik & Maschinenfabrik GmbH & Co.

402 Mettmann-Rhld.
Fernruf: 27646 · Fernschreiber: 08581150

Es staubt nicht mehr! Die BARMAG hat dem Problem der Staubbekämpfung bei ihren Doppeldrahtzwirnmaschinen ganz besondere Aufmerksamkeit geschenkt. Die ideale Lösung ist gefunden. Bei BARMAG-Doppeldrahtzwirnmaschinen für Fasergarne werden die Zwirnspindeln von einem Topf umschlossen, der mit einer feindosierenden Avivagevorrichtung ausgestattet ist, welche die Staubbildung unterbindet oder auf ein Minimum herabsetzt. Ein weiterer Fortschritt, der sich zu der 35jährigen Erfahrung der BARMAG im Bau von Doppeldrahtzwirnmaschinen gesellt. Das Bauprogramm der BARMAG umfaßt für den Fasergarnsektor Doppeldrahtzwirnmaschinen in ein- oder zweietagiger Ausführung für das Zwirnen von vorgefachten Kreuzspulen, zwei ungefachten konischen Kreuzspulen und zwei ungefachten Sonnenspulen.

Barmag. Barmer Maschinenfabrik AG
563 Remscheid-Lennep

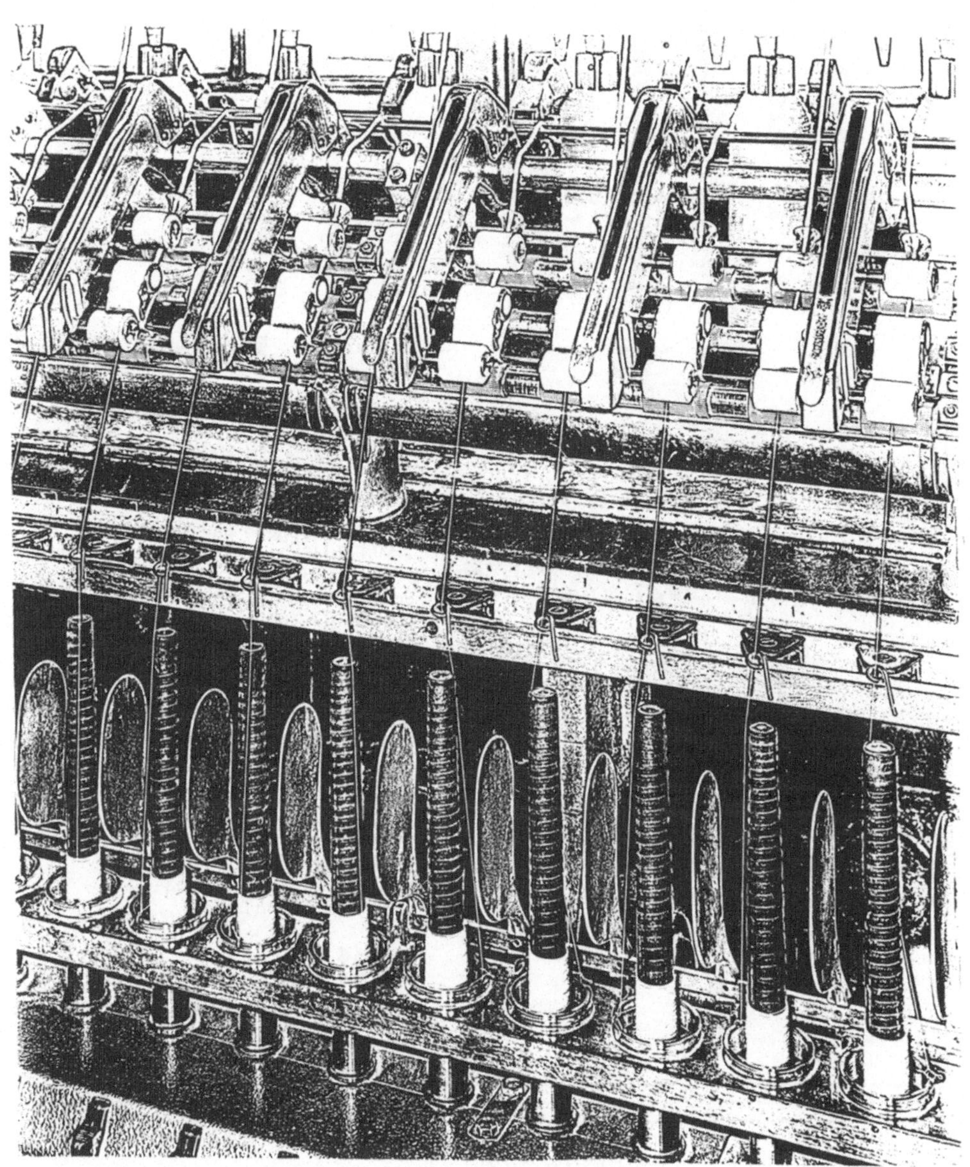

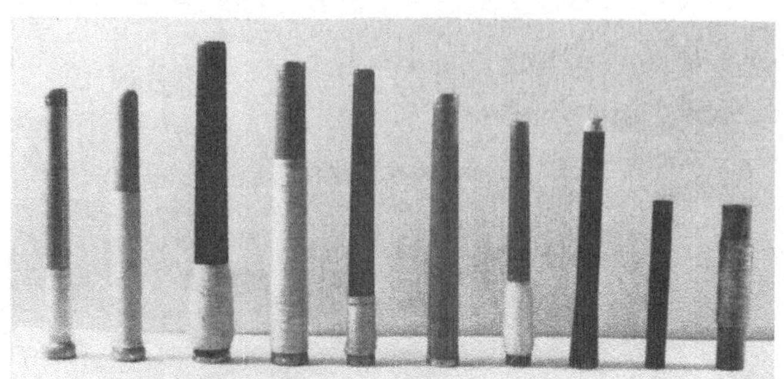

Reinigen Sie
Ihre Hülsen
noch von Hand?

Die hervorragend bewährten TIMMER-Hülsenreinigungsmaschinen entfernen Garnreste von Spinn-, Zwirn- und Flyerhülsen ebenso gut wie von Automaten-Hülsen, ohne die Hülsen zu beschädigen. Das SIMPLEX-Modell hat eine Leistung von 3 500 und die DUPLEX-Type eine solche von 7 000 Hülsen pro Stunde.

Die Maschinen können mit automatischen Abpackstationen ausgerüstet werden, welche die gereinigten Hülsen geordnet in Kästen ablegen und die gefüllten Kästen automatisch gegen Leerkästen austauschen.

Josef Timmer

MASCHINENFABRIK
442 COESFELD / Westf.

Zubehörteile für Textilmaschinen

Ringläufer · Läufer-Einsetzgeräte
Spinn- und Zwirnringe
Automatische Knüpfgeräte

REINERS + FÜRST . 405 MÖNCHENGLADBACH

**Es ist nicht gleichgültig, wem Sie
die Lösung der lufttechnischen Probleme
in Ihrer Textilfabrik anvertrauen.**

**Denn auf allen Stufen der textilen
Produktion haben Klimaanlagen, Absaug-
und Abblasanlagen entscheidenden
Einfluss auf Produktivität und Ertrag.**

**Die Luwa — eine Firma mit langjährigen
Erfahrungen, zuverlässigem Kundendienst
und einer weltumspannenden
Verkaufsorganisation — plant und baut
lufttechnische Anlagen für die
gesamte, Natur- wie Chemiefasern ver-
arbeitende Industrie. In ihren
Forschungslaboratorien werden dauernd
neue, noch bessere Lösungen gesucht.
Luwa-Erzeugnisse stehen daher stets an
der Spitze der Entwicklung.**

Luwa Klimaanlagen

sind gute Kapitalanlagen

**Luwa-Anlagen sind für höchste Betriebs-
sicherheit und pausenlosen Einsatz
auf allen Produktionsstufen der Faser-
verarbeitung ausgelegt. Auf Grund
jahrzehntelanger, enger Zusammenarbeit
mit der Textilindustrie schafft die
Luwa auch für Ihr Projekt eine moderne,
wirtschaftliche Lösung.**

**Luwa AG Zürich
Frankfurt a. M., Paris, London/Sale Cheshire,
Baarn (Holland), Wien, Barcelona,
São Paulo**

SPRINGER-VERLAG
BERLIN · HEIDELBERG · NEW YORK

Vorbereitungsmaschinen für die Weberei

Ein Handbuch für Spinner, Weber und Wirker

Von Dipl.-Ing. **J. Schneider**

Leiter der Textiltechnologischen Abteilung der Textilprüfanstalt, Oberstudienrat an der Ingenieurschule für Textilwesen Mönchengladbach-Rheydt.

Zweite, neubearbeitete und erweiterte Auflage. Mit 531 Abbildungen XII, 413 Seiten Gr.-8°. 1963. Ganzleinen DM 64,—

■ **Bitte Prospekt anfordern!**

Inhaltsübersicht: Arbeitsgänge in einer Weberei. — Kettgarnspulmaschinen: Bedeutung und Einsatzbereich der Kettgarnspulmaschinen. Der Spulprozeß — Wicklung und Spulenantrieb. Die Elemente der Spulenbildung an Kettgarnspulmaschinen. Kontrollelemente an Kreuzspulmaschinen. Vollautomatische Kreuzspulmaschinen. Garnsengmaschine. Fachspulmaschinen. Präzisionskreuzspulmaschinen. Kontinuierliche Befeuchtung des gesponnenen Garnes auf der Spulmaschine. — Zwirnmaschinen: Die Zwirndrehung. Die Verfahren der Zwirnherstellung. Grundsätzliche theoretische Betrachtungen. Konstruktionselemente der Zwirnmaschinen. Konstruktion und Arbeitsweise der Ringzwirnmaschinen. Fertigungstechnische Durchrechnung einer Ringzwirnmaschine. Konstruktionselemente der Etagenzwirnmaschine. Die Herstellung von Zwirneffekten aus synthetischen Fasern bzw. Garnen. Die Herstellung von Effektzwirnen. Texturierte Garne. Messungen. — Zettelmaschinen — Schärmaschinen: Gatter für Zettel- und Schärmaschinen. Konstruktion und Arbeitsweise der Zettelmaschine. Mechanische Schärerei. Fehler beim Schären und Bäumen. Kettenbäummaschine. — Schlichtmaschinen: Die Aufgabe der Schlichte und der hieraus abzuleitenden Anforderungen. Die Aufbereitung des Klebers. Rezepte für die Herstellung der Schlichte. Schlichtmaschinen. Kontrolle und Regelung des Schlichteprozesses. — Vorbereitungsmaschinen für das Einlegen der fertigen Kette: Webketten-Anknüpfmaschinen. Die Lamellensteckmaschine der Firma Uster. Mechanisches Einziehen „Passieren". — Schußspulmaschinen: Übersichtliche Beschreibung der beiden Systeme nichtautomatischer Spulmaschinen und der beiden Systeme Schlauchkopsspulmaschinen. Automatische Schußspulmaschinen. Reinigung der Automatenhülsen. — Sachverzeichnis.

Weitere Berichtigungen

S. 200, 11. Zeile v. u.: statt 1200 mm lies 1020 mm

S. 161, 8. Zeile v. u.: statt $\dfrac{D}{d}$ lies $\dfrac{d}{D}$

Wolf, Baumwollspinnerei